창·의·력·과·학

I&I 아이 앤 아이 아이 아이

개정2판

화학(하)

 무한상상

바야흐로 창의력의 시대입니다.

과학창의력 향상은 단순한 과학적 흥미만으로는 부족합니다. 과제 집착력, 자신감을 바탕으로 한 체계적인 훈련이 필요합니다. 창의력 과학 아이앤아이 (I&I,Imagine Infinite)는 개정 교육 과정에 따라서 창의적 문제해결력의 극대화에 중점을 둔 새로운 개념의 과학 창의력 통합 학습서입니다.

과학을 공부한다는 것은

1. 과학 개념을 정밀히 다듬어 이해하고
2. 탐구력을 기르는 연습(과학 실험 등)을 꾸준히 하여 각종 과학 관련 문제에 대한 이해와 분석과 상상이 가능하도록 하며
3. 각종 문제 상황에서 창의적 문제 해결을 하는 과정을 뜻합니다.

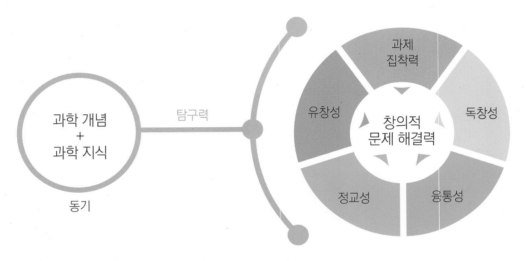

창의적 문제 해결력이 길러지는 과정

이 책의 특징은

1. 각종 그림을 활용하여 과학 개념을 명확히 하였습니다.
2. 교과서의 실험 등을 통하여 탐구과정 능력을 향상시켰습니다.
3. 창의력을 키우는 문제, Imagine Infinitely 에서 스스로의 창의력을 기반으로 하여 창의적 문제해결력을 향상할 수 있도록 하였습니다.
6. 영재학교, 과학고, 각종 과학 대회 기출 문제 또는 기출 유형 문제를 종합적으로 수록하여 실전 대비 연습에 만전을 기했습니다.
7. 해설을 풍부하게 하여 문제풀이를 정확하게 할 수 있도록 하였습니다.

이 책은

과학고, 영재학교 및 특목고의 탐구력, 창의력 구술 검사 및 면접을 준비하는 학생에게 창의적 문제와 그 해결 방법을 제공하며 각종 경시 대회나 중등 영재교육원을 준비하는 학생에게 심화 문제를 제공하고 있습니다. 고교 과학에서 필요한 문제해결 방법을 제공합니다.

영재학교 · 과학고 진학

현황

과학영재학교(영재고)의 경우 전국에 8개교로 서울, 경기, 대전, 세종, 인천, 광주, 대구, 부산에 각 1개씩 있으며, 과학고는 총 20개교로 서울2, 부산2, 인천2, 대구1, 울산1, 대전1, 경기1, 강원1, 충남1, 충북1, 경북2, 경남2, 전북1 ,전남1, 제주1개교가 있습니다. 두 학교가 비슷한 것처럼 보이기도 하지만 설립 취지, 법적 근거, 교육 과정 등 여러 면에서 서로 다른 교육기관입니다.

모집 방법

과학영재학교는 전국 단위로 신입생을 선발하지만, 과학고의 경우 광역(지역)단위로 신입생을 선발합니다. 과학 영재학교는 학생이 거주하는 지역과 상관없이 어떤 지역이든 응시가 가능하고, 1단계 지원의 경우 중복 지원할 수 있지만 2단계 전형 일자가 전국 8개교 모두 동일해서 2단계 전형 중복 응시는 불가능합니다. 과학고의 경우 학생이 거주하는 지역에 과학고가 있을 경우 타 지역 과학고에는 응시할 수 없으며, 과학고가 없다면 타지역 과학 고에 응시 가능합니다.

모집 시기

과학영재학교는 3월말~4월경에 모집하고, 과학고의 경우 8월초~8월말에 모집합니다.

지원 자격

과학영재학교는 전국 소재 중학교 1, 2, 3학년 재학생, 졸업생이 지원할 수 있으며, 과학고는 해당 지역 소재 중학 교 3학년 재학생, 졸업생이 지원할 수 있습니다. 과학고의 경우 학생이 거주하는 지역 소재 중학교 졸업자 또는 졸 업 예정자가 지원할 수 있습니다. 즉, 과학영재학교의 경우 중학교 각 학년마다 1번씩 총 3번, 과학고의 경우 중학 교 3학년때 1번만 지원할 수 있는 것입니다.

전형 방법

과학영재학교는 1단계(학생기록물 평가), 2단계(창의적 문제해결력 평가, 영재성 검사), 3단계(영재성 다면평가, 1박2일 캠프) 전형이며, 과학고는 1단계(서류평가 및 출석면담), 2단계(소집 면접) 전형으로 학생을 선발합니다. 과학영재학교의 경우 1단계에서 학생이 제출한 서류(자기소개서, 수학/과학 지도교원 추천서, 담임교원 추천서, 학교생활기록부 등)를 토대로 1단계 합격자를 선발하고, 2단계는 수학/과학/융합/에세이 등의 지필 평가로 합격 자를 선발하며, 3단계는 1박2일 캠프를 통하여 글로벌 과학자로서의 자질과 잠재성을 평가하여 최종 합격자를 선 발합니다. 과학고의 경우 1단계에서 지원자 전원을 지정한 날짜에 학교로 출석시켜 제출 서류(학교생활기록부, 자 기소개서, 교사추천서)와 관련된 내용을 검증 평가해 1.5~2 배수 내외의 인원을 선발하고, 2단계 소집 면접을 통 해 수학 과학에 대한 창의성 및 잠재 역량과 인성 등을 종합 평가해 최종 합격자를 선발합니다.

준비 과정

과학은 창의력과 밀접한 관계가 있습니다. 문제를 푸는 과정, 실험을 설계하고 결론을 찾아가는 과정 등에서 창의 력의 요소인 독창성, 유창성, 융통성, 정교성, 민감성의 자질이 개발되기 때문입니다. 이러한 자질이 개발되면 열정 적이고 창의적이 되어 즐겁게 자기 주도적 학습을 할 수 있습니다. 어릴 때부터 이러한 자질을 개발하는 것도 중요 하지만 호기심 많은 학생이라면 초등 고학년~중등 때부터 시작하여도 늦지 않습니다. 일단 과학 관련 도서를 많이 접하고, 과학 탐구 대회 등의 과학 활동에 많이 참여하여 과학이 재미있어지는 과정을 거치는 것이 좋습니다. 이후 에 중학교 내신 관리를 하면서 문제해결력을 길러 각종 지필대회를 준비하는 것이 좋을 것입니다.

창의적 사고를 위한 요소

유익하고 새로운 것을 생각해 내는 능력을 창의력이라고 합니다.

사고를 원활하고 민첩하게 하여 많은 양의 산출 결과를 내는 유창성, 고정적인 사고의 틀에서 벗어나 다양한 각도에서 다양한 해결책을 찾아내는 융통성, 새롭고 독특한 아이디어를 산출해 내는 독창성, 기존의 아이디어를 치밀하고 정밀하게 다듬어 더욱 복잡하게 발전시키는 정교성 등이 대표적인 요소입니다.

아이앤아이 는 창의력을 향상시킵니다.

창의력을 키우는 문제 에서는 문제의 유형을 단계적 문제 해결력, 추리 단답형, 실생활 관련형, 논리 서술형으로 나눠 놓았습니다. 창의적 사고의 요소들은 문제 해결 과정에 포함됩니다.

단계적 문제 해결력 유형의 문제

이 유형의 문제를 해결하기 위해서 기본적으로 유창성과 융통성이 필요합니다. 문제의 한 단계 한 단계의 논리 구조를 따라잡아야 유창하게 답을 쓸 수 있을 것이기 때문입니다. 또 각 단계마다 창의적 사고의 정교성과 독창성이 요구됩니다.

추리단답형 유형 문제

독창적인 사고의 영역입니다. 알고 있는 개념을 바탕으로 주어진 자료와 상황을 명확하게 해석하여 창의적으로 문제를 해결해야 합니다.

실생활 관련형 문제

우리 생활 속에 미처 생각하지 못하고 지나쳤던 부분에 숨겨진 과학적 현상을 일깨워줍니다. 과학이 현실과 동떨어진 것이 아니라 신기하고 친숙한 것임을 이해시켜 과학적 동기부여를 해줍니다.

논리서술형의 문제

대학 입시에서도 비중이 높아진 논술 부분을 대비하기 위해 필수적인 부분입니다. 이 문제를 풀기 위해서는 창의적 사고 요소의 골고루 필요합니다. 현재 과학의 핫 이슈를 자신만의 이야기로 풀어나갈 수 있어야 하며, 과학 관련 문제의 해결책을 창의적으로 제시할 수 있어야 할 것입니다. 이 문제들을 통하여 한층 정교해지는 과학 개념과 탐구 과정 능력, 창의력을 느낄 수 있을 것입니다.

실험에서의 탐구 과정 요소

과학에서 빼놓을 수 없는 것이 과학적인 탐구 능력입니다.

탐구 능력 또는 탐구 과정 능력이란 자연 현상이나 사물에 관한 문제를 연관시켜 해결하는 능력을 말합니다. 과학 관련 문제를 해결하기 위해서는 몇 가지 단계가 필요한데, 이 단계에서 필요한 요소를 탐구 과정 요소라고 합니다. 탐구 과정 요소에는 기초 탐구 과정 요소인 관찰, 분류, 측정, 예상, 추리와 통합 탐구 과정 요소인 문제 인식, 가설 설정, 실험 설계(변인 통제), 자료 변환 및 자료 해석, 결론 도출 등이 있습니다.

기초 탐구 과정 중 분류의 예

우리 주위의 여러 가지 물체나 현상 등을 관찰하여 특징과 용도에 따라 나눔으로서 질서를 정하는 과정을 말합니다. 분류를 하기 위해서는 모둠의 공통된 특징을 가려서 분류 기준을 정해야 합니다.

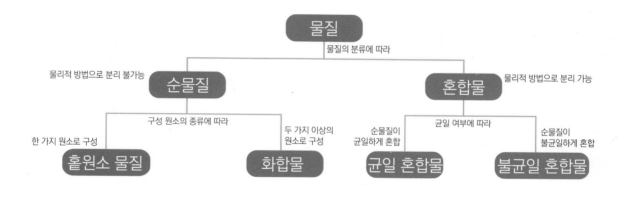

〈분류의 과정〉

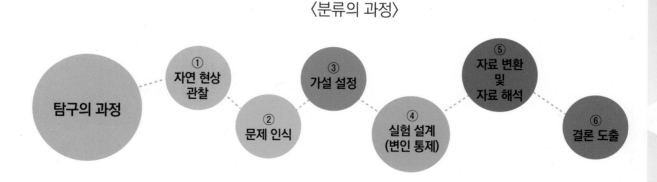

① 뉴턴 : 내가 자고 있는데 누가 날 깨우는 거야? 어라? 사과가 떨어져 나를 깨운 것이구나!

② 그런데 사과는 왜 아래로만 떨어지는 것일까? 사과뿐만 아니라 다른 물체도 아래로 떨어지는구나.

③ 우리가 알고 있는 힘 외에 어떤 다른 힘이 있다는 가설을 세워 보자.

④ 두 물체 사이의 잡아당기는 힘이 얼마인지 실험해 보자. 다른 힘들이 있으면 안되니까 전기적으로 중성이어야 하고, 거리를 재고, 질량을 재고, 힘을 측정해야 하겠지?

⑤ 여러 번 실험을 해서 자료를 종합해 보니

⑥ 새로운 힘이 존재하는데, 그 힘의 크기는 두 물체 사이의 거리의 제곱에 반비례하고, 질량의 곱에 비례하는구나! 이 힘을 만유인력이라고 해야지.

창·의·력·과·학

아이앤아이

단원별 내용 구성

도입

· **아이앤아이**의 특징을 설명하였습니다.
· 창의적 사고를 위한 요소, 탐구 과정 요소를 요약하였습니다.
· 각 단원마다 소단원을 소개하였습니다.

개념 보기

· 개정 교육 과정 순서입니다.
· 중고등 심화 내용을 모두 다루었습니다.
· 본문의 내용을 보조단 내용과 유기적으로 연관시켰습니다.
· 개념을 간략하고 명확하게 서술하되, 각종 그림 등을 이용하여
  창의력이 발휘되도록 하였습니다.

개념 확인 문제

· 시험에 잘 출제되는 문제와 함께 다양한 문제를 제시하였
  습니다.
· 심화 단계로 넘어가는 중간 과정 문제를 많이 해결해 보
  도록 하였습니다.
· 기초 개념을 공고히 하는 문제를 제시하였습니다.

개념 심화 문제

· 한번 더 생각해야 해결할 수 있는 문제를 실었습니다.

· 고급 문제 해결을 위한 다리 역할을 하는 문제로 구성하였습니다.

창의력을 키우는 문제

· 창의적 문제 해결력을 향상할 수 있도록 하였습니다.
· 단계적 문제 해결형, 추리단답형, 논리서술형, 실생활 관련형으로 나누어서 창의적 문제 해결을 극대화하도록 하였습니다.
· 구술, 심층면접, 논술 능력 향상에도 도움이 될 것입니다.

대회 기출 문제

· 각종 창의력 대회, 경시 대회 문제, 수능 문제를 단원별로 분류하여 실었습니다.

· 영재학교, 과학고를 비롯한 특목고 입시 문제를 각 단원별로 분류하여 실었습니다.

Imagine Infinitely (I&I)

· 각 단원 관련 흥미로운 주제의 읽기 자료입니다.

· 말미에 서술형 문제를 통해 글쓰기 연습이 가능할 것입니다.

정답 및 해설

· 상세한 설명을 통해 문제를 해결할 길잡이가 되도록 하였습니다.

Contents 목차

창·의·력·과·학
아이앤아이
화학(상)

창·의·력·과·학
아이앤아이
화학(하)

Chemistry

05
혼합물의 분리

우리 주변의 물질 중에 혼합물이 아닌 것은 무엇일까?

1. 물질의 성질

❶ 물질의 성질

A. 크기 성질
- 물질의 양을 고려한 성질
- 전체 값 = 부분의 합
- 질량, 길이, 부피

① 크기 성질의 합

5 g   5 g   10 g

② 동일한 크기 성질만을 더할 수 있다.
- 질량과 부피는 더할 수 없다.

5 g   15 mL

B. 세기 성질
- 물질의 양에는 상관없는 성질
- 전체의 값 = 부분의 값
- 온도, 녹는점, 끓는점, 밀도, 용해도 등
- 같은 온도의 물이 담겨져 있는 두 개의 비커를 합해 하나의 비커로 만들었을 때의 물의 온도는 처음의 온도와 같다.

50 ℃   50 ℃   50 ℃

- 세기 성질은 더해질 수 없다.
- 물질의 양에 상관없이 항상 일정한 값을 가지는 '세기 성질'이 그 물질을 대표하는 물질의 특성이다.

❷ 겉보기 성질의 한계

사람의 감각은 상대적이고 부정확하므로 겉보기 성질만으로는 물질을 정확하게 구별하지 못할 수도 있다.

(예) 구리와 아연의 합금인 황동도 노란색이기 때문에 금과 구분하기 어렵다.

❸ 끓는점과 압력의 관계

- 외부 압력이 높아지면 끓는점이 높아진다.
- 외부 압력이 낮아지면 끓는점이 낮아진다.

┌─ **미니사전** ─┐

질량과 무게

질량	무게
장소에 따라 변하지 않는다.	장소에 따라 변한다.
물질의 고유한 양	물체에 작용하는 중력의 크기

---

(1) 물질의 특성 ❶

① **물질의 특성** : 다른 물질과 구별되는 그 물질만의 고유한 성질이다.

```
          물질의 특성
  ┌────┬────┬────┬────┬────┬────┐
 겉보기  어는점  녹는점  끓는점  용해도  밀도
 성질
```

② **물질의 특성이 아닌 것** : 부피, 질량, 무게, 길이, 온도, 상태 변화, 농도 등

(2) 겉보기 성질 ❷❸

① **겉보기 성질** : 사람의 감각 기관이나 간단한 도구를 이용하여 쉽게 구별할 수 있는 성질이다.
(예) 색, 맛, 냄새, 촉감, 굳기, 결정 모양 등

② **겉보기 성질로 구별할 수 없는 물질의 구별** : 어는점, 녹는점, 끓는점, 용해도, 밀도 등으로 구별한다.

(3) 녹는점(어는점)과 끓는점

구분	녹는점	어는점	끓는점
정의	고체가 액체로 상태 변화하는 동안 일정하게 유지되는 온도	액체가 고체로 상태 변화하는 동안 일정하게 유지되는 온도	액체가 기체로 상태 변화하는 동안 일정하게 유지되는 온도
물질의 가열 냉각 곡선		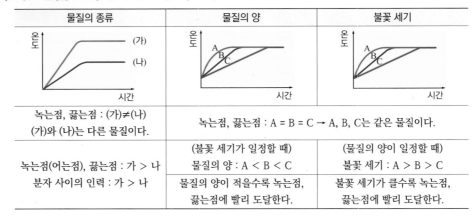	

(4) 녹는점(끓는점)과 물질의 종류, 질량 및 가열하는 불꽃 세기의 관계

물질의 종류	물질의 양	불꽃 세기
(가), (나) 그래프	A, B, C 그래프	A, B, C 그래프
녹는점, 끓는점 : (가)≠(나) (가)와 (나)는 다른 물질이다.	녹는점, 끓는점 : A = B = C → A, B, C는 같은 물질이다.	
녹는점(어는점), 끓는점 : 가 > 나 분자 사이의 인력 : 가 > 나	(불꽃 세기가 일정할 때) 물질의 양 : A < B < C	(물질의 양이 일정할 때) 불꽃 세기 : A > B > C
	물질의 양이 적을수록 녹는점, 끓는점에 빨리 도달한다.	불꽃 세기가 클수록 녹는점, 끓는점에 빨리 도달한다.

(5) 밀도 : 물질의 질량을 부피로 나눈 값으로 물질의 고유한 특성이다.

$$밀도 = \frac{질량}{부피}$$

[단위] 고체 : g/cm^3, kg/m^3
액체, 기체 : g/mL

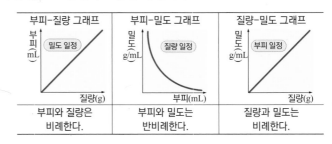

부피-질량 그래프	부피-밀도 그래프	질량-밀도 그래프
부피와 질량은 비례한다.	부피와 밀도는 반비례한다.	질량과 밀도는 비례한다.

① 부피와 질량

구분	부피	질량
정의	어떤 물질이 차지하고 있는 공간의 크기	장소에 관계없이 변하지 않는 물질의 고유한 양
단위	L, mL, m^3, cm^3 등 1 L = 1 m^3 = 1000 mL = 1000 cm^3	kg, g 1 kg = 1000 g
측정 도구	눈금 실린더 피펫 부피플라스크	윗접시저울 전자저울 양팔저울

② 온도와 압력에 따른 밀도 변화 : 고체와 액체는 온도, 기체는 온도와 압력의 영향을 받는다.

구 분	고체	액체	기체
분자 간의 거리	고체 < 액체 ≪ 기체		
압력	압력의 영향을 거의 받지 않는다.		압력 증가 → 부피 크게 감소 → 밀도 크게 증가
온도	온도 증가 → 부피 약간 증가 → 밀도 약간 감소		온도 증가 → 부피 크게 증가 → 밀도 크게 감소
밀도 표시 방법	고체와 액체의 밀도를 나타낼 때에는 온도를 함께 표시한다.		기체의 밀도를 나타낼 때에는 온도와 압력을 함께 표시한다.

(6) 밀도의 비교 ❹

① 액체 속에 물질을 담그었을 때 물질의 밀도 비교
• 액체보다 밀도가 작은 물질은 위로 뜨고, 밀도가 큰 물질은 아래로 가라앉는다.
• 아래층에 있는 물질일수록 밀도가 크다.

② 그래프에서 밀도의 크기 비교하기

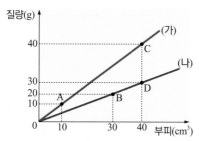

▲ 기울기 = 밀도 : 물질 (나)보다 물질 (가)의 밀도가 더 크다.

코르크 마개(0.25)
식용유(0.93)
물(1.0)
포도(1.1)
글리세린(1.26)
동전(8.9)
수은(13.5)

• 점 A ~ D 에서의 밀도 비교

	A	B	C	D
질량(g)	10	15	40	20
부피(cm^3)	10	30	40	40
밀도(g/cm^3)	$\frac{10}{10}=1$	$\frac{15}{30}=0.5$	$\frac{40}{40}=1$	$\frac{20}{40}=0.5$

• A = C → 물질 (가)
• B = D → 물질 (나)
∴ 부피와 질량이 달라도 밀도가 같으면 같은 물질이다.

✿ 물의 밀도와 상평형 그림

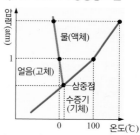

물보다 얼음의 밀도가 작으므로 상평형 그림에서 융해 곡선(초록선)이 왼쪽으로 기울어져 있어 같은 온도에서 얼음에 압력을 가하면 물이 된다.

❹ 물질의 밀도가 다른 이유

분자의 개수가 같을 때

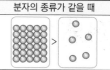

분자량이 클수록 밀도가 크다.

분자의 종류가 같을 때

분자 배열이 빡빡할수록 밀도가 크다.

✿ 여러 가지 물질의 밀도

물질	밀도(g/cm^3)
금	19.3
물	1.0
얼음	0.92
이산화 탄소	0.00184
산소	0.0014

✿ 생활 속에서 밀도 차에 의한 현상

• 열기구 : 주머니 안의 공기를 가열하면 공기가 데워져 부피가 증가하므로 공기보다 밀도가 작아져 떠오른다.

• 구명조끼 : 물보다 밀도가 작은 물질로 구명조끼를 만들면 물 위에 뜰 수 있다.

• 배 : 물이 잠긴 부분의 평균 밀도가 물보다 작기 때문에 배가 물에 뜬다.

• 이산화 탄소 소화기 : 이산화 탄소는 공기보다 밀도가 크므로 소화기를 분사시키면 이산화 탄소가 바닥에 깔려 산소를 차단한다.

• LPG(액화 석유 가스) : 공기보다 밀도가 커서 누출 시 바닥에 깔리므로 쓸어서 환기시키거나 경보기를 아래에 설치한다.

• LNG(액화 천연 가스) : 공기보다 밀도가 작아 누출 시 위로 올라가므로 위쪽 창문을 열어 환기시키거나 경보기를 위에 설치한다.

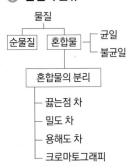

❶ 물질의 분류

- 물질
  - 순물질
  - 혼합물 ─ 균일 / 불균일
- 혼합물의 분리
  - 끓는점 차
  - 밀도 차
  - 용해도 차
  - 크로마토그래피

❷ 물리 변화 시 변하는 것과 변하지 않는 것

변하는 것	분자의 배열 상태
변하지 않는 것	분자의 종류와 개수, 원자의 종류와 개수, 물질의 성질, 물질의 총 질량

❸ 물리 변화의 예

상태 변화	아이스크림이 녹는다.
확산	물 속에서의 잉크의 확산
모양 변화	깨진 유리

❹ 화학 변화 시 변하는 것과 변하지 않는 것

변하는 것	원자의 배열 상태, 분자의 종류와 개수, 물질의 성질
변하지 않는 것	원자의 종류와 개수, 물질의 총 질량

❺ 화학 변화의 예

맛과 색의 변화 — 사과가 익는다

색의 변화   철이 녹슨다 / 단풍이 든다

빛과 열의 발생 양초가 탄다

기체 발생 빵이 부풀어 오른다

---

2. 물질의 분류❶

- 물질
  - 순물질
    - 홑원소 물질
    - 화합물
  - 혼합물
    - 균일 혼합물
    - 불균일 혼합물

(1) 순물질 : 한 종류의 물질로만 이루어져 있어 물리적 방법(끓는점, 밀도, 용해도 차이 등)으로 분리할 수 없다.

① **홑원소 물질** : 한 가지 원소로 구성된 물질이다.

　예 H_2(수소), N_2(질소), O_2(산소), C(탄소), Na(나트륨), Cl_2(나트륨), Mg(마그네슘), He(헬륨) 등

② **화합물** : 두 가지 이상의 원소가 결합하여 만들어진 물질이다.

　예 H_2O(물), $NaCl$(소금), NH_3(암모니아), CH_3COOH(아세트산) 등

(2) 혼합물 : 성분 물질을 그대로 가지고 있어 물리적 방법으로 분리할 수 있다.

① **균일 혼합물** : 순물질이 균일하게 섞여 있는 혼합물이다.

　예 소금물, 설탕물, 합금, 공기 등

② **불균일 혼합물** : 순물질이 불균일하게 섞여 있는 혼합물이다.

　예 흙탕물, 암석, 우유 등

(3) 물질의 변화

① **물리 변화**❷❸ : 물질의 고유한 성질은 변하지 않고 모양, 크기, 상태만 변하는 현상이다.

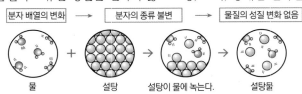

분자 배열의 변화 → 분자의 종류 불변 → 물질의 성질 변화 없음

물 + 설탕 → 설탕이 물에 녹는다. → 설탕물

② **화학 변화**❹❺ : 원래의 상태와 전혀 다른 새로운 상태의 물질로 변하는 현상이다.

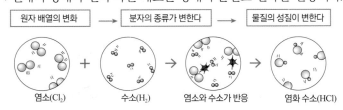

원자 배열의 변화 → 분자의 종류가 변한다 → 물질의 성질이 변한다

염소(Cl_2) + 수소(H_2) → 염소와 수소가 반응 → 염화 수소(HCl)

③ **혼합물과 화합물의 분리 방법**

- 혼합물은 물리적 방법(가열, 거름, 추출, 증류)으로 비교적 쉽게 분리가 가능하다.
- 화합물은 성분 물질을 분해하기 어려워 화학적 방법(열분해, 촉매, 전기 분해)으로 분리가 가능하다.

정답 p.2

Q1 겉보기 성질로 구분할 수 없는 물질들은 무엇으로 구분해야 하는가?

Q2 질량이 4 g 이고 부피가 2 mL 인 물질의 밀도를 계산하시오.

Q3 성분 물질을 분리할 때, 물리적 방법을 사용하여 분리하는 물질은 무엇인가?

물질의 성질

01 물질의 특성을 있는 대로 고르시오.

> **보기**
>
> ㄱ. 용해도　ㄴ. 질량　ㄷ. 밀도　ㄹ. 농도
> ㅁ. 끓는점　ㅂ. 넓이　ㅅ. 녹는점　ㅇ. 길이
> ㅈ. 부피　ㅊ. 맛

02 물질의 특성에 대한 설명으로 옳은 것은?

① 온도는 물질의 특성이다.
② 질량은 물질의 특성이다.
③ 크기 성질이 물질의 특성으로 쓰인다.
④ 물질을 구별하는데 물질의 특성을 이용한다.
⑤ 사람의 감각은 부정확하므로 맛은 물질의 특성이 될 수 없다.

03 물질의 겉보기 성질끼리 옳게 짝지은 것을 고르시오.

① 맛, 온도
② 녹는점, 밀도
③ 굳기, 밀도
④ 색, 굳기
⑤ 결정 모양, 용해도

04 물질을 서로 구별하기 위한 방법을 짝지은 것으로 가장 적당한 것을 고르시오.

① 구리와 은 – 질량을 측정한다.
② 소금과 설탕 – 색을 관찰한다.
③ 소금과 설탕 – 손으로 만져본다.
④ 물과 식초 – 맛을 본다.
⑤ 석영과 백반 – 곱게 갈아 색을 관찰한다.

05 몇 가지 고체 물질의 가열 곡선이다. 이에 대한 해석으로 옳은 것은?

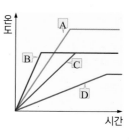

① B는 C보다 양이 많다.
② A보다 D의 양이 적다.
③ A는 B보다 분자 간의 인력이 강하다.
④ 가장 빨리 녹기 시작하는 물질은 D이다.
⑤ 4가지 종류의 고체를 가열한 그래프이다.

06 그림에 대한 설명 중 옳은 것만을 있는 대로 고르시오.

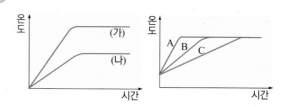

> **보기**
>
> ㄱ. (가)와 (나)는 같은 물질이다.
> ㄴ. (가)의 녹는점(끓는점)이 (나)의 녹는점(끓는점)보다 높다.
> ㄷ. A, B, C는 다른 물질이다.
> ㄹ. A → B → C로 갈수록 물질의 양이 적어진다.
> ㅁ. 불꽃 세기가 일정할 경우 끓는점에 먼저 도달하는 것은 A이다.

① ㄱ, ㄷ　　② ㄴ, ㅁ　　③ ㄱ, ㄹ
④ ㄴ, ㄹ, ㅁ　　⑤ ㄱ, ㄷ, ㅁ

07 같은 질량의 에탄올을 불꽃 세기를 달리하면서 가열하여 얻은 곡선이다. (가) ~ (다)의 불꽃 세기를 부등호(>, <, =)를 이용하여 비교하시오.

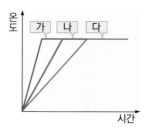

08 끓는점을 변화시킬 수 있는 요인은?

① 질량　　　　② 부피　　　　③ 가열 시간
④ 불꽃의 세기　　⑤ 압력

09 우리 생활에서 녹는점이 낮아야 좋은 경우가 <u>아닌</u> 것을 고르시오.

① 소방관이 입는 소방복
② 전류를 차단하는 퓨즈
③ 납땜할 때 사용하는 땜납
④ 화재를 알려주는 화재경보기
⑤ 다른 물질로 재활용이 가능한 페트병

10 물질의 부피를 측정하기 위해 필요한 실험 기구를 〈보기〉에서 골라 기호를 쓰시오.

보기

ㄱ. 자　　ㄴ. 눈금 실린더　　ㄷ. 윗접시 저울
ㄹ. 철사　　ㅁ. 물 (밀도 = 1 g/mL)
ㅂ. 실　　ㅅ. 비커

---

(1)

모양이 일정한
나무도막
(　　　)

(2)

사과
(밀도 0.8 g/mL)
(　　　)

(3)

콜라 캔
(밀도 1.11 g/mL)
(　　　)

(4)

풍선 속의 기체
(　　　)

11 100 mL 짜리 눈금 실린더에 물을 넣었더니 아래 그림과 같았다. 이 물의 부피는?

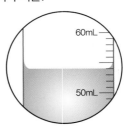

12 밀도에 관한 설명이다. 옳은 것은 ○, 옳지 않은 것은 ×로 표시하시오.

(1) 밀도는 물질의 단위 부피 당 질량이다.　　(　　)
(2) 부피가 같을 때 질량이 크면 밀도가 크다.　(　　)
(3) 부피가 같을 때 분자의 질량이 작을수록 밀도가 작다.　　(　　)
(4) 부피가 같을 때 분자 배열이 빽빽할수록 밀도가 작다.　　(　　)
(5) 일반적으로 물질의 밀도는 고체 > 액체 > 기체 이다.　　(　　)
(6) 물질을 쪼갤수록 밀도는 감소한다.　　(　　)
(7) 고체의 밀도를 표시할 때는 반드시 온도와 압력을 함께 표시한다.　　(　　)
(8) 물의 밀도는 4 ℃ 일 때 가장 크다.　　(　　)

13 질량이 일정할 때 밀도와 부피와의 관계를 바르게 나타낸 그래프는?

①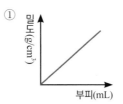

②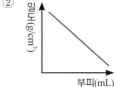

③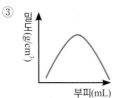

④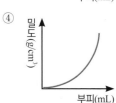

⑤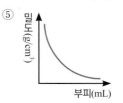

14 종류를 알 수 없는 물질 조각들의 질량과 부피를 측정한 것이다. 이 표를 보고 물질은 모두 몇 종류인지 쓰시오.

물질	질량(g)	부피(cm^3)
A	54	20
B	8.1	3
C	13.4	2
D	65	25
E	21.6	8

15 다음 실험은 윗접시 저울과 눈금 실린더를 이용해 액체의 밀도를 측정하는 과정이다.

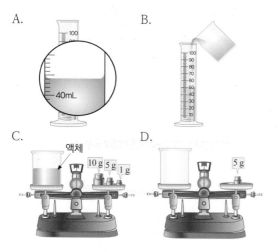

A.

40mL

B.

C.
액체
10 g 5 g 1 g

D.
5 g

(1) 과정 A ~ D 를 실험 과정대로 나열하시오.

(2) 액체의 밀도를 구하시오.

16 여러 가지 고체 물질의 질량과 부피를 표로 나타낸 것이다. 밀도가 3.3 g/mL 인 액체에 뜨는 물질을 있는 대로 고르시오.

물질	A	B	C	D	E	F
질량(g)	25	80	75	32	9	11
부피(mL)	5	20	50	8	3	5

17 생활 속 밀도 차에 의한 현상이 아닌 것을 고르시오.

① 열기구 안의 공기를 데워 띄운다.
② 잠수부들은 잠수할 때 납벨트를 이용한다.
③ 이산화 탄소를 이용한 소화기로 불을 끈다.
④ LNG 가스가 누출되면 위쪽 창문을 열어 환기 시킨다.
⑤ 바다 깊은 곳에서는 화산이 폭발해도 바닷물이 끓지 않는다.

18~19 액체 A ~ D 의 질량과 부피를 나타낸 것이다.

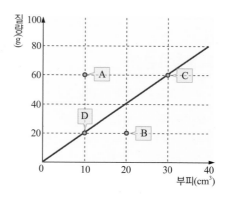

18 위 그래프에 대한 설명으로 옳은 것은?

① 액체 B 의 밀도가 가장 크다.
② 액체 A 와 D 는 같은 물질이다.
③ 액체 A의 밀도는 액체 C 의 3배이다.
④ 액체 C 의 밀도는 액체 D 의 밀도보다 4배 더 크다.
⑤ 질량이 같을 때 액체 A 의 부피는 액체 C 보다 3배 크다.

19 액체 A ~ D 를 한꺼번에 비커에 따랐더니 다음의 (가), (나), (다) 세 층이 나타났다. 각 층에 해당하는 액체를 쓰시오.

(가)
(나)
(다)

20 여러 가지 기체의 밀도를 표로 나타낸 것이다.

기체	밀도(g/cm³)	기체	밀도(g/cm³)
수소	0.00008	프로페인	0.0018
헬륨	0.00018	이산화 탄소	0.0019
메테인	0.00068	질소	0.00125

어떤 기체의 질량은 0.02 g, 부피는 250 cm³ 이었다. 이 기체의 종류를 위 표에서 골라 쓰시오.

물질의 분류

21 순물질과 혼합물을 비교한 것으로 옳은 것은?

① 혼합물은 성분비가 일정하다.
② 혼합물은 가열 곡선에 수평한 곳이 나타난다.
③ 혼합물은 홑원소 물질과 화합물로 주로 구분한다.
④ 순물질은 녹는점, 끓는점, 밀도 등이 일정한 값을 가진다.
⑤ 순물질은 두 종류 이상의 물질이 성질을 잃지 않고 섞여 있는 것이다.

22 혼합물인 것은?

① 물　　　　　② 이산화 탄소
③ 염화 나트륨　④ 공기　　　　⑤ 설탕

23 혼합물을 각 성분 물질로 분리하는데 이용되는 물질의 성질을 있는 대로 고르시오.

① 촉감　　　② 부피　　　③ 밀도
④ 끓는점　　⑤ 용해도

24 그림 (가)와 (나)는 물질의 변화를 모형으로 나타낸 것이다. 이에 대한 설명으로 옳은 것은?

① (가)는 원자의 종류가 달라진다.
② (나)에서 분자의 배열이 달라진다.
③ (가)에서는 물질의 성질이 변한다.
④ (나)에서는 원자들의 배열이 바뀐다.
⑤ (나)에서는 물질의 상태나 모양이 변한다.

25 물질의 변화가 나머지 넷과 다른 것은?

① 과일이 점점 익어간다.
② 음식물이 위에서 소화된다.
③ 달걀을 끓는물에 넣었더니 익었다.
④ 얼음물이 담긴 컵 표면에 물방울이 맺힌다.
⑤ 상처에 과산화 수소수를 바르면 거품이 생긴다.

26 혼합물과 화합물의 특징을 바르게 비교한 것 중 옳지 않은 것은?

	특징	혼합물	화합물
①	성분 물질의 성질	잃어버림	그대로 가짐
②	밀도	일정하지 않음	일정
③	녹는점과 끓는점	일정하지 않음	일정
④	질량비	섞여 있는 양에 따라 다름	일정
⑤	예	소금물, 사이다	물, 에탄올

27 〈보기〉에서 화합물을 있는 대로 고른 것은?

> **보기**
>
> (가) 물　　　　　(나) 공기　　　　(다) 아연
> (라) 석회수　　　(마) 황화 철　　　(바) 산화 수은

① (가), (나), (다)　　　② (가), (나)
③ (가), (마), (바)　　　④ (가), (나), (마), (라)
⑤ (가), (라), (마), (바)

개념 심화 문제

01 〈표 1〉은 연료 (가) ~ (다)의 특징이고, 〈표 2〉는 이 연료를 이루는 주성분 물질 A ~ C 의 끓는점과 밀도를 조사한 것이다.

연료	(가)	(나)	(다)
특징	25 ℃ 에서 액체 상태로 존재 한다.	(다)보다 저장과 운반이 어렵다.	연료가 유출될 경우를 대비해 가스 경보기는 바닥 쪽에 설치한다. (가), (나)와는 성분 물질이 다른 혼합물이다.

<표 1>

물질	A	B	C
끓는점(℃)	-162	-0.6	64
밀도(g/L)	0.65	2.40	786

<표 2>

연료 (가) ~ (다)와 이 연료의 주성분 물질 A ~ C를 옳게 짝지은 것은? (단, 밀도는 25 ℃, 1 기압에서의 값이며, 같은 조건에서 공기의 밀도는 1.16 g/L 이다.)

	(가)	(나)	(다)
①	A	B	C
④	C	A	B

	(가)	(나)	(다)
②	B	C	A
⑤	C	B	A

	(가)	(나)	(다)
③	B	A	C

02 상온에서 구리(Cu), 흑연(C), 마그네슘(Mg) 각 10 g 의 부피를 상대적으로 나타낸 것이다. (단, C, Mg, Cu 의 원자량은 각각 12, 24, 64 이다.)

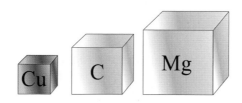

(1) 밀도가 가장 큰 물질은 무엇인가?

(2) 몰수가 가장 큰 것은 무엇인가?

(3) 가장 많은 수의 원자를 포함하는 물질은 무엇인가?

개념 심화 문제

03 그림은 Fe_2O_3, N_2, Cu 를 기준 (가)와 (나)로 분류하는 과정을 나타낸 것이다. X ~ Z 는 각각 Fe_2O_3, N_2, Cu 중 하나이고, 기준 (가)와 (나)에 따라 달라질 수 있다.

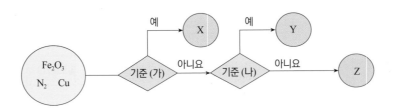

기준 (가)와 (나)로 적절하지 <u>않은</u> 것은?

	(가)	(나)
①	분자인가?	화합물인가?
②	분자인가?	홑원소 물질인가?
③	화합물인가?	분자인가?
④	화합물인가?	홑원소 물질인가?
⑤	금속 결정인가?	분자인가?

04 표는 물질을 어떤 기준에 따라 구분한 것이다.

구분	물질
(가)	금(Au), 산소(O_2), 헬륨(He), 수소(H_2), 철(Fe)
(나)	포도당($C_6H_{12}O_6$), 암모니아(NH_3), 메테인(CH_4)

이에 대한 설명으로 옳은 것만을 〈보기〉에서 있는 대로 고른 것은?

> **보기**
>
> ㄱ. (가)는 한 종류의 원소로 이루어진 물질이다.
> ㄴ. (나)는 두 가지 이상의 순물질이 섞여 있는 물질이다.
> ㄷ. (나)의 물질은 완전 연소시키면 두 가지 이상의 물질이 생성된다.

① ㄱ   ② ㄴ   ③ ㄷ   ④ ㄱ, ㄴ   ⑤ ㄱ, ㄷ

05 물질의 화학적 특성을 설명한 것이다.

> • 가연성 : 스스로 탈 수 있는 성질
> • 불연성 : 불에 타지 않는 성질
> • 조연성 : 다른 물질이 타도록 도와주는 성질
> • 감광성 : 빛에 의해 반응하는 성질

다음 예들은 물질의 화학적 특성 중 어떤 것을 이용한 것인지 쓰시오.

(1)

철로 방화문을 만든다.

(2)

암실에서 필름을 현상한다.

(3)

우주선 연료에 산소를 넣어 준다.

(4)

난로에 나무를 태운다.

06 (가)는 주유기에서 흘린 휘발유가 증발하여 기체가 되는 것을, (나)는 자동차를 운행하는 동안 배기구에서 기체가 발생하는 것을 나타낸 것이다.

(가)   (나)

이에 대한 설명으로 옳은 것은?

① (가)와 (나)에서는 모두 물리적 변화가 일어난다.
② (가)와 (나)는 모두 처음의 휘발유와 다른 물질이다.
③ (가)와 (나)에서 생성된 기체는 모두 처음의 휘발유와 같은 물질이다.
④ (가)는 원자의 배열이 달라지는 변화이고 (나)는 분자의 배열이 달라지는 변화이다.
⑤ (가)에서 생성된 기체는 처음의 휘발유와 같은 성질의 물질이고 (나)에서 생성된 기체는 처음의 휘발유와 다른 성질의 기체이다.

3. 혼합물의 분리

(1) 밀도 차이에 의한 혼합물의 분리

① 고체 혼합물의 분리

A의 밀도 < 액체의 밀도 < B의 밀도

※ 분리에 사용되는 액체는 두 고체를 모두 녹이지 않아야 한다.

예 혼합물 분리의 예

	좋은 볍씨 고르기	신선한 달걀 고르기	사금 채취
예	쭉정이 / 좋은 볍씨(알곡)	오래된 달걀 / 신선한 달걀	
밀도 비교	알곡 > 소금물 > 쭉정이	신선한 달걀 > 소금물 > 오래된 달걀	사금 > 모래

	키질	재활용 쓰레기의 분리
예		잘게 부순 쓰레기 / 자석 / 철 / 플라스틱 / 유리
밀도 비교	곡물 > 쭉정이	유리 > 플라스틱
설명	곡물을 키에 넣고 까부르면 쭉정이는 날아가고 곡물은 안쪽에 남는다.	유리는 밑으로 떨어지고 플라스틱은 위쪽 판자로 떨어진다.

② 서로 섞이지 않는 액체 혼합물의 분리

액체의 양이 많을 때	액체의 양이 적을 때
A / B / 콕	스포이트 / A / B
〈분별 깔때기 이용〉 콕을 열어 아래층의 액체를 먼저 분리한다.	〈스포이트 이용〉 위층의 액체를 스포이트로 뽑아낸다.

액체 A의 밀도 < 액체 B의 밀도

⚙ **그밖의 액체 혼합물의 분리**

① 바다에 유출된 기름의 제거
· (과정 1) 오일 펜스(Oil fence)
바다에서 기름이 유출된 경우 특정 지역(양식장 또는 주요 어장)의 보호를 위해 사고 해역으로부터 기름이 흘러 들어가는 것을 막아 더 이상 기름이 퍼져 나가지 않도록 한다.

· (과정 2) 기름 흡착제
기름을 잘 흡수하는 재질을 이용하여 바다 위에 떠 있는 기름을 빨아들여 제거한다.

② 원심 분리
액체 혼합물을 용기에 넣고 빠르게 회전시키면 밀도 차에 의해 물질이 분리된다.

▲ 원심 분리기에 의한 분리

┌─ **미니사전** ─┐

사금 물가나 물 밑의 모래 또는 자갈 속에 섞인 금 알갱이

쭉정이 껍질만 있고 알맹이는 들지 않은 벼나 보리 따위의 열매

※ 분별 깔때기에서 서로 섞이지 않는 액체의 위치 : 밀도가 큰 물질이 아래층에 위치한다.

혼합물
위층
아래층

혼합물	물 + 식용유	물 + 석유	물 + 수은	물 + 에테르	물 + 사염화 탄소	간장 + 참기름
위층	식용유	석유	물	에테르	물	참기름
아래층	물	물	수은	물	사염화 탄소	간장

정답 p.5

Q4 물과 사염화 탄소의 혼합물을 분별 깔때기에 넣고 흔든 후 가만히 세워 놓으면 아래층에는 무엇이 모이는가?

(2) 용해도 차이를 이용한 혼합물의 분리

① 용매에 대한 용해도 차이 이용

구분	분리 방법	실험 장치
거름 고체 + 고체	• 어떤 용매에 잘 녹는 고체와 녹지 않는 고체가 섞여 있는 혼합물의 분리 **예** 염화 나트륨과 나프탈렌 | 용매	물	에탄올 | |---|---|---| | 거름종이❶ 위 | 나프탈렌 | 염화 나트륨 | | 거름종이 아래 | 염화 나트륨 | 나프탈렌 | • 염화 나트륨은 물에 녹고 에탄올에는 녹지 않으며, 나프탈렌은 에탄올에 녹고 물에는 녹지 않는다.	용매에 녹지 않는 큰 알갱이들은 거름종이 위에 남는다.❷ 혼합물 용매에 녹은 작은 알갱이들은 거름종이를 통과한다.
추출 고체 + 고체	• 고체나 액체 혼합물에서 특정한 물질만 녹이는 용매를 사용하여 분리 **예** 식초(물 + 아세트산)의 분리 | 용매 | 위층 | 아래층 | |---|---|---| | 에테르 | 에테르 + 아세트산 | 물 | • 에테르는 아세트산만 녹여 물을 분리할 수 있다.	에테르를 넣는다. 식초 뚜껑을 닫고 잘 흔든 뒤 놓아둔다. 에테르 + 아세트산 물
기체 혼합물❸	• 어떤 용매에 잘 녹는 기체와 녹지 않는 기체가 섞여 있는 혼합물의 분리 **예** 암모니아와 공기 - 암모니아 : 물에 녹아 아래로 흘러 내린다. - 공기 : 물에 녹지 않아 기체로 빠져 나간다.	작은 구멍을 뚫어 놓은 유리판 물 공기 깨진 유리 조각이나 작은 유리관 도막 암모니아 + 공기 암모니아수

에테르와 사염화 탄소

• 에테르 : 탄화 수소에서 - O - 작용기를 가지고 있는 화합물을 말한다. 휘발성과 마취성, 인화성이 크며, 극성이 작아 물에 잘 녹지 않는다.

• 사염화 탄소 : 메테인(CH_4)의 수소 원자 4개가 염소(Cl)로 치환된 물질(CCl_4)로, 정사면체 구조이며 오존층 파괴물질로 알려져 있다. 소화제, 살충제 등에 사용된다.

① 거름 종이 접는 법

세척병

거름종이는 깔때기보다 작은 것을 사용한다.

② 입자의 크기 비교

흙가루
우유 입자
거름종이
약 10^{-4}cm
약 10^{-7}cm
셀로판지
설탕 입자

③ 물에 잘 녹는 기체와 잘 녹지 않는 기체

잘 녹는 기체	잘 녹지 않는 기체
암모니아, 염화 수소, 이산화 질소	공기, 질소, 산소, 이산화 탄소

② **온도에 따른 용해도 차를 이용** : 용해도는 물 100g에 최대로 녹을 수 있는 용질의 질량(g)이다.

구분	재결정	분별 결정
분리 방법	높은 온도의 용매에 녹인 후 냉각시켜 석출되는 순수한 고체를 얻는다.	
특징	• 온도를 낮춰주는 속도에 따라 결정의 모양이 달라지므로 결정의 모양이나 크기를 조절하고자 할 때 사용된다. • 한 가지 물질만 얻을 수 있다.	• 성분 물질의 용해도 차이가 큰 고체 혼합물의 분리에 사용된다. • 각각의 성분을 모두 얻을 수 있다.
예	〈황산 구리의 분리〉 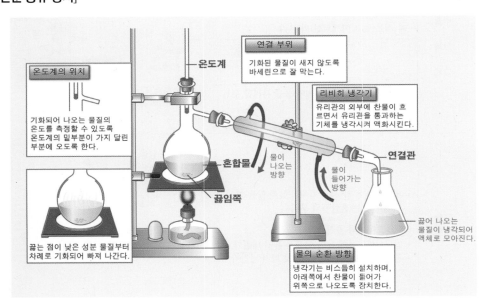 불순물이 포함된 황산 구리를 물에 완전히 녹인 후 불순물을 거른 다음 용액에 클립을 달아 냉각시키면 클립에 황산 구리 결정이 생긴다.	〈붕산과 염화 나트륨의 분리 ④〉 혼합물을 뜨거운 물에 녹인 후 냉각하면 온도에 따른 용해도 변화가 큰 붕산이 결정으로 석출된다

(3) 끓는점 차이를 이용한 혼합물의 분리

① **증류** : 어떤 용액을 가열하여 얻고자 하는 액체의 끓는점에 도달하면 기체 상태의 물질이 생긴다. 이를 다시 냉각시켜 액체 상태로 만들어 이를 모으는 과정을 증류라고 한다.

▶ 증류
• 끓는점 차이가 큰 액체 혼합물의 분리
• 끓는점이 낮은 성분이 먼저 끓어 나오고 끓는점이 높은 물질은 나중에 끓어 나온다.
• 단점 : 처음 끓어 나오는 끓는점 낮은 성분에 나중에 끓어 나오는 성분이 섞여 있다.

예 탁주로 청주 만들기 ❺

[단순 증류 장치]

---

❹ **분별 결정으로 붕산과 염화 나트륨 분리하기**

(붕산 10 g + 염화 나트륨 10 g) 혼합물을 물 100 g 에 녹여 80 ℃ 에서 20 ℃ 로 냉각

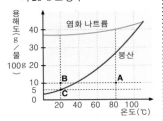

• 점 A : 80 ℃ 에서 붕산과 염화 나트륨은 불포화 상태이다

• 점 B : 염화 나트륨은 20 ℃ 에서도 불포화 상태이므로 결정으로 석출되지 않는다.

• 점 B → C : 붕산은 20 ℃ 에서 용해도가 5이므로 5 g 의 붕산이 석출된다.

❈ **물+메탄올 혼합물의 가열 곡선**

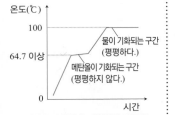

메탄올 수용액을 가열하면 메탄올의 끓는점(64.7℃)보다 약간 높은 온도에서 메탄올이 기화되기 시작한다. 끓는 점이 높은 물이 섞여있기 때문이다.

❺ **탁주로 청주 만들기**

▲ 소줏고리를 이용한 전통 주의 증류

온도계의 위치 / 연결 부위 / 온도계 / 기화된 물질이 새지 않도록 바세린으로 잘 막는다. / 리비히 냉각기 / 유리관의 외부에 찬물이 흐르면서 유리관을 통과하는 기체를 냉각시켜 액화시킨다. / 연결관 / 기화되어 나오는 물질의 온도를 측정할 수 있도록 온도계의 밑부분이 가지 달린 부분에 오도록 한다. / 혼합물 / 물이 나오는 방향 / 물이 들어가는 방향 / 끓임쪽 / 끓어 나오는 물질이 냉각되어 액체로 모아진다. / 끓는 점이 낮은 성분 물질부터 차례로 기화되어 빠져 나간다. / 물의 순환 방향 / 냉각기는 비스듬히 설치하며, 아래쪽에서 찬물이 들어가 위쪽으로 나오도록 장치한다.

▶ 분별 증류
- 단순 증류의 단점을 보완한 방법
- 방법 (1) 증류되어 나온 물질을 받아 다시 증류하는 방법을 여러 번 반복한다.
  방법 (2) 증류관을 이용하여 여러 번 반복 분류하는 과정을 한 번에 할 수 있다.

예 원유의 분리 ❻

[증류관을 사용한 분별 증류 장치]

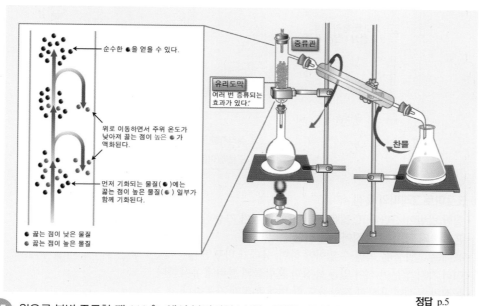

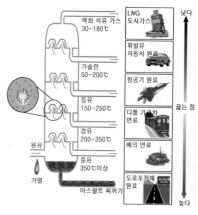

❻ **원유의 분리**
- 여러 층으로 되어 있는 증류탑 이용
- 끓는점이 낮은 물질일수록 먼저 기화되어 증류탑의 위쪽에서 분리되어 나온다.

정답 p.5

Q5 원유를 분별 증류할 때 110 ℃ 에서 분리되어 나오는 기체는 무엇인가?

(4) 크로마토그래피에 의한 분리
- 혼합물을 이루고 있는 성분들의 매질 내에서의 이동 속도 차이를 이용하는 분리 방법이다.
- 혼합물을 이루는 성분 물질의 수는 분리되어 나타나는 점(띠)의 수와 같다.

① 종이 크로마토그래피 ❼

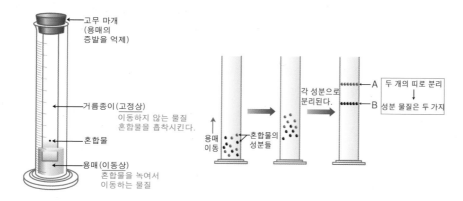

모세관 현상에 의해 용매는 아래에서 위로 이동한다.

이동 속도	A > B
종이(고정상)에 대한 흡착력	A < B
용매(이동상)에 대한 용해도	A > B

❀ **기체 혼합물의 분리**

- 얼음과 소금 : 어는점이 내려가는 성질을 이용해 기체의 온도를 0 ℃ 아래로 낮춘다.
- 끓는점이 낮은 기체부터 먼저 액화되어 분리된다.

예 뷰테인과 프로페인의 분리

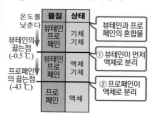

	물질	상태	
온도를 낮춘다	뷰테인 프로페인	기체 기체	뷰테인과 프로페인의 혼합물
뷰테인의 끓는점 (-0.5 ℃)	뷰테인 프로페인	액체 기체	① 뷰테인이 먼저 액체로 분리
프로페인의 끓는점 (-43 ℃)	프로페인	액체	② 프로페인이 액체로 분리

❼ **종이 크로마토그래피에서 유의할 점**
① 불순물이 없는 순수한 용매를 사용한다.
② 혼합물을 찍는 위치는 거름종이 아래에서 1 ~ 2 mm 정도가 적당하다.
③ 거름종이 끝까지 용매가 이동하기 전에 실험을 마친다.

② 관 크로마토그래피

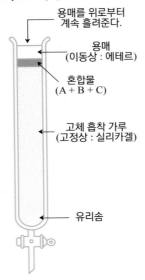

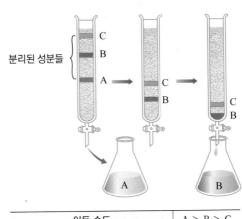

이동 속도	A > B > C
실리카겔(고정상)에 대한 흡착력	A < B < C
용매(이동상)에 대한 용해도	A > B > C

③ 크로마토그래피의 특징

- 실험 방법이 간단하고, 짧은 시간 안에 분리가 가능하다.
- 혼합물의 양이 매우 적어도 분리할 수 있다.
- 용매는 혼합물을 녹일 수 있어야 하며, 용매가 바뀌면 성분이 분리되는 위치도 바뀔 수 있다.
- 여러 가지 성분이 섞여 있는 복잡한 혼합물의 분리에 유용하다.
- 물질의 특성이 유사한 혼합물도 한 번에 분리가 가능하다.

④ 크로마토그래피의 이용

사인펜의 색소 분리	도핑 테스트
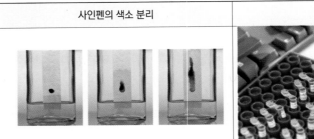	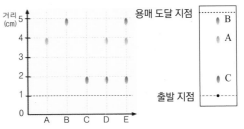

⑤ 성분 물질의 확인 : 물질 A, B, C, D, E 에 대해

종이 크로마토그래피를 하여 오른쪽 그림과 같은 결과를 얻었다면 아래 표와 같이 성분 물질을 확인할 수 있다.

	A	물질이 여러 개로 분리되지 않았으므로
순물질	B	
	C	
혼합물	D	물질 A + C 혼합물
	E	물질 A + B + C 혼합물

올라간 높이가 같은 물질은 전개율⑧이 같으므로 같은 성분 물질이다.

⑧ 전개율

- 전개율 = $\dfrac{\text{용질의 이동 거리(b)}}{\text{용매의 이동 거리(a)}}$
- 용매의 종류와 용질의 성질에 따라 다르다.
- 전개율이 같으면 같은 물질이다.
- 전개율에 영향을 주는 요인
  ① 용매의 종류
  ② 용질의 성질
  ③ 고정상의 종류

미니사전

실리카겔 물이나 알코올을 흡수하는 능력이 매우 뛰어나다. 시중에 판매되고 있는 김을 담는 플라스틱 그릇 바닥에 하얀 종이가 있고 그 안에는 실리카겔이 들어 있어서 김이 공기 중의 수분을 흡수하여 눅눅해지는 것을 막는다.

혼합물의 분리

28 좋은 볍씨를 고를 때에 소금물에 볍씨를 담가서 쭉정이를 골라낸다. 어떤 특성을 이용하는 것인가?

쭉정이

소금물

좋은 볍씨

① 밀도 차   ② 색깔 차   ③ 녹는점 차
④ 끓는점 차   ⑤ 용해도 차

29 실험 기구의 명칭과 이 실험 기구로 분리할 수 있는 혼합물을 바르게 짝지은 것을 고르시오.

	명칭	혼합물
①	거름 장치	물과 에탄올
②	거름 장치	질산칼륨과 붕산
③	분별 깔대기	물과 기름
④	분별 깔대기	물과 에탄올
⑤	분별 깔대기	물과 간장

30 온도에 따른 용해도 차이가 큰 고체 혼합물을 분리하려고 한다. 분리 과정에서 사용되는 방법으로 적당한 것을 〈보기〉에서 있는 대로 고른 것은?

보기

ㄱ. 거름   ㄴ. 증류   ㄷ. 분별깔대기법   ㄹ. 재결정

① ㄱ, ㄴ   ② ㄴ, ㄷ   ③ ㄱ, ㄹ
④ ㄱ, ㄴ, ㄷ   ⑤ ㄱ, ㄷ, ㄹ

31~32 두 물질의 용해도를 나타낸 그래프이다. 염화 나트륨과 붕산을 각각 15 g 씩 혼합하여 80 ℃ 물 100 g에 녹였다.

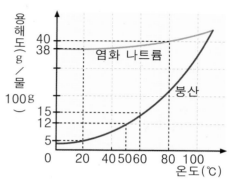

31 이 용액을 80 ℃ 로부터 서서히 식혔더니 결정이 석출되기 시작하였다. 몇 ℃ 이하에서 결정이 석출되기 시작하는가?

32 20 ℃ 까지 냉각시켰을 때 석출되는 물질과 석출량(g)이 맞는 것은?

① 염화 나트륨 23 g   ② 염화 나트륨 15 g
③ 붕산 15 g   ④ 붕산 10 g
⑤ 붕산 5 g

33 그림과 같은 장치를 이용하여 분리할 수 있는 혼합물의 종류는?

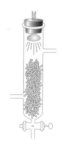

① 고체 + 고체
② 고체 + 액체
③ 기체 + 기체
④ 서로 섞이지 않는 액체 혼합물
⑤ 서로 섞이는 액체 혼합물

34~35 몇 가지 물질의 용해도 곡선이다.

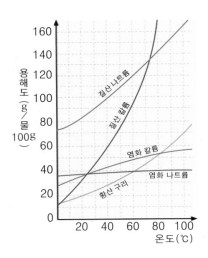

34 뜨거운 용매에 용질을 모두 녹인 후 냉각시키는 방법으로 혼합물을 분리하려고 할 때 분리하기가 가장 어려운 물질을 위 용해도 곡선을 참고하여 고르시오.

① 질산 나트륨　　② 질산 칼륨
③ 염화 칼륨　　　④ 염화 나트륨
⑤ 모두 분리 가능하다.

35 위 그림의 물질 중, 질산 칼륨과 질산 나트륨의 온도에 따른 용해도를 정리한 것이다.

온도(℃)	20	40	60	80
질산 칼륨	32	64	110	170
질산 나트륨	88	104	124	148

80 ℃ 의 물 100 g 에 질산 칼륨과 질산 나트륨이 각각 50 g 씩 완전히 녹였다. 이후 20 ℃ 로 냉각시킨 후 거름 장치로 석출된 고체를 거르고, 나머지 용액을 증발접시에 부어 가열하였더니 물이 모두 증발하였다.

(1) 거름 장치 위에 남는 물질의 종류와 양은?

(2) 가열 후 증발접시 위에 남는 물질의 종류와 양은?

36 소금물을 이용하여 오래된 달걀과 신선한 달걀을 분리할 때 달걀이 잘 떠오르지 않으면 소금을 더 넣어 준다. 그 이유로 옳은 것을 고르시오.

① 소금물의 부피를 크게 하기 위해서
② 소금물의 밀도를 크게 하기 위해서
③ 소금물의 질량을 높게 하기 위해서
④ 소금물이 녹는점을 낮게 하기 위해서
⑤ 소금물의 용해도를 높게 하기 위해서

37 다음과 같은 혼합물의 분리 방법은 무엇인가?

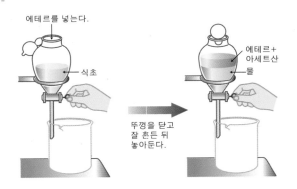

① 거름　　　　② 추출　　　　③ 재결정
④ 분별 결정　 ⑤ 분별 증류

38 에테르를 용매로 하여 콩 속에 들어 있는 유지를 분리하는 방법과 같은 혼합물 분리 방법을 고르시오.

① 한겨울 자동차의 냉각수에 부동액을 넣는다.
② 염전에서 얻은 소금을 정제하여 순수한 소금을 얻는다.
③ 덜 익은 감을 소금물에 담가 놓으면 떫은맛이 없어진다.
④ 소금물에 볍씨를 넣으면 좋은 볍씨와 쭉정이를 분리할 수 있다.
⑤ 물과 식용유의 혼합물이 든 시험관을 가만히 놔두면 두 층으로 분리된다.

39~40 물과 메탄올 혼합 용액을 가열할 때 시간에 따른 온도의 그래프이다.

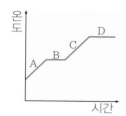

물질	끓는점(℃)
메탄올	64
물	100

39 B 구간에서 얻어지는 용액은 무엇인가?

① 대부분 메탄올이다.
② 대부분 물이다.
③ 얻는 것이 없다.
④ 메탄올과 물의 1 : 1 혼합물이다.
⑤ 전혀 새로운 물질이 얻어진다.

40 B 구간에서는 소량의 물과 메탄올이 섞인 용액이 얻어진다. B 구간에서 얻는 물의 양을 줄이기 위한 실험 장치를 고르시오.

①

②

③

④

⑤
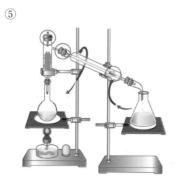

41~42 잘 섞이는 액체 혼합물을 각 성분 물질로 분리하는 장치이다.

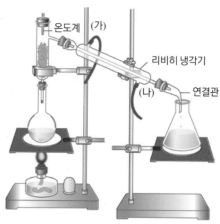

41 리비히 냉각기에서 찬물이 흐르는 방향을 기호로 표시하시오.

42 위 그림과 같은 장치로 분리하기 가장 적당한 혼합물은?

① 질소와 공기
② 잉크와 색소
③ 소금과 설탕
④ 메탄올과 물
⑤ 염화 나트륨과 질산 나트륨

43 소줏고리를 이용하여 탁한 술에서 맑은 술을 얻는 과정을 모식적으로 나타낸 것이다. 이 분리 방법에 대한 설명으로 옳지 <u>않은</u> 것은?

① 탁한 술을 가열하면 끓는점이 낮은 에탄올이 기화한다.
② 기화한 에탄올이 찬물이 들어 있는 그릇의 바닥에서 액화한다.
③ 찬물 대신 뜨거운 물을 사용하면 더 맑고 순도가 높은 술을 얻을 수 있다.
④ 액화한 에탄올이 고리를 통해 바깥으로 흘러 나온 것을 모아 맑은 술을 얻는다.
⑤ 혼합물을 끓는점 차이로 분리하는 것으로 바닷물에서 식수를 얻는 것과 같은 원리이다.

44 액체 혼합물 속에 들어 있는 성분 물질의 끓는점과 어는 점이다. 분별 증류를 할 때 가장 나중에 얻어지는 물질 은?

물질	어는점($℃$)	끓는점($℃$)
①	-90	29
②	-12	68
③	-45	110
④	-7	157
⑤	-12	216

45 뷰테인과 프로페인 기체 혼합물을 다음 그림과 같이 분 리하려고 한다. 수조 속에 가장 적당한 온도는? (단, 뷰테 인의 끓는점은 -0.5 $℃$, 프로페인의 끓는점은 -43 $℃$ 이 다.)

뷰테인과 프로페인의 기체 혼합물

얼음과 소금

① -43 $℃$ 이하
② -43 $℃$ 이상 ~ 0.5 $℃$ 이하
③ -0.5 $℃$ 이상
④ 0 $℃$ 이상
⑤ 어느 온도에도 기체 혼합물은 분리된다.

46 분별 증류에 대한 설명 중 옳지 않은 것을 고르시오.

① 서로 잘 녹는 액체 혼합물의 분리 방법이다.
② 끓는점이 낮은 성분 물질이 먼저 분리된다.
③ 단순 증류에 비해 순수 물질을 얻을 수 있다.
④ 성분 물질의 용해도의 차이가 큰 혼합물을 분리 하는데 유용하다.
⑤ 한 가지 성분 물질이 끓어 나오는 동안에는 온도 가 거의 일정하게 유지된다.

47 (가)는 정유 공장의 원유 분리 장치이고, (나)는 원유 안 에 들어있는 물질의 끓는점의 범위를 정리한 표이다. A ~ D 에서 분리되어 나오는 성분 물질을 각각 쓰시오.

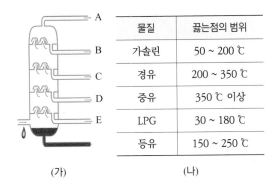

물질	끓는점의 범위
가솔린	50 ~ 200 $℃$
경유	200 ~ 350 $℃$
중유	350 $℃$ 이상
LPG	30 ~ 180 $℃$
등유	150 ~ 250 $℃$

(가)   (나)

48 크로마토그래피에 대한 설명으로 옳지 않은 것은?

① 적은 양의 혼합물도 분리가 가능하다.
② 복잡한 혼합물도 한 번에 분리할 수 있다
③ 혼합물을 이루는 성분 물질의 수를 알아낼 수 있다.
④ 성분 물질과 용매와의 용해도에 의한 전개 속도 차이를 이용한다.
⑤ 시간이 오래 걸리고, 특별한 실험 장치가 있어 야 한다.

49 (가)는 5가지의 향료 A ~ E 에 사용되는 식용 색소의 종류 를 나타낸 것이고, (나)는 A ~ E 향료를 크로마토그래피로 분석한 결과이다.

향료 색깔	식용 색소의 종류
핑크색	핑크색
청색	청색
녹색	청색 + 황색
오렌지색	적색 + 황색
갈색	청색 + 적색 + 황색

(가)   (나)

크로마토그래피로 분석한 향료 A ~ E 에 해당하는 색깔을 각각 쓰시오.

50 크로마토그래피법을 이용하여 잉크를 분리한 실험 과정 과 그 결과이다.

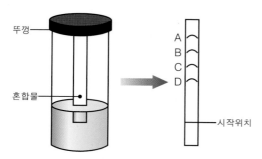

이에 대한 설명으로 옳지 <u>않은</u> 것을 고르시오.

① 용매를 바꿔 쓰면 결과는 다르다.
② 뚜껑을 덮는 것은 용매의 증발을 막기 위해서이다.
③ 거름종이(고정상)과의 흡착력은 A가 가장 크다.
④ 이 잉크는 최소한 네 가지 성분이 섞인 혼합물 이다.
⑤ 운동 선수들의 약물 복용 검사에도 이 방법이 이용된다.

51 크로마토그래피의 분리 장치를 바르게 꾸민 것은?

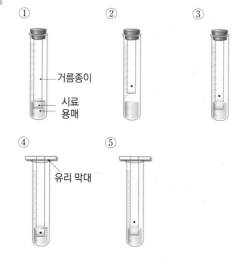

52 물질 A, B, C 가 섞인 혼합물을 관 크로마토그래피법을 이용하여 분리하는 과정이다.

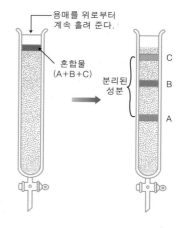

(1) 콕을 열었을 때 얻을 수 있는 물질을 순서대로 쓰시오.

(2) 물질의 이동 속도와 고정상에 대한 흡착력을 부등호로 비교하시오.

• 이동 속도 :
• 고정상에 대한 흡착력:

53 종이 크로마토그래피법을 이용하여 혼합물의 성분 물질 을 확인한 것이다.

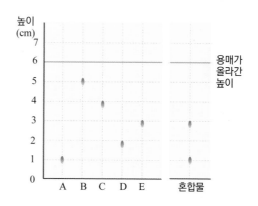

(1) A ~ E 중 혼합물에 들어 있는 성분 물질을 고 르시오.

(2) 혼합물에 들어 있는 성분 물질의 전개율을 모 두 구하시오.

개념 심화 문제

07 물질의 특성을 정리한 표이다.

물질	분자량	끓는점($℃$)	어는점($℃$)	비중	극성, 무극성
물(H_2O)	18	100	0	1.00	극성
벤젠(C_6H_6)	78	80	5.5	0.88	무극성
사염화 탄소(CCl_4)	153.8	76.74	-23	1.63	무극성
나프탈렌($C_{10}H_8$)	128	218	80.3	0.97	무극성

표의 물질 중 상온에서 분별 깔때기로 분리할 수 있는 혼합물은?

① 물, 벤젠   ② 벤젠, 사염화 탄소   ③ 물, 나프탈렌

④ 사염화 탄소, 나프탈렌   ⑤ 물, 사염화 탄소, 나프탈렌

08 온도에 따른 질산 칼슘과 염화 나트륨의 용해도를 정리한 것이다.

물질	용해도	
	20 $℃$	60 $℃$
질산 칼륨	32	110
염화 나트륨	36	36

질산 칼륨과 염화 나트륨이 2 : 1 의 질량비로 섞인 혼합물 300 g 이 있다. 이 혼합물을 60 $℃$ 의 물 100 g 에 넣고 잘 저은 다음 거름종이로 걸러내었다. 다음 물음에 답하시오.

(1) 걸러진 물질의 종류와 질량을 구하시오.

(2) (1)에서 남은 용액을 20 $℃$ 까지 냉각시켰을 때 석출되는 물질의 종류와 질량을 계산하시오.

개념 돋보기

⚫ 비중과 밀도
- 밀도 : 어떤 물질의 단위 부피만큼의 질량. 물의 밀도는 1 g/cm^3 이다.
- 비중 : 어떤 물질의 밀도와 동일한 부피의 표준 물질의 밀도를 비교한 값. 고체나 액체의 경우에는 표준 물질로서 4 $℃$ 의 물을 사용하며, 기체의 경우에는 0 $℃$, 1 기압의 공기를 표준으로 한다.

⚫ 극성 분자와 무극성 분자

극성 분자	무극성 분자
분자 내에 부분적인 양전하와 음전하를 띤 분자. 분자 모양이 비대칭이다. $\delta +$ $\delta -$	분자 모양이 대칭이고 분자 전체에 전하가 균일하게 분포되어 있는 분자이다.

- 극성은 극성끼리, 무극성은 무극성끼리 잘 섞인다.

09 (가)는 고체 물질의 용해도 곡선을 나타낸 것이고, (나)는 붕산 20 g 과 소금 30 g 의 혼합물을 분리하는 과정을 나타낸 것이다.

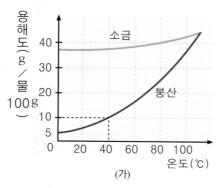

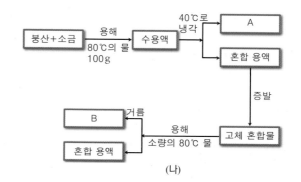

A 와 B 에 알맞은 물질을 쓰고, 그 이유를 쓰시오.

10 아세트산에 같은 양의 물과 에테르를 넣으면 물에는 20 %, 에테르에는 80 % 의 아세트산이 녹는다. 물 100 mL 에 아세트산이 50 g 이 들어 있는 혼합물에 에테르를 넣어 아세트산을 추출하려고 한다.

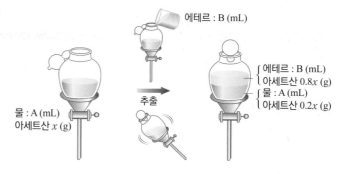

에테르 : B (mL)

에테르 : B (mL)
아세트산 0.8x (g)
물 : A (mL)
아세트산 0.2x (g)

물 : A (mL)
아세트산 x (g)

추출

(1) 100 mL 의 에테르를 이용해서 한번 추출할 때 추출되는 아세트산의 질량을 구하시오.

(2) 100 mL 의 에테르를 이용해서 추출 과정을 두 번 반복할 때 추출되는 아세트산의 총 질량을 구하시오.

개념 돋보기

🔵 추출 횟수와 추출되는 물질의 양

같은 부피의 용매 (가)와 (나)에 녹는 어떤 용질의 질량비를 a : b라고 했을 때

용매 (나) : B (mL)

용매 (나) : B (mL)
용질 y (g)
용매 (가) : A (mL)
용질 x - y (g)

용매 (가) : A (mL)
용질 x (g)

추출

$$\frac{x-y}{A} : \frac{y}{B} = a : b$$

11 어떤 물질 X 가 5 g 녹아 있는 수용액으로부터 사염화 탄소를 이용하여 X 를 추출하여 분리하고자 한다. 물과 사염화 탄소의 부피가 같을 때 물과 사염화 탄소에 각각 녹는 물질 X 의 질량비는 1 : 2 이다.

(1) 물질 X 가 5 g 녹아 있는 수용액 10 mL 에 사염화 탄소 20 mL 를 가하여 한번 추출할 때 분리되는 물질 X 의 질량 (g)을 구하시오.

(2) 물질 X 가 5 g 녹아 있는 수용액 10 mL 에 사염화 탄소 10 mL 씩 사용하여 추출 과정을 두 번 반복했을 때 분리되는 물질 X 의 질량(g)을 구하시오. (단, 소수점 둘째 자리까지 구한다.)

(3) 물질 X 를 효과적으로 많이 추출, 분리하기 위한 방법을 쓰시오.

12 공기 중의 물질을 분리하는 실험 장치를 나타낸 것이다.

비가 내린 후에는 공기 속의 먼지뿐만 아니라 기체 오염 물질인 이산화 황이나 이산화 질소의 양도 줄어든다. 위 실험 장치를 이용하여 공기 중의 이산화 황과 이산화 질소를 분리하고자 할 때 A, B, C, D 에 해당하는 물질을 쓰시오.

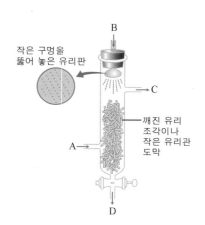

13 공기 중에 섞여 있는 성분 물질들의 끓는점을 정리한 표이다.

종류	질소	산소	아르곤	이산화 탄소
조성	78%	21%	1%	0.03%
끓는점(℃)	-195.8	-192.94	-56.56	-185.85
녹는점(℃)	-210	-218.79	-189.35	-78.5

공기를 -200 ℃ 까지 냉각 시킨 후 온도를 높일 때 A ~ D 에 분리되어 나오는 기체를 각각 쓰시오.

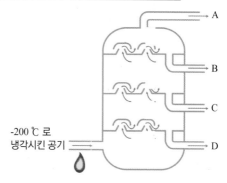

14 신선한 시금치와 익힌 시금치를 각각 갈아서 색소를 추출한 후에 에테르와 아세톤의 혼합 용액을 용매로 사용하여 전개시킨 결과이다. 이에 대한 설명으로 옳은 것끼리 바르게 짝지은 것은?

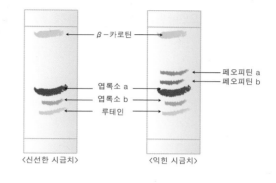

〈신선한 시금치〉　〈익힌 시금치〉

> ㄱ. 페오피틴 a 와 페오피틴 b 는 익힌 시금치에서만 생성된다.
> ㄴ. 성분 물질 중 루테인은 고정상과의 친화력이 가장 크다.
> ㄷ. 용매와의 인력이 가장 큰 물질은 루테인이다.
> ㄹ. 시금치를 익히면 엽록소 a 와 b 는 파괴되어 사라진다.
> ㅁ. 신선한 시금치와 익힌 시금치에서 β-카로틴의 전개율은 같다.

① ㄱ, ㄴ　　② ㄹ, ㅁ　　③ ㄱ, ㄴ, ㅁ　　④ ㄱ, ㄴ, ㄹ　　⑤ ㄴ, ㄹ, ㅁ

15 같은 용매를 사용하였을 때 몇 가지 물질에 대한 크로마토그래피 결과이다.

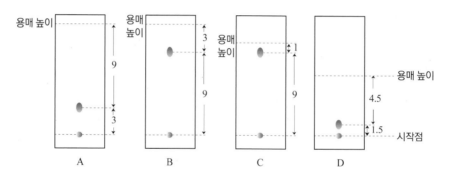

(1) 각 크로마토그래피의 전개율을 구하시오.

(2) 물질의 종류는 모두 몇 가지인가?

16 복잡한 혼합물을 분리하는 과정이다. (　)안에는 혼합물의 분리 방법을 쓰고, 각 칸에는 분리되거나 남은 물질을 쓰시오.

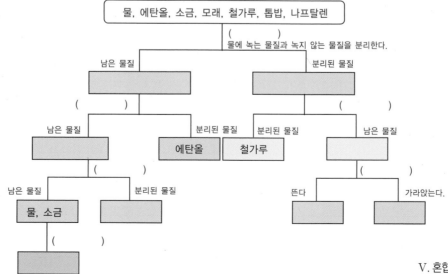

17 상처가 났을 때 바르는 소독약 100 mL 를 분리하는 과정을 차례대로 나타낸 분류표이다. 소독약 100 mL 는 아이오딘(I_2) 60 g, 아이오딘화 칼륨(KI) 40 g 을 용해한 70% 알코올 수용액이다.

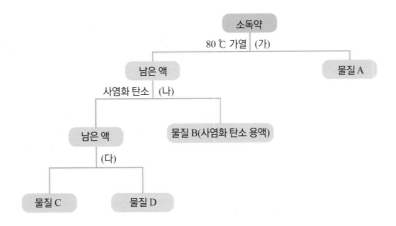

(1) 최종적으로 남는 물질 D 는 고체 물질이다. 소독약에서 분리되어 나오는 물질 A, B, C, D 의 이름을 각각 쓰시오.

(2) 물질의 분리 과정 (가), (나), (다)를 각각 쓰시오.

(3) 위 분리 과정에서 과정 (가)와 (나)의 순서를 바꾸면 안된다. 그 이유를 쓰시오.

18 보라색과 파란색 싸인펜 잉크에 대한 크로마토그래피의 결과이다.

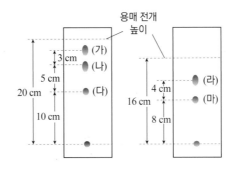

같은 물질로 예상되는 것끼리 짝지은 것으로 옳은 것만을 〈보기〉에서 있는 대로 고르시오.

보기
ㄱ. (가)와 (라)   ㄴ. (가)와 (마)   ㄷ. (나)와 (라)
ㄹ. (나)와 (마)   ㅁ. (다)와 (마)

창의력을 키우는 문제

● 논리 서술형

01 아르키메데스는 왕관이 순금으로 만들어졌는지 알아보라는 왕의 명령을 받고 고민하던 중, 목욕탕에서 물이 넘쳐 흐르는 것을 보고 그 방법을 생각해 냈다는 일화로 유명하다. 아르키메데스는 실제로 어떤 방법으로 그 왕관이 순금이 아닌지를 알아낼 수 있었는지 설명하시오.

● 논리 서술형

02 그림 (가)와 같이 소금물에 달걀을 넣으면 달걀이 위로 뜬다. 여기에 다른 수용액 A 를 섞으면 그림 (나)와 같이 달걀이 밑으로 가라앉는다.

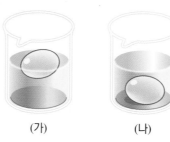

(가)　　　　(나)

(1) 달걀이 밑으로 가라앉는 이유는 무엇인가?

(2) (나)의 달걀을 다시 위로 뜨게 하기 위해서는 어떻게 해야 하는가?

창의력을 키우는 문제

● 논리 서술형

03 다이어트 콜라는 물에 뜨는 반면에 일반 콜라는 물에 가라앉는다. 그 이유는 무엇인지 쓰시오.

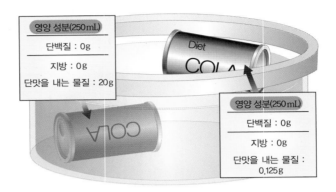

● 논리 서술형

04 영화 〈007 언리미티드〉에서 007은 비밀 무기인 보트를 타고 물속으로 잠수를 하며 범인을 쫓 는 장면이 나온다.

(1) 물의 밀도는 1 g/cm^3 이고, 철의 고체 상태 밀도는 약 8 g/cm^3 으로 물보다 훨씬 크 다. 철로 만든 보트가 물에 뜨게 하기 위해서 배를 어떻게 만들어야 하는지 쓰시오.

(2) 보트가 잠수함처럼 물속과 물 위를 자유롭게 오가는 장면을 볼 수 있다. 이 장면이 어 떻게 가능한지 쓰시오.

● 논리 서술형

05 그림을 보고 물음에 답하시오.

A, B, C 국자 안에서 일어나는 변화를 선택하여 ○표 하고, 그 이유를 쓰시오.

A	• (물리 , 화학) 변화
	• 이유 :
B	• (물리 , 화학) 변화
	• 이유 :
C	• (물리 , 화학) 변화
	• 이유 :

◯ **설탕의 역사**

설탕은 태평양 뉴기니섬에서 처음 시작된 이후 아시아와 인도, 중동 지역으로 이어지다 십자군 원정을 계기로 11세기 서유럽에도 전해졌다.1492년 콜럼버스의 신대륙 발견 이후에는 중남미의 여러 나라에도 사탕수수 재배가 전해졌고, 점차 세계 최대 설탕 생산국으로 발전하게 된다.

▲ 중세의 설탕 제조

◯ **설탕을 연료로 하는 자동차**

최근에는 설탕을 연료로 사용하는 자동차를 개발하였는데, 설탕에 효소를 첨가하여 분해될 때 발생하는 수소를 이용한 것이다.

▲ 설탕을 연료로 사용하는 자동차

● 단계적 문제 해결형

06 붕산과 염화 나트륨의 용해도 곡선과 시간에 따른 용해도를 표로 정리한 것이다.

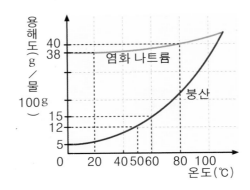

온도(℃)	0	10	20	30	40	50	60	70	80	90
염화 나트륨	36	37	37	37	38	38	38	39	39	41
붕산	3	5	7	9	10	12	15	20	22	25

붕산과 염화 나트륨이 20 g 씩 섞여 있는 혼합물을 물 80 g 에 녹여 분리하기 위해 다음과 같은 실험을 단계적으로 계획하였다.

(가) 붕산과 염화 나트륨이 20 g 씩 섞여 있는 혼합물을 비커에 넣고 상온의 물 80 g 을 넣는다.
(나) 혼합 용액을 60 ℃ 까지 가열하여 붕산과 염화 나트륨을 완전히 녹인다.
(다) 혼합 용액을 10 ℃ 까지 냉각시켜 석출된 물질을 걸러낸다.
---

(1) 위에서 계획한 실험 과정 중에서 잘못된 것을 골라 바르게 고치시오.

(2) 과정 (다)에서 석출된 물질을 걸러내기 위한 실험 장치를 그리시오.

(3) 석출되고 남은 용액을 증발시켰을 때 얻을 수 있는 물질의 종류와 질량(g)을 구하시오.

🔵 논리 서술형

07 물과 아세톤이 1 : 1 로 섞인 용액을 분리하기 위한 증류 장치이다.

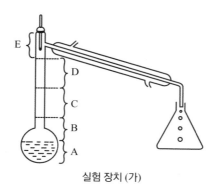

실험 장치 (가)

유리관에서 액체 아세톤이 나오기 시작하였다.

(1) B ~ E 구간은 수증기와 아세톤 증기로 포화된 상태이다. 이들 각 구간에서 증기에 포함되어 있는 아세톤의 % 농도를 비교하고, 그 이유를 쓰시오.

(2) 둥근바닥 플라스크 목의 길이가 10 cm 인 경우와 20 cm 인 경우 어느 쪽이 분리가 더 잘 되는가? 이유를 설명하시오.

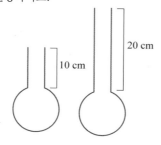

(3) 아래 실험 장치 (나)와 위의 실험 장치 (가)를 비교하고, 어느 것으로 증류할 때 순수한 아세톤을 더욱 효율적으로 얻을 수 있는지 이유와 함께 쓰시오.

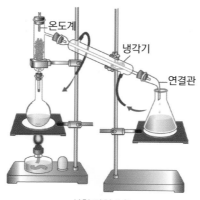

실험 장치 (나)

🔷 **리비히 냉각기**

● 독일의 화학자 J.Liebig에 의해 고안된 냉각기이다.

● 리비히 냉각기의 물은 아래쪽에서 위쪽으로 흐르게 되어 있는데, 물이 윗쪽에서 아랫쪽으로 흐른다면 냉각부에 찬물이 고이지 못하고 바로 아랫쪽으로 빠져버린다. 찬물을 아랫쪽에서 들어오게 한다면 냉각부에 물이 꽉 찰 수 있기 때문에 냉각 효과를 최대한 높일 수 있다.

▲ J. Liebig (1803 ~ 1873)

▲ 리비히의 실험실 : 리비히는 근대적인 실험실의 창설로 화학 연구 및 교육 방식에 영향을 미쳤다.

창의력을 키우는 문제

단계적 문제 해결형

08 아이오딘 팅크제는 아이오딘의 알코올 용액으로서 상처나 피부 소독에 쓰인다. 아이오딘 팅크는 아이오딘화 칼륨(KI) 40 g 과 아이오딘(I_2) 60 g 에 70 % 에탄올 수용액 200 g 을 넣어 만든다. 아래는 아이오딘 팅크에 들어 있는 물질들의 특성을 정리한 것이다.

종류	분자량	녹는점 (℃)	끓는점 (℃)	비중	용해성
아이오딘화 칼륨(KI)	166	680	1330	3.13	물에 녹는다.
아이오딘 (I_2)	254	113.6	184.4	4.93	에탄올, 아이오딘화 칼륨 수용액, 사염화 탄소에 녹는다.
에탄올(C_2H_5OH)	46	-114.5	78.32	0.789	물에 녹는다.

다음과 같은 순서로 아이오딘 팅크의 각 성분을 분리하였다.

> (가) 아이오딘 팅크를 가열하여 에탄올을 분리시킨다.
> (나) 분리하고 남은 용액을 사염화 탄소에 넣은 다음 이 용액을 분별 깔대기에 넣고 흔든다.
> (다) 아래 층 용액을 빼내어 사염화 탄소를 증발시켜 아이오딘을 얻는다.
> (라) (다)의 위 층 용액을 증발시켜 아이오딘화 칼륨 고체를 얻는다.

(1) (가)에서 혼합물을 분리하는 실험 장치를 그리고, 어떤 특성을 이용한 것인지 쓰시오.

(2) (나)에서 분리하고 남은 용액을 사염화 탄소에 넣는 이유는 무엇인가?

(3) (나)에서 사염화 탄소 120 mL 를 넣어 한번 추출할 때 추출되는 아이오딘의 양을 구하시오. (단, 같은 양의 물과 사염화 탄소에 녹는 아이오딘의 질량비는 1 : 9 이고, 소수점 둘째 자리까지 계산한다.)

논리 서술형

09 배가 침몰하여 무인도에 표류하게 되었을 때 마실 물이 없어 바닷물을 이용하여 물을 얻으려고 한다. 주어진 도구를 이용하여 마실 물을 얻을 수 있도록 실험 장치를 설계하시오.

투명 랩   동전   컵   고무줄   사발

아이오딘(I)

상온에서 금속 광택이 나는 검보라색 결정으로 녹는점 113.5 ℃, 끓는점 184.35 ℃이다. 열을 가하면 보라색 증기(아이오딘 기체 ; I_2)가 되어 승화한다.

▲ 고체 아이오딘

물에는 조금밖에 녹지 않으나 아이오딘화 칼륨 수용액에는 녹는다.
사염화 탄소·클로로포름에 녹으면 보라색, 에틸 알코올·에테르에 녹으면 적갈색을 띤다. 녹말 용액을 가하면 진한 청색의 아이오딘-녹말 반응을 일으킨다.

바닷물을 마실 수 없는 이유

우리 몸의 세포에는 적당량의 무기염류가 있어 세포의 삼투압과 pH를 유지시키고 있으며 그 농도는 약 0.9 % 가 된다. 그러나 바닷물의 무기염류 농도는 약 3 % 로 몸의 세포액 농도보다 진하다.
그러므로 바닷물을 마시면 혈액 중의 무기염류 농도가 세포액의 농도보다 진해져 세포로부터 물이 빠져 나오게 된다. 그 결과 혈액의 양이 많아지고 신장은 혈액의 농도를 일정하게 유지하기 위해 염류나 물을 오줌을 통해 1.5 L 이상 배출해야 한다. 그러므로 마신 바닷물보다 더 많은 양의 물이 조직 세포로부터 빠져나오게 되어 결국 탈수 현상을 일으켜 죽게 되는 것이다.

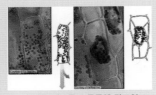

▲ 식물 세포를 소금물에 담그어 놓으면 세포에서 물이 빠져 나오는 현상을 관찰할 수 있다.(삼투 현상)

10 거름종이에 혼합물 A, B 의 점을 찍어서 점 아래 부분을 알코올에 담가 두었다가 꺼낸 것이다.

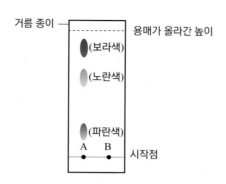

(1) 위 그림에서 분리되지 않은 혼합물 B 를 크로마토그래피를 이용하여 분리시키기 위한 적당한 방법을 쓰시오.

(2) 혼합물 A 를 아래 그림과 같이 관 크로마토그래피를 이용하여 분리하고자 할 때 가장 먼저 분리되어 나오는 물질은 무슨 색인가? 그 이유는 무엇인가?

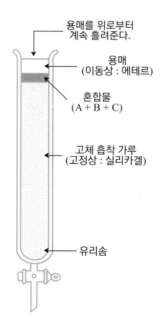

크로마토그래피의 종류

① 겔 크로마토그래피
고정상인 겔에는 많은 구멍이 뚫려 있어서 작은 분자만이 들어갈 수 있다.
큰 분자는 구멍 안으로 들어가지 못해 먼저 분리되어 나온다.

② 친화 크로마토그래피
항체와 친화력이 없는 물질이 항체와 결합하지 못하여 먼저 분리된다.
항체와 결합된 물질은 특정한 용매를 부어 주면 나온다.

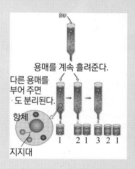

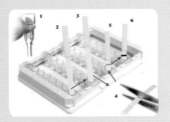
○ 논리 서술형

11 각 트랙에 여러 인종의 선수들이 육상 장애물 경기를 하고 있다.

위의 장애물 경기와 크로마토그래피의 원리와 연관 지어 유사점과 차이점을 쓰시오.

• 유사점 :

• 차이점 :

○ 논리 서술형

12 다음에서 혼합물의 분리 방법을 이용하여 참기름, 물, 소금, 후추를 분리하는 방법을 쓰시오.

● 추리 단답형

13 글을 읽고, 물음에 답하시오.

(1) 액체 상태의 이산화 탄소를 밀폐된 용기에 넣고 31 ℃ 으로 가열하면 액체 상태와 기체 상태의 구분이 생기지 않는 상태인 "초임계 상태" 가 된다. 초임계 상태에서는 아무리 높은 압력을 가해도 액체가 되지 않는다. 초임계 상태에서는 무엇이나 잘 녹이는 성질을 가진다.

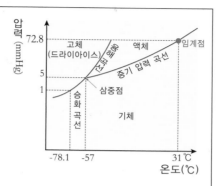

(2) 카페인의 구조

커피에는 카페인이라는 물질이 들어 있어서 소량 마시면 피로 회복의 효력이 있지만, 중추 신경 흥분제도 들어 있어 많이 마시면 잠이 오지 않기도 한다.

카페인의 구조

(1) 커피 원두나 씨앗 등에서 자연적으로 생성된 카페인을 분리시킨 커피를 디카페인 커피라고 한다. 이산화 탄소를 이용하여 커피에서 카페인을 추출하는 방법을 말해보시오.

(2) 이산화 탄소로 카페인을 추출하는 방법은 뜨거운 수증기로 카페인을 제거하는 방법에 비해 어떤 장점이 있는가?

(3) 이산화 탄소가 응고되면 고체 드라이아이스가 된다. 고체 드라이아이스는 액체 이산화 탄소에 뜰까? 아니면 가라앉을까?

⬡ 물의 임계 온도

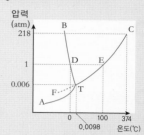

물을 아주 튼튼한 밀폐된 용기 속에 넣으면 액체-기체의 동적 평형 상태인 증기압력곡선 TE 경계상에 있으며 가열하면 T → E로 경계상이 이동한다.
이때 온도를 높여 100 ℃ 가 되어도 밀폐되어 있기 때문에 수증기가 빠져나가지 못해 끓지 않는다. 물의 기화로 인해 압력은 계속 높아지고, 경계상이 E→C로 이동한다. 이 때의 기체는 압력이 매우 높으며 밀도도 매우 높다.
상경계 끝점인 C점(374 ℃, 218 atm)에 도달하면 기체의 밀도와 액체의 밀도가 같아져 액체와 기체와 경계가 사라지며 기체와 액체를 구별할 수 없다. 이때의 C점을 임계점이라고 하고 이때의 온도를 임계 온도, 압력을 임계 압력이라고 한다.

⬡ 임계점

● 임계점에 있는 기체는 매우 높은 압력 하에 있기 때문에 분자 사이가 매우 가까워 액체와 구별이 없어진다.
● 임계점에 있는 액체는 매우 높은 온도에 있기 때문에 기체와 구별할 수 없다.

⬡ 초임계 상태

임계점 이상의 상태로 액체와 기체의 경계가 사라지고 서로 섞여 있는 상태

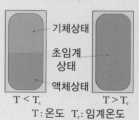

T : 온도 T$_c$: 임계온도

14 차가운 술을 좋아하는 사람들을 위해 한동안 냉동실에 소주와 맥주를 넣었다가 꺼내었더니 맥주는 얼어서 병이 깨졌고, 소주는 차가워졌지만 얼지는 않았다.

(1) 소주와 맥주를 같은 냉동실에 넣었는데, 왜 맥주만 얼었을까?

(2) 냉동실에서 반만 얼린 맥주와 냉장고에서 꺼낸 차가운 맥주를 마실 경우 먼저 취하는 경우는 무엇일지 써 보시오.

(3) 아주 추운 경우 바다가 얼어서 생긴 거대한 얼음덩어리가 녹는다면 주변의 염분의 농도는 어떻게 될까?

(4) 전기도 물도 없는 곳에서 목이 마르다. 주위에는 얼음과 소금과 술만 있다. 술에서 순수한 물만 얻어서 마실 수 있는 방법을 생각해서 적어 보자.

◯ **물의 어는점 : 0 ℃**
에탄올의 어는점: -114 ℃

◯ **술의 알코올 비율**

소주 : 19 ~ 25도
맥주 : 4 ~ 5도
막걸리 : 6 ~ 15도

◯ **술의 도수**

15 ℃ 일 때의 에탄올 수용액의 부피 % 이다. (25도 = 소주 100 mL 에 에탄올 20 mL 가 들어 있음)

◯ **술에 사용하는 알코올은?**

술에 사용하는 알코올은 에탄올이며, 메탄올을 마시면 간에서 폼알데하이드라는 독성 물질이 만들어지므로 눈이 멀거나 생명을 잃게 될 수도 있다.

◯ **술을 마시면 속이 아픈 이유?**

체내에서 에탄올이 산화하여 아세트알데하이드라는 물질이 만들어지기 때문이다. 인체에서의 독성은 아세트알데하이드가 폼알데하이드보다 다소 약하다.

◯ **메탄올과 에탄올의 산화**

실수로 메탄올을 마신 사람에게 술을 마시게 하면 메탄올 중독 증상이 조금 완화된다. 알코올 탈수소 효소는 메탄올과 에탄올의 산화에 모두 관여하므로 술을 마시게 되면 메탄올의 분해가 줄어 들어 폼알데하이드의 생성량이 감소하기 때문이다.

알코올 탈수소 효소

CH_3OH ⟶ HCHO
(메탄올) (폼알데하이드)
C_2H_5OH ⟶ CH_3CHO
(에탄올) (아세트알데하이드)

15 제시문을 읽고, 물음에 답하시오.

택시는 연료로 LPG를 사용한다. LPG를 연료로 사용하는 자동차는 연료비가 적게 들며, 소음이 적다. 하지만 겨울철에는 시동이 잘 걸리지 않는 단점이 있다.

LPG 연료의 주성분은 뷰테인과 프로페인이며 뷰테인과 프로페인은 상온에서 기체 상태이므로 높은 압력을 가해 액체 상태로 만든 연료를 LPG통에 넣어 사용한다. 자동차 연료용 LPG는 여름철에는 거의 뷰테인으로 이루어져 있다.

LNG는 액화 천연 가스로, 천연 가스를 원산지에서 가압 냉각하여 액체 상태로 화물선으로 소비지에 운반한다. LNG의 주성분은 메테인 가스로(80 ~ 99 %를 차지함) 그외에 에텐, 뷰테인, 프로페인 등을 함유하고 있으며 발열량이 매우 높고, 비중이 공기보다 낮아 폭발하기는 어렵다. 공업 연료, 도시 가스, 발전 연료에 사용된다.

[자료] LPG와 LNG의 성분 비교

구분	LNG	LPG	
성분	메테인(CH_4)	프로페인(C_3H_8)	뷰테인(C_4H_{10})
밀도(g/L)	0.65	1.80	2.37
끓는점(℃)	-162	-42	-0.6
연소열(kJ/g)	56	51	50

(1) LPG를 사용하는 자동차는 왜 겨울철에 시동이 간혹 잘 안 걸릴까?

(2) 겨울철에 제주도와 서울 지역 충전소 LPG의 성분 비율은 어떻게 될까?

(3) 도시 가스에 이용하는 LNG의 주성분은 메테인이다. 왜 대도시에서 많이 이용되는 도시 가스가 시골에는 없을까?

(4) LPG 가스통 안에 들어 있는 액체 상태의 프로페인과 뷰테인은 두 층으로 존재할까? 한 층으로 존재할까?

(5) 도시 가스와 LPG가 누출되면 어떤 것이 폭발 위험성이 더 클까?

◯ 프로페인과 뷰테인의 분리

뷰테인의 끓는점 : -0.5 ℃
프로페인의 끓는점 : -42 ℃
얼음과 소금을 섞어 한제로 만들면, 온도가 -21 ℃ 까지 내려가므로 프로페인과 뷰테인이 들어 있는 용기를 얼음과 소금을 섞은 용기에 넣고 냉각시키면 뷰테인만 액체로 되므로 분리할 수 있다.

프로페인과 뷰테인
기체 프로페인
액체 뷰테인
얼음과 소금

◯ 공기의 분리

공기는 성분 기체들이 균일하게 섞여있는 혼합물이다. 끓는점 차이를 이용하여 분리하는 분별증류법을 사용한다.
1) 온도를 낮추면 수증기와 이산화탄소가 얼음과 드라이아이스로 분리된다.
2) 공기를 압축했다 팽창시키면 온도가 내려간다. 이 과정을 반복하면 온도가 -200 ℃ 까지 내려간다.
3) 액화된 공기를 서서히 온도를 높여주면 끓는점이 낮은 질소부터 기화되어 나온다.

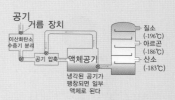

공기
거름 장치
이산화탄소 수증기 분리
공기 압축 액체공기
냉각된 공기가 팽창되면 일부 액체로 된다
질소 (-196℃)
아르곤 (-186℃)
산소 (-183℃)

◯ 액체 질소와 산소의 액화

액체 질소를 깡통에 담아 두면 깡통 바깥에 액체가 생긴다. 여기에 향불을 가져다 대면 향의 불이 더 밝아진다.

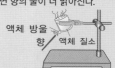

액체 방울
향 액체 질소

산소는 액체 질소보다 끓는점이 더 높으므로 액체 질소가 기화하면서 에너지를 빼앗아가면 산소는 액화된다. 깡통 바깥의 액체 방울은 액화된 산소이다.

콩 속의 지방 분리

1) 콩을 막자사발로 잘게 간다.

막자사발
콩

콩을 잘게 간다.

2) 잘게 간 콩에 에테르를 가한다.

에테르

3) 거름종이로 거른다.
4) 걸러진 에테르 층에서 에테르를 증발시키면 콩기름만 남는다.

재빨리 거른다

에테르를 증발시키면 콩기름만 남는다

시계 접시

분자 구조

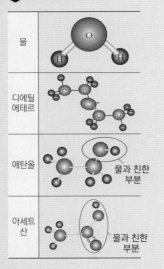

물	
디에틸 에테르	
에탄올	물과 친한 부분
아세트 산	물과 친한 부분

[논리 서술형 + 창의적 문제 해결형]

16 장미향에 수증기를 가하면 장미 향유 분자가 수증기와 같이 나온다. 이를 냉각시키면 분별깔대기에서 향유 층과 물 층으로 나누어지게 된다. 물 층을 버리고 향유 층은 에탄올에 담가 밀봉한다.

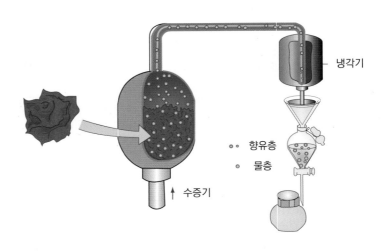

냉각기

향유층
물층

수증기

(1) 장미 향유를 에탄올에 담근 이유를 근거로 장미 향유의 휘발성에 대해 써 보시오.

(2) 왜 에탄올은 물에도 녹고 장미 향유도 녹일 수 있을까?

(3) 식초는 아세트산을 물에 녹인 것이다. 다음 재료와 기구를 가지고 식초에서 아세트산을 분리하는 방법을 설계하시오.
(끓는점 : 물 100 ℃, 에테르($C_2H_5OC_2H_5$) : 34.5 ℃, 아세트산(CH_3COOH) : 117.8 ℃)

> 분별깔대기, 에테르, 비커, 중탕 장치

대회 기출 문제

정답 및 해설 12 쪽

01 열기구는 공기를 이용하여 하늘을 나는 기구이고, 비행선은 기구 안에 공기와 다른 기체를 채워 하늘을 나는 기구이다. 열기구와 비행선이 같은 높이로 떠 있고, 더 이상 올라가지도 내려가지도 않고 공중에 정지해 있는 상태라고 가정하였을 때, 다음 중 옳은 것만을 있는 대로 고르시오. (단, 기온과 기압 등 기상 상태는 동일하다.)

[대회 기출 유형]

▲ 열기구

▲ 비행선

① 비행선 안의 기체는 비행선 밖의 공기보다 밀도가 크다.
② 비행선 안의 기체와 열기구 풍선 안의 공기는 온도가 같다.
③ 열기구 풍선 안의 공기는 열기구 밖의 공기보다 밀도가 작다.
④ 열기구 풍선 속 공기를 가열하면 공기가 풍선 밖으로 빠져 나온다.
⑤ 열기구 풍선 안의 공기의 온도는 열기구 밖의 공기의 온도보다 낮다.

02 눈금 실린더에 물 200 mL 를 담고 여기에 콩 52 g 을 넣었더니 수면의 높이가 240 mL 가 되었다. 다시 좁쌀 30 g 을 넣었더니 수면의 높이는 265 mL 가 되었다.

[대회 기출 유형]

(1) 콩과 좁쌀의 밀도(g/mL)는 각각 얼마인가?

(2) 위 용액에 소금을 넣어 콩은 뜨지 않고 좁쌀만 수면으로 뜨게 만들고자 한다. 최소한 몇 g의 소금을 가하면 되겠는가? (단, 물에 소금을 녹일 때 전체 부피는 물의 부피와 같다고 가정한다.)

(3) 콩도 소금물에 뜨게 하려면 소금을 얼마나 더 녹여야 하는가?

03 부피 1 L 의 플라스크 세 개에 각각 H_2, Cl_2, CH_4 기체가 담겨 있다. 0 ℃, 1 기압의 조건에서 밀도가 가장 큰 기체를 고르시오. (단, H, C, Cl 의 원자량은 각각 1, 12, 35.5 이다.)

[대회 기출 유형]

① H_2 ② Cl_2 ③ CH_4 ④ 모두 같다.

04 혼합물에 대한 설명으로 옳은 것을 있는 대로 고르시오.

① 공기는 혼합물이다.
② 녹는점, 밀도 등이 일정하지 않다.
③ 성분 물질의 성질과는 전혀 다른 성질을 갖는다.
④ 화학적 방법인 분해에 의해서 성분 물질로 분리된다.
⑤ 모든 혼합물은 여과 방법에 의하여 그 성분 물질로 분리된다.

05 철의 제련 과정을 모식적으로 나타낸 것이다.

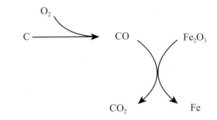

이 과정에서 제시된 물질에 대한 설명으로 옳은 것만을 〈보기〉에서 있는 대로 고르시오.

> **보기**
>
> ㄱ. 분자는 4가지이다.
> ㄴ. 화합물의 3가지이다.
> ㄷ. 홑원소 물질은 2가지이다.

06 5가지 물질과 이를 2가지 기준에 따라 그룹 I ~ IV 로 분류하기 위한 표이다.

물질
Ar   Cu O_3
HF   NaCl

기준 \ 그룹	I	II	III	IV
분자인가?	○	×	○	×
화합물인가?	×	×	○	○

위 물질을 I ~ IV 로 분류했을 때, 이에 대한 설명으로 옳은 것은?

① O_3 은 I에 속한다.
② I에 속하는 물질은 1가지이다.
③ Ar 은 II에 속한다.
④ NaCl 은 III에 속한다.
⑤ HF 는 IV에 속한다.

07 자연에 수많은 혼합물은 기체, 액체, 고체 상태로 존재하는데 물질의 특성을 이용하면 혼합물을 순수한 물질로 분리할 수 있다. 그림은 액체 혼합물을 분리하는데 이용되는 실험 장치이다.

[대회 기출 유형]

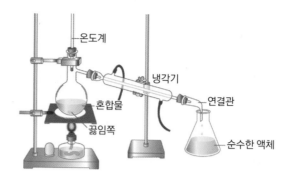

이 실험 장치에 대한 설명으로 옳은 것만을 있는 대로 고르시오.

① 냉각기는 기체를 액화시켜 주는 장치이다.
② 냉각기의 물은 위쪽에서 들어가 아래쪽에서 나온다.
③ 용액이 끓기 시작하는 점에서 용액의 증기 압력은 대기압과 같다.
④ 끓임쪽은 두 물질을 분리하는데 촉매 역할을 하여 분리가 빨리 일어나도록 한다.
⑤ 성분 물질의 끓는점 차이를 이용하여 혼합물을 분리하는 실험 장치이다.

08 A, B, C 세 가지 물질의 성질을 조사한 결과이다.

물질	A	B	C
녹는점(℃)	15	912	-113
끓는점(℃)	121	1338	80
밀도(g/cm³)	1.25	3.01	0.77
물에 대한 용해성	O	O	O
에테르에 대한 용해성	O	X	O

20 ℃ 실험실에서 물질 A, B, C 가 녹아 있는 혼합물을 다음과 같은 과정을 통해 분리하였다. 실험 과정을 보고 A, B, C 가 분리되는 순서로 옳은 것을 고르시오. (단, 용매로 물과 에테르를 사용할 수 있으며, 물의 끓는점과 에테르의 끓는점은 각각 100 ℃, 35 ℃ 이다.)

[대회 기출 유형]

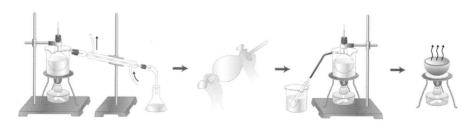

① A → B → C   ② A → C → B   ③ C → A → B   ④ C → B → A   ⑤ B → C → A

09 농도가 각각 다른 설탕 용액이 4개의 비커에 담겨 있다. 용액 속에 똑같은 메추리알을 살짝 올려 놓았더니 다음 그림과 같은 상태가 되었다.

[대회 기출 유형]

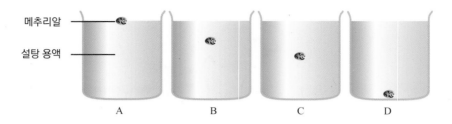

이 결과에 대한 설명으로 옳은 것만을 〈보기〉에서 있는 대로 고른 것은?

보기

ㄱ. A 용액은 D 용액보다 진하다.
ㄴ. D 용액은 C 용액 보다 진하다.
ㄷ. A 용액에 D 용액을 섞으면 메추리알이 아래로 가라앉는다.
ㄹ. A 용액을 장시간 방치해도 메추리알이 계속 수면 위에 떠 있을 것이다.

① ㄱ   ② ㄴ   ③ ㄱ, ㄹ   ④ ㄱ, ㄷ, ㄹ   ⑤ ㄴ, ㄷ, ㄹ

10 모양과 크기가 비슷한 플라스틱 A, B 조각이 서로 섞여있다. 이 두 플라스틱 조각을 액체 C 와 D 의 혼합 용액을 이용하여 다음 실험 과정으로 분리하고자 한다.

[대회 기출 유형]

실험 과정

(가) 액체 C 가 든 플라스크에 두 플라스틱을 넣으면 모두 가라앉는다.
(나) 과정 (가)의 플라스크에 액체 D 를 첨가한 후 저어 주면 플라스틱 B 만 뜬다.
(다) 과정 (나) 플라스크에 액체 D 를 충분히 가하면 두 플라스틱이 모두 물에 뜬다.

이에 대한 설명 중에서 옳은 것만을 있는 대로 고르시오.

① 플라스틱 A 는 두 액체에 녹지 않는다.
② 두 액체 C 와 D 는 서로 섞이지 않는다.
③ 액체 D 의 밀도는 액체 C 의 밀도보다 작다.
④ 플라스틱 B 의 밀도는 플라스틱 A 의 밀도보다 크다.
⑤ 액체 D 만 들어 있는 시험관에 플라스틱 A 와 B 를 넣으면 뜬다.

11 그림 (가)는 나프탈렌을 가열할 때, (나)는 냉각할 때의 시간에 따른 온도 변화를 나타낸 것이다.

[대회 기출 유형]

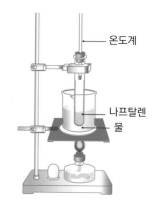

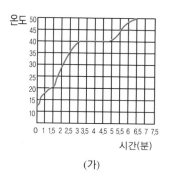

(가)

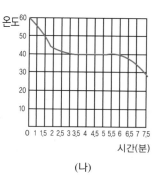

(나)

이에 대한 설명으로 옳은 것만을 있는 대로 고르시오.

① 나프탈렌은 순수한 물질이다.
② 나프탈렌은 규칙적인 결합 구조를 가지고 있다.
③ 어는점보다 낮은 온도에서는 액체 상태로 존재한다.
④ 그림 (가)의 평평한 구간에서는 액체 상태로만 존재한다.
⑤ 그림 (나)의 평평한 구간에서는 에너지를 방출하여 상태 변화한다.

12 프리즘과 종이를 이용한 실험 결과를 나타낸 그림이다.

[대회 기출 유형]

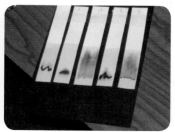

위 그림의 공통된 현상을 이용하는 실험 장치를 있는 대로 고르시오.

① 승화 장치

② 분별 깔때기

③ 부피 플라스크

④ 레이저 포인터

⑤ 분별 증류 장치

13 공기가 질소, 산소, 아르곤만으로 이루어져 있다고 가정할 때 이 세 가지 기체가 공기 중에서 차지하는 비율과 끓는점이다.

[대회 기출 유형]

기체	비율(%)	끓는점(℃)
질소	80	-196
산소	18	-183
아르곤	2	-186

공기의 성분을 분리하기 위하여 이 세 가지 기체가 들어 있는 혼합 공기를 증류탑에 넣고 온도를 -200 ℃ 로 낮춘 뒤 일정한 열을 공급하여 서서히 온도를 높혀 주었다. 이때 증류탑의 온도 변화를 그래프로 그려 보시오.

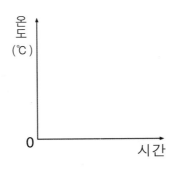

14 커피에 들어 있는 카페인을 얻기 위한 실험 과정이다.

[대회 기출 유형]

> **실험 과정**
>
> 1. 물을 끓인다.
> 2. 커피를 여과지에 담고 오른쪽 그림과 같이 장치한다.
> 3. 끓는 물을 여과지에 붓는다.
> 4. 비커에 용액을 모아서 분별 깔때기에 넣는다.
> 5. 클로로포름을 분별 깔때기에 넣고 분별 깔때기를 거꾸로 들고 흔든다.
> 6. 분별 깔때기에 들어 있는 수용액 층과 클로로포름 층을 분리한다.
> 7. 클로로포름 층을 받아낸 후 클로로포름을 날려 보내어 주성분이 카페인인 물질을 얻는다.

위의 실험 과정의 분리 방법의 순서를 옳게 나열한 것을 고르시오.

① 추출 → 거름 → 추출 → 재결정
② 추출 → 거름 → 추출 → 분별 증류
③ 거름 → 추출 → 증류
④ 분별 증류 → 추출 → 거름 → 추출 → 재결정
⑤ 거름 → 추출 → 용해도 차 → 밀도의 차 → 재결정

15 20 % 의 아세트산 수용액 250 mL 에서 에테르를 이용해 아세트산을 추출하려고 한다. 다음 물음에 답하시오. (단, 아세트산 수용액의 밀도는 1.0 g/mL 이고, 같은 양의 물과 에테르에 녹는 아세트산의 질량비는 1 : 4 이다. 1 mL = 1 g 으로 계산한다.)

[대회 기출 유형]

(1) 250 mL 의 아세트산 수용액에 녹아 있는 아세트산의 질량을 구하시오.

(2) 100 mL 의 에테르를 이용해서 한 번 추출할 때 추출되는 아세트산의 질량을 구하시오. (단, 소수점 둘째 자리에서 반올림한다.)

(3) 50 mL 의 에테르를 이용해서 두 번 추출할 때 아세트산의 질량을 구하시오.

16 종이 크로마토그래피에서 물에 세 가지 다른 물질 A, B, C 를 녹여 분리하였더니 그림과 같은 결과를 얻었다.

만약 물과 에탄올을 1 : 1 로 혼합한 용액에 세 가지 물질을 녹여 분리한다면 어떤 결과가 나올지 〈보기〉에서 고르시오.

[대회 기출 유형]

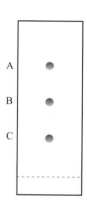

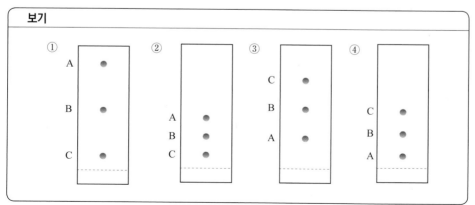

17 얇은 막 크로마토그래피 (Thin Layer Chromatography ,TLC)에 관련된 내용이다. 옳은 것을 고르시오.

[대회 기출 유형]

① 분리하고자 하는 혼합물을 녹일 수 없는 용매를 선택한다.
② 분리하려고 하는 혼합물을 될 수 있는 한 큰 점으로 찍어야 한다.
③ 크로마토그래피가 완결되는 때는 용매가 크로마토그래피 끝까지 올라갔을 때로 한다.
④ 찍은 점은 용기 안에 담겨 있는 용매에 잠기지 않도록 한다.
⑤ 용매가 담긴 통은 용매가 조금씩 증발할 수 있도록 구멍을 뚫어야 좋은 결과를 얻을 수 있다.

18 탄산 칼슘으로 만들어진 분필에 세 가지 염료가 섞인 잉크로 선을 그린 후에 아래와 같이 물을 사용하여 전개를 하였더니 그림과 같이 세 개의 선 A, B, C 가 나타났다. 이에 대한 설명 중 옳은 것은?

[대회 기출 유형]

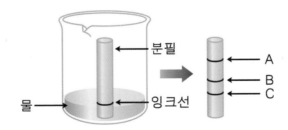

① A, B, C 염료는 모두 물에 녹지 않는다.
② A, B, C 염료의 분자량은 A < B < C 순이다.
③ A, B, C 염료의 물과의 인력은 A < B < C 순이다.
④ A, B, C 염료의 탄산 칼슘과의 인력은 A < B < C 순이다.
⑤ 물 대신 다른 용매를 이용하더라도 결과는 위의 실험과 같다.

19 어떤 고체 A 가 에테르에 녹아 있고, 이 용액에는 고체 물질 B가 조금 섞여 있으며, 그 외 불순물이 미량 들어 있다. 다음 물음에 답하시오.

[대회 기출 유형]

(1) 다음 용해도 표를 참고하여 A 와 B 를 분리하는 과정을 〈보기〉에서 찾아 ①, ②, ③ 에 넣고, 순서대로 설명하시오.

구분	물	에테르	알코올
A	녹지 않는다	녹는다	녹는다
B	녹는다	조금 녹는다	녹지 않는다
에테르	섞이지 않는다		섞인다
알코올	섞인다	섞인다	

보기				
증발	추출	종이 크로마토그래피	재결정	분별 증류

· 과정 ① :
· 과정 ② :
· 과정 ③ :

(2) 분리가 잘 되었는지 알아보기 위해서는 어떤 성질을 확인하면 되는지 쓰시오.

20 나프타 분해 공정을 거쳐 생산된 혼합 기체를 기체 크로마토그래피로 분석한 결과 혼합 기체는 에테인(C_2H_6)과 에틸렌(C_2H_4)이 1 : 1 의 부피비로 섞여 있었다. 순도가 높은 에테인을 만들기 위해 흡착 과정을 통해 에틸렌을 제거하려고 할 때, 에틸렌의 제거율은 10 % 라고 한다. 이 흡착 과정을 몇 번 반복해야 혼합 기체에서 최소 순도 90 % 인 에테인을 얻을 수 있는지 구하시오. (단, 흡착 과정 중 에테인은 제거되지 않고, 조건은 달라지지 않으며, log3 은 0.477 이다.)

[과학고 기출 유형]

크로마토그래피의 역사

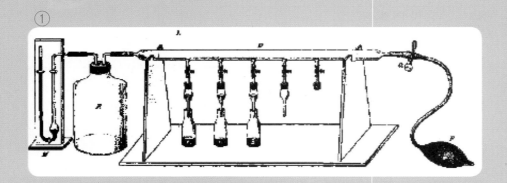

①

20C 초기에 과학자들은 생물의 조직을 연구하는데 큰 어려움을 겪고 있었다. 생물의 조직은 엄청난 수의 혼합물들에 의해 구성되어 있고, 혼합물을 구성하는 물질들의 성질이 너무나 비슷해서 따로 분리하여 연구한다는 것이 거의 불가능하였기 때문이다. 예를 들어, 식물의 색을 나타내는 물질들은 한 가지가 아니라 비슷한 색상의 물질들로 이루어져 있는데 이것들이 따로 분리하여 성질을 알아낸다는 것은 어려운 일이 아닐 수 없었다. 이에 대한 해결책을 제시한 사람이 러시아 식물학자 미하일 츠베트(Mihail Tswett)이다.

츠베트는 다음과 같은 방법을 이용하여 색소를 분리하였다.
① 녹색 잎을 빻아 에테르에 녹인 다음 석회석 가루를 빽빽하게 채운 유리관 속에 그 용액을 통과시킨다.
② 용매인 에테르는 흘러내려 갔으나 색소는 석회석 미립자에 단단하게 달라붙어 뒤에 남게 되었다.
③ 계속해서 에테르를 통에 부었더니 색소가 서서히 씻겨 내려갔다.
④ 혼합물 중에서 분리된 각 화합물은 석회석 입자에 얼마나 단단히 붙어 있느냐와 에테르에 얼마나 잘 녹느냐에 따라 약간씩 다른 속도로 씻겨 내려가 빨강, 오렌지, 혹은 황색 등의 분리 띠(band)가 나타났다. 각 분리 띠는 하나의 특정 색소를 함유한다.

츠베트는 이 기술을 "크로마토그래피(Chromatography)"라고 불렀는데, '색을 기록한다'라는 의미로 희랍어인 Chroma (color : 색)와 Graphein (write : 기록)가 합쳐진 말이다. 혼합물에 관한 정보가 모든 사람이 볼 수 있도록 석회석 원통에 색상으로 기록되기 때문이다.

① 츠베트가 사용한 색소 분리 실험 기구
② 츠베트의 실험에 의해 나타난 분리 띠
③ 미하일 츠베트(Mihail Tswett)
④ 미하일 츠베트의 기념 주화

③

④

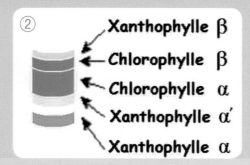

②

Xanthophylle β
Chlorophylle β
Chlorophylle α
Xanthophylle α'
Xanthophylle α

Imagine Infinite

① Archer John Porter Martin
② Richard Laurence Millington Synge
③ 1950년대에 사용한 크로마토그래피

아무도 가난한 러시아 과학자의 말에 귀 기울이지 않았기 때문에 미하일 츠베트의 발명이 과학자들에게 인정되기까지는 25년이나 걸렸다. 하지만 오늘날 크로마토그래피는 생화학 등의 분야에서 가장 중요한 분리 방법의 하나로 발전하였다.

1940년 대에 종이를 이용한 크로마토그래피(paper chromatography)를 선보인 이후, 아처 마틴(영국)과 리처드 싱(영국)은 분배 크로마토그래피(종이 크로마토그래피가 분배 크로마토그래피의 한 종류이다.)를 발전시킨 공으로 1952년 노벨 화학상을 수상하였고 이후 마틴 등은 가스 크로마토그래피도 개발하였다.

Q 크로마토그래피가 왜 중요한 분리 방법이 되었을까?

◀ 오늘날 사용하는 HPLC(high performance liquid chromatography, 고성능 액체 크로마토그래피)

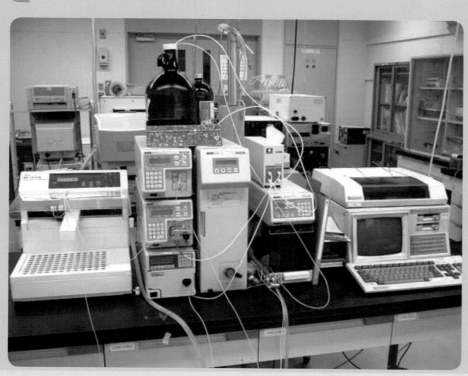

Chemistry

VI

06
원소의 주기성과 화학결합

물질의 기본 원소들이 어떻게 발견되어
오늘날처럼 이름을 가지게 되었을까?

1. 원자 구조

(1) 원자를 구성하는 입자

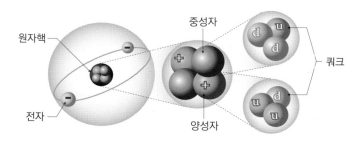

원자를 구성하는 입자		질량(g)[1]	상대적 질량	전하(C)	상대 전하
원자핵	양성자(p)	1.673×10^{-24}	1	$+1.6 \times 10^{-19}$	+1
	중성자(n)	1.675×10^{-24}	1	0	0
전자(e^-)		9.11×10^{-28}	$\dfrac{1}{1837}$	-1.6×10^{-19}	-1

① 원자의 구조
- 원자는 (+) 전하를 띠는 원자핵과 (-) 전하를 띠는 전자로 이루어져 있다.
- 원자의 중심에 위치하는 원자핵은 (+) 전하를 띠는 양성자와 전하를 띠지 않는 중성자로 이루어져 있다.

② 원자의 크기 [2]
- 원자의 크기는 매우 작으며, 원자의 종류에 따라 크기가 다르다.
- 원자핵의 크기는 보통 원자 크기의 $\dfrac{1}{100,000}$ 수준으로 원자 크기에 비해 매우 작다.w

(2) 원자의 표시 방법

$$^{7}_{3}\text{Li}$$
- 질량수 = 양성자 수 + 중성자[3] 수
- 원소 기호
- 원자 번호 = 양성자 수 = 중성 원자의 전자 수

$$^{23}_{11}\text{Na}$$
- 양성자 수 = 11
- 중성자 수 = 12
- 전자 수 = 11

(3) 동위 원소 [4]
① **동위 원소** : 원자 번호는 같으나 질량수가 다른 원소(양성자 수는 같으나 중성자 수가 다른 원소) → 화학적 성질은 서로 같고, 물리적 성질은 서로 다르다.
② **수소의 동위 원소** : 자연계에 존재하는 대부분의 수소 원자핵은 중성자가 없는 양성자 1개로 존재하지만, 원자핵이 양성자와 중성자로 구성된 수소 원자도 소량 존재한다.

[양성자 1개]
▲ 수소 ($^{1}_{1}\text{H}$)

[양성자 1개, 중성자 1개]
▲ 중수소 ($^{2}_{1}\text{H}$)

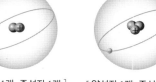

[양성자 1개, 중성자 2개]
▲ 삼중수소 ($^{3}_{1}\text{H}$)

---

① 원자의 질량
전자의 질량은 양성자와 중성자의 질량에 비해 매우 작은 값이기 때문에 양성자와 중성자의 질량이 원자의 질량을 결정한다.

✿ 양성자와 중성자의 구성

	입자	전하
쿼크	업 쿼크(u)	$+\dfrac{2}{3}$
	다운 쿼크(d)	$-\dfrac{1}{3}$
양성자	uud	+1
중성자	udd	0

전자가 가지는 전하량은 -1.6×10^{-19} C 이며, 기본 전하량은 1.6×10^{-19} C 으로 하여, 이를 1로 한다.
업 쿼크(u)와 다운 쿼크(d)는 각각 $+\dfrac{2}{3}$, $-\dfrac{1}{3}$의 전하량을 가진다.

② 원자와 원자핵의 크기

원자의 크기가 야구장만 하다면 핵의 크기는 경기장 중간에 놓인 야구공만 하다.

③ 중성자의 역할
중성자는 원자핵 속에서 양성자 사이의 정전기적 반발력을 무마하여 양성자들이 원자핵 속에서 단단히 뭉쳐있게 하여 원자핵을 안정화시키는 역할을 한다.

④ 동위 원소
- 대부분 원소들은 동위 원소가 존재한다.
- 동위 원소는 자연계에 일정한 비율로 존재한다.
- 동위 원소는 서로 같은 종류의 원소이다. (원자 번호가 같다.)

2. 원자 모형과 전자 배치

(1) 원자 모형 ❶ 의 변천

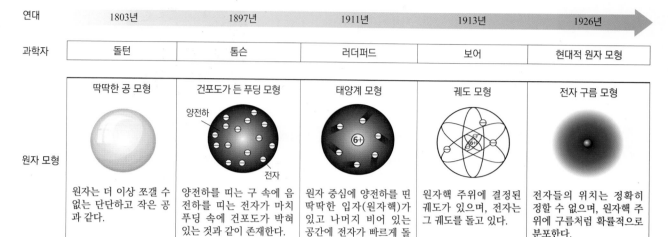

연대	1803년	1897년	1911년	1913년	1926년
과학자	돌턴	톰슨	러더퍼드	보어	현대적 원자 모형
원자 모형	딱딱한 공 모형 원자는 더 이상 쪼갤 수 없는 단단하고 작은 공과 같다.	건포도가 든 푸딩 모형 양전하를 띠는 구 속에 음전하를 띠는 전자가 마치 푸딩 속에 건포도가 박혀 있는 것과 같이 존재한다.	태양계 모형 원자 중심에 양전하를 띤 딱딱한 입자(원자핵)가 있고 나머지 비어 있는 공간에 전자가 빠르게 돌고 있다.	궤도 모형 원자핵 주위에 결정된 궤도가 있으며, 전자는 그 궤도를 돌고 있다.	전자 구름 모형 전자들의 위치는 정확히 정할 수 없으며, 원자핵 주위에 구름처럼 확률적으로 분포한다.

(2) 돌턴의 원자설 : 질량 보존 법칙과 일정 성분비 법칙을 설명하기 위해 돌턴은 원자설을 제안하였다.

  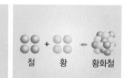

① 원자는 더 이상 쪼갤 수 없다.

② 같은 원소의 원자들은 크기, 모양, 질량이 같다.

③ 화학 변화 시 원자들은 없어지거나, 새로 생기거나, 다른 원자로 변하지 않는다.
→ 질량 보존 법칙

④ 반응물들은 정해진 비율로 결합하여 화합물을 생성한다.
→ 일정 성분비 법칙

(3) 돌턴의 원자설 중 오늘날 수정되어야 할 내용

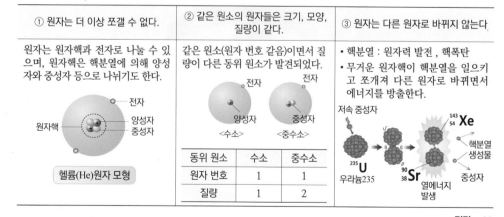

① 원자는 더 이상 쪼갤 수 없다.	② 같은 원소의 원자들은 크기, 모양, 질량이 같다.	③ 원자는 다른 원자로 바뀌지 않는다
원자는 원자핵과 전자로 나눌 수 있으며, 원자핵은 핵분열에 의해 양성자와 중성자 등으로 나뉘기도 한다. 헬륨(He)원자 모형	같은 원소(원자 번호 같음)이면서 질량이 다른 동위 원소가 발견되었다.	• 핵분열 : 원자력 발전 , 핵폭탄 • 무거운 원자핵이 핵분열을 일으키고 쪼개져 다른 원자로 바뀌면서 에너지를 방출한다.

동위 원소	수소	중수소
원자 번호	1	1
질량	1	2

정답 p.15

Q1 전자 1 개의 전하량은 -1.6 × 10⁻¹⁹ C 이다. 중성 원자 X 의 핵 전하량이 + 3.2 × 10⁻¹⁸ C 이고, 질량수가 40 일 때, 원자 X 의 양성자 수, 중성자 수, 전자 수를 구하시오.

Q2 돌턴의 원자설 중 질량 보존 법칙으로 설명할 수 있는 내용은 무엇인가?

❶ **원자 모형**
크기가 너무 작아서 우리 눈으로 볼 수 없는 원자를 눈으로 보이는 여러 가지 물체를 이용하여 나타낸 것
㉠ 원자 모형은 깨지거나 변형되지 않아야 한다.
㉡ 같은 종류의 원자 모형은 크기, 모양, 질량이 같아야 한다.
예 B + 2N → BN₂

[볼트와 너트]

[큰 공과 작은 공]

[핀과 고리]

❷ 전자

- 음(-) 전기를 띰
- 자기장의 영향을 받아 굽어짐
- 전기나 자기의 영향을 받지 않으면 직진함
- 질량을 가짐

⚙ **전자의 전하량과 질량**

- 전하량 : -1.60×10^{-19} C (쿨롱)
- 질량 : 9.11×10^{-28} g

❸ α(알파) 입자

α 입자는 헬륨의 원자핵(He^{2+})이다. 1895년 러더퍼드가 영국의 케임브리지의 캐번디시 연구소에서 톰슨의 전폭적인 지지 속에 퀴리 부부와 함께 방사성 물질을 연구하였다. 방사성 물질에서 나오는 방사선이 몇 가지 종류임을 발견하고 (+)전기를 가진 것을 α(알파)선, (-)전기를 가진 것을 β(베타)선이라 명명하고, 1900년에는 전자기파의 성질을 가진 것을 γ(감마)선이라고 명명하였다.

▲ 러더퍼드

(4) 톰슨의 원자 모형 – 건포도 박힌 푸딩 모형

① **음극선 실험** : 방전관에 큰 전압을 걸어 주면 음극에서 어떤 선이 나와 직진하다가 형광 스크린에 부딪혀 빛이 난다. → 음극선

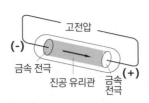

◀ 방전관

- 음극선의 성질

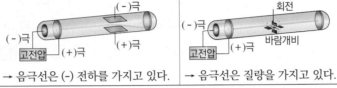

→ 음극선은 (-) 전하를 가지고 있다. → 음극선은 질량을 가지고 있다. → 음극선은 직진한다.

② **전자 ❷ 의 발견** : 음극선 실험을 통해 음극선이 전자의 흐름임을 발견하였다.

③ **톰슨의 원자 모형** : 건포도 박힌 푸딩 모형

음극선 실험을 통해 톰슨은 양전하를 띠는 구속에 음전하를 띠는 전자가 들어 있다고 생각하고, 원자 모형으로 건포도 박힌 푸딩 모형을 제안하였다.

양전하

전자
(음전하)

▲ 푸딩 모형

(5) 러더 퍼드의 원자 모형 – 태양계 모형

① α **입자 ❸ 산란 실험** : 얇은 금속 박(두께 4×10^{-5}cm)에 α 입자를 충돌시키면, 대부분의 α 입자는 직진하나 아주 큰 각도로 산란되는 α 입자가 발견되었다. 이것은 금속박 내부에 단단히 고정되어 있는 아주 작은 (+)전기를 띤 물체와 α 입자가 충돌하여 발생하는 것이었다.

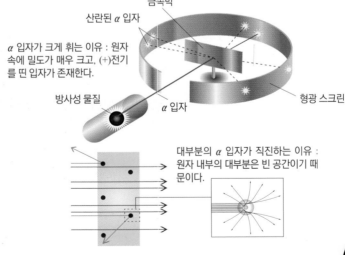

금속박

산란된 α 입자

α 입자가 크게 휘는 이유 : 원자 속에 밀도가 매우 크고, (+)전기를 띤 입자가 존재한다.

방사성 물질

α 입자

형광 스크린

대부분의 α 입자가 직진하는 이유 : 원자 내부의 대부분은 빈 공간이기 때문이다.

② **원자핵의 발견** : 러더 퍼드는 원자 중심에 양전하를 띤 딱딱한 입자(원자핵)가 있고, 나머지 비어있는 공간에 전자가 바르게 돌고 있다는 '태양계 모형'을 원자 모형으로 제안하였다.

정답 p.15

▲ 태양계 모형

Q3 α 입자 산란 실험으로 러더퍼드가 발견한 것은 무엇인가?

(6) 보어의 원자 모형 – 전자 궤도 모형

① 수소 원자의 선 스펙트럼

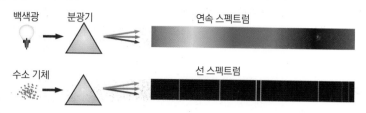

- 러더퍼드의 태양계 이론으로는 수소 원자의 선 스펙트럼을 설명할 수 없었다.
- 보어는 수소 원자의 선 스펙트럼을 설명하기 위해 궤도 모형을 제시하였다.

② 보어 원자 모형으로 선 스펙트럼 설명하기 : 수소 원자의 선 스펙트럼에만 적용된다.

㉠ 전자가 원자핵 주위를 돌 때에는 특정한 궤도에서만 운동하며, 특정한 에너지를 가진다.

㉡ 특정한 궤도를 '전자껍질'이라고 한다.

㉢ 원자핵에 가장 가까운 전자껍질로부터 K($n = 1$: 첫 번째 껍질), L($n = 2$: 두 번째 껍질), M($n = 3$: 세 번째 껍질) …. 이라고 부른다. (n : 주양자수)

㉣ 전자 껍질은 전자가 돌고 있는 원형 궤도로 각 궤도 사이에는 전자가 존재할 수 없다.

㉤ 전자는 바깥 궤도를 돌수록 더 많은 에너지를 가진다.

㉥ 각 껍질이 가지는 에너지 준위 (전자껍질의 에너지 크기 : K < L < M < L …)

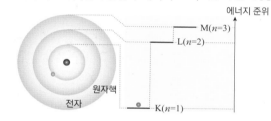

㉧ 전자가 에너지 준위가 다른 전자 껍질로 전이할 때 전자 껍질의 에너지 차이 만큼 에너지를 흡수하거나 방출한다.❹

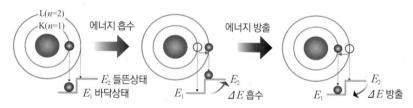

③ 수소 원자의 스펙트럼 계열 : 전자가 수소 원자의 궤도 사이를 전이하면서 빛의 형태로 에너지를 방출하는데, 자외선 계열, 가시 광선 계열, 적외선 계열이 선 스펙트럼의 형태로 나타난다.

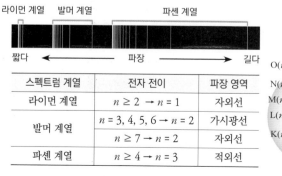

스펙트럼 계열	전자 전이	파장 영역
라이먼 계열	$n \geq 2 \rightarrow n = 1$	자외선
발머 계열	$n = 3, 4, 5, 6 \rightarrow n = 2$	가시광선
	$n \geq 7 \rightarrow n = 2$	자외선
파셴 계열	$n \geq 4 \rightarrow n = 3$	적외선

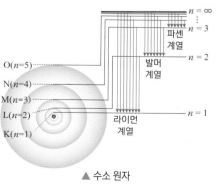

▲ 수소 원자

✿ 원소의 확인

㉠ 불꽃 반응
금속 원소를 불꽃으로 가열하면 금속 원소가 에너지를 흡수한 후 다시 방출하는 빛의 파장에 따라 색이 다르게 나타난다.
원소의 종류에 따라 특정한 불꽃색을 나타낸다.

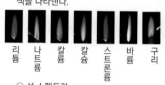

리튬 나트륨 칼륨 칼슘 스트론튬 바륨 구리

㉡ 선 스펙트럼
리튬이나 스트론튬처럼 불꽃색이 비슷한 원소들은 분광기를 이용해 선 스펙트럼을 관찰한다.
불꽃색이 같아도 선 스펙트럼의 선의 위치, 개수, 굵기는 모두 다르다.

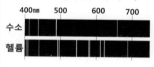

❹ 에너지 흡수와 방출

$$\Delta E = E_{\text{나중궤도}} - E_{\text{처음궤도}}$$

- $\Delta E > 0$: 낮은 에너지 준위
  → 높은 에너지 준위
  ➡ 에너지 흡수
- $\Delta E < 0$: 높은 에너지 준위
  → 낮은 에너지 준위
  ➡ 빛의 형태로 에너지 방출

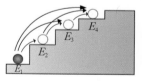

▲ $\Delta E > 0$: 에너지 흡수

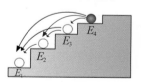

▲ $\Delta E < 0$: 에너지 방출

✿ 보어 원자 모형의 한계

수소 원자 이외의 다 전자 원자의 선 스펙트럼을 설명하지 못하였다. 이후 과학자들은 보어의 원자 모형을 여러 차례 수정해 오늘날 전자구름 모형으로 발전시켰다.

(7) 현대적 원자 모형

① **오비탈(궤도 함수)** : 전자가 원자핵 주위의 궤도에 존재할 확률을 나타내는 함수
- 원자핵 주위의 어느 곳에서든 전자가 존재할 수 있기 때문에 전자 궤도와 원자의 경계는 뚜렷하지 않다. 그러나 원자를 표현할 때 임의의 한계는 필요하기 때문에 전자가 존재할 확률이 90 %인 지점을 연결한 경계면으로 나타내기도 한다.

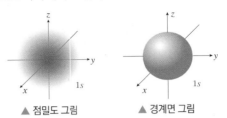

▲ 점밀도 그림 　　　　▲ 경계면 그림

② **오비탈의 모양과 표시 방법**

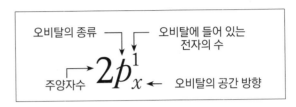

오비탈의 종류 ──→ 　 ←── 오비탈에 들어 있는 전자의 수

주양자수 ──→ $2p_x^1$ ←── 오비탈의 공간 방향

㉠ 주양자수(n) : 오비탈의 크기와 에너지를 결정하는 양자수로, 보어의 원자 모형에서 전자껍질을 나타낸다.
㉡ 방위 양자수(l) : 오비탈의 종류(모양)을 나타내는 양자수이다. 종류에 따라 방위 양자수 l = 0, 1, 2, 3, … 인 오비탈을 각각 s, p, d, f … 등의 기호[6] 로 나타낸다.

③ ***s* 오비탈** ($l = 0$)

- 모든 전자껍질에 존재하는 구형의 오비탈로, 주양자수가 커질수록 오비탈의 크기가 커지고 에너지가 높아진다.
- 방향에 관계없이 핵으로부터 같은 거리일 때 전자를 발견할 확률은 같다.

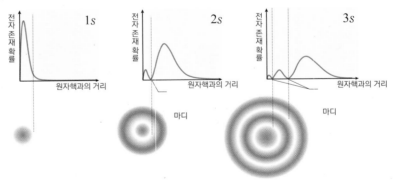

▲ 1s, 2s, 3s 오비탈의 원자핵에서의 거리에 따른 전자 존재 확률

④ ***p* 오비탈** ($l = 1$) : 주양자수가 2이상인 경우에 존재하는 아령 모양의 오비탈

- x, y, z 축 상에 존재하며 방향에 따라 각각 p_x , p_y , p_z 3개가 존재한다.
- p_x , p_y , p_z 오비탈의 에너지 준위는 모두 동일하다.

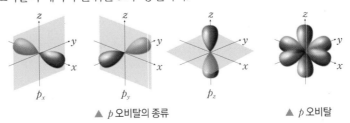

▲ p 오비탈의 종류 　　　　▲ p 오비탈

❀ 불확정성 원리

1927년 독일의 과학자 하이젠베르크(W.K. Heisenberg)는 전자와 같이 질량이 매우 작고 빠르게 운동하는 입자는 입자성과 파동성을 모두 나타내기 때문에 운동량과 위치를 동시에 정확히 측정할 수 없어 전자의 정확한 궤적을 알 수 없다고 제안하였다. → 전자가 원궤도 운동을 한다고 할 수 없다.

❺ 오비탈의 주양자수(n)와 방위 양자수(l)

다전자 원자에 있어 오비탈의 에너지 준위는 주양자수(n)외에 방위 양자수(l)에 의해서 결정된다. 방위 양자수는 오비탈의 종류를 나타내며, $0 \leq l \leq n-1$ 인 정수이다.
$l = 0 \rightarrow s$ 오비탈, $l = 1 \rightarrow p$ 오비탈
$l = 2 \rightarrow d$ 오비탈, $l = 3 \rightarrow f$ 오비탈 로 나타낸다.
s, p, d, f 는 오비탈 모형이 제시되기 이전에 각 오비탈에서 나타나는 스펙트럼의 특징을 나타내기 위해 사용되었던 용어의 첫 글자를 따온 것이다.
s : sharp
p : principal
d : diffuse
f : fundamental

❀ 오비탈의 마디

s 오비탈에서 전자가 존재할 확률이 0 인 지점을 방사상 마디(radial node)라고 하며, ns 오비탈은 $(n-1)$개의 방사상 마디를 가진다.

⑤ *d* **오비탈** (*l* = 2) : 주양자수가 3이상인 경우에 존재하는 네잎 클로버 모양의 오비탈

• 방향에 따라 d_{xy} , d_{yz} , d_{xz} , $d_{x^2-y^2}$, d_{z^2} 5개가 존재한다.
• d_{xy} , d_{yz} , d_{xz} , $d_{x^2-y^2}$, d_{z^2} 오비탈의 에너지 준위는 모두 동일하다.

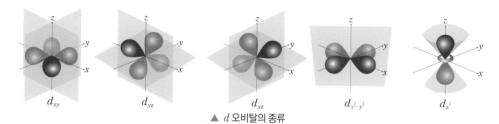

▲ *d* 오비탈의 종류

⑥ **각 전자껍질의 오비탈과 최대 수용 전자 수** : 각 오비탈은 스핀이 다른 전자 2개를 수용할 수 있다.

전자 껍질	K	L		M		
주양자수(n)	1	2		3		
오비탈의 모양(nl)	$1s$	$2s$	$2p$	$3s$	$3p$	$3d$
오비탈의 수(n^2)	1	1	3	1	3	5
오비탈의 최대 수용 전자 수	2	2	6	2	6	10
전자껍질의 최대 수용 전자 수($2n^2$)	2	8		18		

(8) 오비탈의 에너지 준위

구분	수소 원자	다전자 원자
에너지 준위에 영향을 미치는 요인	주양자수가 같으면 오비탈의 모양에 관계없이 에너지 준위가 같다. → 수소 원자의 에너지 준위는 주양자수에 의해서만 결정되기 때문(전자 간의 반발력이 없기 때문)	주양자뿐만 아니라 오비탈의 모양에 따라서도 에너지 준위가 달라진다. → 전자 간의 반발 등 여러 가지 요인이 작용하기 때문
에너지 준위	$1s < 2s = 2p < 3s = 3p = 3d < 4s = 4p = 4d = 4f < \cdots$	$1s < 2s < 2p < 3s < 3p < 4s < 3d < 4p < 5s < 4d < \cdots$
에너지 준위 그래프	(생략)	(생략)

정답 p.15

다전자 원자의 에너지 준위

다전자 원자는 전자가 2개 이상이기 때문에 전자 사이의 반발력이 존재하여 오비탈의 에너지 준위가 오비탈의 종류의 영향을 받게 된다. 따라서 주양자수(n)와 방위 양자수(l)에 의해 에너지 준위가 결정된다.

다전자 원자에서 에너지 준위는 주양자수(n) + 방위 양자수(l)의 값이 클수록, ($n+l$) 값이 같을 때는 주양자수(n)이 클수록 에너지 준위가 크다.

s 오비탈($l = 0$), p 오비탈($l = 1$), d 오비탈($l = 2$), f 오비탈($l = 3$) … 이다.

$3d$ 오비탈 : 주양자수($n = 3$) + 방위 양자수($l = 2$) = 5

$4s$ 오비탈 : 주양자수($n = 4$) + 방위 양자수($l = 0$) = 4

따라서 에너지 준위는 $4s < 3d$ 이다.

Q4 M 전자껍질에서 K 전자껍질로 전자가 전이할 때 에너지가 흡수되는지, 방출되는지 쓰시오.

Q5 방향에 관계없이 핵으로부터 같은 거리일 때 전자를 발견할 확률이 같은 오비탈은 무엇인가?

❻ 전자 배치

다전자 원자에서 오비탈에 전자가 채워지는 순서는 일정한 규칙에 따라서 정해진다. 이렇게 정해진 최저 에너지 상태의 전자 배치를 원자의 바닥상태의 전자 배치라고 한다.

❼ 전자 스핀 방향

전자가 팽이처럼 자신의 축을 중심으로 회전하는 것을 스핀이라고 하며, 스핀 방향이 서로 다른 2가지 상태가 존재한다. 이때 시계 방향 자전이 $+\frac{1}{2}$, 반시계 방향 자전이 $-\frac{1}{2}$의 스핀 양자수를 갖고, 스핀 방향이 다른 전자의 상태는 화살표 방향 ↑, ↓ 로 나타낸다.

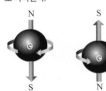

❽ 홀전자

오비탈에 배치된 전자 중에서 쌍을 이루지 않고 1개만 배치된 전자 배치를 말한다. 다음 $_7N$의 전자 배치에서 홀전자(↑) 수는 3개이다.

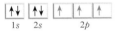

❾ p 오비탈에서 바닥상태 전자 배치

p 오비탈에는 p_x, p_y, p_z 오비탈이 있고, 이들의 에너지 준위는 같다. 따라서 어떤 오비탈에 전자가 먼저 배치되어도 에너지에 차이가 없다. 즉, 다음에 제시된 $_6C$의 전자 배치는 모두 바닥상태이다.

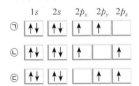

⚙ 이온의 전자 배치

- 양이온의 전자 배치 : 전자를 잃고 양이온이 될 때에는 에너지가 가장 높은 오비탈의 전자(원자가 전자)를 잃는다.
  예) $Na : 1s^2 2s^2 2p^6 3s^1$
  → $Na^+ : 1s^2 2s^2 2p^6$
- 음이온의 전자 배치 : 전자를 얻어 음이온이 될 때에는 비어 있는 오비탈 중 에너지가 가장 낮은 오비탈부터 전자가 채워진다.
  예) $Cl : 1s^2 2s^2 2p^6 3s^2 3p^5$
  → $Cl^- : 1s^2 2s^2 2p^6 3s^2 3p^6$

(9) 전자 배치 ❻

① 전자 배치 규칙

ㄱ. **쌓음 원리** : 전자는 에너지 준위가 낮은 오비탈부터 차례대로 채워진다.

ㄴ. **파울리 배타 원리** : 1개의 오비탈에는 스핀 방향 ❼ 이 반대인 전자가 최대 2개까지만 채워진다.

예)

↑↓ ↑	↑↑ ↑	↑↑↑
$1s$ $2s$	$1s$ $2s$	$1s$
가능한 전자 배치	불가능한 전자 배치	불가능한 전자 배치

ㄷ. **훈트 규칙** : 에너지 준위가 같은 오비탈에 전자가 채워질 때 가능한 한 홀전자 ❽ 수가 많은 배치를 한다. → 전자들이 1개의 오비탈에 쌍을 이루어 배치되는 것보다 에너지 준위가 같은 여러 개의 오비탈에 각각 1개씩 배치되는 것이 전자 간의 반발력이 작아서 더 안정하기 때문이다.

예) $_6C$ 의 전자 배치

↑↓ ↑↓ ↑ ↑	↑↓ ↑↓ ↑↓
$1s$ $2s$ $2p$	$1s$ $2s$ $2p$
안정한 전자 배치 홀전자 수 : 2	불안정한 전자 배치 홀전자 수 : 0

② 바닥상태와 들뜬상태의 전자 배치 ❾

- 바닥상태의 전자 배치 : 쌓음 원리, 파울리 배타 원리, 훈트 규칙에 따르는 안정한 전자 배치이다.
- 들뜬상태의 전자 배치 : 바닥상태에 있는 원자의 전자가 에너지를 흡수하여 에너지 준위가 높은 오비탈로 전이된 전자 배치이다.

예) $_7N$ 의 전자 배치

↑↓ ↑↓ ↑ ↑ ↑	↑↓ ↑↓ ↑↓ ↑	↑↓ ↑ ↑↓ ↑ ↑
$1s$ $2s$ $2p$	$1s$ $2s$ $2p$	$1s$ $2s$ $2p$
바닥상태 전자 배치	훈트 규칙에 어긋난 들뜬상태 전자 배치	쌓음 원리에 어긋난 들뜬상태 전자 배치

③ 여러 가지 원자의 바닥상태 전자 배치

원소	전자껍질과 오비탈						전자 배치	홀전자 수
	K	L		M		N		
	$1s$	$2s$	$2p$	$3s$	$3p$	$4s$		
$_1H$	↑						$1s^1$	1
$_2He$	↑↓						$1s^2$	0
$_3Li$	↑↓	↑					$1s^2 2s^1$	1
$_4Be$	↑↓	↑↓					$1s^2 2s^2$	0
$_5B$	↑↓	↑↓	↑				$1s^2 2s^2 2p^1$	1
$_6C$	↑↓	↑↓	↑ ↑				$1s^2 2s^2 2p^2$	2
$_7N$	↑↓	↑↓	↑ ↑ ↑				$1s^2 2s^2 2p^3$	3
$_8O$	↑↓	↑↓	↑↓ ↑ ↑				$1s^2 2s^2 2p^4$	2
$_9F$	↑↓	↑↓	↑↓ ↑↓ ↑				$1s^2 2s^2 2p^5$	1
$_{10}Ne$	↑↓	↑↓	↑↓ ↑↓ ↑↓				$1s^2 2s^2 2p^6$	0
$_{11}Na$	↑↓	↑↓	↑↓ ↑↓ ↑↓	↑			$1s^2 2s^2 2p^6 3s^1$	1
$_{12}Mg$	↑↓	↑↓	↑↓ ↑↓ ↑↓	↑↓			$1s^2 2s^2 2p^6 3s^2$	0
$_{13}Al$	↑↓	↑↓	↑↓ ↑↓ ↑↓	↑↓	↑		$1s^2 2s^2 2p^6 3s^2 3p^1$	1
$_{14}Si$	↑↓	↑↓	↑↓ ↑↓ ↑↓	↑↓	↑ ↑		$1s^2 2s^2 2p^6 3s^2 3p^2$	2
$_{15}P$	↑↓	↑↓	↑↓ ↑↓ ↑↓	↑↓	↑ ↑ ↑		$1s^2 2s^2 2p^6 3s^2 3p^3$	3
$_{16}S$	↑↓	↑↓	↑↓ ↑↓ ↑↓	↑↓	↑↓ ↑ ↑		$1s^2 2s^2 2p^6 3s^2 3p^4$	2
$_{17}Cl$	↑↓	↑↓	↑↓ ↑↓ ↑↓	↑↓	↑↓ ↑↓ ↑		$1s^2 2s^2 2p^6 3s^2 3p^5$	1
$_{18}Ar$	↑↓	↑↓	↑↓ ↑↓ ↑↓	↑↓	↑↓ ↑↓ ↑↓		$1s^2 2s^2 2p^6 3s^2 3p^6$	0
$_{19}K$	↑↓	↑↓	↑↓ ↑↓ ↑↓	↑↓	↑↓ ↑↓ ↑↓	↑	$1s^2 2s^2 2p^6 3s^2 3p^6 4s^1$	1
$_{20}Ca$	↑↓	↑↓	↑↓ ↑↓ ↑↓	↑↓	↑↓ ↑↓ ↑↓	↑↓	$1s^2 2s^2 2p^6 3s^2 3p^6 4s^2$	0

3. 원소의 주기성

(1) 주기율의 발견

① 라부아지에의 33종의 원소 (1789)	• 4개의 그룹으로 분류 • 원소들 간의 관계에 관심을 두었지만 원소들 간의 규칙성은 발견하지 못함	
	그룹	원소
	첫째 그룹	산소, 질소, 수소, 빛, 열
	둘째 그룹	황, 인, 탄소, 염소 등
	셋째 그룹	은, 코발트, 구리, 납
	넷째 그룹	생석회, 산화 바륨, 마그네시아, 알루미나 등

② 되베라이너의 세 쌍 원소설 (1817)	• 화학적 성질이 비슷한 원소가 3개씩 짝지어 존재 • 원자량의 규칙성 : 가운데 원소의 원자량은 양쪽의 중간 값이다. • 세 쌍 원소의 수가 너무 적어 주목을 받지 못하였다.(리튬(Li), 나트륨(Na), 칼륨(K))
③ 뉴렌즈의 옥타브 법칙 (1864)	• 당시의 50여종의 원소를 원자량의 순으로 배열하였을 때 8번째마다 성질이 비슷한 원소가 등장한다. • 원자량이 큰 원소에는 잘 맞지 않는다.
④ 멘델레예프의 주기율표 (1869)	• 63종의 원소를 원자량의 순으로 배열하여 최초의 주기율표를 작성함 • 아직 발견되지 않은 원소들의 자리를 비워 두고 원소들의 주기적 성질을 이용하여 발견될 원소의 원자량, 밀도, 끓는점 등을 예측함
⑤ 모즐리의 주기율 (1913)	• 멘델레예프의 주기율표에서 원자량의 순서와 원소의 성질이 일치하지 않는 곳 발견 　예 Ar(아르곤)과 K(칼륨), Co(코발트)와 Ni(니켈) • 원자들은 원자량의 순서가 아니라 원자 번호 순으로 배열 • 현대의 주기율표 완성

(2) 주기율표 : 원소들을 원자 번호 순서대로 배열하되, 화학적 성질이 비슷한 원소들을 같은 세로줄에 오도록 배열하여, 원소의 성질별로 분류가 가능하도록 만든 표이다.

족 또는 주기에 따른 원소 분류

• 1족 : H(수소)를 제외한 1족 원소를 알칼리 금속이라고 한다.
　예 Li, Na, K, Rb 등
• 17족 : 17족에 속하는 원소들을 할로젠 원소라고 한다.
　예 F, Cl, Br, I 등
• 18족 : 18족 원소들은 다른 원소들과 거의 반응하지 않기 때문에 비활성 기체라고 한다.
　예 He, Ne, Ar, Kr 등
• 인공 원소 : 원자 번호 93번 이후의 원소는 자연계에 존재하지 않으며, 모두 핵반응을 통해 만들어진 원소이다.
• 이외 원소 : 원자 번호 113번부터 118번까지의 원소들은 합성되었으나 아직 주기율표에 등재되지 않았다.

미니사전

옥타브 음악의 8음계(도-레-미-파-솔-라-시-도) 8번째마다 같은 음이 나오듯이 원자량의 순으로 배열하면 8번째마다 비슷한 성질의 원소가 나온다.

주기적 일정한 간격을 두고 같은 일이 되풀이되는 것

① 금속성과 비금속성
원자가 전자를 잃고 양이온이 되기 쉬운 성질을 금속성, 원자가 전자를 얻어 음이온이 되기 쉬운 성질을 비금속성이라고 한다.

③ 준금속
금속과 비금속의 경계에 위치하는 원소로 금속과 비금속의 중간 성질 또는 양쪽 성질을 모두 가진다.
(예) B, Si, Ge, As, Sb, Te, Po

④ 산화수
산화수란 원자가 어느 정도 산화 또는 환원되었는지를 나타내는 수치이다. +는 전자를 잃어 산화된 상태이고, -는 전자를 얻어 환원된 상태이다. 전이 원소의 경우 원자가 전자뿐만 아니라 d 오비탈에 있는 전자도 반응에 참여하므로 여러 가지 산화수를 가질 수 있다.
(예) Fe^{2+}, Fe^{3+}, Cu^+, Cu^{2+} 등

⚙ 전이 원소의 전자 배치
에너지 준위가 $4s > 3d$ 이므로 전이 원소의 전자가 $4s$ 오비탈에 먼저 채워지고, 그 다음 $3d$ 오비탈에 채워진다. 산화가 일어날 때 가장 바깥껍질에 있는 전자를 잃게 되므로 $4s$ 오비탈의 전자를 잃게 된다.
(예) Cu 의 전자 배치가 $[Ar]4s^1 3d^{10}$인 경우 산화수가 +1 인 Cu^+, $[Ar]4s^2 3d^9$ 인 경우 산화수가 +2인 Cu^{2+} 이 된다.

(3) 주기율표의 주기와 족

① **주기** : 주기율표의 가로줄을 말하며, 1 ~ 7주기로 구성된다.

• 같은 주기 원소는 원소의 전자껍질 수가 같다.

② **족** : 주기율표의 세로줄을 말하며, 1 ~ 18족으로 구성된다.

• 1족, 2족, 13 ~ 18족 원소가 속한 족의 일의 자리 숫자는 그 원소의 최외각 전자 수와 같다.

(4) 원소의 분류

① 금속 원소와 비금속 원소

㉠ **금속 원소** : 전자를 잃어 양이온이 되기 쉬우며, 열과 전기 전도성이 크다. → 주기율표에서 왼쪽 아래로 갈수록 금속성①이 크다.

㉡ **비금속 원소** : 전자를 얻어 음이온이 되기 쉬우며, 대체로 열과 전기 전도성이 없다. → 주기율표에서 오른쪽 위로 갈수록 비금속성①이 크다.(단, 18족 제외)

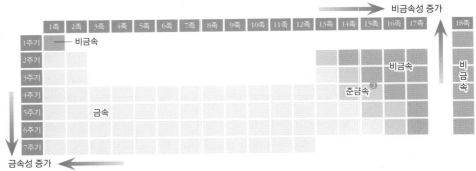

▲ 주기율표 상에서 금속 원소와 비금속 원소

② 전형 원소와 전이 원소

㉠ **전형 원소**(1, 2족과 12 ~ 18족) : 원자 번호가 증가함에 따라 화학적 성질이 규칙적으로 변하는 원소이다.

㉡ **전이 원소**(3 ~ 11족) : 원자가 전자 수가 1 ~ 2개로, 비슷한 성질을 가진 원소이다. d 오비탈이나 f 오비탈에 전자가 부분적으로 채워져 있고, 여러 가지 산화수④를 가진다.

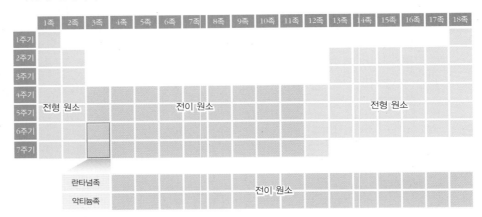

▲ 주기율표 상에서 전형 원소와 전이 원소

③ **원자가 전자** : 바닥상태의 전자 배치에서 가장 바깥쪽 전자껍질에 채워지며, 반응에 참여하는 전자이다.

• **원자가 전자와 최외각 전자** : 1족부터 17족까지 원소들은 원자가 전자 수와 최외각 전자 수가 같지만 18족 비활성 기체는 반응에 참여하지 않기 때문에 원자가 전자 수는 0개이고, 최외각 전자 수는 8개이다.

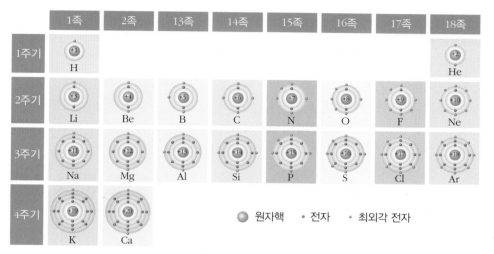

▲ $_1$H ~ $_{20}$Ca 원소들의 바닥 상태에서의 전자 배치

④ **주기율이 나타나는 이유** : 원소의 화학적 성질을 결정하는 원자가 전자 수가 주기적으로 변하기 때문이다.

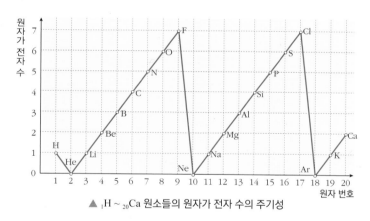

▲ $_1$H ~ $_{20}$Ca 원소들의 원자가 전자 수의 주기성

(5) 유효 핵전하

① **가려막기 효과** [5] : 전자들 사이의 반발력에 의해 원자핵과 전자 사이의 실질적인 인력이 감소하는 현상이다.

• 다전자 원자에서 안쪽 전자가 바깥쪽 전자를 가리고 있어 양성자 수에 의한 핵전하가 작아진다.

• 같은 전자껍질에 있는 전자들에 의한 가려막기 효과는 안쪽 전자껍질에 있는 전자들에 의한 가려막기 효과보다 작다.

② **유효 핵전하** [6] : 전자에 작용하는 실질적인 핵전하이다.

• 원자핵의 핵전하보다 작은 값을 가지며, 원자핵과 가까운 전자껍질에 있는 전자일수록 큰 값을 가진다.

• 전자껍질 수가 같은 경우 원자 번호가 클수록 유효 핵전하가 크다. → 원자 번호가 클수록 핵전하는 증가하는데, 같은 전자껍질에 존재하는 전자의 가려막기 효과는 작기 때문

❺ 가려막기 효과

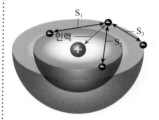

S_1, S_2 는 안쪽 전자껍질에 존재하는 전자에 의한 가려막기 효과이며, S_3 는 같은 전자껍질에 존재하는 전자에 의한 가려막기 효과이다.
S_1, S_2 > S_3 이다.

❀ 2주기 원소의 핵전하

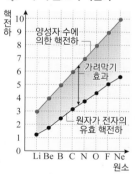

❻ 원자 번호에 따른 유효 핵전하

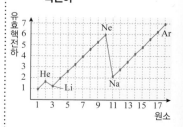

(6) 원자 반지름

① 원자 반지름의 정의 ❼

⊙ **금속 원소** : 금속 결정에서 인접한 두 원자의 원자핵 사이 거리를 측정하여 그 거리의 반을 원자 반지름으로 정한다.

ⓛ **비금속 원소** : 같은 종류의 원자로 이루어진 2원자 분자의 원자핵 사이 거리를 측정하여 그 거리의 반을 원자 반지름으로 정한다.

ⓒ **비활성 기체** : 온도를 낮추어 분자를 결정 상태로 만든 후, 두 원자의 원자핵 사이 거리를 측정하여 그 거리의 반을 원자 반지름으로 정한다.(반데르 발스 반지름)

② 원자 반지름의 주기성 ❽

⊙ **같은 주기** : 원자 번호가 증가할수록 원자 반지름이 감소한다. → 같은 주기의 원소들은 전자껍질 수가 같지만, 원자 번호가 증가할수록 양성자 수가 많아져 유효 핵전하 ❾ 가 커지므로 원자핵과 전자 사이의 인력이 증가하기 때문이다.

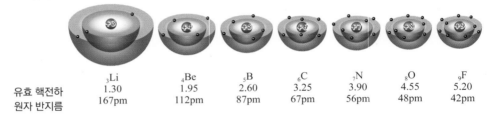

	₃Li	₄Be	₅B	₆C	₇N	₈O	₉F
유효 핵전하	1.30	1.95	2.60	3.25	3.90	4.55	5.20
원자 반지름	167pm	112pm	87pm	67pm	56pm	48pm	42pm

▲ 2주기 원소들의 유효 핵전하와 원자 반지름의 변화

ⓛ **같은 족** : 원자 번호가 증가할수록 원자 반지름이 증가한다. → 같은 족에서는 원자 번호가 증가할수록 전자껍질 수가 많아져서 원자핵과 가장 바깥 전자껍질에 있는 전자와의 거리가 멀어지기 때문이다.

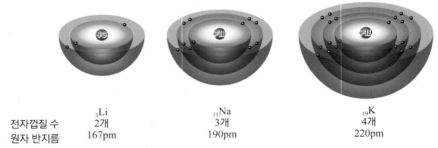

	₃Li	₁₁Na	₁₉K
전자껍질 수	2개	3개	4개
원자 반지름	167pm	190pm	220pm

▲ 1족 원소들의 전자껍질 수와 원자 반지름의 변화

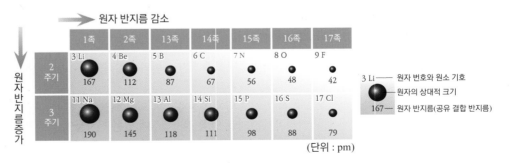

원자 반지름 감소 →

		1족	2족	13족	14족	15족	16족	17족
원자 반지름을 증가 ↓	2주기	3 Li 167	4 Be 112	5 B 87	6 C 67	7 N 56	8 O 48	9 F 42
	3주기	11 Na 190	12 Mg 145	13 Al 118	14 Si 111	15 P 98	16 S 88	17 Cl 79

(단위 : pm)

3 Li —— 원자 번호와 원소 기호
● —— 원자의 상대적 크기
167 —— 원자 반지름(공유 결합 반지름)

▲ 주기율표에 따른 2 ~ 3주기 원소의 원자 반지름(공유 결합 반지름)

Q6 같은 주기에서 원자 번호가 증가할수록 원자 반지름이 감소하는 이유는 무엇인가?

---

❼ 원자 반지름의 정의

원자핵 사이 거리

▲ 금속 원소의 금속 결합 반지름

원자핵

원자핵 사이 거리

원자 반지름 / 원자 반지름

▲ 비금속 원소의 공유 결합 반지름

반데르발스 반지름

▲ 비활성 기체의 반데르발스 반지름

❽ 원자 반지름에 영향을 끼치는 요인

- 전자껍질 수가 많을수록 원자 반지름이 증가한다. → 원자핵과 최외각 전자 사이의 거리 멀어짐
- 유효 핵전하가 클수록 원자 반지름이 감소한다. → 원자핵과 전자 사이의 인력 증가
- 전자 수가 많을수록 원자 반지름이 증가한다. → 전자 사이의 반발력 증가

❾ 유효 핵전하

수소를 제외한 원자에서 안쪽 전자껍질에 채워진 전자가 핵전하를 가린다. 바깥쪽 전자껍질의 전자가 실제 느끼는 핵전하는 핵전하량보다 작은데, 이를 가려막기 효과(가리움 효과)라고 하고 전자가 느끼는 실질적인 핵의 전하를 유효 핵전하라고 한다. 같은 주기에서 원자 번호가 커질수록 양성자 수가 증가하므로 유효 핵전하가 증가한다.
주기가 바뀔 때, 전자껍질 수 증가하므로 가려막기 효과가 커져서 유효 핵전하가 감소한다.
⑩ 유효 핵전하 Ne > Na

(7) 이온 반지름

① **양이온 반지름** : 양이온 반지름은 원자 반지름보다 작다. → 중성 원자가 전자를 잃어 양이온이 되면 전자껍질 수가 감소하고, 유효 핵전하가 증가하기 때문

② **음이온 반지름** : 음이온 반지름은 원자 반지름보다 커진다. → 중성 원자가 전자를 얻어 음이온이 되면 추가된 전자에 의해 전자 사이의 반발력이 증가하여 전자 구름이 커지므로 유효 핵전하가 감소한다.

③ **등전자 이온**[10] **의 반지름** : 등전자 이온에서 원자 번호가 클수록 이온 반지름이 작아진다. → 등전자 이온은 전자의 수가 같으므로 이온의 핵전하가 클수록 유효 핵전하가 증가하기 때문

예 $_7N^{3-} > _8O^{2-} > _9F^- > _{11}Na^+ > _{12}Mg^{2+}$, $\quad _{15}P^{3-} > _{16}S^{2-} > _{17}Cl^- > _{19}K^+ > _{20}Ca^{2+}$

⑩ 등전자 이온
전하의 종류와 관계없이 같은 수의 전자를 가지고 있는 이온을 말한다.

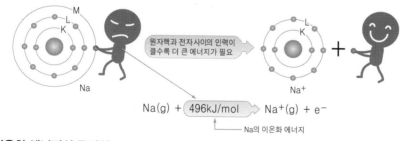

양이온 반지름 감소 →

음이온 반지름 감소 →

양이온 반지름 증가 ↓

음이온 반지름 증가 ↓

		1족	2족	13족	14족	15족	16족	17족
2주기	원자	3 Li 167 pm	4 Be 112 pm	5 B 87 pm	6 C 67 pm	7 N 56 pm	8 O 48 pm	9 F 42 pm
	이온	$_3Li^+$ 60 pm	$_4Be^{2+}$ 31 pm	$_5B^{3+}$ 20 pm	$_6C^{4+}$ 15 pm	$_7N^{3-}$ 132 pm	$_8O^{2-}$ 124 pm	$_9F^-$ 119 pm
3주기	원자	11 Na 190 pm	12 Mg 145 pm	13 Al 118 pm	14 Si 111 pm	15 P 98 pm	16 S 88 pm	17 Cl 79 pm
	이온	$_{11}Na^+$ 95 pm	$_{12}Mg^{2+}$ 65 pm	$_{13}Al^{3+}$ 50 pm	$_{14}Si^{4+}$ 41 pm	$_{15}P^{3-}$ 212 pm	$_{16}S^{2-}$ 184 pm	$_{17}Cl^-$ 181 pm

● 원자 ● 양이온 ● 음이온

▲ 2주기와 3주기 원소의 원자 반지름과 이온 반지름

(8) 이온화 에너지

① **이온화 에너지** : 기체 상태의 중성 원자 1몰로부터 전자 1몰을 떼어 내어 양이온을 만드는데 필요한 최소 에너지(kJ/mol)이다.

$$M(g) + E \rightarrow M^+(g) + e^- \quad (E : 이온화 에너지)$$

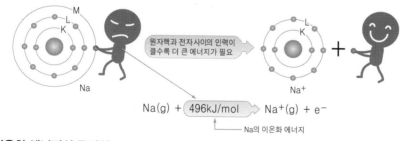

원자핵과 전자사이의 인력이 클수록 더 큰 에너지가 필요

$$Na(g) + 496kJ/mol \rightarrow Na^+(g) + e^-$$

└ Na의 이온화 에너지

⚙ 수소 원자의 이온화 에너지

$_1H$ K(1)(바닥상태)

수소 원자의 바닥상태 에너지는 -1312 kJ/mol, 핵과 분리된 상태인 $n = \infty$일 때 에너지 값은 0이다. 따라서 수소 원자의 이온화 에너지는
$0 - (-1312) = 1312$ kJ/mol 이다.

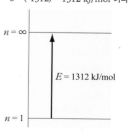

$n = \infty$

$E = 1312$ kJ/mol

$n = 1$

② **이온화 에너지의 주기성**

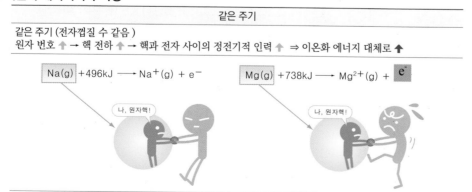

같은 주기
같은 주기 (전자껍질 수 같음)
원자 번호 ↑ → 핵 전하 ↑ → 핵과 전자 사이의 정전기적 인력 ↑ ⇒ 이온화 에너지 대체로 ↑

$$Na(g) + 496kJ \rightarrow Na^+(g) + e^-$$

$$Mg(g) + 738kJ \rightarrow Mg^{2+}(g) + e^-$$

나, 원자핵!

나, 원자핵!

⓫ 같은 주기의 원소 사이의 이온화 에너지 비교

- 이온화 에너지가 가장 큰 원소 : 18족 원소
- 이온화 에너지가 가장 작은 원소 : 1족 원소

✿ 이온화 에너지와 기체 상태

액체 상태나 고체 상태에서는 양이온이 되는 데 필요한 에너지가 인접한 원자들의 영향을 받기 때문에 이온화 에너지는 기체 상태에서 정의된다.

✿ 이온화 에너지의 주기성의 예외

- Be(2족) > B(13족)

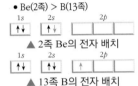

▲ 2족 Be의 전자 배치

▲ 13족 B의 전자 배치

에너지 준위가 낮은 s 오비탈보다 에너지 준위가 높은 p 오비탈에서 전자를 떼어 내는 것이 더 쉬우므로 13족 원소의 이온화 에너지가 2족 원소의 이온화 에너지보다 작다.

- N(15족) > O(16족)

▲ 15족 N의 전자 배치

▲ 16족 O의 전자 배치

16족 원소는 쌍을 이룬 전자 사이에 반발력이 작용하여 홀전자만 있는 15족 원소보다 전자를 떼어 내기 쉬우므로 16족 원소의 이온화 에너지가 15족 원소의 이온화 에너지보다 작다.

✿ 이온화 에너지가 작으면 양이온이 되기 쉽다.(전자를 떼어 내기가 쉽다.)

✿ Mg 1몰을 Mg^{2+} 으로 만드는데 필요한 에너지는 736 kJ + 1452 kJ = 2188 kJ 이다.

⓬ 순차적 이온화 에너지와 원자가 전자 수

원자가 전자를 모두 떼어내고 안쪽 전자껍질에 있는 전자를 떼어낼 때 이온화 에너지가 급격하게 증가하므로 순차적 이온화 에너지가 급격하게 증가하기 전까지 떼어낸 전자 수가 원자가 전자 수이다.

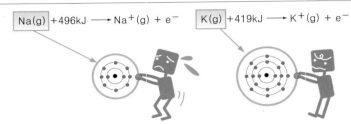

같은 족

같은 족 (원자가 전자 수 같음)
원자 번호 ⬆ → 전자껍질 수 ⬆ → 핵과 전자 사이의 정전기적 인력 ⬇ ⟹ 이온화 에너지 ⬇

$$Na(g) + 496kJ \longrightarrow Na^+(g) + e^-$$ $$K(g) + 419kJ \longrightarrow K^+(g) + e^-$$

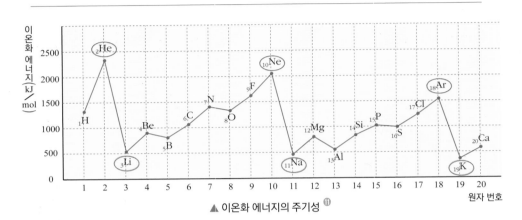

▲ 이온화 에너지의 주기성 ⓫

③ **순차적 이온화 에너지** : 기체 상태의 중성 원자에서 전자를 차례로 하나씩 떼어낼 때 각 단계별로 필요한 에너지이다. 순차적 이온화 에너지는 전자가 들어 있는 전자 껍질이 바뀌는 곳에서 이온화 에너지가 급격히 증가한다.⓬

$$M(g) + E_1 \rightarrow M^+(g) + e^- \quad (E_1 : \text{제1 이온화 에너지})$$
$$M^+(g) + E_2 \rightarrow M^{2+}(g) + e^- \quad (E_2 : \text{제2 이온화 에너지})$$
$$M^{2+}(g) + E_3 \rightarrow M^{3+}(g) + e^- \quad (E_3 : \text{제3 이온화 에너지})$$

$$E_1 < E_2 < E_3$$

이온화 진행 → 전자들 사이의 반발력 감소, 핵과 전자 사이의 인력 증가
→ 순차적 이온화 에너지 증가

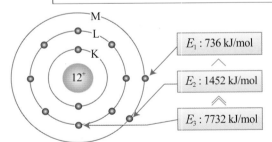

$E_1 : 736$ kJ/mol

$E_2 : 1452$ kJ/mol

$E_3 : 7732$ kJ/mol

M 전자 껍질의 전자와 핵 사이의 인력보다 L 전자 껍질의 전자와 핵 사이의 인력이 더 크다.

➡ L 전자 껍질의 전자를 떼어낼 때에는 훨씬 더 많은 에너지가 필요하다.

➡ 이온화 에너지가 급격히 증가

원소	전자껍질			순차적 이온화 에너지(kJ/mol)								
	K	L	M	E_1	E_2	E_3	E_4	E_5	E_6	E_7	E_8	E_9
$_{11}Na$	2	8	1	496	4562	6911	9543	13354	16613	20117	25496	28932
$_{12}Mg$	2	8	2	738	1451	7733	10542	13630	18020	21711	25661	31653
$_{13}Al$	2	8	3	578	1817	2745	11577	14842	18379	23326	27465	31853
$_{14}Si$	2	8	4	787	1577	3231	4356	16091	19805	23780	29287	33878

▲ 몇 가지 원소의 순차적 이온화 에너지

(9) 전기 음성도 두 원자가 전자를 공유하여 결합을 형성한 분자에서 원자가 전자쌍을 끌어 당기는 힘을 상대적인 수치로 나타낸 것이다.

① **기준** : 플루오린(F)의 전기 음성도를 4.0으로 정하고, 이 값을 기준으로 다른 원소들의 전기 음성도를 상대적으로 정하였다.

② **전기 음성도의 주기성**

• **같은 주기** : 원자 번호가 클수록 대체로 증가한다. → 양성자 수 증가로 인해 유효 핵전하가 증가하여 원자핵과 전자 사이의 인력이 증가하기 때문

• **같은 족** : 원자 번호가 클수록 대체로 감소한다. → 전자껍질 수가 증가하여 원자핵과 전자 사이의 인력이 감소하기 때문

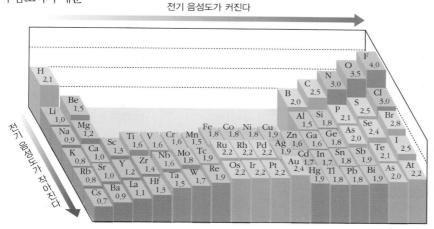

(10) 전자 친화도 [13] 기체 상태의 중성 원자 1몰이 전자 1몰을 얻어 기체 상태의 -1가의 음이온 1몰이 될 때 방출하는 에너지이다.

$$X(g) + e^- \rightarrow X^-(g) + E \ (E : 전자\ 친화도)$$

① 전자 친화도가 크다. → 전자를 얻기 쉽다. → 음이온이 되기 쉽다.

전자 친화도가 작다. → 전자를 얻기 어렵다. → 음이온이 되기 어렵다.

② **염소(Cl)의 전자 친화도**

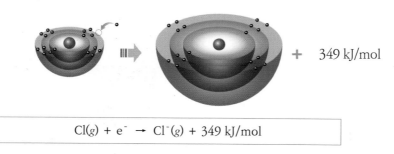

$$+\ 349\ kJ/mol$$

$$Cl(g) + e^- \rightarrow Cl^-(g) + 349\ kJ/mol$$

정답 p.15

---

[13] **전자 친화도**

중성 기체 원자 1몰이 전자 1몰을 얻어 음이온이 될 때 방출하는 에너지
$X(g) + e^- \rightarrow X^-(g) + E(E : 전자\ 친화도)$

• 전자 친화도가 크면 음이온이 되기 쉽다.(전자가 원자와 결합하기가 쉽다.)

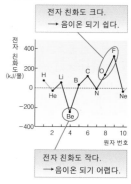

Q7 Be 과 Mg 의 제1 이온화 에너지를 비교하고, 그 이유를 쓰시오.

Q8 원소 M 의 순차적 이온화 에너지 E_1, E_2, E_3 가 각각 520, 7298, 11815 이다. (이온화 에너지 단위 : kJ/mol) 원소 M 이 안정한 이온이 되었을 때의 이온식을 쓰시오.

Q9 전기 음성도가 가장 큰 원소는 무엇인가?

Plus 강의

〈물질관의 변천〉

	고대			중세	근대
연대	기원전 7세기	기원전 5세기	기원전 4세기	중세	17C

물질관

탈레스 : 1원소설

모든 물질의 근원은 '물'이다.

엠페도클레스

4원소설

물질은 물, 불, 흙, 공기로 이루어져 있다.

```
            Fire
     Hot         Dry

Air               Earth

     Moist       Cold
            Water
```

데모크리토스

입자설

- 최초의 입자설
- 물질은 더 이상 쪼개질 수 없는 입자로 이루어져 있다.
- 입자들 사이에는 빈 공간이 있다.

아리스토텔레스

① 4원소 변환설
- 물질은 물, 불, 흙, 공기로 이루어져 있고 차가움, 따뜻함, 건조함, 습함의 4가지 성질에 의해 서로 변환된다.
- 과학적 근거가 아닌 추상적 개념

② 연속설

- 물질은 없어질 때 까지 계속 쪼갤 수 있다.
- 자연은 진공을 싫어하므로 물질 속에는 빈 공간이 없다.

연금술사

- 원소가 다른 원소로 바뀔 수 있다는 아리스토텔레스의 생각에 기초하여, 값싼 금속을 금으로 바꾸려고 노력하였다.
- 실패하였지만 실험 기구와 시약의 개발 등 화학 발전에 기여하였다.

보일 : 원소설 (1665년)

- 고대 입자설의 부활: J자 관 실험을 통해 물질이 입자로 되어 있음을 증명
- 최초의 원소 개념 제시: 모든 물질은 더 이상 분해되지 않는 원소로 이루어져 있다.

[보일의 J자 관 실험]

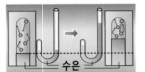

한쪽이 막힌 J자 관에 수은을 계속 넣으면 공기의 부피가 줄어든다. 이것은 공기 입자와 공기 입자 사이가 빈 공간으로 이루어져 있기 때문이다.

[참고]

동양의 오행설
- 자연 현상의 원리를 5행의 원리로 설명하고 있다.
- 5행:목(木), 화(火), 토(土), 금(金), 수(水)
- 서양의 4원소에 없는 생물체인 나무(木)를 포함시킨 것으로 보아 자연과 인간의 관계를 친숙하게 생각하고 있음을 알 수 있다.

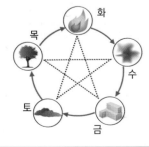

● 물질이 입자로 이루어졌다는 증거

① 물 50 mL 와 에탄올 50 mL 를 섞으면 혼합 용액의 부피가 100 mL 보다 작다.	② 고무풍선의 입구를 단단히 묶어 가만히 놓아두면 공기가 서서히 빠져나가 풍선의 크기가 작아진다.	③ 비누방울이나 금속박을 얇게 만드는 데는 한계가 있다.	④ 물에 잉크를 떨어 뜨리고 놓아두면 잉크가 물 속으로 천천히 퍼진다
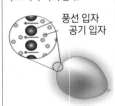			
큰 입자 사이로 작은 입자가 끼어들어간다.	비누 입자나 금속 입자보다 더 얇게 만들 수 없기 때문이다.	잉크 입자가 물 입자 사이로 끼어들기 때문이다.	

근대

| 18C | 19C |

라부아지에

① 질량 보존 법칙 (1772년)
화학 반응이 일어날 때, 반응하는 물질의 총 질량과 반응 후 생성되는 물질의 총 질량은 서로 같다.

| 반응 전 물질의 총 질량 | = | 반응 후 물질의 총 질량 |

• 수소 2g + 산소16g → 물 18g

돌턴 : 원자설 (1803년)
• 돌턴은 질량 보존 법칙과 일정 성분비 법칙을 설명하기 위해 원자설을 제안하였다.

슈탈

: 프로지스톤설 (17C말 ~18C초)
• 불에 타는 모든 물질은 프로지스톤을 가지고 있다.
• 연소가 일어날 때 프로지스톤이 빠져나가기 때문에 연소 후에 질량이 감소한다.

• 문제점: 금속이 연소 후 질량이 증가하는 현상을 설명하지 못하였다.

② 연소설 (1783년)
• 물질이 연소할 때 산소와 결합한다.

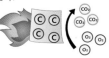

금속이 연소 후 질량이 증가하는 현상을 설명하였다.
▶ 연소 후 질량 감소
물질의 성분이 산소와 결합하여 빠져나간다.
▶ 연소 후 질량 증가
금속과 산소가 결합하여 빠져나가지 않으므로 질량은 증가한다.

• 이 실험으로 인해 프로지스톤설이 사라지게 되었다.

③ 원소설(1789년)

• 물 분해 실험

물은 산소와 수소로 분해되므로 물이 물질의 원소가 아님을 증명
→ 아리스토텔레스의 4원소설이 옳지 않음을 실험적으로 증명
• 더 이상 나눌 수 없는 물질을 "원소"로 정의하고 33종의 원소를 발표하였다.

프루스트 : 일정 성분비 법칙 (1799년)
• 두 가지 이상의 성분 물질이 화합하여 한 화합물을 만들 때 구성하는 성분 물질 사이에는 일정한 질량비가 성립한다.

수소 : 산소 : 물 = 1 : 8 : 9

게이 뤼삭 : 기체 반응 법칙(1808년)
• 온도와 압력이 일정할 때 반응하는 기체와 생성되는 기체의 부피 사이에는 간단한 정수비가 성립한다.

예

| 수소 | : | 산소 | : | 수증기 |
| 2 | : | 1 | : | 2 |

아보가드로 : 분자설 (1811년)
• 기체 반응 법칙을 돌턴의 원자설로 설명할 수 없었으므로 아보가드로가 "분자설"을 제안하였다.
[아보가드로의 분자설]
1. 기체는 분자라는 입자로 이루어져 있다.
2. 분자는 원자 몇 개가 결합하여 이루어진 입자이다.
3. 모든 기체는 같은 온도와 압력에서, 같은 부피라면 같은 개수의 분자를 포함한다.

1부피 안에는 분자의 종류에 상관없이 같은 수의 분자가 들어있다

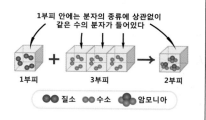

1부피 + 3부피 → 2부피

●● 질소 ●● 수소 ● 암모니아

● 질량 보존 법칙과 일정 성분비 법칙

[철의 연소 반응]
강철 솜을 연소시킨 후 반응한 물질의 질량과 생성된 물질의 질량을 측정하면 다음과 같다.

연소 전 철의 질량	6g
연소 후 철의 질량	8.5g
반응한 산소의 질량	2.5g
철과 산소의 질량비	12 : 5

철 + 산소 → 산화철
$3Fe + 2O_2 → Fe_3O_4$

| 질량 보존 법칙 | $\dfrac{연소\ 전\ 철의\ 질량}{6g} + \dfrac{결합한\ 산소의\ 질량}{2.5g}$ $= \dfrac{연소\ 후(철+산소)의\ 질량}{8.5g}$ |
| 일정 성분비 법칙 | 연소 전 철의 질량 : 반응한 산소의 질량 = 6 : 2.5 = 12 : 5 → 항상 일정! |

개념 확인문제

원자 구조

01 어떤 원자 X ~ Z 의 원자 구조를 모형으로 나타낸 것이다.

이에 대한 설명으로 옳은 것만을 〈보기〉에서 있는 대로 고른 것은?

> **보기**
>
> ㄱ. X 와 Y 는 중성자 수가 같다.
> ㄴ. Y 와 Z 는 질량수가 같다.
> ㄷ. X 와 Z 는 원자 번호가 같다.

① ㄱ   ② ㄴ   ③ ㄷ
④ ㄱ, ㄴ   ⑤ ㄴ, ㄷ

02 수소 원자의 구조를 모형으로 나타낸 것이다.

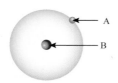

이에 대한 설명으로 옳은 것만을 〈보기〉에서 있는 대로 고른 것은?

> **보기**
>
> ㄱ. 수소 원자를 구성하고 있는 A 와 B 는 모두 기본 입자이다.
> ㄴ. A 입자와 B 입자 사이에는 정전기적인 인력이 작용한다.
> ㄷ. B 입자는 더 작은 입자로 쪼갤 수 있다.

① ㄱ   ② ㄴ   ③ ㄷ
④ ㄱ, ㄴ   ⑤ ㄴ, ㄷ

03 원자의 구성 입자에 대한 설명으로 옳은 것은?

① 양성자와 중성자의 질량은 똑같다.
② 모든 원자의 원자핵에는 중성자가 존재한다.
③ 모든 원자에서 양성자 수는 중성자 수와 같다.
④ 양성자 수와 중성자 수를 더한 값을 질량수라고 한다.
⑤ 원자가 양이온이 될 때 원자핵의 질량은 감소한다.

04 어떤 동위 원소 (가)와 (나)의 원자핵을 나타낸 것이다.

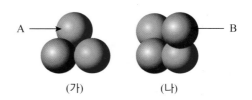

이에 대한 설명으로 옳은 것만을 〈보기〉에서 있는 대로 고른 것은?

> **보기**
>
> ㄱ. (가)와 (나)의 질량수는 같다.
> ㄴ. A 의 개수는 원자 번호와 같다.
> ㄷ. B 는 (+) 전하를 띠는 입자이다.

① ㄱ   ② ㄴ   ③ ㄷ
④ ㄱ, ㄴ   ⑤ ㄴ, ㄷ

05 중성 원자 A, B, C 를 구성하는 입자 수를 나타낸 것이다.

구성 입자 \ 원자	A	B	C
양성자 수		1	2
중성자 수	2	2	1
전자 수	2		

이 중 화학적 성질이 서로 같은 원소를 옳게 짝지으시오.

원자 모형과 전자 배치

06 현재까지 제안된 원자 모형을 순서 없이 나열한 것이다.

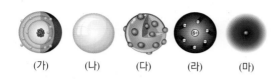

(가)   (나)   (다)   (라)   (마)

원자 모형이 제안된 순서대로 나열하시오.

07 돌턴의 원자설로 옳은 것은 ○표, 옳지 않은 것은 ×표 하시오.

(1) 원자는 더 이상 쪼갤 수 없다. ( )

(2) 모든 원자는 크기와 질량이 같다. ( )

(3) 원자는 화학 변화에 의해 다른 원자로 변할 수 있다. ( )

(4) 화합물은 서로 다른 원자들이 간단한 정수비로 결합하여 이루어진 것이다. ( )

08 중세 연금술사들은 값싼 금속을 금으로 바꾸려고 노력하였으나 실패하였다. 연금술사들이 실패한 이유를 돌턴의 원자설에서 찾으면 어느 것인가?

① 원자는 더 이상 쪼갤 수 없다.
② 원자는 종류가 같으면 크기와 질량이 같다.
③ 화학 변화할 때, 원자는 없어지거나, 새로 생기지 않는다.
④ 화학 변화할 때, 원자는 다른 종류의 원자로 변하지 않는다.
⑤ 화합물은 원자들이 일정한 질량비로 결합하여 만들어진다.

09 돌턴의 원자설 중에서 오늘날 동위 원소의 발견으로 일부 수정되어야 할 부분이 생겼다고 한다. 다음 중 해당 내용은 무엇인가?

① 원자는 더 이상 쪼갤 수 없다.
② 원자는 종류가 같으면 크기와 질량이 같다.
③ 화학 변화가 일어나도 원자는 없어지지 않는다.
④ 원자는 화학 변화를 통해 다른 원자로 변할 수 있다.
⑤ 화합물은 두 종류 이상의 원자가 일정한 비율로 결합하여 만들어진다.

10 음극선이 전극의 +극 쪽으로 휘는 모습이다. 이를 통해 알 수 있는 음극선의 특성으로 옳은 것만을 〈보기〉에서 있는 대로 고른 것은?

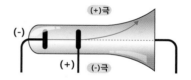

(+)극
(-)
(+)
(-)극

보기

ㄱ. 음극선은 (-) 전하를 띤다.
ㄴ. 음극선은 중성이다.
ㄷ. 음극선은 질량을 가진 입자의 흐름이다.

① ㄱ   ② ㄴ   ③ ㄷ
④ ㄱ, ㄴ   ⑤ ㄱ, ㄷ

11 다음에서 설명하는 원자 모형은 무엇이며, 이를 주장한 과학자와 옳게 짝지은 것은?

- 원자 중심에 양전하를 띤 딱딱한 입자(원자핵)가 있고 나머지 비어 있는 공간에 전자가 빠르게 돌고 있다.
- 수소 원자의 선스펙트럼을 설명하지 못하였다.

① 톰슨 - 태양계 모형
② 러더퍼드 - 전자 구름 모형
③ 러더퍼드 - 태양계 모형
④ 보어 - 전자 구름 모형
⑤ 보어 - 태양계 모형

12 헬륨의 원자핵인 α 입자를 얇은 금박에 충돌시키면 다음 그림과 같이 대부분의 α 입자는 통과하지만 아주 적은 수의 α 입자는 휘거나 튀어나온다.

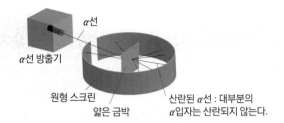

α선
α선 방출기
원형 스크린
얇은 금박
산란된 α선 : 대부분의
α입자는 산란되지 않는다.

이에 대한 〈보기〉의 설명 중 옳은 것만을 있는 대로 고른 것은?

보기

ㄱ. 원자의 내부는 대부분 빈 공간이다
ㄴ. 원자의 중심에는 (+) 전하를 띤 입자가 있다.
ㄷ. α 입자를 튀어나오게 만든 입자는 음극선과 같은 부호의 전하를 띤다.

① ㄴ　　　　　② ㄷ　　　　　③ ㄱ, ㄴ
④ ㄱ, ㄷ　　　　⑤ ㄱ, ㄴ, ㄷ

13 수소 원자에서 일어날 수 있는 몇 가지 전자의 궤도 간 이동을 나타낸 것이다. 그림의 a, b, c, d 과정 중 에너지를 방출하는 경우를 모두 고른 것은?

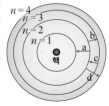

① a　　　　　② d
③ a, c
④ b, d　　　　⑤ d

14~15 수소 원자에 있어 전자의 전이 과정이다.

14 (가) ~ (다)의 전이 과정에서 나타나는 선 스펙트럼 계열을 바르게 적은 것은?

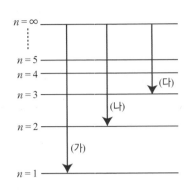

	(가)	(나)	(다)
①	라이먼	발머	파셴
②	라이먼	파셴	발머
③	파셴	라이먼	발머
④	발머	파셴	라이먼
⑤	파셴	발머	라이먼

15 각 전이 과정에서 방출되는 빛의 종류로 옳게 짝지어진 것을 고르시오.

	(가)	(나)	(다)
①	가시광선	적외선	자외선
②	가시광선	자외선	적외선
③	적외선	가시광선	자외선
④	자외선	적외선	가시광선
⑤	자외선	가시광선	적외선

16 보어의 원자 모형에 대한 설명이다. 이에 대해 옳은 것만을 〈보기〉에서 있는 대로 고른 것은?

보기

ㄱ. 일정한 궤도를 도는 전자는 에너지를 흡수하거나 방출하지 않는다.
ㄴ. 선스펙트럼이 나타나는 이유를 설명할 수 있다.
ㄷ. 전자가 핵에서 멀어지려면 에너지를 흡수해야 한다.

① ㄱ, ㄴ　　　　② ㄴ, ㄷ　　　　③ ㄱ, ㄷ
④ ㄴ, ㄷ　　　　⑤ ㄱ, ㄴ, ㄷ

17 어떤 중성 원자 M 의 전자 배치이다.

중성 원자 M 의 전자 수와 양성자 수, 원자 번호를 옳게 짝지은 것은?

	전자 수	양성자 수	원자 번호
①	8	8	8
②	10	8	10
③	8	8	16
④	10	10	10
⑤	2	8	10

18 지름이 5 cm ~ 15 cm 인 동심원 다트판을 벽에 걸고 10사람이 10번씩 다트를 던졌다.

노란 부분에 다트가 꽂힐 확률은 $\frac{32}{100}$ 이다. 다음 중 이와 같은 원리로 만든 원자 모형은?

① 딱딱한 공 모형   ② 건포도가 든 푸딩 모형
③ 태양계 모형   ④ 궤도 모형
⑤ 전자 구름 모형

19~20 불꽃 반응 실험 과정을 순서 없이 나타낸 것이다.

┌─────────────────────────────────┐
│ ㉠ 니크롬선에 시료를 묻힌다. │
│ ㉡ 니크롬선만 토치의 겉불꽃에 넣고 색깔을 관 │
│   찰한다. │
│ ㉢ 니크롬선을 염산에 담근 후 겉불꽃에 넣되, │
│   색깔이 나타나지 않을 때까지 가열한다. │
│ ㉣ 시료를 묻힌 니크롬선을 겉불꽃에 넣고 불꽃 │
│   색을 관찰한다. │
└─────────────────────────────────┘

19 실험 순서대로 나열하시오.

20 ㉢의 과정을 거치는 이유로 옳은 것은?

① 불꽃색을 선명하게 보기 위해서
② 니크롬선에 시료가 잘 묻게 하기 위해서
③ 니크롬선이 변형되는 것을 막기 위해서
④ 니크롬선이 빨리 달구어지게 하기 위해서
⑤ 니크롬선에 묻은 불순물을 제거하기 위해서

21 불꽃반응 실험을 통하여 물질 속에 포함되어 있는 원소를 구별해 낼 수 있다. 그러나 리튬과 스트론튬의 불꽃반응 색은 비슷하여 구별하기 어렵다. 이 경우 그 둘을 구별할 수 있는 가장 좋은 방법은?

① 전기 분해   ② 스펙트럼 분석
③ 크로마토그래피   ④ 분별 증류
⑤ 추출

22 원소 기호와 불꽃색을 바르게 연결한 것은?

① Li - 노란색   ② Na - 주황색   ③ Ca - 보라색
④ Ba - 청색   ⑤ Cu - 청록색

23 화합물 X 와 몇 가지 원소의 선스펙트럼을 나타낸 것이다. 화합물 X 에 포함된 원소의 종류는?

24 수소 방전관에서 관찰할 수 있는 스펙트럼의 일부이다. 이에 대해 옳은 것만을 〈보기〉에서 있는 대로 고르시오.

┌─────────────────────────────────┐
│ 보기 │
│ ㄱ. a는 b보다 파장이 짧다. │
│ ㄴ. 위의 스펙트럼은 발머 계열이다. │
│ ㄷ. 방전관에 수소 기체를 더 넣으면 연속 스펙트럼 │
│   이 나타난다. │
└─────────────────────────────────┘

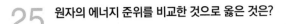
25 원자의 에너지 준위를 비교한 것으로 옳은 것은?

① H : $1s < 2s < 3s < 2p < 3p < 4s \cdots$
② H : $1s = 2s = 2p = 3s = 3p = 4s \cdots$
③ He : $1s < 2s < 2p < 3s < 3p < 4s \cdots$
④ He : $1s < 2s = 2p < 3s = 3p < 4s \cdots$
⑤ C : $1s < 2s < 2p < 3s < 3d < 3p \cdots$

26 그림 (가)와 (나)는 He 의 전자 배치를 보어 원자 모형으로 나타낸 것이다.

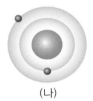

(가)   (나)

이에 대한 설명으로 옳은 것만을 〈보기〉에서 있는 대로 고른 것은?

보기
ㄱ. (가)는 바닥상태이다.
ㄴ. (가)에서 (나)로 될 때 에너지를 흡수한다.
ㄷ. (나)의 전자 배치는 K(2)L(1)이다.

① ㄱ   ② ㄴ   ③ ㄷ
④ ㄱ, ㄴ   ⑤ ㄱ, ㄷ

27 서로 다른 원자 (가), (나)의 전자 배치를 보어 원자 모형으로 나타낸 것이다.

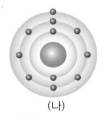

(가)   (나)

이에 대한 설명으로 옳지 <u>않은</u> 것은?

① (가)의 원자가 전자는 8개이다.
② (나)의 최외각 전자는 1개이다.
③ (가)의 전자 배치는 K(2)L(8)이다.
④ (가)는 옥텟 규칙을 만족하는 전자 배치를 갖는다.
⑤ (나)의 L 전자껍질에는 최대로 채워질 수 있는 전자가 모두 채워져 있다.

28 두 종류의 오비탈 (가)와 (나)를 나타낸 것이다.

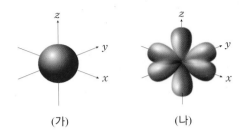

(가)   (나)

이에 대한 설명으로 옳은 것만을 〈보기〉에서 있는 대로 고른 것은?

보기
ㄱ. (가)와 (나)는 모두 방향성이 없다.
ㄴ. (가)의 오비탈에 존재하는 전자는 원자핵 주위를 원운동한다.
ㄷ. (가)와 (나)의 경계면은 전자를 발견할 확률이 90 % 인 지점을 연결한 것이다

① ㄱ   ② ㄴ   ③ ㄷ
④ ㄱ, ㄴ   ⑤ ㄴ, ㄷ

29 s 오비탈에 대한 설명으로 옳은 것은 ○표, 옳지 않은 것은 ×표 하시오.

(1) $1s$ 오비탈과 $2s$ 오비탈은 구형이다.   (   )
(2) 최대 수용 전자 수가 2개이다.   (   )
(3) 모든 전자껍질에 존재하는 오비탈이다.
                                          (   )

30 임의의 원소 A ~ D 의 전자 배치를 나타낸 것이다.

A : K(2)L(1)	B : K(1)L(2)
C : K(2)L(8)	D : K(2)L(8)M(2)

이에 대한 설명으로 옳은 것만을 〈보기〉에서 있는 대로 고른 것은?

보기
ㄱ. A 와 B 의 양성자 수는 같다.
ㄴ. 원자가 전자 수가 가장 많은 것은 C 이다.
ㄷ. C 는 D 보다 최외각 전자 수가 적다.

① ㄱ   ② ㄴ   ③ ㄷ
④ ㄱ, ㄴ   ⑤ ㄴ, ㄷ

31 다전자 원자에서 오비탈의 에너지 준위를 나타낸 것이다.

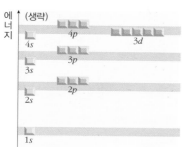

이에 대한 설명으로 옳은 것만을 〈보기〉에서 있는 대로 고른 것은?

보기

ㄱ. 주양자수가 클수록 에너지 준위가 높다.
ㄴ. 주양자수가 같을 때 오비탈의 에너지 준위는 $s < p < d$ 이다.
ㄷ. 주양자수가 4인 전자껍질에는 최대 8개의 전자가 채워질 수 있다.

① ㄱ   ② ㄴ   ③ ㄷ
④ ㄱ, ㄴ   ⑤ ㄴ, ㄷ

32 바닥상태의 탄소 원자의 전자 배치인 것만을 〈보기〉에서 있는 대로 고르시오.

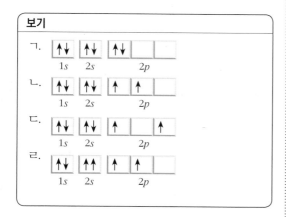

33 최외각 전자의 유효 핵전하가 가장 큰 원자는?

① $_5B$ ② $_6C$ ③ $_8O$
④ $_{10}Ne$ ⑤ $_{11}Na$

34 어떤 원자의 전자 배치를 나타낸 모형이다.

이에 대한 설명으로 옳은 것만을 〈보기〉에서 있는 대로 고른 것은?

보기

ㄱ. 이 원소는 원자 번호가 11번인 나트륨이다.
ㄴ. 이 원소는 전자 1개를 잃고 양이온이 된다.
ㄷ. 이 원소가 안정한 이온이 되면 아르곤과 같은 전자 배치를 이룬다.

① ㄱ   ② ㄴ   ③ ㄷ
④ ㄱ, ㄴ   ⑤ ㄱ, ㄷ

35 탄소 원자의 몇 가지 전자 배치를 나타낸 것이다.

	$1s$	$2s$	$2p_x$	$2p_y$	$2p_z$
A	↑↓	↑↑	↑	↑	
B	↑↓	↑↓	↑		↑
C	↑↓	↑↓		↑	↑
D	↑↓	↑↓	↑↓		

이에 대한 설명으로 옳은 것만을 〈보기〉에서 있는 대로 고른 것은?

보기

ㄱ. A 의 전자 배치는 파울리 배타 원리에 어긋난다.
ㄴ. B 에서 C 로 될 때 에너지가 방출된다.
ㄷ. D 의 전자 배치는 훈트 규칙을 만족하지 않으므로 불가능한 전자 배치이다.

① ㄱ   ② ㄴ   ③ ㄷ
④ ㄱ, ㄴ   ⑤ ㄱ, ㄷ

36 각 전자껍질에 포함되는 오비탈 수와 최대 수용 전자 수를 나타낸 것이다. ㉠ ~ ㉣에 들어갈 알맞은 숫자를 각각 쓰시오.

주양자수	K($n = 1$)	L($n = 2$)	M($n = 3$)	N($n = 4$)
오비탈 수	1	4	9	16
최대 수용 전자 수	㉠( )	㉡( )	㉢( )	㉣( )

원소의 주기성

37 세 쌍 원소인 Ca, Sr, Ba 의 원자량을 나타낸 것이다.

원소	Ca	Sr	Ba
원자량	40		137

세 쌍 원소설에 근거하여 Sr(스트론튬)의 원자량을 구하시오.

38 주기율에 대한 설명으로 옳은 것은 ○표, 옳지 않은 것은 ×표 하시오.

(1) 멘델레예프는 원소들을 원자량의 순으로 배열하여 주기율표를 작성하였다. ( )

(2) 모즐리는 원자량의 순으로 원소들을 배열하여 주기율표를 완성하였다. ( )

(3) 뉴렌즈의 옥타브 법칙을 기초로 되베라이너가 세 쌍 원소설을 발표하였다. ( )

39 주기율표에 대한 설명으로 옳지 않은 것을 고르시오.

① 세로줄을 족이라고 한다.
② 가로줄을 주기라고 한다
③ 되베라이너에 의해 처음 소개되었다.
④ 원소들을 원자 번호의 순으로 나열한 것이다.
⑤ 모즐리에 의해 현대의 주기율표가 완성되었다.

40 주기율표를 간략하게 나타낸 것이다.

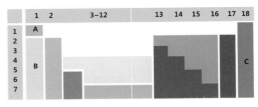

위 표에 대한 설명으로 옳은 것만을 〈보기〉에서 있는 대로 고른 것은?

보기
ㄱ. 모두 1 ~ 18 주기로 구성되어 있다.
ㄴ. A 는 수소이다.
ㄷ. B 는 원자가 전자 수가 1개이다.
ㄹ. 3주기에는 18개의 원소가 들어 있다.
ㅁ. 핵반응으로 만든 인공 원자들은 C 에 모여 있다.

① ㄱ, ㄴ   ② ㄴ, ㄷ   ③ ㄹ, ㅁ
④ ㄱ, ㄴ, ㄷ   ⑤ ㄴ, ㄹ, ㅁ

41 주기율표에 대한 설명으로 옳지 않은 것은?

① 현대의 주기율표는 원소를 원자 번호 순서대로 배열하였다.
② 화학적 성질이 비슷한 원소들을 같은 가로줄에 오도록 배열하였다.
③ 원자 번호 1번부터 92번까지의 원소들은 대부분 자연계에 존재한다.
④ 원자 번호 93번 이후의 원소들은 모두 핵반응을 통해 만들어진 인공 원소들이다.
⑤ 원자 번호 113번부터 118번까지의 원소들은 합성되었으나 아직 주기율표에 등재되지 않았다.

42 주기율표의 원소 A ~ G 에 대한 설명으로 옳지 않은 것은? (단, A ~ G 는 임의의 원소 기호이다.)

	1족	2족	13족	14족	15족	16족	17족	18족
1주기	A							B
2주기		C					D	
3주기	E				F		G	

① 원소 A 와 E 의 원자가 전자 수는 같다.
② 원소 B 의 양성자 수는 2개이다.
③ 원소 C 의 전자껍질 수는 2개이다.
④ 원소 D 와 G 는 화학적 성질이 비슷하다.
⑤ 원소 F 의 최외각 전자 수는 15개이다.

43~44 다음은 단주기율표이다. 다음 물음에 답하시오.

	1족	2족	13족	14족	15족	16족	17족	18족
1주기	1 H							2 He
2주기	3 Li	4 Be	5 B	6 C	7 N	8 O	9 F	10 Ne
3주기	11 Na	12 Mg	13 Al	14 Si	15 P	16 S	17 Cl	18 Ar
4주기	19 K	20 Ca						

43 위 주기율표에 나와 있는 원소 중 네온(Ne)과 원자가 전자 수가 같은 원소의 원소 기호를 모두 쓰시오.

44 위 주기율표에 나와 있는 원소 중 전자껍질 수가 4개인 원소의 원소 기호를 모두 쓰시오.

45 옥텟 규칙에 대한 설명으로 옳은 것을 있는 대로 고르시오.

① 모든 원소들은 옥텟 규칙에 따라 화학 결합한다.
② 16족 원소들은 이온이 될 때 전자를 얻어 s 오비탈을 채운다.
③ 17족 원소들은 이온이 될 때 전자를 얻어 p 오비탈을 채운다.
④ 1족 원소들은 이온이 될 때 s 오비탈의 전자를 잃어 전자껍질 수가 줄어든다.
⑤ 3주기의 1족 원소가 이온이 되면 3주기의 18족 원소의 전자 배치와 같아진다.

46 주기율표의 일부를 나타낸 것이다.

	1족	2족	13족	14족	15족	16족	17족	18족
1주기	A							B
2주기		C				D		
3주기	E			F	G			

이에 대한 설명으로 옳은 것만을 〈보기〉에서 있는 대로 고른 것은? (단, A ~ G 는 임의의 원소 기호이다.)

보기

ㄱ. 원소 A, C, E 는 모두 금속 원소이다.
ㄴ. 원소 A ~ G 중 원소 B의 비금속성이 가장 크다.
ㄷ. 원소 D 는 전자를 얻어 음이온이 되기 쉽다.

① ㄱ   ② ㄴ   ③ ㄷ
④ ㄱ, ㄴ   ⑤ ㄱ, ㄷ

47 원자 반지름에 대한 설명으로 옳은 것만을 〈보기〉에서 있는 대로 고른 것은?

보기

ㄱ. 같은 족에서 전자껍질 수가 많을수록 원자 반지름이 증가한다.
ㄴ. 같은 주기에서 유효 핵전하가 클수록 원자 반지름이 감소한다.
ㄷ. 같은 주기에서 원자 번호가 증가할수록 원자 반지름이 증가한다.

① ㄱ   ② ㄴ   ③ ㄷ
④ ㄱ, ㄴ   ⑤ ㄱ, ㄷ

48 이온의 반지름이 가장 큰 것을 고르시오.

① $_{15}P^{3-}$ ② $_{16}S^{2-}$ ③ $_{17}Cl^-$
④ $_{19}K^+$ ⑤ $_{20}Ca^{2+}$

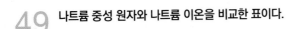
49 나트륨 중성 원자와 나트륨 이온을 비교한 표이다.

구분	Na	Na⁺
양성자 수	11	11
전자 수	11	10
전자껍질 수	㉠	㉡
유효 핵전하	㉢	㉣
입자 반지름	㉤	㉥

이에 대한 설명으로 옳은 것만을 〈보기〉에서 있는 대로 고른 것은?

> **보기**
> ㄱ. ㉠보다 ㉡이 더 작다.
> ㄴ. ㉢보다 ㉣이 더 크다.
> ㄷ. ㉤보다 ㉥이 더 크다.

① ㄱ　　　　② ㄴ　　　　③ ㄷ
④ ㄱ, ㄴ　　　⑤ ㄱ, ㄷ

50 비금속 원소의 중성 원자와 이온의 반지름을 비교한 것이다.

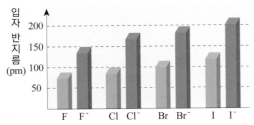

이에 대한 설명으로 옳은 것만을 〈보기〉에서 있는 대로 고른 것은?

> **보기**
> ㄱ. 비금속 원소는 원자 반지름보다 이온 반지름이 더 크다.
> ㄴ. 원자 번호가 클수록 유효 핵전하가 크기때문에 원자 반지름 < 이온 반지름이다.
> ㄷ. 같은 족 원소들은 원자 번호가 클수록 원자 반지름과 이온 반지름이 크다.

① ㄱ　　　　② ㄴ　　　　③ ㄷ
④ ㄱ, ㄴ　　　⑤ ㄱ, ㄷ

51 원자 반지름을 증가시킬 수 있는 요인을 있는 대로 고르시오.

① 전자껍질 수 증가
② 전자 수 증가
③ 유효 핵전하 증가
④ 인접한 분자 수 증가
⑤ 원자핵과 전자 사이의 인력 증가

52 주기율표의 일부를 나타낸 것이다.

	1족	2족	13족	14족	15족	16족	17족	18족
1주기								
2주기	A	B					C	
3주기	D						E	

이에 대한 설명으로 옳은 것만을 〈보기〉에서 있는 대로 고른 것은? (단, A ~ E 는 임의의 원소 기호이다.)

> **보기**
> ㄱ. A 보다 B 의 원자 반지름이 더 크다.
> ㄴ. C 보다 E 의 원자 반지름이 더 크다.
> ㄷ. C 보다 D 의 원자 반지름이 더 크다.

① ㄱ　　　　② ㄴ　　　　③ ㄷ
④ ㄱ, ㄴ　　　⑤ ㄴ, ㄷ

53 이온화 에너지에 대한 설명으로 옳지 않은 것은?

① 이온화 에너지가 큰 원소는 양이온이 되기 어렵다.
② 같은 주기에서 18족 원소의 이온화 에너지가 가장 크다.
③ 같은 족에서는 원자 번호가 클수록 이온화 에너지가 증가한다.
④ 원자핵과 전자 사이의 인력이 클수록 이온화 에너지가 크다.
⑤ 같은 주기에서는 원자 번호가 클수록 이온화 에너지가 대체로 증가한다.

54

순차적 이온화 에너지에 대한 설명으로 옳은 것만을 〈보기〉에서 있는 대로 고른 것은?

보기

ㄱ. 전자 1 mol 을 떼어 낼 때 필요한 에너지를 제1 이온화 에너지라고 한다.

ㄴ. 순차적 이온화 에너지가 급격하게 증가할 때까지 떼어 낸 전자 수가 그 원자의 원자가 전자 수이다.

ㄷ. 중성 원자에서 전자가 1개씩 차례로 떨어져 나올 때, 순차적 이온화 에너지는 점차 증가한다.

① ㄱ   ② ㄴ   ③ ㄷ
④ ㄱ, ㄴ   ⑤ ㄱ, ㄷ

55

(가)와 (나)의 원소들의 전기 음성도의 크기를 옳게 비교한 것은?

(가) Li, Na, K	(나) N, O, F

	(가)	(나)
①	Li < Na < K	N < O < F
②	Li < Na < K	N > O > F
③	Li < Na < K	O < N < F
④	Li > Na > K	N > O > F
⑤	Li > Na > K	N < O < F

56

나트륨(Na)과 칼륨(K)을 비교했을 때 나트륨이 더 큰 값을 갖는 것은?

① 이온화 에너지   ② 원자가 전자 수
③ 전자껍질 수   ④ 금속성
⑤ 원자 반지름

57

3주기 임의의 원소 A ~ C 에 대해 각각의 제4 이온화 에너지를 100 으로 하여 순차적 이온화 에너지의 상댓값을 나타낸 것이다.

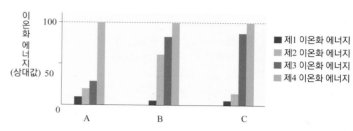

이에 대한 설명으로 옳은 것만을 〈보기〉에서 있는 대로 고른 것은?

보기

ㄱ. 제1 이온화 에너지는 B 가 가장 작다.

ㄴ. 원자가 전자 수가 가장 많은 것은 B 이다.

ㄷ. B 의 제2 이온화 에너지는 L 전자껍질에서 전자를 떼어 낼 때 필요한 에너지이다.

① ㄱ   ② ㄴ   ③ ㄷ
④ ㄱ, ㄴ   ⑤ ㄱ, ㄷ

58

원자 번호가 연속인 원소의 제1 이온화 에너지를 나타낸 것이다. 기호로 답하시오. (단, A ~ H 는 임의의 원소 기호이고, 2 ~ 3주기 원소이다.)

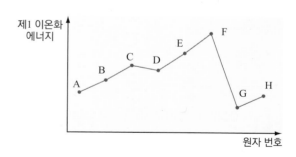

(1) A ~ E 중 전기 음성도가 가장 큰 원소는?

(2) A 의 바닥상태 전자 배치는?

(3) A ~ E 중 원자 반지름이 가장 큰 원소는?

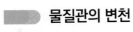
물질관의 변천

59 다음 글과 관련된 설명으로 옳은 것은?

> • 물질은 더 이상 쪼갤 수 없는 입자로 이루어져 있다.
> • 입자와 입자 사이는 빈 공간으로 이루어져 있다.

① 플로지스톤설 ② 입자설
③ 연속설 ④ 4원소설
⑤ 분자설

60 고대의 과학자와 그들이 주장한 물질관이 바르게 짝지어진 것을 고르시오.

① 탈레스: 모든 물질의 근본은 '숫자'이다.
② 엠페도클레스: 모든 물질의 근본은 '공기'이다.
③ 아리스토텔레스: 물질의 본질은 물, 불, 흙, 나무이다.
④ 아리스토텔레스: 물질을 이루는 입자 사이에는 빈 공간이 있다.
⑤ 데모크리토스: 모든 물질은 더 이상 나누어지지 않는 입자로 되어 있다.

61 〈보기〉의 물질관을 시대 순으로 나열하시오.

> **보기**
> ㄱ. 4원소 변환설 ㄴ. 1원소설
> ㄷ. 분자설 ㄹ. 라부아지에의 원소설

62 라부아지에는 금속의 연소 실험을 통해 연소는 물질이 탈 때 산소와 반응하는 현상임을 밝혀냈다. 이를 통해 알 수 있는 것은?

① 프로지스톤설
② 질량 보존 법칙
③ 기체 반응 법칙
④ 일정 성분비 법칙
⑤ 아보가드로 법칙

63 연속설과 입자설에 관한 내용이다. 연관된 것끼리 바르게 연결하시오.

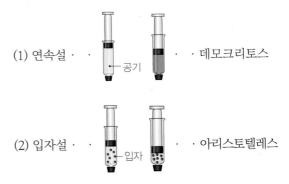

(1) 연속설 · · · 데모크리토스

(2) 입자설 · · · 아리스토텔레스

64 눈금 실린더에 설탕과 물을 섞은 다음 부피를 측정하였더니 설탕물의 부피는 처음 두 물질의 부피의 합보다 작았다. 이와 같은 사실로부터 추측할 수 있는 것은?

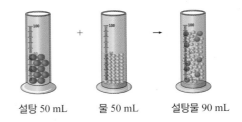

설탕 50 mL   물 50 mL   설탕물 90 mL

① 설탕 입자 안에 물 입자가 들어 간다.
② 설탕의 부피는 물의 부피보다 작다.
③ 설탕이 물에 녹으면 설탕 입자가 사라진다.
④ 물과 설탕이 섞이면 새로운 물질이 생긴다.
⑤ 물과 설탕은 입자로 되어 있고 그 크기가 서로 다르다.

65 라부아지에의 물 분해 실험을 통해 부정할 수 있는 고대의 물질관을 쓰고 그 이유를 쓰시오.

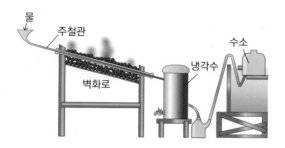

66 질량이 같은 강철솜 A 와 B 를 양팔 저울 위에 올려 놓고 강철솜 B 만 가열하여 연소시키면 한쪽으로 기울어진다. 이에 대한 설명으로 옳은 것은?

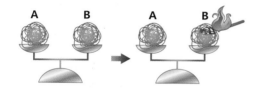

① 강철솜 B 가 연소되어 질량이 줄어들어 A 쪽으로 기운다.
② 물질은 연소 후에도 성질의 변화가 없으므로 질량은 같다.
③ 연소 전과 연소 후 강철솜 B 를 이루는 원자의 개수는 같다.
④ 강철솜 B 가 연소되어 산소와 결합하였으로 B 쪽으로 기운다.
⑤ 강철솜 A 를 이루는 원소와 연소된 후 B 를 이루는 원소의 종류는 같다.

67 물질이 입자로 이루어져 있다는 증거로 옳지 않은 것을 고르시오.

① 비눗방울을 계속 불면 터진다.
② 사이다의 병마개를 따면 거품이 올라온다.
③ 물에 잉크를 떨어뜨리고 놓아두면 잉크가 물 속으로 천천히 퍼진다.
④ 물 50 mL 와 에탄올 50 mL 를 섞으면 혼합 용액의 부피가 100 mL 보다 작다.
⑤ 고무풍선의 입구를 단단히 묶어 가만히 놓아두면 공기가 서서히 빠져나가 풍선의 크기가 작아진다.

68 붉은색의 산화 수은 가루를 시험관에 넣고 가열하면 산소가 발생하고 시험관 속에는 액체 상태의 은백색의 수은이 남는다. 이 반응에서 알 수 있는 사실은 무엇인가?

① 수은은 혼합물이다.
② 산화 수은은 원소이다.
③ 산소는 화합물이다.
④ 산화 수은은 화합물이다.
⑤ 산소 기체는 원소가 아니다.

69 다음에서 설명하는 물질을 고르시오.

• 물질을 이루는 기본 성분이다.
• 더 이상 다른 성분으로 분해되지 않는다.

① 물 　　　　② 설탕물
③ 암모니아 　　④ 칼슘
⑤ 염화 나트륨

70 어떤 화학 변화를 거치더라도 원자는 근본적으로 변하지 않는다는 것을 알아보기 위한 실험은?

① 반응 전 후의 밀도를 비교한다.
② 반응 전 후의 질량을 비교한다.
③ 반응 전 후의 색깔을 비교한다.
④ 반응 전 후의 용해도를 비교한다.
⑤ 반응 전 후의 불꽃 반응을 비교한다.

01 데모크리토스의 물질관으로 비눗방울 놀이를 설명한 것이다.

> 비눗방울은 크기가 어느 정도 이상이 되면 터져버리게 된다. 이것은 물질이 더 이상 쪼갤 수 없는 입자인 원자로 되어 있기 때문이다.
>
> 비눗방울의 두께도 비눗방울을 이루는 원자의 크기보다 얇아질 수는 없기 때문에 비눗방울이 결국 터지게 되는 것이다.

비눗방울 놀이를 아리스토텔레스의 물질관으로 설명한다면 비눗방울의 크기는 어떻게 되어야 하는가? 그 이유와 함께 쓰시오.

02 원소와 원자에 대한 두 친구의 대화이다.

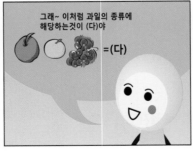

(1) (가) ~ (라)에 해당하는 사람이나 용어를 쓰시오.

(2) 근대의 원소 개념을 고대와 비교하여 간단히 설명하시오.

03 자료를 참고하여 물음에 답하시오.

기원전 4세기 경, 아리스토텔레스는 4원소 변환설을 주장하였다. 아리스토텔레스에 의하면 물질을 이루는 기본 성분은 물, 불, 흙, 공기 4종류이고, 이 4가지는 차가움, 따뜻함, 건조함, 습함의 성질에 의해 서로 변환된다고 주장하였으며 이러한 아리스토텔레스의 물질관은 2000여 년 간 계속되어 왔다. 근대에 이르러 아리스토텔레스의 4원소 변환설은 보일이 원소의 개념을 주장하면서 흔들리기 시작하였고, 라부아지에의 물 분해 실험으로 아리스토텔레스의 물질관이 잘못되었음이 확인되어 데모크리토스의 원자설이 재등장하였다.

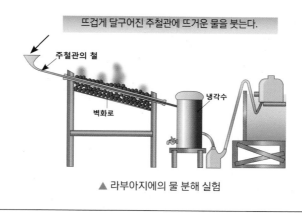

▲ 라부아지에의 물 분해 실험

(1) 라부아지에의 실험에서 물이 분해되어 생성되는 기체의 종류를 쓰시오.

(2) 주철관의 철의 질량을 반응 전과 후로 비교하고 그 이유를 쓰시오.

(3) 냉각수를 통과하여 얻은 물질에 성냥을 가까이 하면 어떤 일이 일어나겠는가?

(4) 라부아지에의 실험을 통해 아리스토텔레스의 4원소 변환설의 어떤 부분이 잘못되었는지 쓰시오.

개념 돋보기

● 물 분해 장치

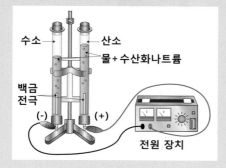

순수한 물은 전류가 흐르지 않으므로 수산화 나트륨을 넣어 전류가 흐르게 한다.

[생성 물질의 확인]
수소 : 성냥불을 가까이하면, '펑'소리를 내며 탄다. → (-)극에서 생성
산소 : 꺼져가는 성냥불을 넣으면 다시 타오른다. → (+)극에서 생성

04 보일의 J자 관 실험을 만화로 나타낸 것이다.

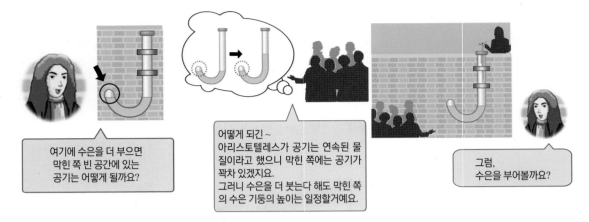

이 실험에 대한 설명으로 옳은 것만을 〈보기〉에서 있는 대로 고른 것은?

> **보기**
>
> ㄱ. 이 실험 결과를 통해 공기에 빈 공간이 있음을 실험적으로 증명하였다.
> ㄴ. 이 실험 결과를 통해 막힌 쪽 빈 공간은 아무 것도 없는 진공 상태라는 것이 증명되었다.
> ㄷ. J 자 관에 수은을 부어도 막힌 쪽 공간의 크기는 변함없을 것이다.
> ㄹ. 아리스토텔레스의 '자연은 빈 공간을 싫어한다'라는 생각을 부정하는 실험이다.
> ㅁ. J 자 관에 수은을 부으면 막힌 쪽의 공기가 수은에 녹아 빈 공간은 줄어들 것이다.

① ㄱ, ㄴ   ② ㄱ, ㄹ   ③ ㄴ, ㄷ   ④ ㄱ, ㄹ, ㅁ   ⑤ ㄴ, ㄷ, ㄹ

05 산화 은(AgO)을 가열하여 생성물을 확인하는 실험이다.

> ① 다음 그림과 같이 장치하고 산화 은을 가열하였더니 가열 전에 광택이 없던 산화 은이 가열 후에는 은백색의 광택이 생겼다.
>
> ② A 시험관에는 기체가 모였다.
>
>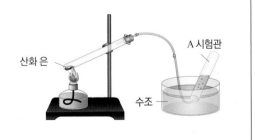
>
> 산화 은   A 시험관
>
> 수조

(1) A 시험관에 모인 기체에 다 꺼져가는 성냥불을 대었을 때의 결과는?

(2) 산화 은은 가열 전과 후에 같은 물질인가? 다른 물질인가? 그 이유를 위의 실험 내용을 바탕으로 하여 쓰시오.

06 각각 4가지의 원소와 어떤 화합물의 선 스펙트럼이다. 이 화합물을 불꽃 반응시켰을 때 관찰할 수 있는 불꽃색과 같은 색을 가지는 물질들을 〈보기〉에서 있는 대로 고르시오.

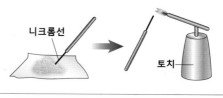

보기

ㄱ. 염화 구리   ㄴ. 염화 나트륨   ㄷ. 염화 스트론튬
ㄹ. 황화 은   ㅁ. 질산 나트륨   ㅂ. 염화 칼륨
ㅅ. 염화 칼슘

07 조개껍질의 성분을 알아보기 위한 실험 과정이다.

(가)	(나)
둥근 바닥 플라스크에 염산과 조개껍질 가루를 넣었을 때 발생하는 기체를 석회수에 통과시켰더니 뿌옇게 흐려졌다.  조개껍질가루 / 염산 / 석회수	조개껍질 가루를 니크롬선에 묻혀 불꽃 반응시켰더니 주황색 불꽃색을 관찰할 수 있었다. 니크롬선 / 토치

조개껍질을 구성하고 있는 원소의 종류를 원소 기호로 쓰시오.

개념 돋보기

○ **탄산 칼슘($CaCO_3$)** : 대리석, 석회석, 조개껍질, 달걀껍질 등에서 산출된다.

① 가열하면 이산화 탄소를 발생한다. $CaCO_3 \xrightarrow{\text{가열}} CaO + CO_2\uparrow$

② 순수한 물에는 녹지 않으나, 이산화 탄소를 함유하는 물에는 녹는다.
$$CaCO_3 + CO_2 + H_2O \rightleftharpoons Ca(HCO_3)_2$$

③ 산과 반응하여 이산화 탄소를 발생시킨다.
$$CaCO_3 + 2HCl \longrightarrow CaCl_2 + H_2O + CO_2\uparrow$$

개념 심화 문제

08~09 주기율표를 보고 물음에 답하시오.

	1													13	14	15	16	17	18
1	1 H	2																	2 He
2	3 Li	(가)												5 B	6 C	(나)	8 O	9 F	10 Ne
3	11 Na	12 Mg	3	4	5	6	7	8	9	10	11	12		13 Al	(다)	15 P	16 S	17 Cl	(라)
4	19 K	20 Ca	21 Sc	22 Ti	23 V	24 Cr	25 Mn	26 Fe	27 Co	28 Ni	29 Cu	30 Zn		31 Ga	32 Ge	33 As	34 Se	35 Br	36 Kr
5	37 Rb	38 Sr	39 Y	40 Zr	41 Nb	42 Mo	43 Tc	44 Ru	45 Rh	46 Pd	47 Ag	48 Cd		49 In	50 Sn	51 Sb	52 Te	53 I	54 Xe
6	55 Cs	56 Ba	57 La	72 Hf	73 Ta	74 W	75 Re	76 Os	77 Ir	78 Pt	79 Au	80 Hg		81 Ti	82 Pb	83 Bi	84 Po	85 At	86 Rn

A

08 (가) ~ (라)에 알맞은 원소 기호를 이름과 함께 쓰시오.

09 주기율표에서 A 에 위치한 알칼리 금속 원소의 물리적 성질을 나타낸 것이다.

원소	녹는점($^{\circ}C$)	끓는점($^{\circ}C$)	밀도(g/cm^3)
Li	180.5	1335	0.53
Na	97.8	883	0.97
K	63.5	774	0.88
Rb	㉠	702	1.55
Cs	28.5	705	1.87

위의 자료를 참고로 하여 알칼리 금속 원소에 대한 설명으로 옳은 것을 있는 대로 고르시오.

① 알칼리 금속은 불꽃 반응으로 구별할 수 없다.
② Rb의 녹는점은 Cs 보다 높고 K 보다 낮을 것이다.
③ 상온에서(25 $^{\circ}C$) 액체로 존재하는 것은 Cs 뿐이다.
④ 알칼리 금속의 끓는점은 원자 번호가 증가할수록 높아진다.
⑤ 알칼리 금속과 반응하지 않는 밀도 1.6 g/cm^3 인 액체에 넣었을 때 가라 앉는 것은 Cs 뿐이다.

개념 돋보기

알칼리 금속

알칼리 금속의 수산화물인 LiOH, NaOH, KOH 는 모두 물에 녹아 강한 알칼리성을 내므로 이 금속들을 알칼리 금속이라고 한다.

은백색의 무른 금속으로 Li → Na → K로 갈수록 점점 물러지며 K의 경우에는 나무 칼로도 자를 수 있을 만큼 무르다.

알칼리 금속은 물이나 산소와 격렬하게 반응하므로 석유나 벤젠 속에 넣어 보관한다.

10~11 자료를참고하여 물음에 답하시오.

원자 반지름은 전자껍질 수과 원자핵의 전하량에 의해서 결정된다.
① 같은 족 : 전자껍질 수에 영향을 받는다.

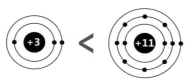

전자껍질 수가 증가할수록 반지름은 크다.

② 같은 주기 : 원자핵의 전하량에 영향을 받는다.

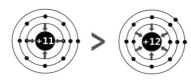

같은 수의 전자껍질을 가질 경우, 원자핵의 전하량이 클수록 전자를 당기는 힘이 강해져 원자 반지름이 작아진다.

10 각 원자의 반지름 크기를 부등호(>, <, =)로 비교하시오.

(1) Be   B   (2) Na   K   (3) F   Cl   (4) O   S

11 2주기에서 원자 번호에 따른 원자 반지름을 나타낸 그래프로 옳은 것을 고르시오.

① 원자 반지름 / 원자 번호
② 원자 반지름 / 원자 번호
③ 원자 반지름 / 원자 번호
④ 원자 반지름 / 원자 번호
⑤ 원자 반지름 / 원자 번호

개념 돋보기

🔍 중성 원자의 전자 껍질에 전자가 채워질 때 전자 껍질별 전자의 개수

• 각 전자 껍질에는 최대로 채워질 수 있는 전자의 개수가 정해져 있다.

전자 껍질 기호	K	L	M	N	....
최대 수용 전자 개수	2	8	18	32	....

예) 나트륨(Na, 원자 번호 11)의 경우에는 중성 원자의 전자 수가 11개이므로, 다음과 같은 배치가 가능하다.

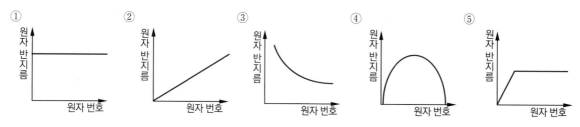

전자 껍질 기호	채워지는 전자 수
K	2
L	8
M	1
총 전자수	11

① ② 에너지가 낮은 껍질을 다 채운 후 다음 껍질을 채운다

K : 전자2개
L : 전자8개
M : 전자1개

12 과학자들은 자연 현상을 탐구할 때 경우에 따라 모형을 만들어 연구한다. 오른쪽 그림은 원자 모형으로 사용될 수 있는 것의 예를 나타낸 것이다. 다음 물음에 답하시오.

(1) 이와 같이 원자 모형을 사용하는 이유는 무엇인지 쓰시오.

(2) 돌턴의 원자설 내용과 원자 모형이 갖추어야 할 조건을 비교한 것이다. 빈칸에 들어갈 원자 모형의 조건을 쓰시오.

돌턴의 원자설		원자 모형이 갖추어야 할 조건
원자는 더 이상 쪼갤 수 없다.	→	
같은 종류의 원자는 크기와 질량이 같고, 다른 종류의 원자는 크기와 질량이 다르다.	→	
화학 변화란 원자가 재배열하는 것이다.(또는 여러 종류의 원자가 결합하여 화합물을 만든다.)	→	

13 원자를 이루는 세 가지 기본 구성 입자 A ~ C 가 존재하는 공간을 나타낸 원자 모형이다.

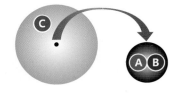

이 모형에 의한 원자의 구성 입자 A ~ C 에 대한 설명으로 옳지 않은 것은?

① 모든 원자에서 A 의 개수와 B 의 개수는 같다.
② 모든 원자에서 A 의 질량은 C 의 질량보다 크다.
③ 모든 원자에서 A 와 B 의 전하를 합치면 양의 값이다.
④ 모든 원자에서 A 와 B 의 개수의 합을 원자의 질량수라고 한다.
⑤ 모든 원자에서 전자를 얻거나 잃어도 A 의 개수와 B 의 개수는 변하지 않는다.

14 양성자 수에 따라 임의의 중성 원자 A ~ F 의 값을 나타낸 것이다. 이 자료를 해석한 것으로 옳은 것은? (단, 그래프의 x축은 각 원자의 양성자 수를, y 축은 중성자 수를 양성자 수로 나눈 값이다.)

① A 와 F 의 전자 수는 같다.
② D 와 E 의 질량수는 같다.
③ E 와 F 의 중성자 수는 같다.
④ E 의 질량수는 B 의 3배이다.
⑤ C 와 D 의 화학적 성질은 다르다.

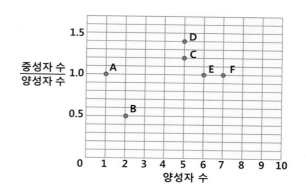

15 원자 A, B, C, D 에 대한 자료이다.(● : 양성자, ● : 중성자, ● : 전자)

원자	A	B	C	D
원자 모형				
양성자 수	1	1	2	2
중성자 수	0	2	1	2
전자 수	1	1	2	2

물음에 해당하는 것을 있는 대로 찾으시오.

(1) 동위 원소 관계에 있는 두 원자는?

(2) B 와 질량수가 같은 원자는?

(3) C 와 원자 번호가 같은 원자는?

(4) D 와 화학적 성질이 같은 원자는?

16 임의의 중성 원자 (가) ~ (라) 에 관한 내용이다.

(가)와 (나)는 동위 원소이다.	(나)와 (다)는 질량수가 같다.	(다)와 (라)는 원자 번호가 같다.

위 내용을 참고하여 다음 표를 완성하시오.

구분	(가)	(나)	(다)	(라)
양성자 수	18	①	19	-
중성자 수	20	22	②	20
전자 수	18	-	-	③

개념 심화 문제

17 표의 동위 원소 존재 비율을 가진 질소(N_2)와 산소(O_2)의 반응으로부터 일산화 질소(NO)가 생성되었다.

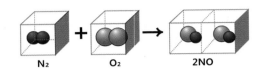

	동위 원소	상대 원자량	존재 비율(%)
질소	^{14}N	14.0	40
	^{15}N	15.0	60
산소	^{16}O	16.0	40
	^{17}O	17.0	60

이에 대한 설명으로 옳은 것만을 〈보기〉에서 있는 대로 고른 것은? (단, 각 원소는 중성 원소이다.)

보기

ㄱ. ^{16}O 과 ^{17}O 원자의 전자 개수는 같다.
ㄴ. 반응물 N_2 분자들의 평균 원자량은 28 이다.
ㄷ. 생성된 NO 에는 질량이 다른 4종류의 NO 분자가 가능하다.
ㄹ. 생성된 NO 중 질량이 가장 작은 분자의 질량수는 30 이다.

① ㄱ, ㄴ   ② ㄱ, ㄹ   ③ ㄷ, ㄹ   ④ ㄱ, ㄴ, ㄷ   ⑤ ㄴ, ㄷ, ㄹ

18 브로민 분자(Br_2)의 분자량과 자연 존재비를 나타낸 것이다.

(1) 브로민 원자(Br) 동위 원소의 개수를 쓰고, 각각의 질량을 구하시오.

(2) HBr은 몇 가지 종류의 분자량을 가질 수 있는가?

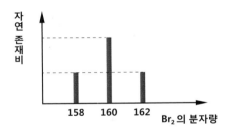

개념 돋보기

원자의 표시

질량수 **X** 원자 번호
X = 원소 기호

예 $^{35}_{17}Cl$ 염소

원자 번호 = 양성자 수 = 전자 수 = 17
질량수 = 35
중성자 수 = 18

평균 원자량

원자량을 계산할 때, 동위 원소가 존재할 경우, 각 동위 원소의 존재비를 고려한 상대적 질량의 평균값으로 나타낸다.

• 예 탄소

원소	동위 원소	질량수	상대적 질량	존재비(%)	평균 원자량
C(탄소)	12-C	12	12	98.89	$12 \times 0.9889 + 13.003 \times 0.011 = 12.011$
	13-C	13	13.003	1.11	탄소의 원자량은 12.011을 사용한다.

• 동위 원소가 없는 원소의 경우 상대적 질량이 원자량이다.

22~23 원자 모형을 순서 없이 나열한 것이다.

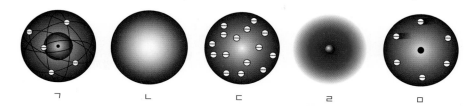

ㄱ   ㄴ   ㄷ   ㄹ   ㅁ

19 ㄱ ~ ㅁ 에 대한 설명으로 옳지 <u>않은</u> 것은?

① ㄱ 모형으로는 수소 원자 이외의 다른 원자들의 선 스펙트럼을 설명할 수 없다.
② ㄴ 모형은 원자보다 더 작은 입자가 발견되면서 문제가 되었다.
③ ㄷ 모형으로는 α 입자 산란 실험을 설명할 수 없다.
④ ㄹ 모형으로 금속의 선 스펙트럼을 설명할 수 있다.
⑤ ㅁ 모형은 중성자가 발견되면서 제안된 모형이다.

20 다음은 원자를 구성하고 있는 입자들의 특성 때문에 나타나는 현상이다.

고무풍선을 머리에 문지르면 풍선이 머리카락에 달라붙는다.
(가)

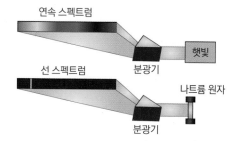

나트륨의 불꽃 반응을 분광기로 관찰하면 선 스펙트럼이 나타난다.
(나)

위의 현상을 설명할 수 있는 원자 모형을 옳게 짝지은 것은?

	(가)	(나)		(가)	(나)		(가)	(나)
①	ㄱ, ㄷ, ㄹ, ㅁ	ㄹ	②	ㄱ, ㄷ, ㄹ, ㅁ	ㄱ, ㄹ	③	ㄴ, ㄷ, ㄹ, ㅁ	ㄱ, ㅁ
④	ㄱ, ㄷ, ㄹ	ㄱ, ㄹ	⑤	ㄴ, ㄹ	ㄱ, ㄹ, ㅁ			

개념 돋보기

⭕ 중성자의 발견(1932) : 채드윅

① 베릴륨(Be) 박판에 α 선을 충돌시켜 전기를 띠지 않는 입자가 튀어나오는 것을 발견하였고, 전기를 띠지 않는 입자라는 뜻으로 중성자라 명명하였다.
② 중성자의 질량 : 1.67×10^{-24} g 으로 양성자보다 약간 무거우며, 전자보다는 약 1837배 무겁다.

▲ 중성자를 발견한 채드윅

▲ 1932년 Modern Mechanix라는 잡지에 실려 이슈화된 채드윅의 중성자 발견 실험

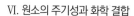

개념 심화 문제

21 금으로 얇은 박을 만들고 여기에 α 입자(He²⁺)를 쪼여주면, 그림과 같이 대부분은 통과하였지만 극히 일부는 크게 휘거나 튕겨 나오는 현상을 관찰할 수 있다.

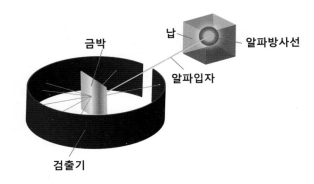

이 결과로부터 알 수 있는 것을 있는 대로 고르시오.

① 원자의 크기는 매우 작다.
② 원자핵은 (+) 전하를 띠고 있다.
③ α 입자가 충돌하면 양성자가 튀어 나온다.
④ 원자핵은 원자의 작은 공간을 차지하고 있다.
⑤ 전자 궤도 사이에는 전자가 존재하지 않는다.
⑥ 원자의 대부분 공간은 빈 공간으로 되어 있다.
⑦ 전자는 궤도를 따라 움직이지 않고 고정되어 있다.

22 어느 원자의 전자가 가질 수 있는 에너지 상태를 계단 모형으로 나타낸 것이다. 계단의 높이는 각각 다르며 각 계단은 전자 껍질을 나타낸다. 이 원자 내에서 전자 1개가 에너지가 높은 계단으로부터 에너지가 낮은 계단으로 내려올 때 그 차이에 해당하는 에너지를 빛의 형태로 방출한다. 에너지가 다르면 빛의 종류가 달라진다고 할 때, 방출 가능한 빛의 종류는 몇 가지인가?

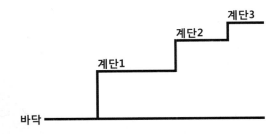

23~24 수소 원자의 에너지 준위를 나타낸 것이다. 전자 전이 과정 a ~ d 에서 방출되는 에너지는 각각 E_a ~ E_d 이다.

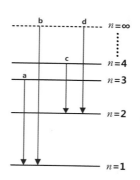

23 수소 원자의 전자 전이와 방출 에너지에 대한 설명으로 옳은 것만을 〈보기〉에서 있는 대로 고른 것은?

> **보기**
>
> ㄱ. E_a ~ E_d 중 E_c 가 가장 작다.
> ㄴ. c, d 에 해당하는 선 스펙트럼은 자외선 영역에 속한다.
> ㄷ. 방출되는 에너지의 크기는 $E_b > E_a > E_d > E_c$ 순이다.

① ㄱ   ② ㄷ   ③ ㄱ, ㄴ   ④ ㄱ, ㄷ   ⑤ ㄱ, ㄴ, ㄷ

24 a ~ d 의 전자의 궤도 간 전이 중 가장 파장이 긴 빛이 방출되는 경우는 어느 것인가?

개념 돋보기

파동에 있어서 진동수, 파장, 에너지의 관계

• 파장(λ) : 연속적인 파동의 동일 위치 사이의 길이 (1 nm(나노 미터) = 10^{-9} m)

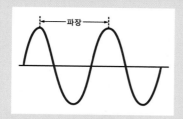

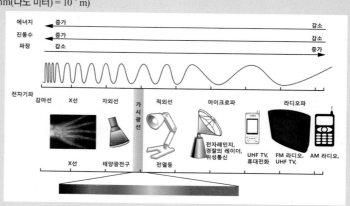

• 진동수(ν) : 1초 동안 일정한 지점을 지나가는 파동의 수
• 파동의 에너지는 진동수가 클수록, 파장이 작을수록 커진다.

25 수소 원자와 다전자 원자의 에너지 준위를 각각 나타내었다. 수소 원자와 달리 다전자 원자에서는 같은 전자껍질에 존재하는 오비탈 사이의 에너지 준위에 차이가 나타난다. 그 이유를 서술하시오.

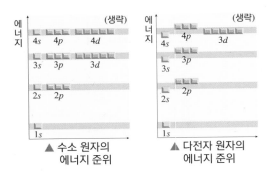

▲ 수소 원자의 에너지 준위   ▲ 다전자 원자의 에너지 준위

26~27 바닥상태인 원자 (가) ~ (다)에 관한 자료이다.

원자	s 오비탈에 있는 전자 수	p 오비탈에 있는 전자 수	홀전자 수
(가)	5	6	a
(나)	4	b	3
(다)	3	c	1

26 $a \sim c$ 에 들어갈 숫자를 바르게 짝지은 것은?

	a	b	c
①	0	2	0
②	1	3	0
③	1	4	1
④	2	5	1
⑤	2	6	2

27 이에 대한 설명으로 옳은 것만을 〈보기〉에서 있는 대로 고른 것은?

> **보기**
>
> ㄱ. (가)에서 전자가 들어 있는 오비탈 수는 6개이다.
> ㄴ. 원자가 전자에 작용하는 가려막기 효과는 (나)가 (다)보다 크다.
> ㄷ. (가)와 (나)가 안정한 이온이 되었을 때, (가) 이온과 (나) 이온의 바닥상태 전자 배치는 같다.

① ㄱ   ② ㄴ   ③ ㄷ   ④ ㄱ, ㄴ   ⑤ ㄱ, ㄴ, ㄷ

28 원자 번호 1 번부터 20 번까지 원소들의 바닥상태에서의 전자 배치를 나타낸 것이다.

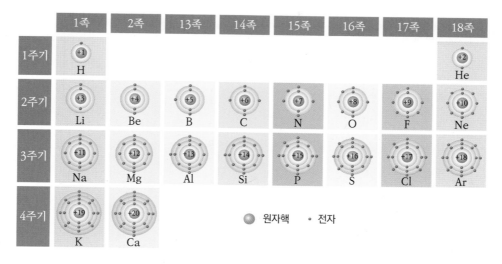

	1족	2족	13족	14족	15족	16족	17족	18족
1주기	+1 H							+2 He
2주기	+3 Li	+4 Be	+5 B	+6 C	+7 N	+8 O	+9 F	+10 Ne
3주기	+11 Na	+12 Mg	+13 Al	+14 Si	+15 P	+16 S	+17 Cl	+18 Ar
4주기	+19 K	+20 Ca						

● 원자핵   • 전자

(1) 위의 표와 관련지어 원소의 주기율이 존재하는 원인에 대해 서술하시오.

(2) 1 족부터 17 족까지의 원소들은 최외각 전자 수와 원자가 전자 수가 같지만 18 족 원소의 최외각 전자 수는 원자가 전자 수와 다르다. 그 이유에 대해 서술하시오.

(3) 1 족, 2 족, 13 족 원소들은 전자를 잃고 양이온이 되어 비활성 기체와 같은 전자 배치를 가지려는 경향을 갖는다. 나트륨 이온의 전자 배치는 어떤 원소의 바닥상태의 전자 배치와 같은지 쓰시오.

29 O, F, Na, Mg, Al 의 원자 반지름, 원자가 전자의 유효 핵전하, 안정한 이온의 반지름을 각각 나타낸 것이다.

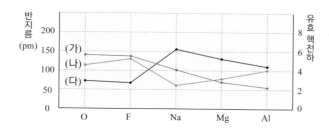

(가) ~ (다)에 해당하는 것을 바르게 짝지은 것은?

	(가)	(나)	(다)
①	이온 반지름	유효 핵전하	원자 반지름
②	원자 반지름	유효 핵전하	이온 반지름
③	이온 반지름	원자 반지름	유효 핵전하
④	유효 핵전하	원자 반지름	이온 반지름
⑤	원자 반지름	이온 반지름	유효 핵전하

30 임의의 원자 A ~ D 가 이온이 될 때 얻거나 잃은 전자 수를 나타낸 것이다.

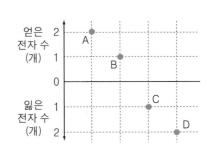

(1) A 와 C 가 결합하여 만든 화합물의 화학식을 쓰시오.

(2) A ~ D 중 Na 은 어디에 속할까?

(3) A ~ D 가 같은 주기의 원소라면 이온화 에너지가 가장 큰 원자는?

31 A ~ D 원소의 원자와 이온의 전자 수를 각각 나타낸 것이다. (단, A ~ D 는 임의의 원소 기호이다.)

(1) A와 B의 제1 이온화 에너지를 부등호(>, <, =)로 비교하시오.

(2) C의 이온은 전류가 흐르는 수용액에서 어느 극 쪽으로 이동하는가?

(3) A와 D의 전자 친화도를 비교하시오.

32 그림 (가)는 원소 A ~ D 의 제1 이온화 에너지를 나타낸 것이고, (나)는 이들 원자의 바닥상태 전자 배치를 순서에 관계없이 나타낸 것이다. 다음 물음에 답하시오. (단, A ~ D 는 임의의 원소 기호이다.)

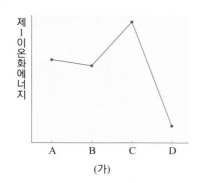

(가)

원소	오비탈				
	$1s$	$2s$	$2p$	$3s$	$3p$
㉠	↑↓	↑↓	↑↓ ↑↓ ↑↓		
㉡	↑↓	↑↓	↑↓ ↑ ↑		
㉢	↑↓	↑↓	↑ ↑ ↑		
㉣	↑↓	↑↓	↑↓ ↑↓ ↑↓	↑	

(나)

(1) 원소 A ~ D 에 해당하는 전자 배치를 ㉠ ~ ㉣에서 찾아 바르게 짝짓고, 그 이유를 서술하시오.

(2) 원소 A ~ D 중에서 제2 이온화 에너지가 가장 큰 원소를 쓰고, 그 이유를 서술하시오.

33 다음은 4 가지 원자가 각각 이온으로 변할 때의 에너지 출입을 나타낸 식이다.

- $Li(g) + E_1 \longrightarrow Li^+(g) + e^-$
- $F(g) + E_2 \longrightarrow F^+(g) + e^-$
- $O(g) + e^- \longrightarrow O^-(g) + E_3$
- $F(g) + e^- \longrightarrow F^-(g) + E_4$

(1) $E_1 \sim E_4$ 값 중 이온화 에너지를 나타낸 것을 골라 그 크기를 비교하시오.

(2) $E_1 \sim E_4$ 값 중 전자 친화도를 나타낸 것을 골라 그 크기를 비교하시오.

34 2, 3 주기 원소 A, B, C, D 의 순차적 이온화 에너지를 나타낸 것이다. (단, A ~ D 는 임의의 원소 기호이다.)

원소	순차적 이온화 에너지(kJ/몰)			
	E_1	E_2	E_3	E_4
A	897	1751	14800	20939
B	494	4549	6899	9512
C	735	1446	7709	10515
D	575	1810	2736	10578

(1) A ~ D 중 같은 족에 속하는 원소는?

(2) D 의 산화물의 화학식을 쓰시오.

(3) 1몰의 A 원자를 안정한 이온으로 만드는데 필요한 에너지는?

35 원자 번호가 연속된 일부 원소들의 제1 이온화 에너지(E_1)와 제2 이온화 에너지(E_2)를 원자 번호 순서에 따라 나타낸 것이다.

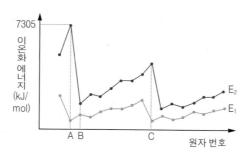

이에 대한 설명으로 옳은 것만을 〈보기〉에서 있는 대로 고르시오. (단, A ~ C 는 임의의 원소 기호이다.)

보기

ㄱ. A 와 C 는 같은 족 원소이다.
ㄴ. 1몰의 A 가 안정한 이온이 되려면 7305 kJ 이 필요하다.
ㄷ. B 의 E_2 가 A 의 E_1 보다 큰 이유는 전자껍질 수가 적기 때문이다.

왼쪽 사이드바

❶ 옥텟 규칙과 이온의 형성

원자가 전자를 잃거나 얻어 안정한 이온이 될 때, 비활성 기체와 같은 전자 배치를 갖는다.

- 금속 원소는 전자를 잃고 양이온이 되어 비활성 기체와 같은 전자 배치를 이루려고 한다.

- 비금속 원소는 전자를 얻고 음이온이 되어 비활성 기체와 같은 전자 배치를 이루려고 한다.

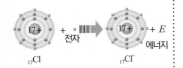

❷ 양이온 음이온

중성 원자 전자를 잃음 양이온

중성 원자 전자를 얻음 음이온

✿ 이온 결합력

이온 결합력은 양이온과 음이온 사이에 작용하는 힘으로 쿨롱의 힘이라고도 한다.

- 이온 결합력은 이온 전하량의 곱의 크기가 클수록 강하다.
- ⑩ NaCl vs CaO : NaCl 은 +1가 양이온과 -1가 음이온의 결합이고, CaO 은 +2가 양이온과 -2가 음이온의 결합이므로 CaO 의 전하량의 곱이 커서 이온 결합력이 크고 녹는점도 높다.
- 이온 결합력은 이온 사이의 거리가 짧을수록(이온 반지름이 작을수록) 강하다.
- ⑩ NaF vs NaCl : F 의 이온 반지름이 Cl 의 이온 반지름보다 작으므로 NaF 의 이온 결합력이 커서 녹는점이 더 높다.

✿ 공유 결합 물질

공유 결합 물질은 고체, 액체 상태에서 전기 전도성이 없으나 예외적으로 흑연은 홀전자를 가지고 있어 고체 상태에서 전기 전도성을 가진다.

- 분자 결정 : 공유 결합으로 형성된 분자가 규칙적으로 배열되어 이루어진 결정
- ⑩ 드라이아이스, 얼음 등
- 원자 결정 : 원자들이 인접한 원자와 연속적으로 공유 결합하여 그 물처럼 연결되어 이루어진 결정
- ⑩ 흑연, 다이아몬드, 규소 등

본문

4. 화학 결합

(1) 옥텟 규칙 ❶

① **옥텟 규칙** : 전형 원소들이 전자를 잃거나 얻어 비활성 기체와 같은 전자 배치를 가지려는 경향이다. → 비활성 기체를 제외한 원자들은 화학 결합을 통해 옥텟 규칙을 만족하는 안정한 전자 배치를 이룬다.

② **비활성 기체** : 주기율표에서 18족에 속하는 원소로, 최외각 전자껍질에 전자를 모두 채워 안정한 전자 배치를 이룬다. → 화학적으로 안정하기 때문에 다른 원소와 결합하지 않는다.

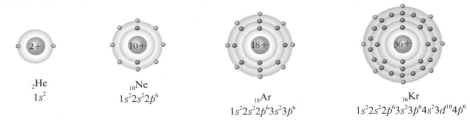

$_2$He
$1s^2$

$_{10}$Ne
$1s^2 2s^2 2p^6$

$_{18}$Ar
$1s^2 2s^2 2p^6 3s^2 3p^6$

$_{36}$Kr
$1s^2 2s^2 2p^6 3s^2 3p^6 4s^2 3d^{10} 4p^6$

(2) 화학 결합의 종류

① **공유 결합** : 비금속 원자가 만나 서로 전자를 내놓아 전자쌍을 만들고 이 전자쌍을 공유하여 이루어지는 결합이다.

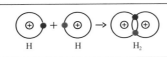

공유 전자쌍 : 두 원자가 공유하는 전자쌍

비공유 전자쌍 : 공유 결합에 참여하지 않는 전자쌍

단일 공유 결합		다중 공유 결합
수소 원자와 산소 원자의 결합	수소 원자와 탄소 원자의 결합	• 2중 결합 $:\ddot{O}\cdot + \cdot\ddot{O}: \rightarrow :\ddot{O}=\ddot{O}:$ [O_2]
H· + :Ö: → H:Ö:H H-Ö-H [H_2O]	H:C:H H-C-H [CH_4]	• 3중 결합 $:N\cdot + \cdot N: \rightarrow :N\equiv N:$ [N_2]

② **이온 결합** : 양이온과 음이온 ❷ 사이의 정전기적 인력에 의한 결합이다.

③ **금속 결합** : 금속 이온과 자유 전자 사이의 정전기적 인력에 의한 결합이다.

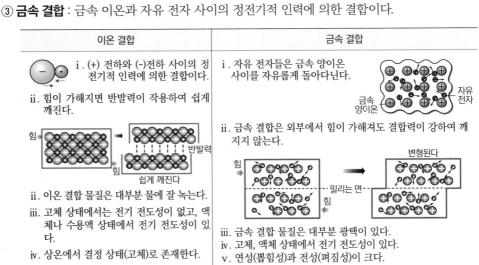

이온 결합	금속 결합
i. (+) 전하와 (-)전하 사이의 정전기적 인력에 의한 결합이다. ii. 힘이 가해지면 반발력이 작용하여 쉽게 깨진다. ii. 이온 결합 물질은 대부분 물에 잘 녹는다. iii. 고체 상태에서는 전기 전도성이 없고, 액체나 수용액 상태에서 전기 전도성이 있다. iv. 상온에서 결정 상태(고체)로 존재한다.	i. 자유 전자들은 금속 양이온 사이를 자유롭게 돌아다닌다. ii. 금속 결합은 외부에서 힘이 가해져도 결합력이 강하여 깨지지 않는다. iii. 금속 결합 물질은 대부분 광택이 있다. iv. 고체, 액체 상태에서 전기 전도성이 있다. v. 연성(뽑힘성)과 전성(펴짐성)이 크다.

정답 p.25

Q10 원소가 전자를 잃거나 얻어 비활성 기체와 같은 전자 배치를 가지려는 경향을 무엇이라 하는가?

Q11 물에 잘 녹고 힘을 받으면 잘 깨지는 화학 결합은?

(3) 루이스 전자점식

① **원자가 전자** : 한 원자의 전자 배치에서 가장 바깥쪽에 채워지는 전자로 원자의 화학적 성질을 결정한다.

② **루이스 전자점식** : 원자가 전자를 점으로 표시하여 나타낸 식이다.

• 원소 기호 주위에 원자가 전자를 점으로 나타내며, 5번째 전자부터는 쌍을 이루어 나타낸다.
• 원자가 전자를 점으로 표시할 때 훈트 규칙에 따라 홀전자 수가 많도록 배치한다.

	1족	2족	13족	14족	15족	16족	17족
1주기	·H						
2주기	·Li	·Be·	·B·	·C·	·N·	·O·	:F·
3주기	·Na	·Mg·	·Al·	·Si·	·P·	·S·	:Cl·

▲ 1 ~ 3 주기 원소의 루이스 전자점식

③ **구조식** ❸ : 공유 전자쌍 ❹을 선(결합선)으로 나타낸 식

구분	H₂	NH₃	CH₄	CO₂	N₂
루이스 전자점식	H:H	H:N:H (H 아래)	H:C:H (H 위아래)	:O::C::O:	:N:::N:
구조식	H−H	H−N−H (H 아래)	H−C−H (H 위아래)	O=C=O	N≡N

5. 분자 구조

(1) 전자쌍 반발 원리

① **전자쌍 반발 원리** : 분자나 다원자 이온에서 중심 원자 주위의 전자쌍들은 같은 전하를 띠고 있어서 서로 반발하므로, 전자쌍들은 정전기적 반발력이 최소화될 수 있도록 가능한 한 멀리 떨어져 배치된다는 원리

② **입체 수**❶에 따른 전자쌍 배치

입체 수	2	3	4	5	6
전자쌍 배치	180°	120°	109.5°	90° / 120°	90° / 90°
	직선형	평면 삼각형	사면체형	삼각뿔형	팔면체형

③ **전자쌍 사이의 반발력 크기** : 비공유 전자쌍은 공유 전자쌍과는 달리 하나의 핵이 전자쌍을 끌어당기고 있어 공유 전자쌍보다 중심 원자의 핵에 가까이 있고, 더 넓은 공간을 차지하고 있다. → 비공유 전자쌍의 반발력이 공유 전자쌍의 반발력보다 크다.

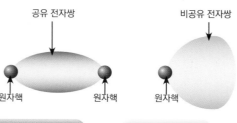
공유 전자쌍 / 비공유 전자쌍 / 원자핵

비공유 전자쌍 사이의 반발력 > 비공유 전자쌍과 공유 전자쌍 사이의 반발력 > 공유 전자쌍 사이의 반발력

❸ **루이스 구조식**

일반적으로 구조식은 공유 전자쌍만을 결합선으로 나타내기 때문에 비공유 전자쌍은 표현되지 않지만, 루이스 구조식에서는 비공유 전자쌍은 점으로, 공유 전자쌍은 결합선으로 모두 표현한다. (비공유 전자쌍 생략 가능)

❹ **공유 전자쌍과 비공유 전자쌍**

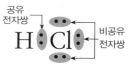
공유 전자쌍 / 비공유 전자쌍

▲ HCl의 루이스 전자점식

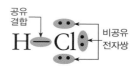
공유 결합 / 비공유 전자쌍

▲ HCl의 루이스 구조식

❶ **입체 수**

중심 원자 주변에 존재하는 전자단(전자의 집단)의 수이다. 단일 결합, 2중 결합, 3중 결합, 비공유 전자쌍, 홀전자는 각각 하나의 전자단이다.

┌ **미니사전** ┐

정전기적 인력 +전하와 −전하가 서로 잡아 당기는 힘

❷ 중심 원자
하나 이상의 다른 원자가 결합되어 있고, 원자가 전자 수가 4에 가깝거나 전기 음성도가 작은 원자이다.

✿ 분자의 모양과 비공유 전자쌍
비공유 전자쌍은 원자 사이의 결합각에 영향을 미치지만, 분자의 모양은 비공유 전자쌍을 고려하지 않고 결합한 원자들이 이루는 모양만을 고려한다.

✿ 평면 구조와 입체 구조
• 평면 구조 : 물질을 구성하는 모든 원자가 동일한 평면상에 존재하는 구조 ⑩ 직선형, 평면 삼각형 등
• 입체 구조 : 물질을 구성하는 원자가 동일한 평면상에 존재하지 않는 구조 ⑩ 삼각뿔형, 사면체형 등

❸ 극성
분자 내의 전하의 분포가 균일하지 않아 (+) 전하를 띠는 쪽과 (−) 전하를 띠는 쪽으로 나누어져 (전)극이 생기는 현상을 말한다. 전기 음성도가 작은 원자는 부분적으로 (+) 전하(δ^+), 전기 음성도가 큰 원자는 부분적으로 (−) 전하(δ^-)를 띤다. 물(H_2O)은 산소 원자가 δ^-, 수소 원자가 δ^+를 띠는 극성 분자이다.

❹ 쌍극자
크기가 같고 부호가 반대인 두 전하가 분리되어 있는 것을 말한다.

✿ 쌍극자 모멘트의 표시
쌍극자 모멘트는 δ^+에서 δ^-로 향하는 화살표로 나타내며 쌍극자 모멘트의 크기는 화살표의 길이로 나타낸다.

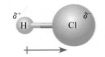

✿ 쌍극자 모멘트의 합
여러 개의 원자로 이루어진 분자는 여러 개의 쌍극자 모멘트를 갖기 때문에 분자의 극성을 판단하기 위해서는 쌍극자 모멘트의 합이 0이 되느냐 0이 되지 않느냐로 구분한다.

(2) 분자 구조

① **결합각** : 중심 원자❷의 핵과 중심 원자와 결합한 두 원자의 핵을 선으로 연결할 때, 결합선이 이루는 각으로 전자쌍 사이의 반발력이 클수록 결합각이 커진다.

② **2주기 원소 화합물의 분자 모양**

분자	비공유 전자쌍 수	입체 수	분자 모형	결합각	분자 모양
BeF_2	0	2	· 중심 원자인 Be 주위에 2개의 공유 전자쌍이 존재하며, 중심 원자에 결합한 원자들이 모두 같다. · 2개의 공유 전자쌍은 반발력이 최소가 되는 직선형으로 배치된다.	180°	직선형
BF_3	0	3	· 중심 원자인 B 주위에 3개의 공유 전자쌍이 존재하며, 중심 원자에 결합한 원자들이 모두 같다. · 3개의 공유 전자쌍 사이의 반발력이 최소가 되기 위해서는 각각의 F가 평면 정삼각형의 꼭짓점에 배치되어야 한다.	120°	평면 삼각형
CH_4	0	4	· 중심 원자인 C 주위에 4개의 공유 전자쌍이 존재하며, 중심 원자에 결합한 원자들이 모두 같다. · 4개의 공유 전자쌍 사이의 반발력이 최소가 되기 위해서는 각각의 H가 정사면체의 꼭짓점에 배치되어야 한다.	109.5°	정사면체
NH_3	1	4	· 중심 원자인 N 주위에 3개의 공유 전자쌍과 1개의 비공유 전자쌍이 존재하며, 중심 원자에 결합한 원자들이 모두 같다. · 비공유 전자쌍과 공유 전자쌍 사이의 반발력은 공유 전자쌍 사이의 반발력보다 크기 때문에 결합각은 109.5°보다 작다.	107°	삼각뿔
H_2O	2	4	· 중심 원자인 O 주위에 2개의 공유 전자쌍과 2개의 비공유 전자쌍이 존재하며, 결합한 원자들은 모두 같다. · 비공유 전자쌍 사이의 반발력 > 비공유 전자쌍과 공유 전자쌍 사이의 반발력 > 공유 전자쌍 사이의 반발력이므로 결합각은 107°보다 작다.	104.5°	굽은 형

(3) 무극성 공유 결합과 극성❸ 공유 결합

① **무극성 공유 결합** : 전기 음성도가 같은 원자 사이의 공유 결합으로, 공유 전자쌍이 어느 한쪽으로 치우치지 않아 두 원자에 똑같이 공유되므로 부분 전하가 생기지 않는다.

② **극성 공유 결합** : 전기 음성도가 다른 원자 사이의 공유 결합으로, 전기 음성도가 상대적으로 큰 원자 쪽으로 공유 전자쌍이 치우치므로 부분 전하가 나타난다.

③ **쌍극자❹ 모멘트(μ)** : 결합이나 분자 극성의 크기를 나타내는 물리량으로 전하량(q)과 두 전하 사이의 거리(r)을 곱한 벡터량이다. $\mu = q \times r$

• 쌍극자 모멘트가 클수록 결합의 극성과 결합의 이온성은 커진다.
• 분자의 극성이 커질수록 쌍극자 모멘트가 커진다.

▲ 쌍극자 모멘트

분자	전기 음성도 차이	쌍극자 모멘트 ($\times 10^{-30}$ C · m)
H_2	0	0
HF	1.9	6.37
HCl	0.9	3.60
HBr	0.7	2.67

▲ 몇 가지 분자의 쌍극자 모멘트

(4) 분자의 극성

① **무극성 분자** : 분자 내에 전하가 고르게 분포되어 있어 쌍극자 모멘트 합이 0 인 분자이다. (대칭 구조)
- 같은 원소로 이루어진 2원자 분자 ⑩ H_2, O_2, Cl_2 등
- 대칭 구조의 다원자 분자 ⑩ CO_2, CH_4, BF_3, CCl_4 등

분자	H_2	CO_2	BF_3	CCl_4
모형	H—H	O=C=O 180°	120° B F F F	약109.5° Cl C Cl Cl Cl

② **극성 분자** : 분자 내에 전하가 고르게 분포되어 있지 않아 쌍극자 모멘트 합이 0 이 아닌 분자이다. (비대칭 구조)
- 서로 다른 원소로 이루어진 2원자 분자 ⑩ HCl, HF 등
- 비대칭 구조의 다원자 분자 ⑩ H_2O, NH_3, CH_3Cl 등

분자	HCl	H_2O	NH_3	CH_3Cl
모형	H Cl	O 약 104.5° H H	N 약 107° H H H	Cl C H H H

⟵ : 쌍극자 모멘트   ⟶ : 쌍극자 모멘트의 합

(5) 극성 분자와 무극성 분자의 성질 ❺

① 전기적 성질

- **극성 분자** : 극성 분자는 부분 전하를 가지므로 액체 상태에서 대전체에 끌려가고, 전기장에서는 (+) 전하를 띤 부분은 (-)극 쪽으로, (-) 전하를 띤 부분은 (+) 극 쪽으로 배열된다.
- **무극성 분자** : 무극성 분자는 부분 전하를 갖지 않으므로 액체 상태에서 대전체에 끌려가지 않고, 전기장의 영향도 받지 않는다.

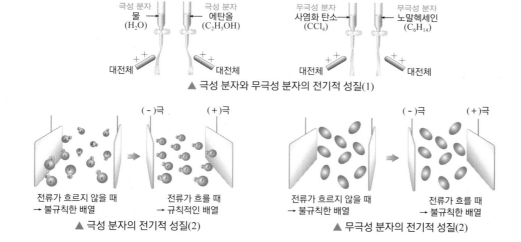

	극성 분자	무극성 분자	
물 (H_2O)	에탄올 (C_2H_5OH)	사염화 탄소 (CCl_4)	노말헥세인 (C_6H_{14})
대전체	대전체	대전체	대전체

▲ 극성 분자와 무극성 분자의 전기적 성질(1)

전류가 흐르지 않을 때 → 불규칙한 배열   전류가 흐를 때 → 규칙적인 배열

▲ 극성 분자의 전기적 성질(2)

전류가 흐르지 않을 때 → 불규칙한 배열   전류가 흐를 때 → 불규칙한 배열

▲ 무극성 분자의 전기적 성질(2)

정답 p.25

Q12 물 분자(H_2O)의 결합각과 분자 모양을 쓰시오.

Q13 NH_3, CH_4, CO_2, Cl_2 중에서 극성 분자를 고르시오.

결합의 극성과 분자의 극성

결합의 극성은 분자의 극성과 별개로 생각해야 한다. CO_2 는 극성 공유 결합으로 이루어져 있지만 쌍극자 모멘트의 합이 0 이므로 무극성 분자이다.

❺ 극성 분자와 무극성 분자의 성질

- **끓는점** : 극성 분자는 부분 전하를 가지기 때문에 분자 사이의 인력이 무극성 분자 사이의 인력보다 크다. → 분자량이 비슷할 때, 극성 분자의 끓는점이 무극성 분자의 끓는점보다 높다.
- **용해도** : 극성 분자는 극성 용매에 잘 녹고, 무극성 분자는 무극성 용매에 잘 녹는다.

구분	폼알데하이드 (HCHO)	에테인 (C_2H_6)
분자의 극성	극성	무극성
분자량	30	30
녹는점	-92℃	-172℃
끓는점	-19.5℃	-88℃
물에 대한 용해도	잘 용해됨	거의 용해되지 않음

대전체의 전하와 극성 분자와의 인력

극성 분자는 대전체의 전하에 따라 대전체와 인력이 작용하는 방향으로 회전하기 때문에 대전체의 전하와 관계없이 대전체와 항상 인력이 작용한다.

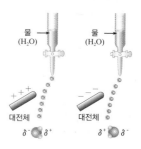

물 (H_2O)   물 (H_2O)

대전체   대전체

δ^- δ^+ δ^+ δ^-

6. 탄소 화합물

(1) 탄소 화합물

① **탄소 화합물** : 탄소(C) 원자가 기본 골격을 이루고 여기에 수소(H), 산소 (O), 질소(N) 등의 여러 종류의 원자가 결합한 화합물을 말한다.

② **탄소 화합물의 구조적 특징** [1]

▲ 메테인

- 단일 결합을 할 때, 원자들은 탄소를 중심으로 정사면체 형태의 기하학적 배열을 하고, 결합각은 109.5°이다.
- 탄소 사이에 1개의 2중 결합이 있으면 삼각평면의 기하학적 배열을 하고, 탄소 사이에 3중 결합을 가지면 선형의 기하학적 배열을 한다.

③ 탄소 화합물이 다양한 이유

- 같은 족의 다른 원소들보다 크기가 작아 공유 결합 길이가 짧아서 안정한 탄소(C)-탄소(C) 결합 이 가능하여 다양한 길이의 탄소 사슬을 만들 수 있다.
- 탄소는 다른 원자와 결합할 수 있는 원자가 전자가 4개이며, 수소(H), 산소(O), 질소(N), 황(S), 할로젠(F, Cl, Br, I) 등과 결합하여 안정한 화합물을 만들 수 있다.
- 탄소 원자들이 다른 탄소 원자와 결합하여 사슬 모양, 가지 모양, 고리 모양을 만들기도 하고, 단 일 결합뿐만 아니라 2중 결합, 3중 결합을 할 수 있다.

▲ 사슬 모양   ▲ 가지 달린 사슬 모양   ▲ 고리 모양

(2) 탄화수소[2] 유도체   탄화수소에서 H 원자가 작용기로 치환된 화합물

탄화수소 유도체	작용기	작용기의 구조식	화합물 예
알코올(ROH)	하이드록시기(- OH)	$-OH$	CH_3OH (메탄올) , C_2H_5OH (에탄올)
에터(ROR')	에터 결합(- O -)	$-O-$	CH_3OCH_3 (디메틸에터), $C_2H_5OC_2H_5$ (디에틸에터)
알데하이드(RCHO)	포밀기(- CHO)	$-C{\displaystyle{\atop=}}{\substack{O\\H}}$	HCHO (폼알데하이드), CH_3CHO (아세트알데하이드)
카복실산(RCOOH)	카복시기(- COOH)	$-C{\substack{O\\O-H}}$	HCOOH (폼산), CH_3COOH (아세트산)
케톤(RCOR')	카보닐기(- CO -)	$>C=O$	CH_3COCH_3 (아세톤), $CH_3COC_2H_5$ (메틸에틸케톤)
에스터(RCOOR')	에스터 결합(- COO -)	$-C{\substack{O\\O-}}$	$HCOOCH_3$ (폼산메틸), CH_3COOCH_3 (아세트산메틸)
아민(RNH₂)	아미노기(- NH₂)	$-N{\substack{H\\H}}$	$C_6H_5NH_2$ (아닐린)

(3) 여러 가지 탄소 화합물

① **메테인(CH_4)** : 가장 단순한 알케인(alkane, C_nH_{2n+2})으로 정사면체 구조를 이룬다.

- 성질 : 무색, 무취인 가연성 기체(끓는점 : 164 ℃)이고, 무극성으로 물에 용해되지 않는다.
- 제법 : 자연적으로는 유기물이 물속에서 부패, 발효할 때 발생하고, 상업적으로는 천연가스에 서 얻는다.
- 용도 : 연료나 화학 원료로 사용된다.

---

① 탄소 화합물의 구조

- 1개의 2중 결합

$$\underset{H}{\overset{H}{>}}C=C\underset{H}{\overset{H}{<}}$$

▲ 에텐(C_2H_4)

- 1개의 3중 결합

$$H-C\equiv C-H$$

▲ 에타인(C_2H_2)

② 탄화수소

탄소 화합물 중에서 탄소(C)와 수소(H)로만 이루어진 화합물이다.
→ 탄화수소가 완전 연소되면 이산화 탄소(CO_2)와 물(H_2O)을 생성한다.

⚙ 탄화수소의 다양한 구조

- 알케인(alkane) : 일반식 C_nH_{2n+2} 이고, 탄소 원자 사이의 결합이 모두 단일 결합인 탄화수소이다. 화학적으로 안정하므로 상온에서 쉽게 반응하지 않고, 극성이 작아 물에 잘 녹지 않는다. 탄소 수가 많아질수록 분자 사이의 인력이 증가하여 녹는점과 끓는점이 높아진다.
- 알켄(alkane) : 일반식 C_nH_{2n}이고, 탄소 원자 사이에 2중 결합이 있는 탄화수소이다.
- 알카인(alkane) : 일반식 C_nH_{2n-2}이고, 탄소 원자 사이에 3중 결합이 있는 탄화수소이다.

⚙ 메테인 하이드레이트

바다의 미생물이 썩으면서 발생한 메테인이 물과 함께 높은 압력에서 얼어붙어 만들어진 고체 연료이다. 메테인 하이드레이트는 화석 연료보다 이산화 탄소 발생량이 적어 대체 에너지원으로 주목받고 있다. 우리나라에서는 울릉도, 독도 주변에 많은 양이 매장되어 있는 것으로 알려진다.

② **에탄올**(C_2H_5OH) : 에테인(C_2H_6)에서 수소 원자 1개가 하이드록시기(-OH)로 치환된 알코올이다.

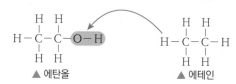

▲ 에탄올 ▲ 에테인

- 성질 : 휘발성과 가연성을 가진 무색의 액체(녹는점 : -114 ℃, 끓는점 : 78 ℃)이다.
- 제법 : 생물학적으로 탄수화물을 발효시켜 얻거나, 공업용 에탄올은 에틸렌에 수증기를 첨가하여 제조한다.
- 용도 : 술의 성분이며 살균 작용이 있어 소독용 알코올로 이용되고, 휘발유 첨가제나 연료로 이용된다.

③ **아세트산**(CH_3COOH) : 카복시기(-COOH)에 메틸기(-CH_3)가 결합한 카복실산이다.

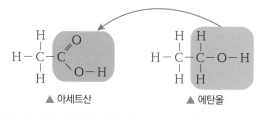

▲ 아세트산 ▲ 에탄올

- 성질 : 자극성이 강한 냄새와 신맛이 나는 무색의 액체이다. 녹는점이 16.6 ℃ 이다.
- 제법 : i) 에탄올의 산화 반응으로 만들어졌다.

$$C_2H_5OH(\text{에탄올}) \xrightarrow{\text{산화}} CH_3CHO(\text{아세트알데하이드}) \xrightarrow{\text{산화}} CH_3COOH(\text{아세트산})$$

ii) 현재는 주로 촉매 존재하에서 메탄올을 일산화 탄소와 반응시켜 만든다.

$$CH_3OH(\text{메탄올}) + CO(\text{일산화 탄소}) \xrightarrow{\text{촉매}} CH_3COOH(\text{아세트산})$$

- 용도 : 식초에는 3 ~ 4 %의 아세트산이 포함되어 있고 플라스틱, 합성 섬유, 살충제, 의약품 등의 원료로 이용된다.

④ **폼알데하이드**(HCHO) : 가장 간단한 알데하이드로 C 1개, H 2개, O 1개로 이루어져 있다.
- 성질 : 자극성이 강한 냄새가 나는 무색의 기체이고, 물에 잘 녹는다.
- 제법 : 햇빛 존재 하에서 메테인과 산소가 반응하여 생성되며, 탄소가 포함된 물질이 불완전 연소할 때 쉽게 만들어진다. 공업적으로는 메탄올을 산화시켜서 얻는다.

▲ 폼알데하이드

$$CH_3OH(\text{메탄올}) \xrightarrow{\text{산화}} HCHO(\text{폼알데하이드})$$

- 용도 : 플라스틱과 같은 고분자 물질의 원료로 많이 사용되고, 건물에 사용되는 단열재와 실내 가구의 칠, 접착제 등에 사용된다.

⑤ **아세톤**(CH_3COCH_3) : 카보닐기(-CO-) 양쪽에 메틸기(-CH_3)가 결합한 가장 간단한 케톤이다.

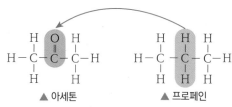

▲ 아세톤 ▲ 프로페인

- 성질 : 상쾌한 향이 있는 무색의 액체로, 물과 유기 용매에 잘 녹는다.
- 제법 : 2차 알코올 ❸ 을 산화시켜 얻고, 공업적으로는 프로필렌(C_3H_6)의 합성 또는 페놀(C_6H_5OH)의 합성의 부산물에서 얻을 수 있다.
- 용도 : 손톱칠 제거제, 유기 화합물의 용매로 사용된다.

⚙ **다양한 탄소 화합물**
- 포도에 들어 있는 타타르산($C_4H_6O_6$)은 시럽, 주스 등에 널리 이용된다.
- 시리얼에는 설탕($C_{12}H_{22}O_{11}$)과 지방산인 올레산($C_{17}H_{33}COOH$)이 들어 있다.
- 커피에 들어 있는 클로로겐산($C_{16}H_{18}O_9$)은 콜레스테롤 합성 억제, 항암 작용 등을 한다.

⚙ **에탄올 용도**

⚙ **아세트산 용도**

⚙ **폼알데하이드 용도**

폼알데하이드는 새집증후군을 발생시켜 신체에 나쁜 영향을 준다.

⚙ **아세톤 용도**

❸ **2차 알코올**
알킬기(-CH_3)가 2개인 알코올로 구조식은 다음과 같다.

$$\begin{array}{c} CH_3 \\ | \\ H-C-OH \\ | \\ CH_3 \end{array}$$

화학 결합

71~72 중성 원자의 전자 배치이다.

원자 번호	전자 껍질 기호	K 1s	L 2s	L 2p
1	H	·		
2	He	:·		
3	Li	:·	·	
4	Be	:·	:·	
5	B	:·	:·	·

원자 번호	전자 껍질 기호	K 1s	L 2s	L 2p
6	C	:·	:·	· ·
7	N	:·	:·	· · ·
8	O	:·	:·	:· · ·
9	F	:·	:·	:· :· ·
10	Ne	:·	:·	:· :· :·

71 중성 원자의 최외각 전자의 수를 정리한 표이다. ( )에 알맞은 숫자를 각각 적으시오.

원자 번호	원소 기호	최외각 전자 수	원자 번호	원소 기호	최외각 전자 수
1	H	( )	6	C	4
2	He	2	7	N	( )
3	Li	( )	8	O	( )
4	Be	( )	9	F	( )
5	B	( )	10	Ne	8

72 루이스의 전자 점식으로 옳은 것을 고르시오.

① ·Be·

② B:

③ ·N·

④ O·

⑤ :F:

73 수소 원자와 플루오린 원자가 결합하여 플루오린화 수소 분자를 형성하는 과정을 나타낸 것이다.

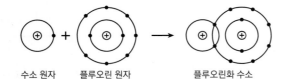

수소 원자   플루오린 원자   플루오린화 수소

이에 대한 설명으로 옳은 것은?

① 결합 전 F 원자의 홀전자 수는 7개이다.
② 결합 후 F 원자의 비공유 전자쌍은 3개이다.
③ 외부에서 힘이 가해지면 H 와 F 의 결합은 쉽게 깨진다.
④ H 와 F 에서 전자가 각각 하나씩 결합하므로 이중 결합이다.
⑤ 위 그림은 H 원자와 F 원자가 이온 결합을 형성하는 과정을 나타낸 것이다.

74 다음은 철수가 몇 종류의 분자를 전자점식으로 나타낸 것이다. 바르게 나타내지 <u>못한</u> 것은?

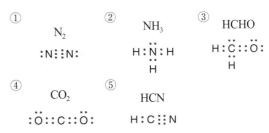

① N_2 :N∶∶N:

② NH_3 H:N:H (H)

③ HCHO   H:C∶∶O: (H)

④ CO_2 :O∶∶C∶∶O:

⑤ HCN   H:C∶∶∶N

75 다음 특성을 갖는 화학 결합에 대한 설명으로 옳은 것은?

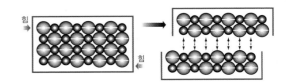

① 물에 잘 녹는다.
② 주로 삼중 결합으로 존재한다.
③ 외부에서 힘이 가해져도 잘 깨지지 않는다.
④ 이온과 자유 전자의 정전기적 인력에 의한 결합이다.
⑤ 두 원자가 전자쌍을 공유함으로써 형성되는 결합이다.

76 안정한 이온이 될 때 그림과 같은 전자 배치를 갖는 원소를 있는 대로 고르시오.

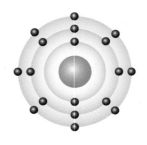

① Na   ② Mg   ③ Al
④ S   ⑤ K

77 이온 결합 물질의 특징으로 옳은 것은?

① 이온 결합 물질은 모두 물에 잘 용해된다.
② 이온 결합 물질은 상온에서 고체 상태로 존재한다.
③ 이온 결합 물질은 고체 상태에서 전기 전도성을 갖는다.
④ 이온 결합은 매우 단단하므로 이온 결합 물질은 잘 부서지지 않는다.
⑤ 이온 결합 물질의 녹는점은 이온 사이의 거리에 의해서만 영향을 받는다.

78 임의의 이온 A^{3-} 와 B^{2+} 의 전자 배치를 나타낸 것이다.

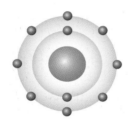

이에 대한 설명으로 옳은 것만을 〈보기〉에서 있는 대로 고른 것은?

보기

ㄱ. A 와 B 는 같은 주기의 원소이다.
ㄴ. A 는 B 보다 반지름이 크다.
ㄷ. A^{3-} 와 B^{2+} 는 옥텟 규칙을 만족하는 전자 배치를 가진다.

① ㄱ
② ㄴ
③ ㄷ
④ ㄱ, ㄴ
⑤ ㄴ, ㄷ

79 비공유 전자쌍의 총 개수가 가장 많은 분자는?

① O_2
② BF_3
③ CO_2
④ NH_3
⑤ C_2H_4

80 물 분자를 모형으로 나타낸 것이다.

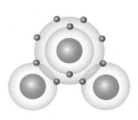

이에 대한 설명으로 옳은 것만을 〈보기〉에서 있는 대로 고른 것은?

보기

ㄱ. 물 분자의 공유 전자쌍은 2쌍이다.
ㄴ. 물 분자에서 산소는 옥텟 규칙을 만족하지 않는다.
ㄷ. 물 분자에서 수소 원자의 전자 배치는 같은 주기의 비활성 기체의 전자 배치와 같다.

① ㄱ
② ㄴ
③ ㄱ, ㄷ
④ ㄴ, ㄷ
⑤ ㄱ, ㄴ, ㄷ

81 2주기 원소 A ~ E 의 루이스 전자점식을 나타낸 것이다.

| Ȧ | ·Ḃ· | ·Ċ· | ·Ḋ: | ·Ë: |

이에 대한 설명으로 옳은 것만을 〈보기〉에서 있는 대로 고른 것은? (단, A ~ E는 임의의 원소 기호이다.)

보기

ㄱ. A 와 D 는 공유 결합을 통해 안정한 분자를 형성할 수 있다.
ㄴ. B와 E 는 1 : 3 의 개수비로 공유 결합할 수 있다.
ㄷ. 비공유 전자쌍의 수는 CD_2 가 E_2 보다 많다.

① ㄱ
② ㄴ
③ ㄷ
④ ㄱ, ㄴ
⑤ ㄴ, ㄷ

82 공유 결합 물질에 대한 설명으로 옳지 <u>않은</u> 것은?

① 공유 결합 물질은 모두 화합물이다.
② 흑연은 고체 상태에서 전기 전도성을 갖는다.
③ 분자 결정은 외부에서 힘을 가하면 부서지기 쉽다.
④ 일반적으로 공유 결합 물질은 고체 상태에서 전기 전도성이 없다.
⑤ 공유 결합 물질의 고체 결정은 분자 결정과 원자 결정으로 분류할 수 있다.

83 구조식에 대한 설명으로 옳은 것은 ○표, 옳지 않은 것은 ×표 하시오.

(1) 화학식으로부터 분자의 골격 구조를 정확하게 결정할 수 있다. ( )
(2) H 는 중심 원자가 될 수 없다. ( )
(3) 구조식은 공유 전자쌍과 비공유 전자쌍을 모두 선으로 나타낸 식이다. ( )

84 고체 상태의 물질 X 를 모형으로 나타낸 것이다.

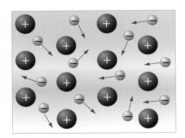

이에 대한 설명으로 옳은 것만을 〈보기〉에서 있는 대로 고른 것은?

> **보기**
> ㄱ. 물질 X 에 힘을 가하면 부서지기 쉽다.
> ㄴ. 물질 X 는 MgO 과 같은 종류의 화학 결합을 갖는다.
> ㄷ. 물질 X 에 전압을 걸어주면 전류가 흐른다.

① ㄱ　　　② ㄴ　　　③ ㄷ
④ ㄱ, ㄴ　　⑤ ㄱ, ㄷ

분자 구조

85 그림 (가) ~ (다)는 세 가지 화합물 BF_3, CH_3Cl, NF_3 의 분자 모양을 순서 없이 나타낸 것이다. 이에 대한 설명으로 옳지 <u>않은</u> 것은?

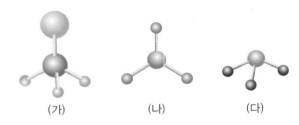

(가)　　　　(나)　　　　(다)

① (가)의 결합각은 CH_4 과 같다.
② (가)는 사면체형이다.
③ (나)에서 중심 원자의 공유 전자쌍의 수는 3개이다.
④ (다)는 삼각뿔형의 구조를 가진다.
⑤ (다)는 입체 구조를 가진다.

86 BF_3 와 NF_3 의 구조식을 나타낸 것이다. 두 물질에 대한 설명으로 옳은 것은?

$$F-B-F \quad\quad F-N-F$$
$$\quad | \quad\quad\quad\quad | \quad$$
$$\quad F \quad\quad\quad\quad\quad F \quad$$

① NF_3 는 평면 구조이다.
② NF_3 는 CH_4 와 같은 구조이다.
③ BF_3 보다 NF_3 의 결합각이 더 크다.
④ BF_3 와 NF_3 의 비공유 전자쌍의 수는 같다.
⑤ NF_3 에서 중심 원자의 전자쌍은 사면체 구조로 배치된다.

87 전자쌍 반발 원리에 대한 설명으로 옳은 것은?

① 입체 수가 4인 분자의 모양은 정사면체형이다.
② 비공유 전자쌍은 공유 전자쌍에 비해 더 좁은 공간을 차지한다.
③ 중심 원자 주변에 존재하는 공유 결합의 수를 입체 수라고 한다.
④ 공유 전자쌍 사이의 반발력보다 비공유 전자쌍 사이의 반발력이 더 작다.
⑤ 비공유 전자쌍은 공유 전자쌍에 비해 중심 원자의 핵에 좀 더 가까이 있다.

88 H_2O, CO_2, CH_2Cl_2, CH_4의 성질과 구조를 알아보기 위한 조사 결과이다. A ~ D 가 각각 무엇인지 쓰시오. (단, A ~ D 는 H_2O, CO_2, CH_2Cl_2, CH_4 중 하나이다.)

> (가) A 와 C 는 입체 구조이다.
> (나) A 와 D 는 쌍극자 모멘트의 합이 0 이다.

89 액체 X 와 액체 Y 의 가는 줄기에 (−) 대전체를 가까이 했을 때의 결과를 나타낸 것이다. 이에 대한 설명으로 옳은 것은?

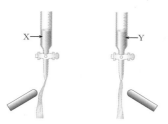

① 액체 X 에 (+) 대전체를 가까이 하면 반발력이 작용할 것이다.
② X 는 쌍극자 모멘트의 합이 0 이다.
③ $CCl_4(l)$로 실험하면 액체 Y 와 같은 실험 결과가 나타난다.
④ 기체 Y 는 전기장 내에서 일정한 방향성을 갖고 규칙적으로 배열된다.
⑤ 액체 X 와 Y 는 잘 섞인다.

90 임의의 3주기 원소 A ~ D 의 루이스 전자점식이다.

> ·A   ·B̤·   ·C̈·   ·D̈:

이에 대한 설명으로 옳은 것만을 〈보기〉에서 있는 대로 고른 것은?

> **보기**
> ㄱ. A ~ D 의 수소 화합물은 모두 같은 종류의 결합을 가진다.
> ㄴ. A_2C 는 AD 와 다른 종류의 화학 결합으로 이루어진 물질이다.
> ㄷ. CD_2 는 극성 공유 결합으로만 이루어진 물질이다.

① ㄱ   ② ㄴ   ③ ㄷ
④ ㄱ, ㄴ   ⑤ ㄴ, ㄷ

91 다음은 2주기 원소 A ~ D의 수소 화합물의 분자식이다. 이에 대한 설명으로 옳은 것만을 〈보기〉에서 있는 대로 고른 것은? (단, 원자 번호는 D > C > B > A 이다.)

> (가) AH_3 (나) BH_3 (다) H_2C (라) HD

> **보기**
> ㄱ. (가)는 (나) 보다 결합각이 크다.
> ㄴ. (다)는 쌍극자 모멘트의 합이 0이다.
> ㄷ. (가) ~ (라)는 모두 극성 분자이다.

① ㄱ   ② ㄴ   ③ ㄷ
④ ㄱ, ㄴ   ⑤ ㄴ, ㄷ

92 2주기 원소의 수소 화합물 (가) ~ (다)의 분자 모형을 나타낸 그림이다.

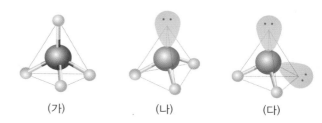

(가)   (나)   (다)

이에 대한 설명으로 옳은 것만을 〈보기〉에서 있는 대로 고른 것은?

> **보기**
> ㄱ. (가)는 극성 공유 결합으로 이루어진 물질이다.
> ㄴ. (나)의 공유 결합보다 (다)의 공유 결합의 극성이 더 크다.
> ㄷ. (가) ~ (다)는 모두 극성 분자이다.

① ㄱ   ② ㄴ   ③ ㄷ
④ ㄱ, ㄴ   ⑤ ㄱ, ㄷ

93 폼알데하이드($HCHO$)와 에테인(C_2H_6)의 특성을 바르게 비교한 것은? (단, H, C, O 의 원자량은 각각 1, 12, 16 이다.)

① 끓는점 : 폼알데하이드 < 에테인
② 분자량 : 폼알데하이드 > 에테인
③ 결합각 : 폼알데하이드 < 에테인
④ 녹는점 : 폼알데하이드 > 에테인
⑤ 물에 대한 용해도 : 폼알데하이드 > 에테인

탄소 화합물

94 탄소 원자에 대한 설명이다. ㉠, ㉡에 들어갈 말을 바르게 짝지은 것은?

> 탄소 원자는 대부분 ㉠(   )을 하여 분자를 만들 수 있다. 탄소 원자는 최대 ㉡(   )개와 결합을 형성하므로 매우 다양한 화합물을 만들 수 있다.

	㉠	㉡		㉠	㉡
①	공유 결합	3	②	이온 결합	3
③	금속 결합	3	④	공유 결합	4
⑤	이온 결합	4			

95 탄소 화합물에 대한 설명으로 옳은 것만을 〈보기〉에서 있는 대로 고른 것은?

> **보기**
> ㄱ. 대부분 극성이 매우 작고, 분자 사이의 인력이 약하다.
> ㄴ. 같은 족의 다른 원소들보다 크기가 작아 공유 결합 길이가 길다.
> ㄷ. 탄소(C) 원자가 기본 골격을 이루고 여러 종류의 원자가 결합된 화합물을 말한다.

① ㄱ   ② ㄴ   ③ ㄱ, ㄷ
④ ㄴ, ㄷ   ⑤ ㄱ, ㄴ, ㄷ

96 탄소 화합물의 종류가 많은 까닭으로 옳은 것만을 〈보기〉에서 고른 것은?

> **보기**
> ㄱ. 탄소 원자의 원자가 전자는 4개이다.
> ㄴ. 탄소 화합물은 녹는점과 끓는점이 매우 낮다.
> ㄷ. 탄소는 지구에서 존재량이 가장 많은 원소이다.
> ㄹ. 탄소 원자는 여러 종류의 원자들과 안정한 공유 결합을 형성한다.

① ㄱ, ㄹ   ② ㄴ, ㄷ   ③ ㄷ, ㄹ
④ ㄱ, ㄴ, ㄹ   ⑤ ㄴ, ㄷ, ㄹ

97 메테인(CH_4)에 대한 설명으로 옳은 것만을 〈보기〉에서 있는 대로 고르시오.

> **보기**
> ㄱ. 액화 천연가스의 주성분이다.
> ㄴ. 정사면체의 안정한 구조를 이룬다.
> ㄷ. 연소하면 물만 생성하는 청정 연료이다.

98 각 탄소 화합물의 특징을 옳게 설명한 것은?

① HCHO : LNG 의 주성분으로 연소 시 많은 열을 발생하므로 연료로 사용된다.
② CH_3COOH : 술의 성분으로 포도당을 알코올 발효시키면 생성되는 물질이다.
③ CH_4 : 새집 증후군을 일으키는 물질의 하나로 수용액은 살균제나 방부제로 사용된다.
④ C_2H_5OH : 식초의 성분으로 온도가 17 ℃ 이하로 내려가면 얼기 때문에 빙초산이라고도 불린다.
⑤ CH_3COCH_3 : 물이나 다른 탄소 화합물과 잘 섞이므로 용매로 많이 사용되며 손톱칠을 지우는 데 사용된다.

99 다음에서 설명하는 탄소 화합물의 분자 모형으로 옳은 것은?

> · 효모를 이용하여 과일이나 곡물을 발효시키면 생성된다.
> · 가연성이 있는 무색의 액체로, 물에 잘 녹는다.
> · 소독·살균 작용을 하므로 가정용 소독약으로 사용된다.

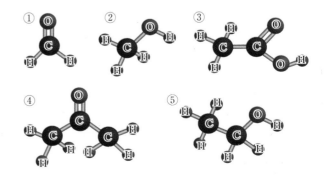

개념 심화 문제

36 〈보기〉는 공유 결합을 하는 분자들이다.

> **보기**
>
> ㄱ. H_2 ㄴ. CO_2 ㄷ. H_2O ㄹ. HF   ㅁ. CH_4

각 분자들의 (1) 루이스 점 구조식을 그리고, (2) 비공유 전자쌍의 수가 가장 많은 분자를 고르시오.

37 금 조각에 압력을 가하여 금박지를 만드는 과정이다.

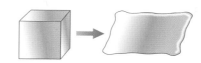

금이 얇게 펴져서 금박지로 되었을 때의 금에 대한 설명으로 옳은 것만을 〈보기〉에서 있는 대로 고른 것은?

> **보기**
>
> ㄱ. 부피가 증가하여 밀도가 감소하였다.
> ㄴ. 원자들이 미끄러져서 원자의 위치가 바뀌었다.
> ㄷ. 자유 전자의 수가 변하여 전기 전도성이 변하였다.

① ㄱ   ② ㄴ   ③ ㄱ, ㄴ   ④ ㄱ, ㄷ   ⑤ ㄴ, ㄷ

개념 돋보기

○ 금속 결합

뜻	금속 양이온과 자유 전자 사이의 정전기적 인력에 의한 결합	
자유 전자	한 원자에 구속되지 않고 금속 양이온 사이를 자유롭게 이동하는 전자	
금속 결합력	금속 양이온의 반지름이 작을수록, 전하량이 클수록 결합력이 크다. → 녹는점이 높다.	
성질	• 전기와 열이 잘 통한다. • 은백색의 광택이 난다. • 연성(뽑힘성)과 전성(펴짐성)이 크다. • 녹는점과 끓는점이 높다. → 대부분 상온에서 고체 상태이다. (단, 수은은 액체 상태)	

38 그림 (가)는 이온 결합에 참여하는 몇 가지 이온들의 모형을 나타낸 것이고, (나)는 몇 가지 이온 결합 물질의 이온 사이의 거리와 녹는점을 표로 나타낸 것이다.

(가)

화합물	NaF	NaCl	CaO	BaO
이온 간 거리 (1 nm = 10^{-9} m)	0.230	0.278	0.239	0.275
녹는점(℃)	870	801	2572	( )

(나)

이에 대한 설명으로 옳은 것만을 〈보기〉에서 있는 대로 고른 것은?

> **보기**
>
> ㄱ. 이온의 전하량이 클수록 녹는점은 높아진다.
> ㄴ. BaO 의 녹는점은 NaCl 보다 높고 CaO 보다 낮다.
> ㄷ. 이온 간의 거리가 가까울수록 이온 사이의 결합을 끊는데 필요한 에너지가 작아진다.

① ㄱ   ② ㄱ, ㄴ   ③ ㄱ, ㄷ   ④ ㄴ, ㄷ   ⑤ ㄱ, ㄴ, ㄷ

39 몇 가지 이온 결정을 구성하는 이온의 전하, 이온 사이의 거리 및 녹는점을 나타낸 것이다.

이온 결정	이온 사이의 거리 (1 nm = 10^{-9} m)	녹는점(℃)	이온 결정	이온 사이의 거리 (1 nm = 10^{-9} m)	녹는점(℃)
Li^+F^-	0.207	870	$Mg^{2+}O^{2-}$	0.210	2800
Li^+Cl^-	0.255	614	$Ca^{2+}O^{2-}$	0.240	2572

자료를 참고하여 전하량의 크기와 이온 결정의 녹는점 사이의 관계를 알아보기 위해서 비교해야 할 화합물로 바르게 짝지은 것은?

① LiF, MgO   ② MgO, CaO   ③ LiF, LiCl   ④ LiF, CaO   ⑤ LiCl, MgO

개념 돋보기

⦿ 이온 결합 물질의 녹는점

이온 결합 물질	핵간 거리(pm)	녹는점(℃)	이온 결합 물질	핵간 거리(pm)	녹는점(℃)
NaF	231	996	MgO	210	2825
NaCl	276	801	CaO	240	2572
NaBr	291	747	SrO	253	2531
NaI	311	660	BaO	275	1972

• 이온 전하량의 곱의 크기가 같고, 이온 사이의 거리가 다른 NaF, NaCl, NaBr, NaI 과 MgO, CaO, SrO, BaO 의 녹는점을 비교하면 녹는점은 이온 전하량 곱의 크기가 같을 때, 이온 사이의 거리가 짧을수록 높아진다.
• 이온 사이의 거리가 비슷하고, 이온 전하량의 곱의 크기가 다른 NaCl 과 BaO 의 녹는점을 비교하면 녹는점은 이온 사이의 거리가 비슷할 때 전하량의 곱의 크기가 클수록 높아진다.
• NaF 은 BaO 보다 이온 사이의 거리는 짧으나 녹는점은 더 낮다. 그 이유는 이온 결합 물질의 녹는점은 이온 사이의 거리보다 이온 전하량의 곱의 크기에 더 큰 영향을 받기 때문이다.

40 염화 나트륨(NaCl)은 이온 결정으로 고체 상태에서는 전기가 통하지 않는다. 하지만 액체 상태나 수용액 상태에서는 이온들이 자유롭게 이동할 수 있기 때문에 전기가 통할 수 있다.

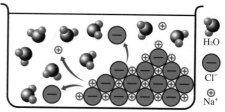

[NaCl 결정의 용해]

온도에 따른 염화 나트륨(녹는점 : 800 ℃)의 전기 전도도의 변화로 옳은 것을 고르시오.

①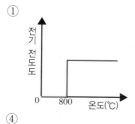

②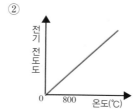

③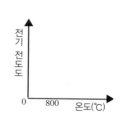

④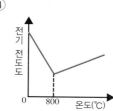

⑤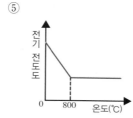

개념 돋보기

◯ 이온 결합

녹는점	이온 사이의 결합이 강할수록 녹는점은 증가한다. (1) 이온 전하량이 같을 때 : 이온 간 거리가 가까울수록 이온 사이의 결합이 강하다. (2) 이온 간 거리가 비슷할 때 : 이온 전하량의 곱이 클수록 이온 사이의 결합이 강하다.
용해성	물에 대부분 잘 녹는다.
단단한 정도	외부에서 충격을 가하면 잘 부스러진다.

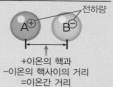

전하량

+이온의 핵과
−이온의 핵사이의 거리
=이온간 거리

◯ 이온 결정   이온 결합한 결정 상태를 이온 결정이라고 한다.

◯ 전기 전도성(전기 전도도)   전류를 흐르게 하는 성질

◯ 염화 나트륨의 용해

• 염화 나트륨의 Na^+ 은 물의 산소 원자(O)에 둘러싸이고, Cl^- 은 물의 수소 원자(H)에 둘러싸인다.

• 물에 녹지 않는 이온 결정 $AgCl$, $CaCO_3$, $BaCO_3$, $PbSO_4$, PbI_2

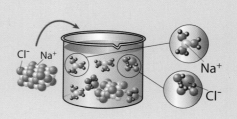

개념 심화 문제

41 원소 X ~ Z 로 이루어진 분자 (가)와 (나)에 대한 자료이다.

물질	(가)	(나)
구성 원소	X, Y	X, Y, Z
구성 원자의 수	4	4
비공유 전자쌍 수	4	2

이에 대한 설명으로 옳은 것만을 〈보기〉에서 있는 대로 고른 것은? (단, X ~ Z 는 각각 H, C, O 중 하나이며, (가)와 (나)를 구성하는 모든 원소들은 비활성 기체와 같은 전자 배치를 갖는다.)

> **보기**
>
> ㄱ. (가)에는 공유 전자쌍이 4쌍이다.
> ㄴ. (나)에는 2중 결합이 있다.
> ㄷ. (나)의 중심 원자는 Z 이다.

① ㄱ   ② ㄴ   ③ ㄷ   ④ ㄱ, ㄴ   ⑤ ㄴ, ㄷ

42 고체 결정 A ~ D 를 성질에 따라 분류하는 과정이다.

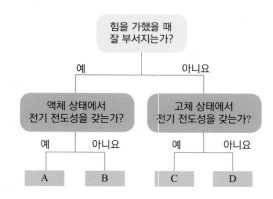

A ~ D 에 해당하는 물질이 옳게 짝지어진 것은?

	A	B	C	D
①	I_2	CO_2	Cu	KOH
②	H_2O	NaCl	다이아몬드	Fe
③	CO_2	KOH	Fe	흑연
④	NaCl	CO_2	Cu	다이아몬드
⑤	Cu	I_2	CO_2	흑연

43 화합물 (가)와 (나)에 대한 자료이다. X 와 Y 는 2주기 원소이며 화합물에서 옥텟 규칙을 만족할 때, 이에 대한 설명으로 옳은 것만을 〈보기〉에서 있는 대로 고른 것은? (단, X, Y 는 임의의 원소 기호이다.)

화합물	(가)	(나)
분자식	X_2F_4	Y_2H_2
공유 전자쌍 수	5	5

보기

ㄱ. (가)는 직선형 구조를 갖는다.
ㄴ. (나)에서 Y 의 원자가 전자는 5이다.
ㄷ. (나)는 평면 구조이다.

① ㄱ　　　　② ㄴ　　　　③ ㄷ　　　　④ ㄱ, ㄴ　　　　⑤ ㄱ, ㄷ

44 아세트 아마이드의 구조식이다. 결합각 $\alpha \sim \gamma$ 를 예측하여 각각 쓰시오.

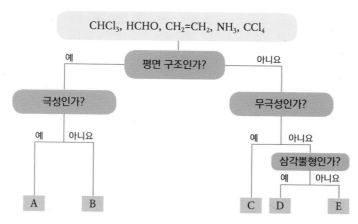

45 5가지 분자를 분류하는 과정이다.

CHCl₃, HCHO, CH₂=CH₂, NH₃, CCl₄

평면 구조인가?
　예 ─ 극성인가?
　　　예 ─ A
　　　아니요 ─ B
　아니요 ─ 무극성인가?
　　　예 ─ C
　　　아니요 ─ 삼각뿔형인가?
　　　　　예 ─ D
　　　　　아니요 ─ E

이에 대한 설명으로 옳지 <u>않은</u> 것은?

① A 의 분자 모양은 평면 삼각형이다.
② B 에는 2중 결합이 있다.
③ C 와 E 의 중심 원자는 같다.
④ 중심 원자에 비공유 전자쌍이 있는 분자는 C 이다.
⑤ A 와 D 는 대전체에 물 줄기가 끌린다.

개념 심화 문제

46 다양한 탄소 화합물의 구조를 모형으로 나타낸 것이다.

이에 대한 설명으로 옳은 것만을 〈보기〉에서 있는 대로 고르시오.

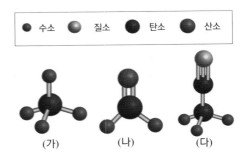

● 수소　　● 질소　　● 탄소　　● 산소

(가)　　　(나)　　　(다)

보기

ㄱ. (가)는 극성 공유 결합으로 이루어져 있다.
ㄴ. (나)는 평면 구조이다.
ㄷ. (다)는 쌍극자 모멘트의 합이 0 이 아니기 때문에 극성 분자이다.
ㄹ. (가) ~ (다) 모두 원자 사이의 결합이 강해서 화학적으로 안정하다.

47 〈보기〉의 성질을 모두 갖는 화합물의 이름을 쓰고, 구조식을 나타내시오.

보기

• $C_2H_4O_2$ 의 분자식을 갖는다.
• 에탄올의 산화 반응으로 만들어진다.
• 식초에 포함되어 있고, 플라스틱, 합성 섬유, 의약품 등의 원료로 이용된다.

48 시험관에 메탄올(CH_3OH) 5.0 mL 와 물 2 mL 를 넣어 섞은 다음 얼음물이 들어 있는 비커에 담그고 시험관에 가열한 구리줄(CuO)로 메탄올을 산화시키는 과정이다. 이 실험에서 발생하는 자극성 기체는 무엇인지 고르시오.

구리줄
메탄올

① $HCOOCH_3$　　② $HCHO$　　③ CH_3CHO　　④ CH_3OCH_3　　⑤ CH_4

49 탄소와 수소로만 이루어진 어떤 화합물 A 1.0 g 을 같은 온도에서 밀폐된 용기에 담았더니 1 기압에서 부피가 684 mL 이었다. 화합물 A 는 1 개의 2중 결합 이외에 나머지는 결합은 단일 결합으로 이루어져 있다. 화합물 A 의 분자식과 구조식을 그리시오. (단, 화합물 A 는 86.1 ℃ 이상에서 이상 기체로 존재하고, 기체 상수(R)는 0.08 atm/mol·K 이다.)

염소(Cl₂)

• 황록색 기체
• 1774년 카를 빌헬름 셸레가 염산과 이산화 망가니즈를 반응시켜 최초로 염소를 제조하였다.

▲ 카를 빌헬름 셸레

염소는 물에 녹아 일부가 물과 반응하여 하이포아염소산(HOCl)을 형성한다.

$$Cl_2 + H_2O \rightarrow HOCl + HCl$$
염소 물 하이포아염소산 염산

이 하이포아염소산은 살균 작용과 표백 작용을 하기 때문에 공장의 표백제나 수영장의 살균제로 사용한다.

● 추리 단답형

01 6개의 원소를 〈규칙〉에 따라 그림과 같이 배치하시오.

Li, C, Ne, Na, Cl, S

규칙

• 불꽃 반응색이 노란색인 원소는 비활성 기체의 맞은편에 있다.
• 알칼리 금속인 원소들은 바로 옆에 있다.
• 할로겐족 원소와 산소족 원소는 각각 비활성 기체 양쪽 옆에 있다.
• 수돗물이나 수영장의 소독약으로 사용되는 물질의 성분을 이루는 원소는 다이아몬드의 성분 원소와 비활성 기체 바로 옆에 있다.

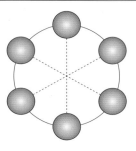

● 추리 단답형

02 알고리즘을 따라가며 Yes or No 에 동그라미 표시하고 끝물음에 올바른 답을 적으시오.

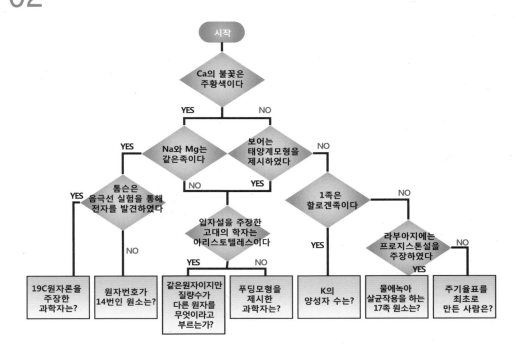

● 단계적 문제 해결력

03 다음 글을 읽고 물음에 답하시오.

> 아인슈타인의 특수 상대성 이론에 의하면 에너지와 질량은 서로 전환되는 양이며, 다음과 같은 식이 성립한다.
>
> $$E = mc^2 \quad (E = \text{에너지}, \; m = \text{물체의 질량}, \; c\,(\text{빛의 속도}) = 3.0 \times 10^8 \text{ m/s})$$
>
> 이것은 화학 반응 시 열에너지가 방출될 경우, 반응 전에 비하여 반응 후의 질량이 감소한다는 것이다. 예를 들어 물을 가열할 때 고전적으로는 열에너지가 물에 전달되어 물이 뜨거워졌고, 물의 질량은 변화가 없다는 것이다. 그러나 아인슈타인의 질량 – 에너지 법칙에 의하면 물에 에너지가 전달된 만큼 물의 질량이 증가한다. 만약 9000 kJ 의 에너지가 전달이 되었다면,
>
> $$E = mc^2 \text{ 에 의해 } \; 9 \times 10^6 = m \times (3.0 \times 10^8)^2, \; m = 1.0 \times 10^{-10} \text{ kg}$$
>
> 즉, 1.0×10^{-10} kg 만큼 물의 질량이 증가한다.
>
>

(1) 아인슈타인이 주장한 내용을 화학 반응식과 관련지어 서술하시오.

(2) 화학의 중요한 법칙 중에서 아인슈타인의 주장과 어긋나는 17세기의 과학 법칙과 그것을 주장한 과학자의 이름을 쓰시오.

(3) 예전에는 물을 가열하였을 때 질량이 증가한다는 사실을 알지 못했다. 그 이유는 무엇인가?

● 추리 단답형

[04~05] 다음 글을 읽고 물음에 답하시오.

[질량 분석기의 원리]

고속의 전자가 지나다니는 공간에 기체 시료를 통과시키면, 중성 원자가 전자를 잃고 (+)전하를 띤 상태가 된다.

이 (+)전하 상태의 원자가 자기장을 통과하게 되면 질량에 따라 휘어지는 정도가 달라지게 되어 검출판의 다른 위치에 닿는다. 검출판에 닿은 원자들의 상대적 위치를 분석하면 원자의 질량수를 알 수 있고 검출 강도를 분석하면 질량수에 따른 함량을 알 수 있다.

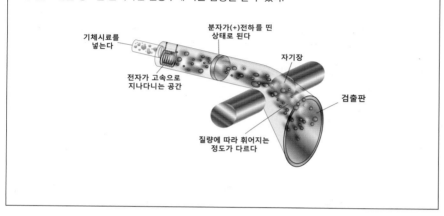

자연 상태의 마그네슘을 질량 분석기에 주입하였을 때 다음과 같은 자료를 얻을 수 있었다.

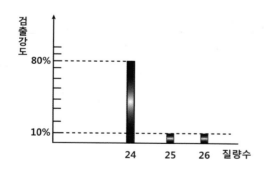

○ **질량 분석기**

이온은 전하를 띠고 있으므로 전기장이나 자기장 속을 지날 때 휘게 되는데 질량에 따라 휘는 정도가 다르다.
질량 분석기는 이 성질을 이용하여 입자를 질량에 따라 분리하여 질량 스펙트럼을 만든다.
최초의 질량 분석기는 1912년 J.톰슨이 고안한 것이다.

▲ 현대의 질량 분석기

현대에는 동위 원소의 질량을 측정하여 생물의 대사 연구, 식물의 광합성 등을 연구하거나, 화합물의 구조를 알기 위해 질량 분석기를 이용한다.

○ **이온**

중성 원자가 전자를 얻으면 음이온, 잃으면 양이온이 된다.

구분	양성자	전자	전하량
중성 원자	+3	-3	+3-3 = 0
양이온	+3	-2	+3-2 = +1
음이온	+3	-4	+3-4 = -1

---

04 그래프에서 막대기의 수와 직접적으로 연관이 있는 것은?

① 양성자 수　　　② 전자 수　　　③ 중성자 수
④ 원자 번호　　　⑤ 자기장의 세기

05 그래프를 보고 마그네슘의 평균 원자량을 구하시오.

전자껍질에 채워지는 전자의 개수

원자의 각 전자 껍질에는 최대로 채워질 수 있는 전자의 개수는 정해져 있다.

전자 껍질 기호	K	L	M	N	…
최대 수용 전자 개수	2	8	18	32	…

예 나트륨(Na, 원자번호 11)의 경우에는 중성 원자의 전자 수가 11개이므로, 다음과 같은 배치가 가능하다.

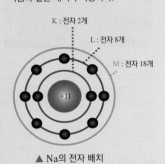

K : 전자 2개
L : 전자 8개
M : 전자 18개

▲ Na의 전자 배치

이온화 에너지

기체 상태의 중성 원자로부터 원자가전자를 떼어내는 데 필요한 에너지를 이온화 에너지라고 한다.

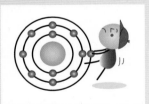

같은 주기에서는 원자핵의 +전하량이 클수록 이온화 에너지가 크다.
전자 껍질 수가 증가할수록 전자를 떼어내기 쉽다.

추리 단답형

[06~07] 제시문을 읽고 각 물음에 답하시오.

(가) 아래는 원자 번호 1번에서 20번까지 원소들의 전자 배치를 전자 껍질로 나타낸 것이다.

족 주기	1	2	13	14	15	16	17	18
1	1							2
2	3	4	5	6	7	8	9	10
3	11	12	13	14	15	16	17	18
4	19	20						

원자핵 ● 전자

(나) 이온화 에너지는 기체 상태의 중성 원자로부터 최외각 전자(가장 바깥쪽을 도는 전자)를 떼어 내는 데 필요한 에너지를 의미한다.

$$M(g) + 에너지 \rightarrow M^+(g) + 전자$$

예를 들어, 나트륨 원자의 최외각 전자 하나를 떼어 내는 데 필요한 에너지는 1몰당 496 kJ 의 에너지가 필요하다.

Na   + 496 kJ/mol   Na⁺   +   e⁻

---

06 족은 주기율표의 세로줄을 의미하며 같은 족에 있는 원소들을 동족 원소라고 한다. 동족 원소들은 화학적 성질이 비슷한다. 그 이유를 제시문 (가)를 보고 추리하여 쓰시오.

07 마그네슘(Mg) 1 mol 의 이온화 에너지는 738 kJ, 칼륨(K) 1 mol 의 이온화 에너지는 419 kJ 이다. 제시문 (가)와 (나)를 참고로 하여 다음 물음에 답하시오.

(1) 나트륨보다 마그네슘의 이온화 에너지가 큰 이유는 무엇인가?

(2) 나트륨에 비해 칼륨의 이온화 에너지가 작은 이유는 무엇인가?

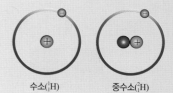

⬡ 동위 원소

• 동위 원소 : 양성자 수는 같으나 중성자 수가 달라 질량수 가 다른 원소 사이의 관계이다. 동위원소끼리는 화학적 성질은 같지만 물리적 성질이 다르다.

⬡ **추리 단답형**

08 제시문을 읽고 물음에 답하시오.

[제시문1]

₁H는 양성자를 1개 가지며, ₂He는 양성자를 2개 가진다. 양성자와 전자는 크기는 같고 부호가 반대인 전하를 가지며, 양성자의 질량은 전자 질량의 1836배나 된다. 양성자의 정체를 밝힌 러더퍼드는 양성자의 수가 2배인 ₂He의 질량이 ₁H의 질량의 2배가 아니라 4배가 되는 데 의문을 품었다.

[제시문2]

돌턴의 원자설에 의하면 '같은 원소의 원자들은 크기, 모양, 질량이 같다'라고 했지만, 현대에 와서는 그림과 같이 같은 수소 원소이면서 질량이 다른 동위 원소가 발견되었다.

수소($^1_1$H) 중수소($^2_1$H)

[제시문3]

온도에 따른 물의 밀도 그래프에 의하면 0 ℃ 얼음은 밀도가 0.917 g/cm³ 이고, 0 ℃ 물은 밀도가 0.999 g/cm³ 이므로 얼음이 물 위에 뜬다. 하지만, 어느 마술쇼에서 0 ℃ 물에 얼음을 넣었더니 한 번은 물 위에 떴지만, 다시 시도했을 때는 가라앉았다.

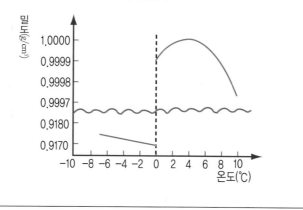

(1) 제시문 1의 의문은 러더퍼드의 제자인 채드윅이 10년 뒤 설명할 수 있었다. 여러분이라면 수소 원자와 헬륨 원자의 질량 차이를 어떻게 설명할까?

(2) 물에 에탄올을 넣으면 수용액의 밀도가 달라져서 얼음이 가라앉을 수 있지만, 마술사가 사용한 물은 똑같은 물이었다. 여러분이 마술사라면 어떻게 물에 가라앉는 얼음을 만들 수 있을까?

수소($^1_1$H) 중수소($^2_1$H)

⊕ 양성자
● 중성자
⊖ 전자

삼중수소($^3_1$H)

▲ 수소의 동위 원소

⬡ 평균 원자량

동위 원소가 존재하는 경우 원자량은 각 원소의 존재 비율을 대입하여 평균한 값을 원자량으로 정한다.
₁₇Cl의 존재비율 75.8%
₁₇Cl의 존재비율 24.2%
Cl의 평균 원자량
$= \dfrac{35 \times 75.8 + 37 \times 24.2}{100} ≒ 35.5$

스펙트럼

빛은 파장에 따라 굴절률이 다르기 때문에 모든 영역의 파장이 포함된 햇빛을 프리즘에 통과시키면 파장별로 빛이 분리되는데, 이 때 생긴 띠를 스펙트럼이라고 하고, 연속적으로 나타나는 스펙트럼을 연속 스펙트럼이라고 한다.

▲ 빛의 연속 스펙트럼

프리즘에 의한 빛의 분산 : 빨간색보다 파란색의 빛의 더 크게 굴절한다.

▲ 빛의 분산

빛의 굴절과 무지개

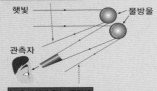

무지개는 물방울에 의해 빛이 분산되어 연속 스펙트럼이 우리 눈에 보이는 것이다.

보어 가설의 한계점

• 전자를 2개 이상가진 원자에 대하여서는 적용하기 어려움
• 실제 전자는 원자핵 주위를 원운동하지 않음

● 논리 서술형

09 수소 기체를 방전관에 넣고 충분한 에너지를 가하면 수소 분자가 원자로 분해되고 수소 원자는 (가) 에너지를 흡수하여 불안정한 들뜬 상태로 되었다가 안정한 상태로 되면서 빛에너지를 방출한다. 이때 방출하는 에너지를 프리즘에 통과시키면 검출기에 선 스펙트럼으로 나타난다.

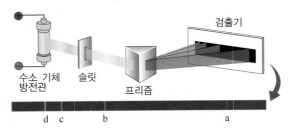

아래는 러더퍼드의 원자 모형으로는 설명할 수 없는 수소 원자의 선 스펙트럼을 설명하기 위해 보어가 제안한 가설의 일부이다.

① 전자는 원자핵 주위의 특정한 에너지 준위의 원형 궤도를 따라 원운동을 한다.
② 각 전자 껍질이 가지는 에너지의 준위는

$$E_n = \frac{-1312}{n^2} \text{(kJ/mol)} \ (n = 1, 2, 3, 4 \ldots)$$

으로 나타낼 수 있다.
③ 허용된 원궤도를 운동하는 전자는 에너지를 방출 또는 흡수하지 않는다.
④ 전자가 다른 전자 껍질로 이동할 때에는 두 궤도 사이의 에너지 차이만큼의 에너지를 흡수 또는 방출한다.

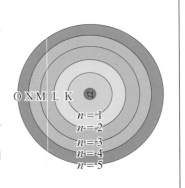

(1) 밑줄 친 (가)에서 에너지를 흡수하는 것은 수소 원자의 구성 입자 중 무엇인가?

(2) a ~ d 는 전자가 L 전자껍질로 이동할 때 나타나는 선 스펙트럼이다. a 가 M 에 있던 전자가 L 로 이동할 때 방출하는 빛 에너지이라면 c 의 선 스펙트럼은 언제 나타나는가?

(3) a - b, b - c 사이의 스펙트럼의 간격이 다른 이유는 무엇인가?

(4) 중성 수소 원자는 전자를 1개 가지고 있으므로 K 전자껍질에 전자가 들어 있을 때 바닥상태이다. 수소 원자의 이온화 에너지는 얼마인가?

(5) 수소 원자의 선 스펙트럼이 무지개처럼 연속 스펙트럼으로 나타났다면 보어 가설을 어떻게 수정해야 할까?

● 단계적 문제 해결력

10 제시문을 읽고 물음에 답하시오.

[제시문 1]
톰슨은 그림과 같이 진공으로 만든 유리관의 양 끝에 있는 두 개의 금속판에 높은 전압을 가하여 음극에서 발생한 음극선의 정체가 전자인 것을 밝혔으며 전자 1 g 의 비전하가 1.76×10^8 C/g 임을 밝혔다.

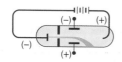

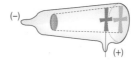

㉮ 음극선이 전기장에 의해 휘어짐 ㉯ 음극선에 의해 바람개비가 돌아감 ㉰ 음극선에 의해 그림자가 생김

[제시문 2]
밀리컨은 전극판 사이에 분무기로 미세한 기름방울을 뿌린 후 전기장을 조절하여 전하를 띤 기름이 두 극판의 가운데에 움직이지 않고 공중에 떠 있게 하였다. 기름방울이 움직이지 않고 공중에 떠 있을 수 있는 것은 기름방울에 아래로 작용하는 중력과 위로 향하는 전기장에 의한 힘이 균형을 유지하도록 했기 때문이다.

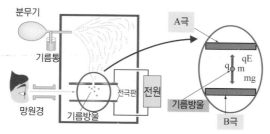

이 실험을 통하여 밀리컨은 전자 1개의 전하량이 -1.6×10^{-19} C 이라는 것을 알아 내었다.

(1) 음극선 실험에서 금속판을 철판을 사용하거나 구리판을 사용해도 모두 같은 비전하 값이(전자 1 g 의 비전하가 1.76×10^8 C/g) 나왔다. 왜 그럴까?

(2) 제시문 2 의 그림에서 전극 A 는 무슨 극이며, 그렇게 생각한 이유는 무엇인가?

(3) 제시문 1 의 ㉮ ~ ㉰에 설명한 전자의 성질 중 제시문 2의 그림을 보고 적용할 수 있는 것을 골라 설명하시오.

(4) 제시문에 제시한 자료를 이용하여 전자 1개의 질량을 구하시오.

○ 비전하$(\frac{e}{m})$

전자의 질량(m)에 대한 전하량(e)의 비
$= 1.76 \times 10^8$ C/g

◆ 골트슈타인
(1850 ~ 1930)

• 크룩스가 발견한 방전관 내의 음극에서 방사되는 방사선을 '음극선'이라고 명명(1876)
• 양극선 발견(1886)

○ 양극선의 발견

• 아주 낮은 압력의 기체가 들어 있는 진공 유리관에 음극판을 가운데 놓고 높은 전압을 걸어 주면 (+)극에서 (-)극으로 흐르는 입자의 흐름을 발견.
• 양극선이라 명명

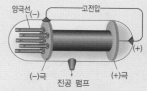

• 양극선의 정체 : 러더퍼드가 밝힘
• 양극선은 기체의 종류에 따라 비전하가 달라짐.
• 수소 기체를 넣었을 경우 양극선은 H^+이 된다.
• 수소 원자는 양성자 1개와 전자 1개를 가지므로 중성 수소 원자가 전자를 1개 잃으면 양성자만 남게 되므로 양극선을 구성하는 입자인 H^+가 바로 양성자이다.
• 양성자의 전하량 : $+1.6 \times 10^{-19}$C 전자와 크기는 같고, 부호가 반대
• 양성자의 질량 : 1.67×10^{-24}g 전자 질량의 1836배
• 진공 유리관에 수소 기체를 넣는 경우 다른 기체를 넣었을 때보다 비전하가 가장 크다.
• 비전하는 $\frac{e}{m}$ 이므로 H^+의 질량이 가장 작다는 것을 의미

공유 결정과 분자 결정

구분	공유 결정	분자 결정
특징	① 원자와 원자가 공유 결합에 의해 그물 구조를 형성 ② 녹는점, 끓는점이 매우 높다. ③ 전기가 통하지 않는다. (흑연 제외)	① 공유 결합을 하는 분자들이 이룬 결정 ② 분자 사이의 인력이 약하므로 녹는점과 끓는점이 낮다. →승화성이 있다. ③ 전기가 통하지 않는다.
예	다이아몬드, 흑연, 수정 등	드라이아이스, 아이오딘 등

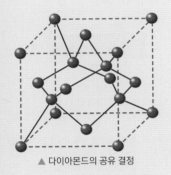

▲ 다이아몬드의 공유 결정

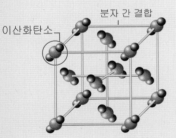

▲ 드라이아이스의 분자 결정

11 그림은 이온 결정과 금속 결정의 모형을 나타낸 것이다.

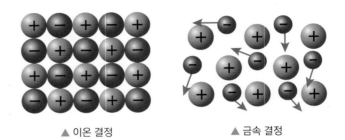

▲ 이온 결정　　　　▲ 금속 결정

(1) 고체 상태의 이온 결합 물질은 전기가 통하지 않지만 금속 결합 물질은 고체 상태에서도 전기가 잘 통하는 이유를 추리하여 쓰시오.

(2) 이온 결합 물질이 액체 상태가 되면 전기가 잘 흐르는 이유를 설명하시오.

12 구리(Cu), 염화 나트륨(NaCl), 다이아몬드(C), 아이오딘(I_2)이 섞인 고체 혼합물을 성질에 따라 분류하였다.

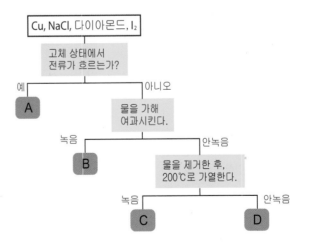

A ~ D 에 알맞은 물질을 쓰시오.

● 추리 단답형

[13~14] 글을 읽고 물음에 답하시오.

[원자가 껍질 전자쌍 반발 이론]

분자는 평면적으로 존재하는 것이 아니라 원자가 껍질 전자들의 반발로 인해 입체적인 구조를 갖는다.

(A = 중심 원자, B = 주위 원자)

중심 원자 최외각 전자의 수	2	3	4	5	6
분자식	AB_2	AB_3	AB_4	AB_5	AB_6
분자의 입체 구조	선형	평면 삼각형	정사면체형	삼각 쌍뿔형	정팔면체형

예를 들어, BeH_2의 경우, 분자식이 AB_2이고, 중심 원자의 최외각 전자의 수가 2이므로 [원자가 껍질 전자쌍 반발 이론]에 의해 선형이다.

H - Be - H   H–Be–H
180°
선형

---

13 [원자가 껍질 전자쌍 반발 이론]에 의하여 다음 분자들의 입체 구조를 예측하시오.

(1) $HgCl_2$　　　　　　　　　　(2) SiH_4
(3) CH_4　　　　　　　　　　　(4) SF_6
(5) PCl_5　　　　　　　　　　　(6) BF_3

14 물의 분자식은 H_2O 로 AB_2 임에도 불구하고 분자 구조가 굽은 형이다. 다음 글을 참조하여 (1) 물 분자의 구조가 굽은 형인 이유와, (2) 물 분자가 굽은 형의 입체 구조를 가짐으로써 생기는 현상을 쓰시오.

중심 원자가 비공유 전자쌍을 가질 경우 비공유 전자쌍 사이의 반발은 공유 전자쌍 사이의 반발보다 크므로 더 많은 공간을 차지한다.

(A : 중심 원자, B : 주위 원자, E : A의 비공유 전자쌍)

분자의 분류	중심원자 최외각 전자의 총 개수	공유 전자쌍	비공유 전자쌍	입체 구조
AB_4 (AB_2E_2)	6	2	2	109.5°　정사면체

◆ **원소들의 원자가 전자의 수**

족	1	2	13	14	15	16	17	18
원소	H							He
	Li	Be	B	C	N	O	F	Ne
	Na	Mg	Al	Si	P	S	Cl	Ar
	K	Ca						
원자가 전자 수	1	2	3	4	5	6	7	0

◆ **전자쌍 사이의 반발력의 크기**

비공유전자 쌍		비공유전자 쌍		공유전자 쌍
반발	>	반발	>	반발
비공유전자 쌍		공유전자 쌍		공유전자 쌍

밀어내는 힘이 클수록 멀리 떨어지려 한다.

◆ **원자가 껍질 전자쌍 반발 이론**

[Valence Shell Electrons Pair Repulsion : VSEPR 이론]
1940년에 N.V. 시지윅과 H.M. 포웰이 제안한 이론이다. 이 이론에 따라 여러 가지 분자의 모양을 추정할 수 있으며 모두 실제의 분자 구조와 일치한다.

▲ VSEPR 이론에 의한 분자 모형
→ 분자들은 입체 상태로 존재한다.

⬤ 단계적 문제 해결력

라부아지에의 질량 보존 법칙 발견(관련 실험)

(1) 플라스크에 주석을 넣고 봉한 다음 질량을 측정한다.
(2) 플라스크를 가열하면서 질량을 측정한다.
(3) 질량이 변하지 않는다.
(4) 마개를 열자 공기가 안쪽으로 빨려 들어갔다.

• 주석이 플라스크 안쪽의 산소와 반응한다.
  $Sn + O_2 \rightarrow SnO_2$
  주석 + 산소 → 산화 주석
→ 주석이 산화 주석이 되었을 때 질량이 증가한 것은 플라스크 안의 산소와 결합하였기 때문이다.
→ 반응 전 주석과 산소의 질량의 합은 반응 후 산화 주석의 질량과 같다.

• 마개를 열었을 때 공기가 안쪽으로 빨려 들어간 것은 반응에 의해 플라스크 안쪽의 산소 기체가 없어져 압력이 낮아졌기 때문이다.

수은과 산화 수은

수은 : 상온에서 액체인 유일한 금속
• 녹는점 : -38.8 ℃
• 끓는점 : 356.7 ℃
• 팽창율이 크며, 온도가 변해도 팽창율이 일정하여 온도계로 이용한다.
• 표면장력이 커서 방울의 모양이 거의 구형에 가깝다.

산화 수은
  Hg_2O : 검은색
  HgO : 적색, 황색

---

15 라부아지에의 실험 과정 중 일부이다.

[실험 과정 1]
그림 (가)와 같은 장치에서 병 A의 안쪽과 바깥 수면을 같게 한 다음, 수은(Hg)과 공기가 들어 있는 레토르트를 일정 시간 가열하였더니, 수은 표면이 붉은색으로 변하였다.

[실험 과정 2]
처음과 같은 온도로 식혔더니 그림 (나)와 같이 수면이 올라갔으며, 그림 (다)와 같이 병 A를 잡고 물을 더 넣어 병 안쪽과 바깥의 수면을 같게 하였더니 병 A 안과 레토르트 안의 공기 부피는 가열 전보다 20 % 줄어 160 mL 였다.

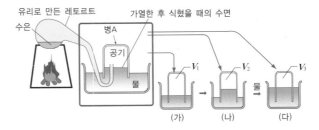

[실험 과정 3]
수은 표면에 생긴 붉은색 물질만 모두 분리하여 질량을 측정하였더니 X(g)이었다. 이것을 가열하였더니 다시 줄어든 부피 만큼의 기체가 발생하였다.
(단, 온도는 모두 0 ℃, 대기압은 1 atm, Hg 과 O 의 원자량은 200, 16 이며, 수은 표면의 붉은색 물질의 화학식은 HgO 이다.)

(1) [과정 1]에서 수은은 붉은색으로 변하면서 질량이 증가한다. 그 이유를 화학 반응식을 적고 설명하시오.

(2) (가)에서 (나)로 될 때 수면이 올라가는 이유는 무엇인가?

(3) (나)와 (다)에서 병 A 속의 부피 V_2 와 V_3 를 비교하고, 그 이유를 압력의 관점에서 설명하시오.

(4) [과정 3]에서 측정한 X 는 몇 g 인가?

● 추리 단답형

16 다음은 ^1_1H 와 $^{16}_8O$ 로 이루어진 얼음, ^1_1H 와 $^{16}_8O$ 로 이루어진 물 그리고 ^2_1H 와 $^{16}_8O$ 로 이루어진 얼음이 함께 존재할 때의 모습이다. A ~ C 의 분자량을 각각 쓰고, 끓는점이 같은 물질을 짝지으시오.

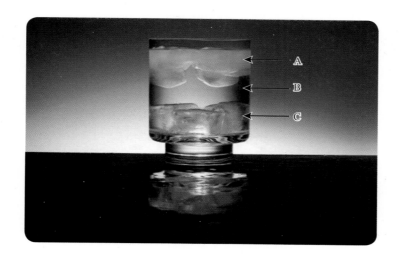

● 논리 서술형

17 기체 상태인 어떤 원자의 에너지 준위를 나타낸 것이다.

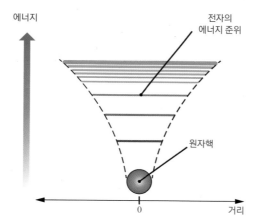

일반적으로 원자의 에너지 준위를 비교할 때는 기체 상태를 기준으로 한다. 주어진 자료를 참고하여, 액체나 고체 상태가 아닌 기체 상태로 원자의 에너지 준위를 비교해야 하는 이유를 서술하시오.

> (A) 원자핵 주위에 존재하는 전자의 에너지 준위는 양자화되어 있기 때문에, 원자 내부의 전자는 원자의 종류에 따라 특정한 크기의 에너지만을 흡수하거나, 방출할 수 있다.
>
> (B) 원자의 에너지 준위는 원자핵과 전자 사이의 인력과, 전자들 사이의 전기적 반발력에 의해 결정되는데, 전자가 1개인 수소 원자는 같은 전자껍질에 존재하는 오비탈의 에너지 준위가 같지만, 다전자 원자는 전자들 사이의 전기적 반발력의 영향으로 같은 전자껍질에 존재하는 오비탈이더라도 그 모양에 따라 에너지 준위가 다르다.

추리 단답형

18 p 오비탈은 에너지 준위가 같지만 자기장에 대한 성질이 다른 p_x, p_y, p_z 오비탈로 되어 있고, 이들 각 오비탈에는 전자가 최대 2개까지 채워질 수 있다. 그러므로, 전자 1개가 p 오비탈에 채워질 때에는 다음과 같은 배치가 가능하다.

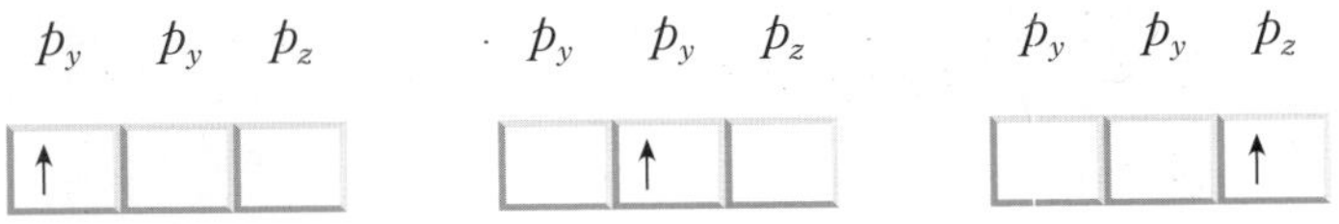

전자 2개가 스핀 방향을 고려하여 p 오비탈에 채워진다면, 가능한 배치를 모두 나타내시오.

논리 서술형

19 전기 음성도 차이와 결합의 종류에 대한 글이다.

대부분의 화합물은 전자들이 완전히 이동하는 이온 결합과 전자들을 동등하게 공유하는 무극성 공유 결합, 그리고 이온 결합과 무극성 공유 결합의 중간에 해당하는 극성 공유 결합으로 이루어져 있다. 전기 음성도의 차이가 매우 큰 원자들은 이온 결합을 형성하지만, 전기 음성도 차이가 비교적 작은 원자들은 극성 공유 결합을 형성하며, 전기 음성도 차이가 거의 없으면 무극성 공유 결합을 형성한다.

전기 음성도 차이	결합 종류
0 ~ 0.4	무극성 공유 결합
0.4 ~ 2.0	극성 공유 결합
2.0 이상	이온 결합

▲ 전기 음성도 차이와 결합의 종류

다음 4 가지 물질 중에서 결합의 극성이 가장 큰 물질을 쓰고, 그 이유를 서술하시오. (단, 전기 음성도는 Na : 0.9, H : 2.1, C : 2.5, Cl : 3.0 이다.)

H_2	Cl_2	HCl	NaCl

20 비금속 원소들은 서로 원자가 전자를 내놓아 전자쌍을 만들고, 이 전자쌍을 공유함으로써 안
정한 18족 원소의 전자 배치를 이루어 옥텟 규칙을 만족하면서 화학 결합을 형성한다. 그림은
수소 원자가 공유 결합하여 수소 분자를 형성하는 모습을 모형으로 나타낸 것이다. 다음 물음
에 답하시오.

(1) 다음의 산소 원자 2개가 공유 결합하여 산소 분자가 될 때는 어떻게 결합하여야 옥텟
규칙을 만족시킬 수 있는지 서술하시오. (단, 화합물을 구조식으로 나타내시오.)

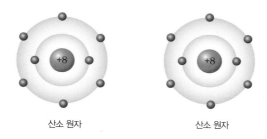

(2) 다음의 수소 원자 4개, 탄소 원자 2개, 산소 원자 2개가 모두 공유 결합하여 1개의
화합물을 형성할 때 옥텟 규칙을 만족시키는 구조식을 다양하게 그려서 서술하시오.
(단, 화합물을 구조식으로 나타내시오.)

● 논리 서술형

21 오염된 섬유를 세탁하는 방식은 크게 물세탁과 드라이클리닝으로 나눌 수 있다. 물세탁은 물과 세제를 이용한 세탁 방식이고, 드라이클리닝은 물을 사용하지 않고 기름의 일종인 휘발성 유기 용제를 이용하여 기름때를 녹여내는 세탁 방식이다. 다음 자료를 읽고 덕다운 점퍼가 손상되지 않도록 세탁하는 방법을 물세탁과 드라이클리닝 중에서 골라 이유와 함께 서술하시오.

(가) 오리와 같이 물가에서 생활하는 새들은 기름으로 코팅된 깃털을 가지고 있기 때문에 물속을 오가더라도 잘 젖지 않는다. 오리를 관찰해 보면 오리가 수시로 부리를 이용하여 꽁지 부분의 기름샘에서 나오는 기름을 온 몸에 꼼꼼히 바르는 모습을 볼 수 있다.

▲ 오리

(나) 대부분의 기름은 무극성 물질이기 때문에 물로 세탁하는것 만으로는 옷에 묻은 기름때를 제거할 수 없다. 이때 사용하는 것이 비누나 세제와 같은 계면활성제이다. 계면활성제는 하나의 분자 안에 극성을 띠는 부분과 극성을 거의 띠지 않는 부분을 모두 지니고 있어 극성 물질, 무극성 물질 모두와 상호 작용할 수 있기 때문에 극성 물질과도 잘 섞이고, 무극성 물질과도 잘 섞인다. 일반적으로 계면활성제에서 극성을 거의 띠지 않는 부분은 탄소 원자가 길게 연결된 구조를 가지고 있으며, 극성을 띠는 부분은 전하를 띠고있다.

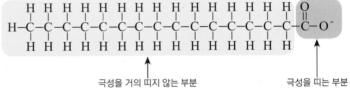

극성을 거의 띠지 않는 부분   극성을 띠는 부분

▲ 비누의 구조식

● 논리 서술형

22 그림 (가)와 (나)는 흑연과 다이아몬드를 각각 나타낸 것이다.

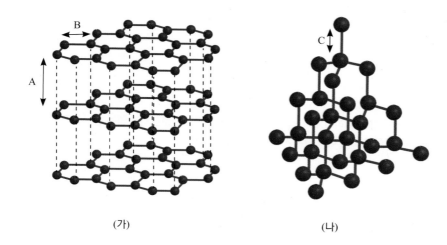

(가) (나)

(1) 그림에 표시된 탄소 원자들 사이의 결합 A ~ C 의 길이를 비교하고, 이유를 함께 쓰시오.

(2) 탄소의 동소체인 흑연과 다이아몬드는 서로 다른 전기적 특성을 나타낸다. 흑연과 다이아몬드 중 전기 전도성을 갖는 물질을 쓰고, 그 이유를 결정 구조에 근거하여 서술하시오.

○ 동소체

같은 원소로 이루어져 있으나 배열 구조가 달라 물리적 · 화학적 성질이 다른 물질을 동소체라고 한다.

○ 탄소 동소체 종류

• 흑연 : 탄소 원자들이 120°의 각도로 육각형 모양의 평평한 판을 구성하며, 강한 공유 결합을 한다. 그러나 각 탄소판은 아래위로 쌓여 있으며, 각 판 사이에는 약한 인력이 작용하여 판들은 서로 잘 미끄러지므로 잘 쪼개진다.

• 다이아몬드 : 탄소 원자로 이루어진 가장 단단한 보석으로, 한 개의 탄소 원자가 다른 네 개의 탄소 원자들과 규칙적으로 결합하여 만들어진 3차원 그물 구조의 물질이다.

• 풀러렌 : 탄소 원자 60개가 20개의 육각형 고리와 12개의 오각형 고리로 이루어져 공 모양을 이룬다. 풀러렌은 대단히 높은 온도와 압력을 견뎌 낼 수 있을 정도로 매우 안정된 구조를 가진다.

• 탄소 나노 튜브 : 탄소 원자들이 nm 크기 수준의 튜브 모양으로 결합하여 있는 물질이다. 하나의 탄소 원자는 3개의 다른 탄소 원자와 결합하여 육각형 모양의 벌집 구조를 이룬다. 전기적으로 매우 좋은 도체이며, 좋은 열전달 물질이다.

• 그래핀 : 탄소 원자가 육각형 형태로 무수히 연결되어 평면 벌집 구조로 이루는 물질로서 탄소 원자들이 한 층으로 되어 있어 두께가 0.35 nm 정도로 얇지만 물리·화학적으로 안정하고 열과 전기 전도성이 매우 뛰어나다.

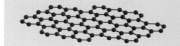

대회 기출 문제

01 스트론튬과 리튬의 불꽃 반응색은 붉은색으로 같아서 구별이 어렵다. 이 두 원소를 구별하는데 가장 적합한 방법을 쓰시오.

[과학고 기출 유형]

02 불꽃 반응으로 구별하기 어려운 원소들을 분석하기 위해 각 물질의 불꽃을 분광기로 분산시켜 얻는 선 스펙트럼이다. 알고 있던 원소 A, B의 선 스펙트럼과 비교하여 분석해 보니 여러 가지 사실들을 알 수 있었다.

[과학고 기출 유형]

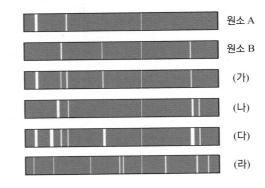

(1) A 와 B 의 원소가 모두 들어 있는 물질의 스펙트럼을 모두 고르시오.

(2) 원소 A, B 가 모두 들어 있지 않은 물질의 스펙트럼을 모두 고르시오.

03 나트륨을 연소시키면 노란색의 불빛을 내며 탄다. 이 빛의 파장보다 짧은 것은?

[대회 기출 유형]

① 보라색　　　② 빨간색　　　③ 적외선　　　④ 마이크로파　　　⑤ 라디오파

04 수소 원자에서 일어나는 전자 전이 중에서 가장 낮은 에너지를 흡수하는 전이는?

[대회 기출 유형]

① $n = 2 \rightarrow n = 1$　　　② $n = 3 \rightarrow n = 4$　　　③ $n = 1 \rightarrow n = 5$
④ $n = 4 \rightarrow n = 3$　　　⑤ $n = 3 \rightarrow n = 2$

05 러더퍼드의 α 입자 산란 실험을 통해 알아낸 사실과 관련이 없는 것은?

[대회 기출 유형]

① 원자의 내부는 대부분 비어 있다.
② 원자핵 주위의 전자는 무질서하게 운동을 한다.
③ 원자의 크기는 10^{-10} m 이고, 원자핵의 크기는 10^{-15} m 정도이다.
④ 원자핵은 전하를 띠지 않는 입자이므로 그 존재를 알아내기는 쉽지 않다.
⑤ 원자 중심에 (+) 전하를 띠고 원자 질량의 대부분을 차지하는 작은 입자가 존재한다.

06 산소의 3가지 동위 원소 ^{16}O, ^{17}O, ^{18}O 에 대한 설명으로 옳은 것은?

[대회 기출 유형]

① 중성자 수는 같고 전자 수는 다르다.
② 양성자 수는 같고 전자 수는 다르다.
③ 양성자 수는 같고 중성자 수는 다르다.
④ 전자 수는 같고 양성자 수는 다르다.
⑤ 양성자, 중성자, 전자 수는 같고 원자량이 다르다.

07 옳은 것만을 〈보기〉에서 있는 대로 고른 것은?

[대회 기출 유형]

보기
ㄱ. 거의 대부분의 원자들은 빅뱅 이후 만들어졌다. ㄴ. 원자 번호가 큰 원자는 원자 번호가 작은 원자보다 항상 무겁다. ㄷ. 원자핵에 있는 중성자의 수가 양성자의 수보다 적은 원자도 있다.

① ㄱ   ② ㄴ   ③ ㄴ, ㄷ   ④ ㄱ, ㄴ   ⑤ ㄱ, ㄷ

08 분자의 루이스(Lewis) 구조를 그리고, 원자가 껍질 전자쌍 반발(VSEPR) 이론을 적용하여 분자의 기하학적 구조를 예측하였다. 각 분자식에 해당하는 루이스 구조와 기하학적 구조가 옳지 않은 것은? (단, 공명 구조가 가능한 경우에는 기여도가 가장 큰 루이스 구조를 표시하였다.)

[대회 기출 유형]

	분자식	루이스 구조	기하학적 구조
①	CO_2	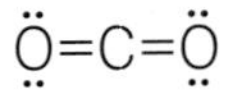 $\ddot{O}=C=\ddot{O}$	직선형
②	O_3	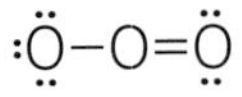 $:\ddot{O}-O=\ddot{O}$	굽은 형
③	SF_2	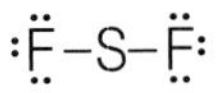 $:\ddot{F}-S-\ddot{F}:$	직선형
④	N_2O	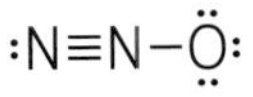 $:N\equiv N-\ddot{O}:$	직선형
⑤	SiH_4	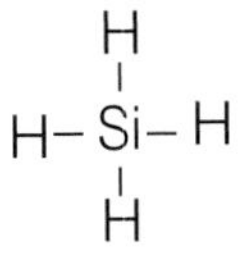 $H-\underset{\underset{H}{\vert}}{\overset{\overset{H}{\vert}}{Si}}-H$	정사면체형

09 이온 결합 물질의 성질로 옳지 않은 것을 〈보기〉에서 고르시오.

[대회 기출 유형]

> **보기**
>
> ㄱ. 힘을 가해도 쉽게 깨지지 않는다.
> ㄴ. 극성 용매인 물에 잘 녹는다.
> ㄷ. 녹는점과 끓는점이 높다.
> ㄹ. 고체 상태에서는 전기를 통하지 못하나, 용융 상태나 수용액에서는 전기가 잘 통한다.

10 공유 결합 물질에 대한 설명으로 옳은 것을 〈보기〉에서 고르시오.

[대회 기출 유형]

> **보기**
>
> ㄱ. 분자들이 불규칙적으로 배열되어 분자 결정을 이룬다.
> ㄴ. 원자 사이의 결합이 강해서 분자 사이에 작용하는 힘은 비교적 크다.
> ㄷ. 분자성 공유 결합 물질에 염화 나트륨, 염화 칼슘 등이 있다.
> ㄹ. 같은 원소로 공유 결합되어 있는 두 물질의 성질이 서로 다를 때 이 두 물질을 동소체라고 한다.

11 리튬(Li)과 플루오린(F_2)으로부터 플루오린화 리튬(LiF)이 생성될 때의 에너지 변화를 나타낸 에너지 준위도이다. 리튬의 이온화 에너지는 얼마인가?

[대회 기출 유형]

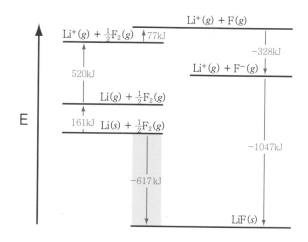

① -328 kJ/mol   ② 161 kJ/mol   ③ 520 kJ/mol   ④ 77 kJ/mol

12 어떤 원소 X의 순차적 이온화 에너지(I_n)는 다음과 같다. 이 원소는 무엇인가?

[대회 기출 유형]

$$X(g) \longrightarrow X^+(g) + e^- \qquad I_1 = 801 \text{ kJ/mol}$$
$$X^+(g) \longrightarrow X^{2+}(g) + e^- \qquad I_2 = 2,427 \text{ kJ/mol}$$
$$X^{2+}(g) \longrightarrow X^{3+}(g) + e^- \qquad I_3 = 3,660 \text{ kJ/mol}$$
$$X^{3+}(g) \longrightarrow X^{4+}(g) + e^- \qquad I_4 = 25,025 \text{ kJ/mol}$$
$$X^{4+}(g) \longrightarrow X^{5+}(g) + e^- \qquad I_5 = 32,822 \text{ kJ/mol}$$

① Be   ② B   ③ C   ④ N

13 나트륨 "제1 이온화 에너지"의 정의에 해당하는 것은?

[대회 기출 유형]

① $Na(s) \longrightarrow Na^+(s) + e^-$ ② $Na(s) \longrightarrow Na^+(g) + e^-$

③ $Na(l) \longrightarrow Na^+(l) + e^-$ ④ $Na(g) \longrightarrow Na^+(g) + e^-$

14 원자 X, Y 와 이온 Z^- 에 대한 자료이다. X ~ Z 는 2주기 원소이고, ㉠ ~ ㉢ 은 각각 양성자, 중성자, 전자 중 하나이다.

[수능 기출 유형]

	X	Y	Z^-
㉠ 의 수	a	7	b + 1
㉡ 의 수	5	$\frac{1}{2}(a + b)$	b
㉢ 의 수	a + 1	8	b + 1

이에 대한 설명으로 옳은 것만을 〈보기〉에서 있는 대로 고른 것은? (단, X ~ Z 는 임의의 원소 기호이다.)

보기

ㄱ. ㉠은 중성자이다.

ㄴ. X 의 질량수는 11이다.

ㄷ. X ~ Z 에서 중성자 수는 Z 가 가장 크다.

① ㄱ   ② ㄷ   ③ ㄱ, ㄴ   ④ ㄴ, ㄷ   ⑤ ㄱ, ㄴ, ㄷ

15 바닥상태 원자 X ~ Z 에 관련된 자료이다.

[수능 기출 유형]

· 전자가 들어 있는 전자껍질 수는 X 와 Y 가 같다.
· p 오비탈에 들어 있는 전자 수는 X 가 Y 의 5배이다.
· X^- 과 Z^+ 의 전자 수는 같다.

이에 대한 설명으로 옳은 것만을 〈보기〉에서 있는 대로 고른 것은? (단, X ~ Z 는 임의의 원소 기호이다.)

보기

ㄱ. Y 는 13족 원소이다.

ㄴ. Z 에서 전자가 들어 있는 오비탈 수는 4이다.

ㄷ. X ~ Z 에서 홀전자 수는 모두 같다.

① ㄱ   ② ㄴ   ③ ㄱ, ㄷ   ④ ㄴ, ㄷ   ⑤ ㄱ, ㄴ, ㄷ

16 원자 A ~ C 의 이온화 에너지에 대한 자료이다. A ~ C 는 각각 O, F, Na 중 하나이다.

[수능 기출 유형]

원자	A	B	C
제2 이온화 에너지 / 제1 이온화 에너지	2.0	2.6	9.2

A ~ C 에 대한 설명으로 옳은 것만을 〈보기〉에서 있는 대로 고른 것은?

보기

ㄱ. C 는 Na 이다.
ㄴ. 원자가 전자가 느끼는 유효 핵전하는 A > B 이다.
ㄷ. Ne 의 전자 배치를 갖는 이온의 반지름은 A 이온이 가장 크다.

① ㄴ   ② ㄷ   ③ ㄱ, ㄴ   ④ ㄱ, ㄷ   ⑤ ㄱ, ㄴ, ㄷ

17 2주기 원소 W ~ Z 로 이루어진 분자 (가) ~ (다) 의 구조식을 나타낸 것이다. (가) ~ (다) 의 모든 원자는 옥텟 규칙을 만족한다.

[수능 기출 유형]

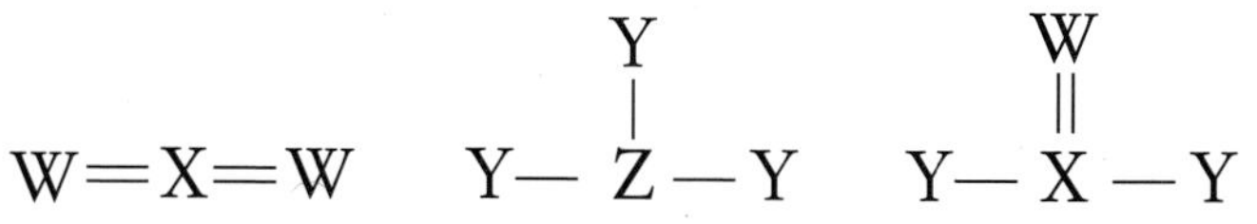

$$W=X=W \qquad Y-\underset{|}{\overset{Y}{Z}}-Y \qquad Y-\underset{|}{\overset{W}{\underset{\|}{X}}}-Y$$

(가)   (나)   (다)

A ~ C 에 대한 설명으로 옳은 것만을 〈보기〉에서 있는 대로 고른 것은? (단, W ~ Z 는 임의의 원소 기호이다.)

보기

ㄱ. (나)는 극성 분자이다.
ㄴ. (다)의 분자 모양은 삼각뿔형이다.
ㄷ. WY_2 의 분자 모양은 직선형이다.

① ㄱ   ② ㄷ   ③ ㄱ, ㄴ   ④ ㄴ, ㄷ   ⑤ ㄱ, ㄴ, ㄷ

18 화합물 AB 와 CD 를 각각 결합 모형으로 나타낸 것이고, 표는 화합물 (가)와 (나)에 대한 자료이다.

[수능 기출 유형]

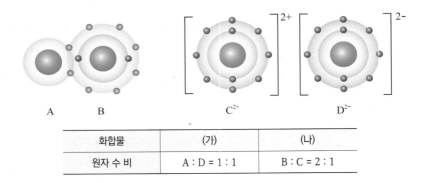

화합물	(가)	(나)
원자 수 비	A : D = 1 : 1	B : C = 2 : 1

이에 대한 설명으로 옳은 것만을 〈보기〉에서 있는 대로 고른 것은? (단, A ~ D 는 임의의 원소 기호이다.)

> **보기**
>
> ㄱ. (가)에서 비공유 전자쌍 수는 2이다.
> ㄴ. (나)는 액체 상태에서 전기 전도성이 있다.
> ㄷ. (나)에서 B 와 C 는 Ne 의 전자 배치를 갖는다.

① ㄱ   ② ㄷ   ③ ㄱ, ㄴ   ④ ㄴ, ㄷ   ⑤ ㄱ, ㄴ, ㄷ

19 수소 원자에 대한 설명으로 옳은 것은? (단, 수소 원자의 에너지 준위(E_n) = $- \dfrac{k}{n^2}$ kJ/mol 이고, k 는 상수이다.)

[대회 기출 유형]

① 전자는 높은 에너지 준위로 전이될 때 에너지를 방출한다.
② 바닥상태는 전자의 가장 불안정한 에너지 상태를 나타낸다.
③ $n = 5$ 에서 $n = 3$ 으로의 전이에 해당하는 에너지는 $n = 3$ 에서 $n = 1$ 로의 전이에 해당하는 에너지보다 크다.
④ $n = 3$ 에서 $n = 2$ 로의 전이는 $n = 4$ 에서 $n = 1$ 로의 전이에 해당하는 에너지의 파장보다 큰 파장 값을 가진다.

20 〈보기〉는 수소 원자의 전자 구조에 대한 설명이다.

[과학고 기출 유형]

보기

· 수소 원자는 1개의 전자를 갖는다.
· 수소 원자의 전자는 여러 가지 값의 에너지를 가질 수 있다.
· 전자의 에너지가 변할 때는 에너지 차이에 해당하는 빛을 방출하거나 흡수한다.
· 에너지 $E \propto f$ (f : 진동수)
· $f \times \lambda$ = 일정 (λ : 파장)

---

(1) 수소 원자의 전자는 다음과 같은 에너지 값을 갖는다.

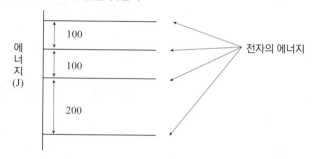

수소 기체를 진공에 가까운 방전관에 채운 뒤 높은 전압을 걸어주었을 때 방출하는 빛을 프리즘에 통과시키면, 수소 원자의 선 스펙트럼을 얻을 수 있다. 다음 중 수소의 전자들이 위와 같은 에너지를 가질 때 나타날 수 있는 선 스펙트럼으로 가장 적절한 것을 고르고, 그 이유를 설명하시오.

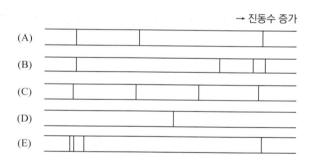

(2) 만약, 수소 원자의 선 스펙트럼이 다음과 같이 나타났다면, 수소 원자의 전자가 갖고 있는 에너지 상태에 대해 에너지가 커질수록 에너지 사이의 간격은 어떻게 변할지 설명하시오.

→ 파장 증가

21 몇 가지 원자 A, B, C, D, E 의 바닥상태 전자 배치와 전기 음성도를 나타낸 것이다. 이 원자들이 결합하여 생성된 화합물 중 이온 결합 물질이 아닌 것을 고르시오. (단, A ~ E 는 임의의 원소 기호이고, 전기 음성도 차이가 2.0 이상인 물질은 이온 결합 물질이다.)

[대회 기출 유형]

원자	전자 배치	전기 음성도
A	$1s^22s^1$	1.0
B	$1s^22s^22p^1$	2.0
C	$1s^22s^22p^4$	3.5
D	$1s^22s^22p^63s^2$	1.2
E	$1s^22s^22p^63s^23p^5$	3.0

① A_2C ② BE_3 ③ CD ④ AE

22 화학 결합에는 이온 결합, 공유 결합, 수소 결합, 반데르발스 결합 등이 있다. 다음 현상들은 화학 결합 중에서 주로 어떤 결합과 관계된 것인지 〈보기〉에서 골라 번호를 각각 쓰시오.

[대회 기출 유형]

보기

① 이온 결합 ② 공유 결합 ③ 수소 결합 ④ 반데르발스 결합

(1) 종이에 물을 쏟았더니 종이가 마른 후 쭈글쭈글해졌다.

(2) 파마머리는 오래도록 웨이브를 간직할 수 있게 해 주어서 머리 손질을 자주 하지 않아도 된다.

(3) 뷰테인 가스통에 넣어 사용하지만(뷰테인 가스) 펜테인은 용매로 쓰인다. 일반적으로 메테인, 에테인, 프로페인, 뷰테인, 펜테인 등과 같이 탄소 수가 하나씩 늘어날수록 그 끓는점은 약 25 ~ 30 ℃ 씩 증가한다.

(4) 소금을 물에 녹이면 없어지는 것처럼 보이지만, 물을 증발시키면 다시 소금을 얻을 수 있다.

(5) 나일론으로 만든 천은 면이나 비단에 비해 매우 질긴 성질을 가지고 있다.

(6) 물이나 메탄올(CH_3OH)은 에테인(CH_3CH_3)이나 프로페인($CH_3CH_2CH_3$) 등에 비해 분자량이 더 작음에도 불구하고 끓는점은 훨씬 높다.

23 탄산 수소 나트륨($NaHCO_3$) 분해 반응이다.

[수능 기출 유형]

$$2NaHCO_3 \longrightarrow Na_2CO_3 + H_2O + \boxed{\text{㉠}}$$

㉠에 대한 설명으로 옳은 것만을 〈보기〉에서 있는 대로 고른 것은?

보기

ㄱ. 극성 공유 결합이 있다.
ㄴ. 공유 전자쌍 수와 비공유 전자쌍 수는 같다.
ㄷ. 분자의 쌍극자 모멘트는 물(H_2O) 보다 작다.

---

① ㄱ   ② ㄷ   ③ ㄱ, ㄴ   ④ ㄴ, ㄷ   ⑤ ㄱ, ㄴ, ㄷ

24 수소 원자에서 일어나는 전자 전이를 나타낸 것이다. 전자 전이는 A, B, C 에서 방출되는 빛의 에너지(kJ/몰)는 각각 a, b, c 이다. 이에 대한 설명으로 옳은 것만을 〈보기〉에서 있는 대로 고른 것은? (단, 주양자수(n)에 따른 수소 원자의 에너지 준위 $E_n = -\dfrac{1}{n^2}$ 이다.)

[수능 기출 유형]

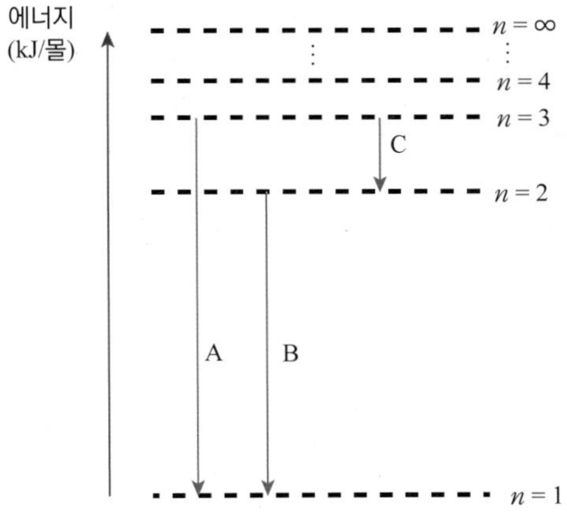

보기

ㄱ. B 에서 방출되는 빛은 가시광선이다.
ㄴ. a 는 수소 원자의 이온화 에너지와 같다.
ㄷ. $a = b + c$ 이다.

---

① ㄱ   ② ㄷ   ③ ㄱ, ㄴ   ④ ㄴ, ㄷ   ⑤ ㄱ, ㄴ, ㄷ

● 가로열쇠

1 연금술사 3 수소 6 원소기호 9 선스펙트럼 11 연소설 13 알파입자산란실험 15 계산기 16 러더퍼드 19 일정성분비의 법칙 22 아리스토텔레스 24 원자번호 26 프로지스톤설 27 라부아지에 29 알칼리금속 32 질량수 33 주기율표 35 디자이너

● 세로열쇠

1 연날리기 2 사과 3 수신호 4 음극선실험 5 탄소 6 원자설 7 기체반응의 법칙 8 중성자 10 나트륨 12 소고기 14 계란 16 러시아 17 멘델레예프 18 세쌍원소설 20 정수기 21 분자량 23 스트론튬 25 되베라이너 28 에탄올 30 칼국수 31 속주머니

퍼즐 맞추기

Imagine Infinitely

가로열쇠

③ 원자번호 1번인 원소. 보어의 모델에 사용되었다.

⑨ 원자나 이온의 가느다란 많은 선으로 이루어지는 스펙트럼. ___ 원소의 종류를 알 수 있다.

⑬ 러더퍼드가 이 실험을 통해 원자핵의 존재를 발견하였다.

⑯ 원자의 태양계 모형을 주장한 과학자.

㉒ 물질은 물, 불, 흙, 공기로 이루어져 있으며 서로 변환될 수 있다고 주장한 그리스의 철학자.

㉖ 슈탈의 ○○○○○○. 금속이 연소 후 질량이 증가하는 현상을 설명하지 못하였다.

㉙ Li, Na 등이 속해있는 1족 원소들을 통틀어 이르는 말.

㉝ 주기율에 따라서 원소를 배열한 표.

① 값싼 납 등으로부터 금을 만드는 사람들. 15세기까지 100여년간 이루어졌으나 모두 실패함. 그러나 물질의 발견 및 화학의 발전에 도움이 됨.

⑥ 원소를 간단히 표시하기 위하여 로마자로 표시하는 기호.

⑪ 물질이 연소할 때 산소와 결합한다는 라부아지에의 가설.

⑮ 여러가지 계산을 빠르고 정확하게 하기 위해 사용하는 기기.

⑲ 두 가지 이상의 물질이 화합하여 한 화합물을 만들 때 구성하는 성분 물질 사이에는 일정한 질량비가 성립한다.

㉔ 모즐리는 원자들을 ○○○○의 순으로 배열하여 주기율표를 완성시켰다.

㉗ 질량 보존의 법칙을 발견하고 더 이상 나눌 수 없는 원소 33종을 발표한 근대의 과학자.

㉜ 양성자수 + 중성자수

㉟ 디자인을 전문으로 하는 사람. 앙드레김의 직업은 ○○○○이다.

세로열쇠

② 나무 열매. 잘못을 인정하고 용서를 빔.

④ 톰슨의 실험. 이 실험으로 전자를 발견하였다.

⑥ 돌턴의 ○○○. 질량보존의 법칙과 일정 성분비의 법칙을 설명하기 위해 제안하였다.

⑩ 노란색의 불꽃반응을 보이는 1족 원소.

⑭ 닭의 알.

⑰ 비슷한 성질의 원소가 주기적으로 나타난다는 것을 발견하고 최초의 주기율표를 작성한 과학자.

⑳ 물을 깨끗하게 하는 기구.

㉓ 빨간색의 불꽃반응을 보이는 5주기의 2족 원소.

㉘ 무색 투명한 휘발성 액체로 술에 들어있는 알코올 성분이다.

㉛ 옷의 안쪽이나 속옷에 단 주머니.

① 바람을 이용하여 연을 하늘 높이 띄우는 놀이.

③ 손으로 하는 신호.

⑤ 원자번호 6번인 원소. 석탄과 다이아몬드를 구성하는 원소이다.

⑦ 온도와 압력이 일정할 때 반응하는 기체와 생성되는 기체의 부피 사이에는 간단한 정수비가 성립한다.

⑧ 동위원소는 원자번호는 같지만 이것의 수가 다르기 때문에 질량수가 다르다.

⑫ 쇠고기, 우육(牛肉)

⑯ 유럽 동부에서 시베리아에 걸쳐 있는 나라. 수도는 모스크바.

⑱ 화학적 성질이 비슷한 원소들이 3개씩 짝지어 존재한다는 이론.

㉑ 분자의 질량. 그램 단위로 나타낸다.

㉕ 가운데 원소의 원자량은 양쪽의 중간값이라는 것을 발견한 독일의 화학자.

㉚ 밀가루 반죽을 방망이로 얇게 밀어 칼로 가늘게 썰어서 장국과 함께 끓인 더운 국수.

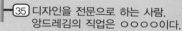

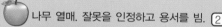

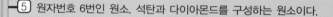
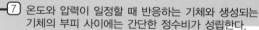

Chemistry

VII

07
이온의 이동과
전기 분해

왜 소금물은 전기가 통하고, 설탕물은 전기가 통하지 않을까?

1. 전해질과 비전해질

(1) 도체와 부도체

도체	부도체	금속 결합 예 은 장식품
고체 상태에서 전류가 흐르는 물질 (주로 금속)	고체 상태에서 전류가 흐르지 않는 물질(주로 비금속)	
예 금속[1] : 금, 은, 구리, 철 등 비금속 : 흑연[2]	예 소금, 녹말, 설탕, 유리, 플라스틱, 고무 등	자유 전자

(2) 전해질과 비전해질 [3]

① **전해질과 비전해질** : 수용액 상태에서 전기 전도성 여부로 구분한다.

구분	전해질	비전해질
뜻	고체 상태에서는 전류가 흐르지 않지만, 물에 녹은 수용액 상태에서는 전류가 흐르는 물질	고체 상태와 물에 녹은 수용액 상태에서 전류가 흐르지 않는 물질
예	염화 나트륨, 수산화 나트륨, 아세트산, 질산 칼륨, 황산 구리(II), 염화 수소	설탕, 녹말, 포도당, 에탄올, 메탄올, 아세톤
모형	(+)전하를 띤 입자 / (−)전하를 띤 입자 전해질 수용액　전해질	비전해질　비전해질 수용액

전해질은 고체 상태에서는 이온이 없거나 양이온과 음이온[4]들이 강한 힘으로 결합되어 있어 움직일 수 없기 때문에 전류가 흐르지 않으나 녹아서 이온화되면 전류가 흐른다.

② **전해질 수용액과 비전해질 수용액의 전기 전도성** [5]

구분	전해질	비전해질
전기 전도도	물에 녹으면 음이온과 양이온으로 나누어지며, 전류를 흘려 주면 음이온은 (+)극으로, 양이온은 (−)극으로 이동하므로 전류가 흐른다.	물에 녹아도 이온을 생성하지 않고 전하를 띠지 않는 중성 분자 상태로 존재하므로 전류가 흐르지 않는다.(물에 녹지 않으면 전해질도 비전해질도 아님)
모형	(−)극　(+)극 전해질 수용액에 전원을 연결했을 때	(−)극　(+)극 비전해질 수용액에 전원을 연결했을 때

정답 p.37

Q1 비전해질 수용액에서 전류가 흐르지 않는 이유는 무엇일까?

Q2 금속이 전기가 잘 통하는 이유는 무엇일까?

---

❶ 금속의 구성 입자

- 금속 양이온 : 금속 원자가 전자를 내놓고 생성된 양이온
- 자유 전자 : 금속 원자에서 이온화되어 나온 전자로 어느 한 원자에 속해 있지 않고 금속 양이온 사이를 자유롭게 이동하는 전자

❷ 흑연의 구조

흑연은 층상 구조로 되어 있어 층 사이를 전자가 이동할 수 있으므로 비금속이지만 전기 전도성이 있다.

▲ 흑연(C)

❸ 우리 주변의 전해질과 비전해질

- 전해질 : 소금, 간장, 식초, 사이다, 빗물, 과일, 비눗물
- 비전해질 : 증류수, 참기름, 식용유

▲ 비전해질의 모형

❹ 양이온과 음이온

- 양이온 : (+) 전하를 띤 입자
- 음이온 : (−) 전하를 띤 입자

❺ 물질의 상태와 전기 전도성

상태	고체	액체	수용액
도체	O	O	녹지 않음
전해질	X	O	녹음
비전해질	X	X	녹지 않음

O : 전기를 통함,
X : 전기를 통하지 않음

(3) 전해질과 전류의 세기 ⑥

① 전해질의 종류와 전류의 세기
농도가 같은 전해질이라도 전해질의 종류에 따라 전류의 세기가 다르다. ➡ 같은 농도라도 전해질에 따라 물속에 존재하는 전하를 띤 입자의 수가 다르기 때문

구분	강한 전해질	약한 전해질
뜻	물에 녹아 대부분이 이온화하여 전류가 강하게 흐르는 물질	물에 녹아 일부분만 이온화하여 전류가 약하게 흐르는 물질
모형	 수용액에 전하를 띤 입자가 많음	수용액에 전하를 띤 입자가 적음
이유	수용액에서 물질이 대부분 전하를 띤 입자로 나누어짐	수용액에서 물질의 일부만 전하를 띤 입자로 나누어짐
예	염산, 황산, 수산화 나트륨, 염화 나트륨	아세트산, 탄산, 암모니아

전류의 세기를 비교할 때는 같은 전해질이라도 전해질의 농도에 따라 전류의 세기가 달라지므로 전해질의 농도를 같게 하여 비교해야 한다.

• **전구의 밝기** : 전해질을 통해 연결했을 때 강한 전해질일수록 전구가 밝다.

강한 전해질	약한 전해질	비전해질
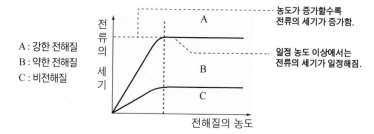 불빛이 밝다.	불빛이 흐리다.	불이 들어오지 않는다.
전류의 세기가 강함 이온화도 ❼가 크다	전류의 세기가 약함 이온화도가 작다	전류가 흐르지 않음 이온화도 0

② 전해질의 농도와 전류의 세기
같은 종류의 전해질이라도 수용액의 농도가 진해질수록 어느 정도까지 전류의 세기가 증가하다가 일정해진다.

• **농도가 진해질수록 전류의 세기가 증가하는 이유** : 전하를 띤 입자의 수가 증가하기 때문이다.

• **일정 농도 이상에서 전류의 세기가 일정해지는 이유** : 농도가 일정량 이상이 되면 전하를 띤 입자들 사이의 정전기적 인력이 작용하여 입자들이 자유롭게 이동하지 못하기 때문이다.

A : 강한 전해질
B : 약한 전해질
C : 비전해질

농도가 증가할수록 전류의 세기가 증가함.

일정 농도 이상에서는 전류의 세기가 일정해짐.

(그래프: 가로축 - 전해질의 농도, 세로축 - 전류의 세기, 곡선 A, B, C)

정답 p.37

Q3 강한 전해질 수용액의 농도가 계속 증가해도 전류의 세기가 지속적으로 증가하지 않는 이유는?

---

❻ 전류의 흐름
금속에 전류를 흘려 주면 (-)전하를 띠고 있는 자유 전자가 (+)극으로 이동하므로 전류가 흐르게 된다.

전류가 흐르지 않을 때

전류가 흐를 때

⚙ 증류수와 수돗물의 전기 전도성
증류수는 물이라는 순물질로 이루어져 전하를 띤 입자가 존재하지 않으므로 전류가 흐르지 않지만, 물에 불순물이 포함된 수돗물이나 빗물, 바닷물에서는 전류가 흐른다.

순수한 물은 전류가 흐를 만큼 이온이 존재하지 못하지만, 수돗물이나 손에는 이온들이 있어서 손에 물이 묻으면 전해질 수용액이 되어 전기 기구에 닿으면 감전될 수 있다.

❼ 이온화도 (α)
$$= \frac{\text{전해질이 이온화한 몰수}}{\text{전해질의 총 몰수}}$$
물질마다 이온화하는 정도가 다르며, 이온화된 정도를 이온화도라고 한다. 전해질이 수용액 상태에서 양이온과 음이온으로 더 많이 이온화할수록 이온화도가 1에 가까워진다.

⚙ 용융 상태
고체가 녹아서 액체가 된 상태, 전해질의 용융액에서는 전하를 띤 입자들이 움직일 수 있으므로 전류가 흐른다.

⚙ 반도체
전기 전도도에 따라 물질의 분류할 때 도체와 부도체의 중간 영역에 속하며, 온도에 따라 전기 저항이 변하는 특성을 가진다.

2. 이온의 형성과 이동

(1) 이온의 형성

① **이온** : 중성 원자가 전자를 잃거나 얻어서 전하를 띠게 된 입자

구분	양이온	음이온
정의	중성 원자가 전자를 잃어 (+)전하를 띤 입자	중성 원자가 전자를 얻어 (-)전하를 띤 입자
형성 과정	중성 원자 → 전자를 잃음 → 양이온 + 전자 $Na \rightarrow Na^+ + e^-$ $Mg \rightarrow Mg^{2+} + 2e^-$	중성 원자 + 전자 → 전자를 얻음 → 음이온 $Cl + e^- \rightarrow Cl^-$ $O + 2e^- \rightarrow O^{2-}$
이온의 표시	원소 기호 Ca^{2+} (잃은 전자의 수 / 전하의 종류)	S^{2-} (얻은 전자의 수 / 전하의 종류)

② 이온의 이름 부르기

• **양이온의 이름** : 원소 + 이온   • **음이온의 이름** : 원소 + 화 이온

구분	이온식	이름	이온식	이름
양이온	H^+ Na^+ K^+ NH_4^+ Ag^+	수소 이온 나트륨 이온 칼륨 이온 암모늄 이온 은 이온	Mg^{2+} Ca^{2+} Zn^{2+} Cu^{2+} Al^{3+}	마그네슘 이온 칼슘 이온 아연 이온 구리 이온 알루미늄 이온
음이온	OH^- Cl^- I^- CH_3COO^- NO_3^-	수산화 이온 염화 이온 아이오딘화 이온 아세트산 이온 질산 이온	SO_4^{2-} CO_3^{2-} MnO_4^- O^{2-} S^{2-}	황산 이온 탄산 이온 과망가니즈산 이온 산화 이온 황화 이온

(2) 전해질의 이온화

이온화	전해질이 물에 녹아 양이온과 음이온으로 나누어지는 현상 (예) $NaCl \longrightarrow Na^+ + Cl^-$	
수용액에서	양이온 전하량의 총합과 음이온 전하량의 총합은 0	
$m(\text{양이온})^{x+}$, $n(\text{음이온})^{y-}$		$(+mx) + (-ny) = 0$
$CaCl_2 \rightarrow Ca^{2+} + 2Cl^-$		$\{1 \times (+2)\} + \{2 \times -(1)\} = 0$

(3) 이온의 이동
전해질 수용액에 전류를 흘려주면 양이온은 (-)극 쪽으로, 음이온은 (+)극 쪽으로 이동하여 전류가 흐른다.

황산 구리(II)수용액과 과망가니즈산 칼륨 수용액에서 이온의 이동 확인 실험
거름종이 : 무색의 질산 칼륨(KNO_3) 수용액에 적심 - 구리 이온(Cu^{2+}) : 푸른색,   과망가니즈산 이온(MnO_4^-) : 보라색

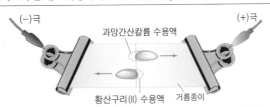

(-)극   과망간산칼륨 수용액   (+)극

황산구리(II) 수용액   거름종이

$CuSO_4 \rightarrow Cu^{2+}(푸른색) + SO_4^{2-}$		$KMnO_4 \rightarrow K^+ + MnO_4^-(보라색)$	
(+)극 쪽으로 이동	SO_4^{2-}, MnO_4^-, (NO_3^-)	(-)극 쪽으로 이동	Cu^{2+}, K^+

정답 p.37

Q4 황산 나트륨 수용액에서 양이온과 음이온의 개수비는?

---

① 이온 형성 과정

원자 + 전자 → 음이온

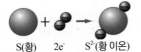

S(황) + 2e⁻ → S^{2-}(황 이온)

원자 → 음이온 + 전자

Cu (구리) → Cu^{2+} (구리 이온) + 2e⁻

② 염화 나트륨(NaCl)이 물에 용해되어 이온화 되는 모형

물에 용해
▲ 염화 나트륨 이온 모형

✿ 여러 가지 전해질의 이온화 식

$H_2SO_4 \rightarrow 2H^+ + SO_4^{2-}$
      2 : 1
(양이온과 음이온의 개수비)

$MgSO_4 \rightarrow Mg^{2+} + SO_4^{2-}$
      1 : 1
$KMnO_4 \rightarrow K^+ + MnO_4^-$
$CH_3COOH \rightarrow CH_3COO^- + H^+$
$H_2CO_3 \rightarrow 2H^+ + CO_3^{2-}$

✿ 양이온의 검출법

앙금 생성 반응과 불꽃 반응이 있다.

3. 이온의 반응과 검출

(1) 앙금 ❸ 생성 반응 : 두 가지 이상의 전해질 수용액을 섞을 때 전해질 수용액 속의 양이온과
음이온이 결합하여 물에 녹지 않는 물질(앙금)을 생성하는 반응이다.

① 앙금 생성 반응의 예

	염화 은의 앙금 생성 반응	탄산 칼슘의 앙금 생성 반응
전체 반응	$NaCl + AgNO_3 \rightarrow$ $Na^+ + NO_3^- + AgCl \downarrow$	$CaCl_2 + Na_2CO_3 \rightarrow$ $2Na^+ + 2Cl^- + CaCO_3 \downarrow$
알짜 이온	Ag^+, Cl^-	Ca^{2+}, CO_3^{2-}
구경꾼 이온	Na^+, NO_3^-	Na^+, Cl^-
알짜 이온 반응식	$Ag^+ + Cl^- \rightarrow AgCl \downarrow$ (흰색)	$Ca^{2+} + CO_3^{2-} \rightarrow CaCO_3 \downarrow$ (흰색)

(앙금 생성 반응의 모형)

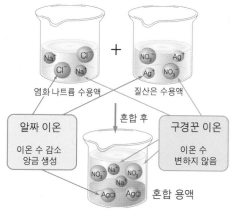

염화 나트륨 수용액   질산 은 수용액

알짜 이온 — 이온 수 감소 앙금 생성

혼합 후

구경꾼 이온 — 이온 수 변하지 않음

혼합 용액

(몇 가지 알짜 이온❹ 반응식과 앙금의 색)

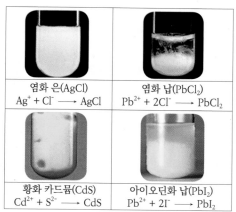

염화 은(AgCl)	염화 납(PbCl₂)
$Ag^+ + Cl^- \longrightarrow AgCl$	$Pb^{2+} + 2Cl^- \longrightarrow PbCl_2$
황화 카드뮴(CdS)	아이오딘화 납(PbI₂)
$Cd^{2+} + S^{2-} \longrightarrow CdS$	$Pb^{2+} + 2I^- \longrightarrow PbI_2$

② 앙금을 생성하는 이온과 이온의 색

양이온	음이온	앙금	양이온	음이온	앙금
Ag^+	Cl^-	$AgCl$ (흰색)	Cu^{2+}	S^{2-}	CuS (검은색)
Ag^+	Br^-	$AgBr$ (연노란색)	Cd^{2+}	S^{2-}	CdS (노란색)
Ag^+	I^-	AgI (노란색)	Zn^{2+}	S^{2-}	ZnS (흰색)
Ag^+	SO_4^{2-}	Ag_2SO_4 (흰색)	Ba^{2+}	SO_4^{2-}	$BaSO_4$ (흰색)
Pb^{2+}	I^-	PbI_2 (노란색)	Ca^{2+}	SO_4^{2-}	$CaSO_4$ (흰색)
Pb^{2+}	S^{2-}	PbS (검은색)	Ba^{2+}	CO_3^{2-}	$BaCO_3$ (흰색)
Pb^{2+}	SO_4^{2-}	$PbSO_4$(노란색)	Ca^{2+}	CO_3^{2-}	$CaCO_3$ (흰색)

(2) 생활 속의 앙금 생성 반응

① 수돗물 속의 염화 이온(Cl^-) 검출	② 보일러의 관석이나 주전자의 물때
질산 은($AgNO_3$)을 넣으면 흰색 앙금($AgCl$)이 생성된다.	물속의 칼슘 이온(Ca^{2+})과 탄산 수소 이온(HCO_3^-)이 반응하여 탄산 칼슘($CaCO_3$)의 앙금을 만든다.
$Ag^+ + Cl^- \longrightarrow AgCl(s)$	$Ca^{2+} + 2HCO_3^- \xrightarrow{가열} CaCO_3(s) + H_2O + CO_2$
③ 센물❺과 비누와의 반응	센물 속의 Ca^{2+}, Mg^{2+}이 비누와 반응하여 물에 녹지 않는 염 $((RCOO)_2Ca)$을 만들어 비누가 잘 풀리지 않아 세척력이 떨어진다.
	$2RCOONa(비누) + Ca(HCO_3)_2(센물) \longrightarrow (RCOO)_2Ca \downarrow + 2NaHCO_3$

※ $C_nH_{2n+1}-$ 는 탄화수소 알킬기라고 하며, 약호 R로 표시한다. 예 메틸기 : $-CH_3$

정답 p.37

Q5 NaCl 수용액과 NaBr 수용액을 구별할 수 있는 방법은 무엇인가?

---

❸ 앙금

물에 대한 용해도가 매우 작아 물에 녹지 않는 물질, 독특한 색을 지니므로 앙금을 통해 특정 이온을 검출할 수 있다.

❀ 물질의 상태 표시

- 고체 : s
- 액체 : l
- 기체 : g
- 수용액 : aq

❹ 알짜이온과 구경꾼 이온

- 알짜 이온 : 반응에 실제로 참여한 이온
- 구경꾼 이온 : 반응에 실제로 참여하지 않은 이온

❀ 이산화 탄소 검출법

석회수($Ca(OH)_2$)에 이산화 탄소를 넣어 주면 탄산 칼슘($CaCO_3$)이 생성되어 뿌옇게 흐려지므로 이산화 탄소의 검출 반응에 석회수를 이용한다.
$Ca(OH)_2 + CO_2$
$\rightarrow CaCO_3 \downarrow + H_2O$

❀ 탄산 이온과 황산 이온 구분

CO_3^{2-}과 SO_4^{2-}의 구별법 : 염산(HCl)과 반응시키면 SO_4^{2-}은 반응하지 않고 CO_3^{2-}은 반응하여 CO_2 기체가 생성됨. $CaCO_3 + 2HCl$ $\rightarrow CaCl_2 + H_2O + CO_2 \uparrow$
$CaSO_4 + 2HCl \rightarrow$ 반응하지 않음.

❺ 단물과 센물

- 단물 : 물속에 Ca^{2+}이나 Mg^{2+}이 적게 녹아 있는 물
- 센물 : 물속에 Ca^{2+}이나 Mg^{2+}이 많이 녹아 있는 물

❹ 일시적 센물과 영구적 센물

- 일시적 센물 : 탄산 수소 이온(HCO_3^-)이 포함되어 있는 센물, 가열하면 단물로 바뀜
$Ca(HCO_3)_2 \xrightarrow{가열}$
$CaCO_3 \downarrow + H_2O + CO_2$
$Mg(HCO_3)_2 \xrightarrow{가열}$
$MgCO_3 \downarrow + H_2O + CO_2$
- 영구적 센물 : 황산염이나 염화물의 형태로 존재하는 센물, 가열해도 단물이 되지 않는다.

❀ 센물의 단물화(약품 첨가법)

Na_2CO_3을 넣어 주면 Ca^{2+}, Mg^{2+}이 제거된다.
$Ca^{2+}(aq) + CO_3^{2-}(aq)$
$\rightarrow CaCO_3(s) \downarrow$

개념 확인 문제

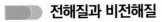

전해질과 비전해질

01 물에 녹아서 그 수용액이 전류를 흐르게 하는 물질을 있는 대로 고르시오.

보기

ㄱ. 구리　　ㄴ. 플라스틱　　ㄷ. 소금
ㄹ. 설탕　　ㅁ. 에탄올　　ㅂ. 아세트산
ㅅ. 녹말　　ㅇ. 황산 구리　　ㅈ. 유리
ㅊ. 염화 수소　　ㅋ. 질산

02 전해질과 비전해질에 대한 설명 중 옳은 것을 있는 대로 고르시오.

① 고체 상태에서 전류가 흐르는 물질이 전해질이다.
② 전해질은 수용액에서 이온이 자유롭게 움직일 수 있다.
③ 전해질 수용액의 전류의 세기는 농도가 진할수록 계속 증가한다.
④ 전해질은 도체, 비전해질은 부도체이다.
⑤ 전해질은 물에 녹는 물질을 말한다.
⑥ 전해질 수용액 중의 양이온 전하량과 음이온 전하량의 합은 0 이다.
⑦ 전해질은 물에 녹아 물질 전부가 양이온과 음이온으로 나누어진다.
⑧ 강한 전해질이 전류를 잘 통하게 하는 것은 물에 잘 녹기 때문이다.
⑨ 전해질의 종류가 달라져도 전해질의 농도가 같은 수용액이면 전류의 세기가 같다.

03 빈칸에 알맞은 말을 넣으시오.

(1) 전해질이 수용액이 되면 전류가 통하는 이유는 수용액 상태에서 (　　　)들의 이동이 자유롭기 때문이다.
(2) (　　) 상태에서는 전류가 흐르지 않지만 물에 녹은 수용액 상태에서는 전류가 흐르는 물질을 (　　)이라고 한다.
(3) 전해질 수용액에서 농도가 진해질수록 전류의 세기가 증가하는 이유는 (　　　　　)가 증가하기 때문이며 일정 농도 이상에서 전류의 세기가 (　　　　　).

04 물질의 상태에 따른 전기 전도성을 알아 보는 실험이다.

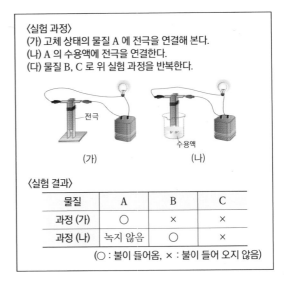

〈실험 과정〉
(가) 고체 상태의 물질 A 에 전극을 연결해 본다.
(나) A 의 수용액에 전극을 연결한다.
(다) 물질 B, C 로 위 실험 과정을 반복한다.

〈실험 결과〉

물질	A	B	C
과정 (가)	○	×	×
과정 (나)	녹지 않음	○	×

(○ : 불이 들어옴, × : 불이 들어 오지 않음)

이에 설명으로 옳은 것만을 〈보기〉에서 있는 대로 고른 것은?

보기

ㄱ. A 와 B 는 전해질이다.
ㄴ. 녹말가루는 C 에 해당한다.
ㄷ. 과정 (가)에서 불이 오는 경우는 이온의 이동 때문이다.
ㄹ. B 는 수용액에서 이온으로 나누어진다.
ㅁ. 구리는 B 와 같은 결과를 얻는다.

① ㄱ, ㄴ　　　② ㄴ, ㄹ　　　③ ㄷ, ㄹ, ㅁ
④ ㄴ, ㄷ, ㄹ　　　⑤ ㄱ, ㄴ, ㄷ, ㄹ

05 소금물, 식용유, 식초를 사용하여 전류의 세기를 측정한 실험의 자료와 이온화 모형이다. ㉠ ~ ㉢ 이 어떤 용액인지 쓰고, 모형 A ~ C 와 옳게 짝지으시오.

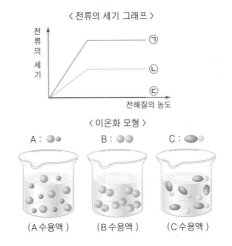

〈 전류의 세기 그래프 〉

〈 이온화 모형 〉

A :　　B :　　C :

(A 수용액)　　(B 수용액)　　(C 수용액)

06 물질 A, B, C 수용액을 통하는 전류의 세기를 측정한 그래프이다.

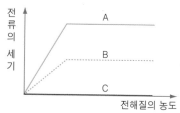

그래프에 대한 설명 중 옳은 것은?

① 이온화도는 A 보다 B 가 크다.
② 설탕물의 그래프는 B 에 해당한다.
③ C 수용액에는 이온이 존재하지 않는다.
④ A 수용액에서 전류의 세기는 농도에 비례한다.
⑤ 같은 농도의 수용액 속에 존재하는 이온 수는 B 가 A 보다 많다.

07 염화 나트륨 수용액에 전원을 연결하였을 때 일어나는 변화를 모형으로 나타낸 것이다.

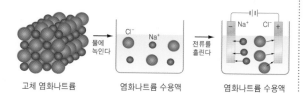

고체 염화나트륨   염화나트륨 수용액   염화나트륨 수용액

(1) 고체 염화 나트륨의 전기 전도성을 말하고, 그 이유를 쓰시오.

(2) 염화 나트륨 수용액의 양이온과 음이온 전하량의 총합은 얼마인가?

(3) 염화 나트륨 수용액에서 전류가 흐르는 이유를 설명하시오.

08 일정량의 물에 소금을 1 g 씩 넣을 때 첨가한 소금의 양에 따른 전류의 세기를 그래프로 그리시오.

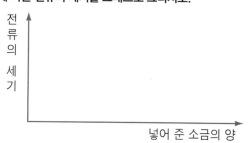

09 순수한 물에 물질 A, B, C 가 녹아 있는 상태를 모형으로 나타낸 것이다.

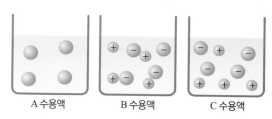

A 수용액   B 수용액   C 수용액

이에 대한 설명으로 옳은 것만을 있는 대로 고르시오.

① 도체는 1종류이다.
② B는 고체 상태에서 전류가 잘 흐른다.
③ A 수용액은 농도가 진할수록 전류가 잘 흐른다.
④ 수산화 나트륨 수용액은 C 수용액과 같은 모형을 가진다.
⑤ B 수용액은 농도를 증가시키면 전류의 세기가 계속 증가한다.
⑥ 전기 전도성 실험을 하면 전류가 흐르는 수용액은 B, C 이다.
⑦ 같은 전압을 걸어 주었을 때, 흐르는 전류의 세기가 가장 큰 것은 C 수용액이다.

10 그림과 같이 장치를 꾸민 후 에탄올 수용액을 넣었을 때는 불이 들어오지 않았지만, 비눗물에서는 희미하게, 염산에서는 밝게 불이 켜졌다. 다음 물음에 답하시오.

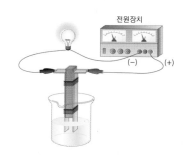

(1) 에탄올 수용액에서 불이 오지 않는 이유는 무엇인가?

(2) 비눗물보다 염산에서 불빛이 더 밝은 이유는 무엇인가?

(3) 에탄올 수용액, 비눗물, 염산의 이온화도를 비교하시오.

이온의 형성과 이동

11 이온식과 이온의 이름을 나타낸 것이다. 빈 칸에 알맞은 이온식이나 이온의 이름을 넣으시오.

이온식	이름	이온식	이름
	수소 이온		알루미늄 이온
Na^+		Mg^{2+}	
	은 이온		
OH^-		SO_4^{2-}	
NO_3^-			탄산 이온
CH_3COO^-			산화 이온

12 A, B, C 원자의 이온 형성 과정을 모형으로 나타낸 것이다.

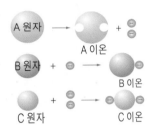

이에 대한 설명으로 옳은 것만을 있는 대로 고르시오. (단, A, B, C 는 임의의 원자이고, ⊖는 전자를 나타낸다.)

① B 원자는 전자를 얻어 양이온이 된다.
② C 원자는 전자를 얻어 음이온이 된다.
③ A 원자가 이온이 되면 이온식은 A^{2+}이 된다.
④ A 이온과 B 이온으로 이루어진 물질의 화학식은 A_2B 이다.
⑤ A 이온과 C 이온으로 이루어진 물질의 화학식은 AC_2 이다.

13 (가), (나)와 같이 이온화하는 원자로 이루어진 화합물의 화학식으로 옳은 것은?

① Na_2SO_4 ② $CuCl_2$ ③ $NaCl$
④ Al_2O_3 ⑤ CaO

14 전해질의 이온화 반응식을 완성하시오.

(1) ( ) $\longrightarrow$ NH_4^+ + Cl^-
(2) Al_2O_3 $\longrightarrow$ ( )
(3) $CuCl_2$ $\longrightarrow$ ( )
(4) ( ) $\longrightarrow$ $2K^+$ + SO_4^{2-}
(5) $NaCl$ $\longrightarrow$ ( )

15 다음 중 중성 원자가 전자를 가장 많이 잃어서 형성된 이온과 중성 원자가 전자를 가장 많이 얻어서 형성된 이온이 만나서 화합물을 이루었을 때, 이 화합물의 화학식을 쓰시오.

H^+ OH^- Ca^{2+} MnO_4^- Al^{3+} NH_4^+ O^{2-}

16 원소 A, B 로 이루어진 물질 X 를 물에 녹여 전극을 연결하였을 때 이온의 이동을 모형으로 나타낸 것이다.

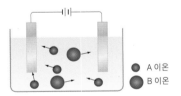

○ A 이온
● B 이온

이 실험 대한 설명으로 옳은 것만을 〈보기〉에서 있는 대로 고른 것은?

보기

ㄱ. A 이온은 중성 원자가 전자를 잃어서 된 것이다.
ㄴ. A 와 B 이온의 전하량의 비는 1 : 2 이다.
ㄷ. X 의 화학식은 AB_2 이다.

① ㄱ ② ㄷ ③ ㄱ, ㄴ
④ ㄴ, ㄷ ⑤ ㄱ, ㄴ, ㄷ

17 유리판 위에 무색의 질산 칼륨 수용액을 적신 거름종이를 올려놓고 그 위에 염화 구리($CuCl_2$) 수용액과 과망가니즈산 칼륨($KMnO_4$)수용액을 한 방울씩 떨어뜨린 후 전류를 흘려 주었더니 (+)극 쪽으로 보라색이, (−)극 쪽으로 푸른색이 이동했다.

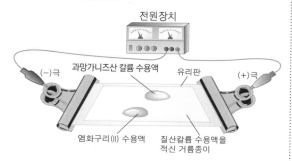

실험에 대한 설명 중 옳은 것만을 있는 대로 고르시오.

① 무색의 이온은 이동하지 않는다.
② 보라색 성분은 전하를 띤 입자이다.
③ 질산 이온은 수용액에서 보라색을 나타낸다.
④ 거름종이를 알코올에 적셔 실험을 해도 된다.
⑤ 푸른색을 나타내는 것은 염화 이온 때문이다.
⑥ 과망가니즈산 이온은 (+)극 쪽으로 이동한다.
⑦ (+)극 쪽으로 이동하는 이온의 종류는 1개이다.

이온의 검출과 반응

18 미지의 고체 물질 X 에 대한 실험을 하여 얻은 결과이다.

> (가) 고체 X 의 수용액을 백금선에 묻혀 불꽃 반응 실험을 하였더니 노란색이 나타났다.
> (나) 고체 X 의 수용액에 염화 칼슘을 넣었더니 흰색 앙금이 생성되었다.
> (다) 고체 X 에 염산을 넣었더니 기체 Y 가 발생하였다.

(1) 고체 X 는 전해질인가?

(2) 기체 Y 를 확인할 수 있는 방법을 말하시오.

(3) 과정 (나)에서 알짜 이온과 구경꾼 이온을 쓰이오.

19 탄산 나트륨(Na_2CO_3)과 황산 칼륨(K_2SO_4)을 구별할 수 있는 실험 2 가지를 쓰시오.

20 그림은 황산 나트륨(Na_2SO_4) 수용액 20 mL 에 같은 농도의 염화 바륨($BaCl_2$)수용액을 조금씩 첨가할 때, 혼합 용액에 존재하는 Na^+ 의 개수를 나타낸 것이다.

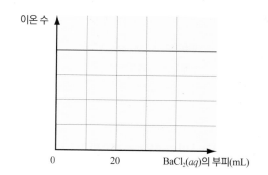

(1) 알짜 이온 반응식을 적으시오.

(2) SO_4^{2-}, Cl^-, Ba^{2+} 의 이온 수 변화를 그래프에 그리시오.

(3) 염화 바륨($BaCl_2$) 수용액을 30 mL 넣었을 때 혼합 용액 속에 가장 많이 존재하는 이온은 무엇인가?

21 몇 가지 이온이 혼합된 수용액에서 각각의 이온을 분리하기 위하여 설계한 실험 과정이다.

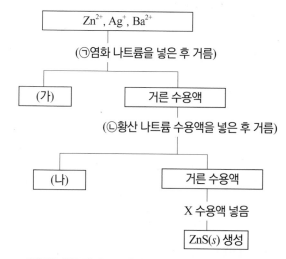

실험에 대한 설명으로 옳은 것만을 있는 대로 고르시오.

① (가)는 AgCl 이다.
② H_2S 는 X 에 해당한다.
③ (나)에 염산을 넣으면 기체가 발생한다.
④ ㉠과 ㉡의 실험 순서를 바꾸어도 (가), (나)를 모두 분리할 수 있다.

개념 심화 문제

01 철수는 설탕이 비전해질이기 때문에 "설탕물은 전기가 통하지 않을 것이다."라는 가설을 설정하고 이를 검증하기 위해 실험을 하였다.

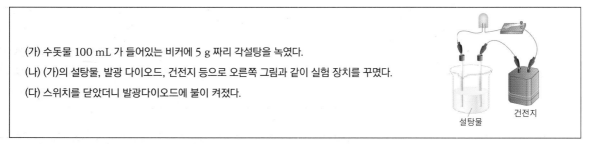

(가) 수돗물 100 mL 가 들어있는 비커에 5 g 짜리 각설탕을 녹였다.

(나) (가)의 설탕물, 발광 다이오드, 건전지 등으로 오른쪽 그림과 같이 실험 장치를 꾸몄다.

(다) 스위치를 닫았더니 발광다이오드에 불이 켜졌다.

설탕물   건전지

그러나 이 실험으로는 철수의 가설을 검증할 수 없었다. 실험 내용 중 철수의 가설을 검증하기 위해 수정해야 하는 것은?

02 고체와 수용액 상태에서 설탕과 염화 나트륨의 전기 전도성을 조사하여 표와 같은 결과를 얻었다.

물질 \ 상태	고체	수용액
설탕	없음	없음
염화 나트륨	없음	있음

㉠   ㉡   ㉢   ㉣

모형 ㉠ ~ ㉣ 을 물질의 상태에 따른 전기 전도성으로 설명하시오.

개념 돋보기

● 전해질과 비전해질 수용액의 전기 전도성

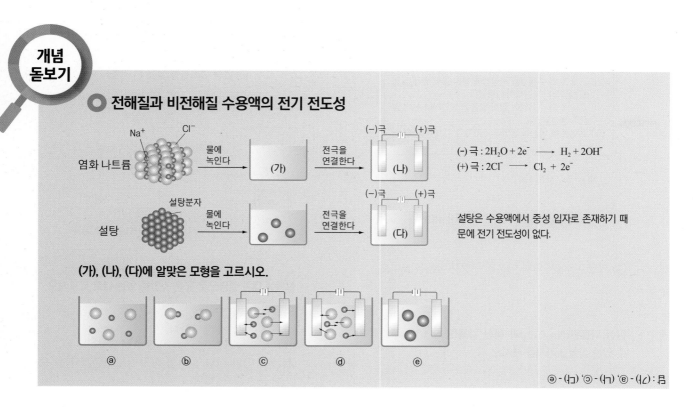

Na⁺   Cl⁻

염화 나트륨   물에 녹인다   (가)   전극을 연결한다   (−)극   (+)극   (나)

(−) 극 : $2H_2O + 2e^- \longrightarrow H_2 + 2OH^-$
(+) 극 : $2Cl^- \longrightarrow Cl_2 + 2e^-$

설탕분자

설탕   물에 녹인다   전극을 연결한다   (−)극   (+)극   (다)

설탕은 수용액에서 중성 입자로 존재하기 때문에 전기 전도성이 없다.

(가), (나), (다)에 알맞은 모형을 고르시오.

ⓐ   ⓑ   ⓒ   ⓓ   ⓔ

답 : (가) - ⓐ, (나) - ⓒ, (다) - ⓔ

03 철수는 염산과 아세트산 수용액, 에탄올 수용액의 성질을 알아보기 위해 다음과 같이 실험하였다.

[실험 과정]

(가) 같은 농도의 염산, 아세트산 수용액, 에탄올 수용액을 50 mL 씩 비커에 각각 넣고 그림과 같이 장치하여 꼬마 전구의 불빛의 밝기를 관찰한다.

(나) 같은 농도의 염산, 아세트산 수용액, 에탄올 수용액이 50 mL 씩 담긴 비커에 각각 같은 크기의 마그네슘 리본을 넣어 일어나는 변화를 관찰한다.

과정 수용액	염산	아세트산 수용액	에탄올 수용액
(가)	밝게 켜짐	희미하게 켜짐	켜지지 않음
(나)	기포가 많이 발생함	기포가 조금 발생함	기포가 발생하지 않음

(1) (가)에서 수용액 속에 이온이 가장 많은 수용액은?

(2) (나)에서 발생한 기체는 무엇인가?

(3) 가장 강한 전해질은 무엇인가?

04 철수는 다음과 같이 전해질을 이용한 실험을 하였다. (단, 수용액에서 SO_4^{2-}는 무색이다.)

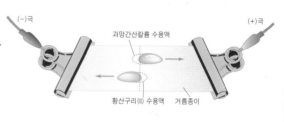

[실험 과정]

(가) 무색의 KNO_3 수용액을 적신 거름 종이를 유리판에 깔고, 가운데에 $CuSO_4$ 수용액과 K_2CrO_4 수용액을 떨어뜨렸다.

(나) 그림과 같이 장치하여 두 전극에 직류 전류를 통해 주었다.

[실험 결과]

· $CuSO_4$ 수용액의 푸른색 물질이 전극 (A)쪽으로 이동하였다.

· K_2CrO_4 수용액의 노란색 물질이 전극 (B)쪽으로 이동하였다.

(1) 노란색 물질은 무엇인가?

(2) 실험에서 전해질을 모두 쓰시오.

개념 돋보기

전해질 수용액에서 이온의 이동과 앙금의 생성

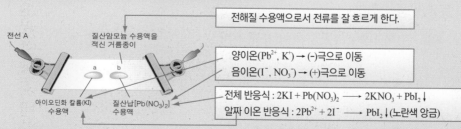

전해질 수용액으로서 전류를 잘 흐르게 한다.

양이온(Pb^{2+}, K^+) → (−)극으로 이동
음이온(I^-, NO_3^-) → (+)극으로 이동

전체 반응식 : $2KI + Pb(NO_3)_2 \longrightarrow 2KNO_3 + PbI_2\downarrow$

알짜 이온 반응식 : $2Pb^{2+} + 2I^- \longrightarrow PbI_2\downarrow$(노란색 앙금)

그림과 같이 장치를 한 후

전선 A를 (−)극에 연결한다면　I^- (+)극 쪽(오른쪽)으로 이동, Pb^{2+} (−)극 쪽(왼쪽)으로 이동 → 가운데 노란색 앙금(PbI_2) 생성

전선 A를 (+)극에 연결한다면　I^- (+)극 쪽(왼쪽)으로 이동, Pb^{2+} (−)극 쪽(오른쪽)으로 이동 → 앙금이 생성되지 않는다.

개념 심화 문제

05 그림은 각각 임의의 원자 A 와 B 가 이온으로 되는 과정과 A 이온과 B 이온이 결합된 화합물이 물에 녹았을 때 용액 속에 존재하는 양이온과 음이온의 개수 및 총 이온 수를 상대값으로 나타낸 것이다.

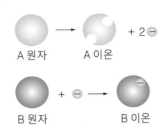

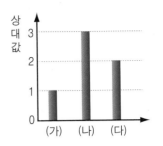

(1) A 와 B 를 원소로 하여 생성된 화합물의 화학식을 쓰시오.

(2) (가) ~ (다) 에 해당하는 것을 쓰시오. (단, (가) ~ (다)는 양이온 수, 음이온 수, 총 이온 수 중 하나이다.)

06 신문 기사의 일부이다. 성분을 확인하는 데 이용할 수 있는 앙금 생성 반응의 알짜 이온 반응식을 2 가지 쓰시오.

"립스틱에 함유된 납 성분 때문에 유명 화장품 회사가 미국에서 소송을 당할 위기에 처하면서 ………… "

07 사람의 체액과 바닷물 속에 들어 있는 이온들의 농도를 비교한 것이다.

이온 농도(mg/L)	사람의 체액	바닷물
나트륨 이온(Na^+)	3.10 ~ 3.54	10.77
염화 이온(Cl^-)	3.47 ~ 3.75	19.50
칼륨 이온(K^+)	0.136 ~ 0.214	0.38
칼슘 이온(Ca^{2+})	0.32 ~ 0.48	0.41
마그네슘 이온(Mg^{2+})		1.29

(1) 바닷물과 체액 속에 가장 많이 들어있는 양이온과 음이온은 무엇인가?

(2) 갈증이 났을 때 바닷물을 마시게 되면 탈수 증상이 나타나는 이유는 무엇일까?

(3) 바닷물에 질산 은($AgNO_3$)수용액을 넣으면 어떤 앙금이 가장 많이 생길까?

개념 돋보기

⚪ 석회 동굴의 생성 원리

- 석회 동굴 : 탄산 칼슘($CaCO_3$)이 주성분인 석회암 지대의 암석 사이로 이산화 탄소가 녹은 지표수가 흘러 들어가면
  $CaCO_3(s) + CO_2(g) + H_2O(l) \longrightarrow Ca^{2+}(aq) + 2HCO_3^-(aq)$ 의 반응이 일어나 석회 동굴 생성된다.
- 종유석, 석순, 석주 : 탄산 수소 칼슘 수용액에서 이산화 탄소가 배출됨 → 탄산 칼슘($CaCO_3$)이 남음
  (종유석 : 천정에 매달린 것, 석순 : 바닥에 쌓여서 자라는 것 / 석주 : 종유석과 석순이 만나 생긴 기둥)
  $Ca(HCO_3)_2(aq) \longrightarrow CaCO_3(s) + CO_2(g) + H_2O(l)$
- 실험실에서의 반응과 석회 동굴에서의 반응 연관 짓기
  - 석회수($Ca(OH)_2$의 포화 용액)에 이산화 탄소를 넣으면 흰색 앙금이 생긴다. $\quad Ca(OH)_2(aq) + CO_2 \longrightarrow CaCO_3(s) + H_2O$
  - 이산화 탄소를 계속 넣으면 용액이 다시 맑아진다. (석회 동굴의 생성 원리) $\quad CaCO_3(s) + CO_2(g) + H_2O(l) \longrightarrow Ca(HCO_3)_2(aq)$
  - 일시적 센물을 가열하면 단물이 된다. (종유석, 석순의 생성 원리) $\quad Ca(HCO_3)_2 \xrightarrow{\text{가열}} CaCO_3\downarrow + H_2O + CO_2$

08 영희는 라벨이 떨어진 시약병을 발견하고 그 물질 X 가 무엇인지 알아보기 위한 실험을 실시하였더니 다음과 같은 결과가 나왔다.

> (가) 무색 투명하고 불꽃반응 실험을 하였더니 보라색을 나타내었다.
>
> (나) 염화 바륨 수용액을 떨어뜨렸더니 앙금 A 가 생성되고, 수용액 B 가 남았다.
>
> (다) 앙금 A 와 염산을 반응시켰더니 기체 C 가 생성되었다.

(1) 앙금 A 와 그 색깔을 쓰시오.

(2) 수용액 B 에 질산은 수용액을 떨어뜨렸을 때의 알짜 이온 반응식을 쓰시오.

(3) 기체 C 를 검출하는 방법을 써 보시오.

(4) 물질 X 는 무엇인가?

09 질산 납($Pb(NO_3)_2$) 수용액과 아이오딘화 칼륨(KI) 수용액을 각각 부피를 달리하여 혼합할 때, 생성된 앙금의 상대적 양을 나타낸 것이다.

$$Pb(NO_3)_2 + 2KI \longrightarrow PbI_2\downarrow + 2KNO_3$$

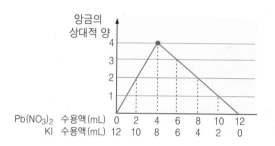

(1) 반응 전 두 수용액의 단위 부피 속에 존재하는 음이온 수의 비를 구하시오.

(2) 위의 두 수용액 50 mL 씩 취하여 혼합하였을 때 혼합 용액에 존재하는 Pb^{2+} 과 K^+ 의 개수비는?

10 $NaCl$, CH_3COOH, KNO_3, Na_2SO_4 수용액이 4개의 비커에 각각 담겨 있다. 네 개의 비커에 오른쪽 (가) ~ (다) 의 실험을 순서대로 실시하여 각 수용액이 그림처럼 분류될 수 있도록 (가), (나), (다) 에 알맞은 실험 방법을 쓰시오.

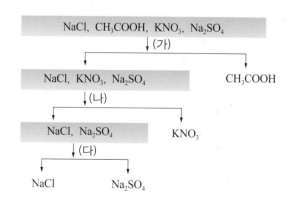

4. 산화와 환원 [1]

(1) 산화와 환원의 정의

① 산화 : 어떤 물질이 산소를 얻거나 전자를 잃는 반응　예) $C + O_2 \longrightarrow CO_2$

② 환원 : 어떤 물질이 산소를 잃거나 전자를 얻는 반응

예) $2CuO + H_2 \longrightarrow 2Cu + H_2O$ (CuO는 산소를 잃었으므로 환원되었다.)

※ 산화 반응과 환원 반응은 동시에 일어난다.	
산화	$Zn(s) \longrightarrow Zn^{2+}(aq) + 2e^-$ (전자를 잃음)
환원	$Cu^{2+}(aq) + 2e^- \longrightarrow Cu(s)$ (전자를 얻음)
전체 반응	$Cu^{2+}(aq) + Zn(s) \longrightarrow Zn^{2+}(aq) + Cu(s)$ 　　　　　　　　　산화　　　　환원

산화 환원 반응의 예(종류)

연소 반응, 화학 전지
철의 부식, 전기 분해
철의 제련, 금속과 산의 반응

(2) 산화수에 의한 산화와 환원의 정의

① 산화수와 산화 환원 : 산화수가 증가하면 산화, 산화수가 감소하면 환원이다.

② 산화수 [3] : 화합물을 구성하는 원자 중 전기 음성도 [2] 가 큰 원자가 공유 전자쌍을 모두 가진다고 가정했을 때, 각 원자가 가지는 전하수이다.

	산화수를 결정하는 규칙 [4]	
1	홑원소 물질 : 원자의 산화수 = 0	Cu , H_2 , $Na \Rightarrow$ 산화수 0
2	단원자 이온의 산화수 = 이온의 전하	Na^+ : +1 , Cu^{2+} : +2 , Cl^- : -1
3	화합물 : 각 원자들의 산화수의 합 = 0	H_2O 에서 H : +1 , O : -2 $(+1) \times 2 + (-2) \times 1 = 0$
4	수소 화합물 : 수소 원자의 산화수 = +1 예외) 금속의 수소 화합물 : 수소의 산화수 = -1	HCl 에서 H : +1 예외) NaH 에서 H : -1
5	산화물 : 산소 원자의 산화수 = -2	Fe_2O_3 에서 O : -2　예외) H_2O_2 에서 O : -1
6	다원자 이온 : 원자들의 산화수의 합 = 다원자 이온의 전하	NH_4^+ 산화수의 합 : +1, SO_4^{2-} 산화수의 합 : -2
7	화합물에서 1족은 +1, 2족은 +2	$NaCl$ 에서 Na : +1, $MgCl_2$ 에서 Mg : +2

(3) 산화와 환원 반응의 예

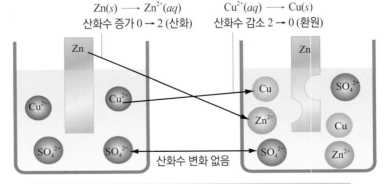

전체 반응식 : $CuSO_4(aq) + Zn(s) \longrightarrow ZnSO_4(aq) + Cu(s)$

$Zn(s) \longrightarrow Zn^{2+}(aq)$ 　　$Cu^{2+}(aq) \longrightarrow Cu(s)$
산화수 증가 0 → 2 (산화)　　산화수 감소 2 → 0 (환원)

산화수 변화 없음

$Cu^{2+}(aq) + Zn(s) \longrightarrow Zn^{2+}(aq) + Cu(s)$
산화수　　(+2)　　(0)　　　　(+2)　　(0)

정답 p.40

Q6 $\underline{Mn}O_4^-$ 과 $\underline{Fe}_2O_3$ 에서 밑줄 친 원자의 산화수를 구하시오.

---

❶ 산화와 환원

	산화	환원
산소	얻음	잃음
전자	잃음	얻음
수소	잃음	얻음
산화수	증가	감소

❷ 전기 음성도

공유 결합에서 원자가 공유 전자쌍을 끌어당기는 능력. 전자쌍을 가장 잘 잡아당기는 F 를 4.0 으로 정하고, 이를 기준으로 다른 원소의 전기 음성도를 결정하였다.

족 주기	1	2	13	14	15	16	17
1	H 2.1						
2	Li 1.3	Be 1.5	B 2.0	C 2.5	N 3.0	O 3.5	F 4.0
3	Na 0.8	Mg 1.2	Al 1.5	Si 1.5	P 2.1	S 2.5	Cl 3.5

▲ 전기 음성도

❸ 산화수 구하기

H : Cl 에서 전기 음성도 H < Cl, Cl 이 공유 전자쌍 1쌍을 모두 가져간다고 가정하면
산화수 Cl : -1, H : +1

❹ 몇 가지 물질의 산화수 구하기

• $NaClO_3$
$1 \times 1 + x \times 1 + (-2) \times 3 = 0$
$x = +5$
• $Cr_2O_7^{2-}$
$x \times 2 + (-2) \times 7 = -2$
$x = +6$

☸ 물 분자의 산화수

환원(산화수 −2)
$2\delta^-$
산소
δ^+ 수소　수소 δ^+
산화(산화수 +1)　　산화(산화수 +1)

☸ 산화제와 환원제

• 산화제 : 자신은 환원되면서 다른 물질을 산화시키는 물질
• 환원제 : 자신은 산화되면서 다른 물질을 환원시키는 물질
• 산화가 더 잘 되는 물질일수록 더 강한 환원제이며, 환원이 잘 되는 물질일수록 더 강한 산화제이다.

(4) 산화 환원 반응식 완성하기

(반응식) $MnO_4^- + Fe^{2+} + H^+ \longrightarrow Mn^{2+} + Fe^{3+} + H_2O$

① 산화수법

산화 반응과 환원 반응은 동시에 일어나므로 산화 환원 반응이 일어날 때 증가하는 산화수와 감소하는 산화수는 같은 관계를 이용하는 방법

1	각 원자의 산화수 구하기	$\underset{+7}{Mn}\underset{-2}{O_4^-} + \underset{+2}{Fe^{2+}} + \underset{+1}{H^+} \longrightarrow \underset{+2}{Mn^{2+}} + \underset{+3}{Fe^{3+}} + \underset{+1-2}{H_2O}$
2	산화수 변화를 조사한다.	5 감소 / $\underset{+7}{MnO_4^-} + \underset{+2}{Fe^{2+}} + H^+ \longrightarrow \underset{+2}{Mn^{2+}} + \underset{+3}{Fe^{3+}} + H_2O$ / 1 증가
3	증가한 산화수와 감소한 산화수가 같도록 계수를 맞춘다.	-5×1 / $MnO_4^- + 5Fe^{2+} + H^+ \longrightarrow Mn^{2+} + 5Fe^{3+} + H_2O$ / $+1 \times 5$
4	산화수 변화가 없는 원자들의 수가 같도록 계수를 맞춘다.	$MnO_4^- + 5Fe^{2+} + 8H^+ \longrightarrow Mn^{2+} + 5Fe^{3+} + 4H_2O$

② 이온 - 전자법

산화 환원 반응이 일어날 때 산화되는 물질이 잃은 전자 수와 환원되는 물질이 얻은 전자 수가 항상 같은 관계를 이용하는 방법

1	반응식을 산화 반응과 환원 반응으로 나눈다.	산화 반응 : $Fe^{2+} \longrightarrow Fe^{3+}$ 환원 반응 : $MnO_4^- + H^+ \longrightarrow Mn^{2+} + H_2O$
2	반쪽 반응의 원자 수가 같도록 맞춘다.	$Fe^{2+} \longrightarrow Fe^{3+}$ $MnO_4^- + 8H^+ \longrightarrow Mn^{2+} + 4H_2O$
3	반쪽 반응의 전하량이 같아지도록 전자를 첨가한다.	$Fe^{2+} \longrightarrow Fe^{3+} + e^-$ $MnO_4^- + 8H^+ + 5e^- \longrightarrow Mn^{2+} + 4H_2O$
4	잃은 전자수와 얻은 전자 수가 같도록 계수를 맞춘다.	$5Fe^{2+} \longrightarrow 5Fe^{3+} + 5e^-$ $MnO_4^- + 8H^+ + 5e^- \longrightarrow Mn^{2+} + 4H_2O$
5	두 반쪽 반응을 더하여 전체 반응식을 완성한다.	$MnO_4^- + 5Fe^{2+} + 8H^+ \longrightarrow Mn^{2+} + 5Fe^{3+} + 4H_2O$

(5) 금속의 이온화 경향

금속이 전자를 잃고 양이온으로 되려는 경향으로, 이온화 경향이 클수록 금속의 반응성이 크고 산화되기 쉽다.

K Ca Na Mg Al Zn Fe Ni Sn Pb H Cu Hg Ag Pt Au

← 이온화 경향이 크다.   이온화 경향이 작다. →

구분	금속과 금속 양이온의 반응($CuSO_4(aq)$ + Zn(s))	금속과 산의 반응
실험 장치	아연(Zn)판 / 황산 구리(II) 수용액	아연(Zn)판 / 구리(Cu)판 / 묽은 염산
결과	아연(Zn)은 구리(Cu)보다 반응성이 크기 때문에 아연판 표면에 구리가 석출되고, 용액의 푸른색이 옅어진다. ❺	아연(Zn)은 수소(H)보다 반응성이 크고, 구리(Cu)는 수소(H)보다 반응성이 작으므로 아연판 표면에서는 수소 기체가 발생하고, 구리판 표면에는 수소 기체가 발생하지 않는다.
해석	산화 / $Zn + Cu^{2+} \longrightarrow Zn^{2+} + Cu$ / 환원	산화 / $Zn + 2H^+ \longrightarrow Zn^{2+} + H_2$ / 환원 $Cu + 2H^+ \longrightarrow$ 반응이 일어나지 않음

정답 p.40

Q7 다음 반응식을 이온−전자법으로 완성하시오.

$Sn^{2+}(aq) + Cr_2O_7^{2-}(aq) + H^+(aq) \longrightarrow Sn^{4+}(aq) + Cr^{3+}(aq) + H_2O(l)$

⚙ 산화·환원 반응의 예

충치를 아말감으로 치료한 사람이 실수로 음식에 남아있는 알루미늄 호일을 씹으면 찌릿함을 느낀다.

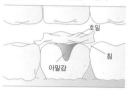

이는 알루미늄 호일에서 아말감(수은 합금)으로 전자가 이동하여 전기가 통했기 때문이다.
이 반응의 산화·환원 반응식을 완성하면
· 반응식) $Al + O_2 + H^+ \rightarrow Al^{3+} + H_2O$
호일 : $Al \rightarrow Al^{3+} + 3e^-$
아말감 : $O_2 + 4H^+ + 4e^- \rightarrow 2H_2O$
· 완성된 산화·환원 반응식
$4Al + 3O_2 + 12H^+ \rightarrow 4Al^{3+} + 6H_2O$

⚙ 전지에서 이온화 경향이 큰 금속은 (−)극, 이온화 경향이 작은 금속은 (+)극으로 작용

⚙ 전지에서는 (−)극에서 전자가 나와서 (+)극으로 이동한다.

❺ 구리 이온의 색깔

구리 이온은 푸른색을 띠기 때문에 수용액에 존재할 때 용액은 푸른색을 띤다.

⚙ 철의 부식

철의 부식은 철이 공기 중의 산소, 물과 반응하여 붉은색 녹을 형성하는 현상이다.
· 조건 : 물과 공기(산소)가 함께 있을 때 부식이 잘 일어난다.
· 과정 : i) 철이 산화되고, 산소가 전자를 받아 환원된다.
$Fe \rightarrow Fe^{2+} + 2e^-$ (Fe의 산화)
$O_2 + 2H_2O + 4e^- \rightarrow 4OH^-$ (O_2의 환원)
ii) Fe^{2+}이 물속의 산소와 반응하여 산화된다.
$4Fe^{2+} + O_2 + 2H_2O \rightarrow 4Fe^{3+} + 4OH^-$ (Fe^{2+}의 산화)
iii) Fe^{3+}은 OH^-과 반응하여 붉은 녹을 생성한다.
$2Fe^{3+} + 6OH^- \rightarrow Fe_2O_3 \cdot 3H_2O$

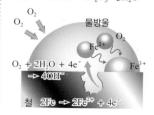

5. 화학 전지

(1) 화학 전지 : 산화 환원 반응을 이용하여 화학 에너지를 전기 에너지로 바꾸는 장치이다.

① 볼타 전지 [1]

전극	반응식	모형
(-)극	$Zn \longrightarrow Zn^{2+} + 2e^-$ (산화, 질량 감소)	
(+)극	$2H^+ + 2e^- \longrightarrow H_2$ (환원, 질량 불변)	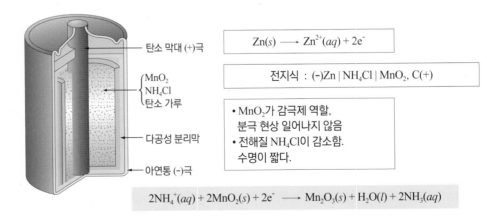
특징	• 전해질 : 묽은 황산(H_2SO_4) • 분극 현상 [2] 이 일어난다. • 감극제 (H_2O_2, MnO_2, $KMnO_4$)를 넣어 주면 수소 기체가 물로 산화된다.	

② 다니엘 전지 [3] : 전해질 황산 아연 수용액에 아연판을, 전해질 황산 구리 수용액에 구리판을 담근 후 염다리로 두 수용액을 연결한 전지이다.

전극	반응식	모형
(-)극	(-)극 : $Zn \longrightarrow Zn^{2+} + 2e^-$ (산화, 질량 감소)	
(+)극	(+)극 : $Cu^{2+} + 2e^- \longrightarrow Cu$ (환원, 질량 증가)	
특징	• 어느 한 극에서 기체가 발생하지 않으므로 분극 현상이 일어나지 않는다. • 염다리 : KNO_3, KCl, Na_2SO_4 을 한천에 녹여 U자 관에 넣고 굳힌 것으로 두 수용액이 섞이지 않으면서 전하의 균형을 맞추는 역할을 한다. → $ZnSO_4$ 수용액에 Zn^{2+} 수가 증가하므로 전해질 수용액의 전하 균형을 이루기 위해 SO_4^{2-} 이 $ZnSO_4$ 수용액 쪽으로 이동한다. 또한, $CuSO_4$ 수용액에 Cu^{2+} 수가 감소하므로 전해질 수용액의 전하 균형을 이루기 위해 $2Na^+$ 이 $CuSO_4$ 수용액 쪽으로 이동한다.	

③ 탄소 - 아연 건전지 (망가니즈 건전지)

탄소 막대 (+)극

MnO_2
NH_4Cl
탄소 가루

다공성 분리막

아연통 (-)극

$$Zn(s) \longrightarrow Zn^{2+}(aq) + 2e^-$$

전지식 : $(-)Zn \mid NH_4Cl \mid MnO_2, C(+)$

• MnO_2가 감극제 역할, 분극 현상 일어나지 않음
• 전해질 NH_4Cl이 감소함. 수명이 짧다.

$$2NH_4^+(aq) + 2MnO_2(s) + 2e^- \longrightarrow Mn_2O_3(s) + H_2O(l) + 2NH_3(aq)$$

→ 충전시키면 전지 내부에서 생성되는 수소 기체 때문에 폭발 가능성이 있음

정답 p.40

Q8 다니엘 전지에서 염다리의 역할을 말하시오.

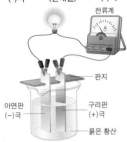

① 볼타 전지 전지식

$(-)Zn(s) \mid H_2SO_4(aq) \mid Cu(s)(+)$
(-)극   (전해질)   (+)극

전류계

판지

아연판
(-)극
구리판
(+)극

묽은 황산

② 분극 현상

구리 주위에서 발생한 수소 기체가 전자의 이동을 방해하여 전압이 급격히 떨어지는 현상이다.

③ 다니엘 전지의 표시

$(-)Zn \mid ZnSO_4(aq) \parallel CuSO_4(aq) \mid Cu(+)$
($\parallel$: 염다리)

⚙ 1차 전지
• 방전한 뒤 재사용이 되지 않는 전지
• 탄소 - 아연 건전지, 알칼리 건전지

⚙ 2차 전지
• 방전 후 충전해서 재사용 가능
• 니켈-카드뮴 전지, 리튬 이온 전지, 납축전지

⚙ 건전지 명칭

국제	R20	R14	R6	R03
한국	R20	R14	R6	R03
미국	D	C	AA	AAA
일본	UM-1	UM-2	UM-3	UM-4

기호	지름(mm)	높이
R03	10.5	44.5
R6	14.5	50.5
R14	26.2	50.0
R20	34.2	61.5

• R 둥근 모양, 비원형(F, P)
• L 알칼리 전지, S 산화 은 전지 M 수은 전지
  (예) LR03 : 지름 10.5 mm 의 둥근형 알칼리 전지

⚙ 알칼리 전지

전지식 $Zn \mid KOH \mid MnO_2, C$
• (-)극: $Zn(s) + 2OH^-(aq)$
  → $ZnO(s) + H_2O(l) + 2e^-$ (산화)
• (+)극 : $2MnO_2(s) + H_2O(l) + 2e^-$
  → $Mn_2O_3(s) + 2OH^-(aq)$ (환원)
• 전체 반응 : $Zn(s) + 2MnO_2(s)$
  → $ZnO(s) + Mn_2O_3(s)$
염기성 전해질(KOH) 사용 → 부식이 느리고 수명이 김

④ 납축전지

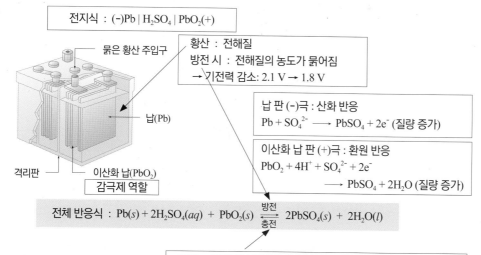

전지식 : $(-)Pb \mid H_2SO_4 \mid PbO_2(+)$

- 묽은 황산 주입구
- 납(Pb)
- 격리판
- 이산화 납(PbO₂)
  감극제 역할

황산 : 전해질
방전 시 : 전해질의 농도가 묽어짐
→ 기전력 감소 : 2.1 V → 1.8 V

납 판 (-)극 : 산화 반응
$Pb + SO_4^{2-} \longrightarrow PbSO_4 + 2e^-$ (질량 증가)

이산화 납 판 (+)극 : 환원 반응
$PbO_2 + 4H^+ + SO_4^{2-} + 2e^-$
$\longrightarrow PbSO_4 + 2H_2O$ (질량 증가)

전체 반응식 : $Pb(s) + 2H_2SO_4(aq) + PbO_2(s) \underset{충전}{\overset{방전}{\rightleftharpoons}} 2PbSO_4(s) + 2H_2O(l)$

충전 : 기전력이 떨어지면 충전해서 재사용할 수 있는 2차 전지

⑤ 연료 전지 [4]

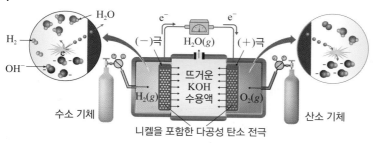

- H₂O
- H₂
- OH⁻
- 수소 기체
- e^- e^-
- (−)극 $H_2O(g)$ (+)극
- 뜨거운 KOH 수용액
- $H_2(g)$ $O_2(g)$
- 니켈을 포함한 다공성 탄소 전극
- 산소 기체

$(-)$ 극 : $2H_2(g) + 4OH^-(aq) \longrightarrow 4H_2O(l) + 4e^-$ (산화 반응)
$(+)$ 극 : $O_2(g) + 2H_2O(l) + 4e^- \longrightarrow 4OH^-(aq)$ (환원 반응)

전체 반응식 : $2H_2(g) + O_2(g) \longrightarrow 2H_2O(l)$

(2) 표준 전극 전위

표준 수소 전극	표준 전극 전위의 뜻을 알기 위한 개념 정리
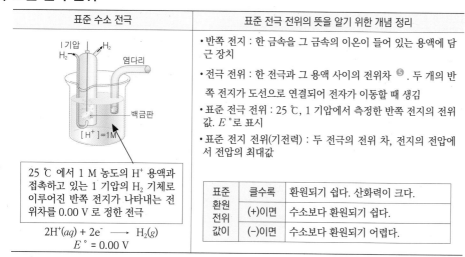 1 기압 H₂ / H₂ / 염다리 / 백금판 / [H⁺]=1M 25 ℃ 에서 1 M 농도의 H⁺ 용액과 접촉하고 있는 1 기압의 H₂ 기체로 이루어진 반쪽 전지가 나타내는 전위차를 0.00 V 로 정한 전극 $2H^+(aq) + 2e^- \longrightarrow H_2(g)$ $E° = 0.00$ V	• 반쪽 전지 : 한 금속을 그 금속의 이온이 들어 있는 용액에 담근 장치 • 전극 전위 : 한 전극과 그 용액 사이의 전위차 [5]. 두 개의 반쪽 전지가 도선으로 연결되어 전자가 이동할 때 생김 • 표준 전극 전위 : 25 ℃, 1 기압에서 측정한 반쪽 전지의 전위 값. $E°$ 로 표시 • 표준 전지 전위(기전력) : 두 전극의 전위 차, 전지의 전압에서 전압의 최대값

표준 환원 전위 값이	클수록	환원되기 쉽다. 산화력이 크다.
	(+)이면	수소보다 환원되기 쉽다.
	(-)이면	수소보다 환원되기 어렵다.

표준 전극 전위 값은 환원 반응의 반쪽 반응으로 통일해서 나타낸다.

반쪽 반응이 환원 반응일 때의 표준 전극 전위를 표준 환원 전위라고 하고 기호는 $E°$ 이다.

⚙ 전지에서 전류가 흐르게 하는 것은 전지의 두 전극 사이에 전위차가 생기기 때문이다.

⚙ **몇 가지 물질의 반쪽 반응과 표준 전극 전위 (표준 환원 전위)**

반쪽 반응	$E°$(V)
$Zn^{2+}(aq) + 2e^- \rightarrow Zn(s)$	- 0.76
$Fe^{2+}(aq) + 2e^- \rightarrow Fe(s)$	- 0.44
$Pb^{2+}(aq) + 2e^- \rightarrow Pb(s)$	- 0.13
$2H^+(aq) + 2e^- \rightarrow H_2(g)$	0.00
$Cu^{2+}(aq) + 2e^- \rightarrow Cu(s)$	+ 0.34
$Ag^+(aq) + e^- \rightarrow Ag(s)$	+ 0.80

❹ **연료 전지**
- 충전을 따로 할 필요 없이 연료가 공급되는 한 전기를 계속 생산 가능
- 에너지 효율이 높고, 최종 생성물이 물이므로 환경오염이 일어나지 않음

❺ **전위차**
전위차는 전자의 이동이 있어야 측정할 수 있으므로 반쪽 전지 만으로는 전위차를 측정할 수 없으며, 반쪽 전지의 전위차는 표준 수소 전극과 연결하여 상대적인 값을 정하여 측정

⚙ 전극 전위 값은 전자의 이동량과는 무관하다.

① 표준 전극 전위 구하기

구분	아연 반쪽 전지	구리 반쪽 전지
모형		
표준 전지 전위(V)	+0.76	+0.34
(−)극 (+)극	$Zn(s) \longrightarrow Zn^{2+}(aq) + 2e^-$ $E° = ?$ V $2H^+(aq) + 2e^- \longrightarrow H_2(g)$ $E° = +0.00$ V	$H_2(g) \longrightarrow 2H^+(aq) + 2e^-$ $E° = +0.00$ V $Cu^{2+}(aq) + 2e^- \longrightarrow Cu(s)$ $E° = ?$ V
전체 반응	$Zn(s) + 2H^+(aq) \longrightarrow H_2(g) + Zn^{2+}(aq)$ $E° = +0.76$ V	$H_2(g) + Cu^{2+}(aq) \longrightarrow Cu(s) + 2H^+(aq)$ $E° = +0.34$ V
표준 전극 전위	$Zn^{2+}(aq) + 2e^- \longrightarrow Zn(s)$, $E° = -0.76$V	$Cu^{2+}(aq) + 2e^- \longrightarrow Cu(s)$, $E° = +0.34$ V

② 전지의 표준 전지 전위(기전력) 구하기 [6]

전지식	(−)Zn(s)	ZnSO₄(aq) ‖ CuSO₄(aq)	Cu(s)(+) (다니엘 전지)	(−)Zn	전해질 ‖ 전해질	Ag(+)
반쪽 반응	$Zn^{2+}(aq) + 2e^- \longrightarrow Zn(s)$ $E° = -0.76$ $Cu^{2+}(aq) + 2e^- \longrightarrow Cu(s)$ $E° = +0.34$	$Zn^{2+}(aq) + 2e^- \longrightarrow Zn(s)$ $E° = -0.76$ $Ag^+(aq) + e^- \longrightarrow Ag(s)$ $E° = +0.80$
표준 전지 전위	(아래 식) − (위 식) = 0.34 − (−0.76) = +1.10 V	(아래 식)×2 − (위 식) = 0.8 − (−0.76) = +1.56 V 전자의 이동량을 같게 하기 위해 2를 곱해도 전위 값에는 2를 곱하지 않는다.
전체 반응	$Zn + Cu^{2+} \longrightarrow Zn^{2+} + Cu$, $E° = +1.10$ V	$Zn + 2Ag^+ \longrightarrow Zn^{2+} + 2Ag$ $E° = +1.56$ V

7. 전기 분해

(1) 전기 분해 [●]

① 전기 분해의 원리

- **(+)극에서의 반응** : 음이온이 끌려와 전자를 잃고 중성 물질로 된다.
- **(−)극에서의 반응** : 양이온이 끌려와 전자를 얻어 중성 물질로 된다.

② 염산(HCl)의 전기 분해

전극	반응식	모형
(+)극	$2Cl^- \longrightarrow Cl_2 + 2e^-$ (산화 반응) 염화 이온이 전자를 잃고 염소 기체가 됨	
(−)극	$2H^+ + 2e^- \longrightarrow H_2$ (환원 반응) 수소 이온이 전자를 얻어 수소 기체가 됨	

※ 산화 반응과 환원 반응은 동시에 일어나며 이동하는 전자 수는 같다.
수소 기체와 염소 기체의 생성 부피비 = 1 : 1

③ 전해질 수용액의 전기 분해 : 전해질 수용액에는 전해질의 양이온과 음이온 외에도 물이 존재하므로 이온의 종류에 따라 전기 분해되는 물질이 달라진다.

- **(+)극(산화 반응)** : 음이온과 물 분자 중 표준 환원 전위가 작은 것(산화되기 쉬운 것)이 먼저 산화된다. 음이온이 I^-, Br^-, Cl^- 등인 경우 음이온이 산화되고, 음이온이 PO_4^{3-}, SO_4^{2-}, CO_3^{2-}, F^-, NO_3^-, OH^- 인 경우 물 분자가 산화된다.
- **(−)극(환원 반응)** : 양이온과 물 분자 중 표준 환원 전위가 큰 것(환원되기 쉬운 것)이 먼저 환원된다. 양이온이 Cu^{2+}, Ag^+, Zn^{2+}, Fe^{2+} 등인 경우 양이온이 환원되고, 양이온이 NH_4^+, Li^+, Mg^{2+}, Ca^{2+}, K^+, Ba^{2+}, Al^{3+}, Na^+ 등인 경우 물 분자가 환원된다.

---

[6] 전지의 표준 전지 전위 (기전력)

| 값이 큰 $E°$ − 값이 작은 $E°$ |
| (전지의 (+)극) (전지의 (−)극) |

| (+)극의 표준 환원 전위 − (−)극의 표준 환원 전위 |

전체 반응의 표준 전위가
+이면 정반응이 자발적
−이면 역반응이 자발적

전지에서 $E°$ 값이
큰 금속은 전지의 (+)극
작은 금속은 전지의 (−)극

[●] 전기 분해
전해질의 수용액이나 용융액에 직류 전류를 흘려 주면, 양이온과 음이온이 성분 원소로 분해 되는 과정

❖ 성분 원소 확인 방법
- Cl_2(염소): 황록색 기체로 젖은 꽃잎을 탈색시킨다.
  $Cl_2 + H_2O \rightarrow HCl + HClO$
  하이포아염소산 : 산화력이 커서 다른 물질을 산화시킨다.
- H_2(수소) : 무색의 기체로 성냥불을 가져다 대면 '퍽' 소리를 내며 탄다.
- O_2(산소) : 꺼져 가는 성냥불이나 향을 가져다 대면 불씨가 되살아난다.

③ **물(H_2O)의 전기 분해** : 순수한 물은 전기가 통하지 않으므로 전기 분해를 위해 반응하지 않는 전 해질(KNO_3, H_2SO_4, $NaOH$ 등)을 조금 넣어준다.

$$(+) 극 : 2H_2O(l) \longrightarrow O_2(g) + 4H^+(aq) + 4e^- \text{(산화 반응)}$$
$$(-) 극 : 4H_2O(l) + 4e^-$$
$$\longrightarrow 2H_2(g) + 4OH^-(aq) \text{(환원 반응)}$$
$$\overline{\text{전체 반응} : 2H_2O(l) \longrightarrow 2H_2(g) + O_2(g)}$$

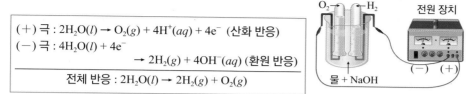
O₂ ─ H₂ 전원 장치
(−) (+)
물 + NaOH

④ **염화 나트륨 수용액의 전기 분해**

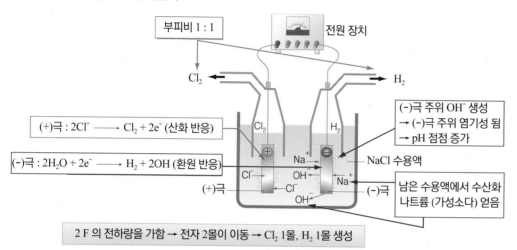

부피비 1 : 1

전원 장치

Cl_2 ← → H_2

$$(+)극 : 2Cl^- \longrightarrow Cl_2 + 2e^- \text{(산화 반응)}$$

$$(-)극 : 2H_2O + 2e^- \longrightarrow H_2 + 2OH^- \text{(환원 반응)}$$

(−)극 주위 OH^- 생성
→ (−)극 주위 염기성 됨
→ pH 점점 증가

NaCl 수용액

남은 수용액에서 수산화 나트륨 (가성소다) 얻음

2 F 의 전하량을 가함 → 전자 2몰이 이동 → Cl_2 1몰, H_2 1몰 생성

⑤ **몇 가지 물질의 전기 분해**

물질	이온화식	전극	반응
염화 구리(II) 수용액	$CuCl_2 \longrightarrow Cu^{2+} + 2Cl^-$	(+)극	$2Cl^- \longrightarrow Cl_2 + 2e^-$
		(−)극	$Cu^{2+} + 2e^- \longrightarrow Cu$
아이오딘화 납 용융액❷	$PbI_2 \longrightarrow Pb^{2+} + 2I^-$	(+)극	$2I^- \longrightarrow I_2 + 2e^-$
		(−)극	$Pb^{2+} + 2e^- \longrightarrow Pb$
염화 마그네슘 수용액	$MgCl_2 \longrightarrow Mg^{2+} + 2Cl^-$	(+)극	$2Cl^- \longrightarrow Cl_2 + 2e^-$
		(−)극	$2H_2O + 2e^- \longrightarrow H_2 + 2OH^-$

• **염화 나트륨($NaCl$) 용융액 전기 분해** : 염화 나트륨($NaCl$) 용융액에 존재하는 나트륨 이온(Na^+)과 염화 이온(Cl^-)이 전기 분해를 통해 금속 나트륨(Na), 염소(Cl_2)가 된다.

$$(+) 극 : 2Cl^-(l) \longrightarrow Cl_2(g) + 2e^- \text{(산화 반응)}$$
$$(-) 극 : 2Na^+(l) + 2e^- \longrightarrow 2Na(l) \text{(환원 반응)}$$
$$\overline{\text{전체 반응} : 2NaCl(l) \longrightarrow 2Na(l) + Cl_2(g)}$$

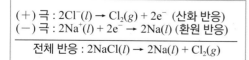
$Cl_2(g)$ 발생
NaCl
액체 Na
NaCl 용융액
(−) 극 철그물 (+) 극

• **황산 구리(II) 수용액 전기 분해** : 황산 구리(II) ($CuSO_4$)의 음이 온인 황산 이온(SO_4^{2-})이므로 물 분자가 산화되고, 양이온인 구 리 이온(Cu^{2+})이 환원된다.

$$(+) 극 : H_2O(l) \longrightarrow \frac{1}{2}O_2(g) + 2H^+(aq) + 2e^- \text{(산화 반응)}$$
$$(-) 극 : Cu^+(aq) + 2e^- \longrightarrow Cu(s) \text{(환원 반응)}$$

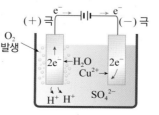
(+) 극 e^- e^- (−) 극
O₂ 발생
$2e^-$ H_2O $2e^-$
Cu^{2+}
H^+ H^+ SO_4^{2-}

창·의·력·과·학
아이앤아이 화학

⚙ **황산 나트륨 수용액 전 기 분해**

전극	발생 기체	부피비
(-)극	H_2	2
(+)극	O_2	1

❷ **용융 아이오딘화 납의 전기 분해**

(−) (+)
탄소 막대
아이오 딘화 납
도가니
전류계

▲ 용융된 아이오딘화 납의 전기 분해 장치

아이오딘화 납은 녹는점이 402 ℃ 이므로 가열하면 녹아서(용융 상태) Pb^{2+}는 (−)극 쪽으로 가서 전자를 얻는 환원 반응이 일어나 금속 Pb 가 되고, I^-는 (+)극 쪽으로 가서 I_2 가 된다.

I_2는 고체지만 승화성이 있고, 온 도가 높은 상태이므로 (+)극에서 보라색 기체로 발생한다.

PbI_2 : 아이오딘화 납

⚙ **수용액의 pH**
염화 나트륨 수용액의 전기 분해에서 $OH^-(aq)$이 생성되기 때문에 수용액 의 pH는 증가하고, 황산 구리(II) 수 용액의 전기 분해에서 $H^+(aq)$이 생 성되기 때문에 수용액의 pH는 감소 한다.

(2) 전기 분해의 이용

① **은 도금** : 도금할 물체를 직류 전원 장치의 (−)극에 연결하고, 은판을 (+)극에 연결한다.

(전해질 : 질산 은 수용액)

전극	반응식	모형
(−)극	$Ag^+ + e^- \longrightarrow Ag$ (환원 반응) 질량 증가	
(+)극	$Ag \longrightarrow Ag^+ + e^-$ (산화 반응) 질량 감소	
수용액 속 이온 수는 변화 없고 이온의 총 전하량은 일정		

② **구리의 제련** : 불순물이 포함된 구리를 (+)극에 연결하고, 순수한 구리를 (−)극에 연결하고 전류를 통해 주면 순수한 구리의 질량이 증가한다. (전해질 : 황산 구리 수용액)

전극	반응식	모형
(−)극	$Cu^{2+} + 2e^- \longrightarrow Cu$ (환원 반응) 질량 증가	
(+)극	$Cu \longrightarrow Cu^{2+} + 2e^-$ (산화 반응) 질량 감소 $Zn \longrightarrow Zn^{2+} + 2e^-$ $Fe \longrightarrow Fe^{2+} + 2e^-$	

> ※ 불순물로 포함된 아연, 철 등은 수용액으로 녹아 들어가지만 반응성이 적은 금, 은, 백금 등은 바닥에 그대로 남는다.
> ※ 수용액 속의 구리 이온은 시간이 지나면 철 이온, 아연 이온 등의 개수만큼 그 수가 줄어든다.

(3) 패러데이 법칙

① **패러데이 법칙** : 동일한 물질에서 전기 분해할 때 생성되거나 소모되는 물질의 양은 흘려준 전하량에 비례한다.

• 같은 전하량 ❸에 의해 석출되는 물질의 질량은 이온의 종류에 관계없이 $\dfrac{\text{원자량}}{\text{이온의 전하수}}$ 에 비례한다.

② 1 F(**패러데이**) : 전자 1몰의 전하량으로, 약 96500 C 이다.

$$1 \text{ F} = \text{전자 1몰의 전하량} = \text{전자 1개의 전하량} \times \text{아보가드로수}$$
$$= 1.60 \times 10^{-19} \text{ C} \times 6.02 \times 10^{23} ≒ 96500 \text{ C}$$

정답 p.40

Q9 전체 반응의 표준 전지 전위가 $2Fe^{2+}(aq) + Ni^{2+}(aq) \longrightarrow 2Fe^{3+}(aq) + Ni(s)$, $E° = -1.00$ V 인 전지의 (+)극과 (−)극에서의 반쪽 반응식을 쓰시오.

Q10 K_2CO_3 수용액을 전기 분해할 경우 각 전극에서 발생하는 기체와 그 부피비는?

Q11 염화 나트륨 수용액을 10 A 의 전류로 16분 5초(965초) 동안 전기 분해하였다.

(1) 통해 준 전기량은 얼마인가?
(2) (+)극에서 생성되는 기체는 표준 상태(0 ℃, 1 기압)에서 몇 L 인가?
(3) (−)극에서 생성되는 기체는 몇 몰인가?

❀ 전기 분해 시 생성물의 양은 전기 분해한 시간과 전류의 세기에 비례한다.

❸ **전하량**(C)

전하량 = 전류의 세기(I) × 시간(t)
1 C = 1 A × 1 초

❀ **전기 분해 시 생성되는 물질의 양 구하기**

• (물음) 0.1 A 의 전류를 45분 동안 흘려 주었을 때 (−)극에서 생성되는 구리의 질량은? (구리 원자량 64.5)

(−)극 $Cu^{2+} + 2e^- \rightarrow Cu$

흐른 전하량 Q
= $I \times t = 0.1$ A × 45분 × 60초/분
= 270 C

1 F(패러데이)은 96500 C 이고, 식에서 2 × 96500 C의 전하량을 가하면 구리 1몰(64.5 g)이 생성되므로
2 × 96500 C : 64.5 g = 270C : x
x = 0.09 g(답)

• (물음) 구리가 6.45g 생성될 때 (+)극에서 발생하는 기체는 표준 상태에서 몇 L 인가?

(−)극 $H_2O \rightarrow \dfrac{1}{2}O_2 + 2H^+ + 2e^-$

식에서 전자의 계수가 같으므로 구리가 1몰 생성될 때 산소 기체는 $\dfrac{1}{2}$몰 생성되므로 구리 0.1몰(6.45 g) 생성될 때 산소 기체는 0.05몰 생성되고, 표준 상태에서 생성된 산소 기체의 부피는
22.4 L × 0.05 = 1.12 L 이다.

산화와 환원

22 빈 칸에 알맞은 말을 써 넣으시오.

> 산화수는 화합물을 구성하는 원자 중 (   )가 큰 원자가 공유 전자쌍을 모두 가진다고 가정했을 때, 각 원자가 가지는 전하수이며, 산화수가 증가하면 (   ), 감소하면 (   )이다.

23 각 물질의 밑줄 친 원자들의 산화수를 구하시오.

(1) $\underline{Cr}_2O_7^{2-}$

(2) $H_2\underline{P}O_4^-$

(3) $Ca\underline{C}O_3$

24 다음 반응에서 반응 물질의 산화수의 변화와 산화제, 환원제를 쓰시오.

$$Fe_2O_3(s) + 3CO(g) \longrightarrow 2Fe(s) + 3CO_2(g)$$

25 다음 반응을 산화수법으로 완성하시오.

$$MnO_4^-(aq) + Cl^-(aq) + H^+(aq)$$
$$\longrightarrow Mn^{2+}(aq) + Cl_2(g) + H_2O(l)$$

26 마그네슘 조각(Mg) 0.24 g 을 0.1 M $AgNO_3$ 수용액 100 mL 에 넣어 충분히 반응시켰다. 이에 대한 설명으로 옳은 것만을 〈보기〉에서 있는 대로 고른 것은? (단, Mg의 원자량은 24이다.)

> **보기**
>
> ㄱ. Ag^+ 는 산화제로 작용한다.
> ㄴ. 1몰의 Mg 는 2몰의 Ag^+ 를 산화시킨다.
> ㄷ. 반응하지 않고 남아 있는 Mg 의 양은 0.12 g 이다.

① ㄴ   ② ㄷ   ③ ㄱ, ㄴ
④ ㄱ, ㄷ   ⑤ ㄱ, ㄴ, ㄷ

화학 전지

27 빈칸에 알맞은 말을 써 넣으시오.

(1) 전지에서 이온화 경향이 큰 금속은 (   )극, 이온화 경향이 작은 금속은 (   )극으로 작용한다.

(2) 볼타 전지에서는 (+)극에서 발생하는 (   )기체로 인해 (   )현상이 일어나므로 이산화 망가니즈 같은 감극제를 넣어 준다.

(3) 표준 환원 전위 값이 (−)인 금속은 수소보다 (   )되기 쉽고, 표준 환원 전위값이 (   )수록 산화력이 강하다.

(4) 전지에서 전자는 도선을 따라 (   )극에서 (   )극으로 이동하며 두 금속의 이온화 경향의 차이가 클수록 기전력이 (   ).

28 $Pb + Zn^{2+} \longrightarrow Pb^{2+} + Zn$ 반응의 진행 방향을 예측하시오.

$$Pb^{2+} + 2e^- \longrightarrow Pb \quad E° = -0.13 \text{ V}$$
$$Zn^{2+} + 2e^- \longrightarrow Zn \quad E° = -0.76 \text{ V}$$

29 재충전하여 사용할 수 있는 2차 전지에 속하는 것은?

① 납축전지   ② 산화 은 전지
③ 볼타 전지   ④ 망가니즈 건전지
⑤ 알칼리 건전지

30 전지 반응과 표준 전지 전위를 나타낸 것이다.

> (가) $Ni(s) + Cu^{2+}(aq) \longrightarrow Ni^{2+}(aq) + Cu(s)$,
> $\qquad\qquad E_1° = +0.57 \text{ V}$
>
> (나) $2Ag^+(aq) + Ni(s) \longrightarrow 2Ag(s) + Ni^{2+}(aq)$,
> $\qquad\qquad E_2° = +1.03 \text{ V}$
>
> (다) $Cu(s) + 2Ag^+(aq) \longrightarrow Cu^{2+}(aq) + 2Ag(s)$,
> $\qquad\qquad E_3° = ?$

자료를 이용하여 전지 반응 (다)의 표준 전지 전위($E_3°$)를 구하고, 이 반응의 진행 방향을 예측하시오.

31 그림 (가)는 알루미늄(Al)판과 은(Ag)판을 연결하지 않고 묽은 황산(H_2SO_4)에 담근 모습을, (나)는 묽은 황산(H_2SO_4)에 두 금속을 넣고 도선으로 연결한 모습을 나타낸 것이다.

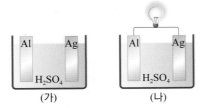

(가)와 (나)에서 공통으로 일어나는 현상에 대한 설명으로 옳은 것만을 〈보기〉에서 있는 대로 고른 것은?

보기

ㄱ. 수소 기체가 발생한다.
ㄴ. 은(Ag)판에서는 환원 반응이 일어난다.
ㄷ. 묽은 황산(H_2SO_4)의 pH가 커진다.

① ㄱ   ② ㄴ   ③ ㄱ, ㄷ
④ ㄴ, ㄷ   ⑤ ㄱ, ㄴ, ㄷ

33 몇 가지 반쪽 반응의 표준 환원 전위를 나타낸 것이다.

반쪽 반응	표준 환원 전위(V)
$Zn^{2+}(aq) + 2e^- \longrightarrow Zn(s)$	-0.76
$Fe^{2+}(aq) + 2e^- \longrightarrow Fe(s)$	-0.44
$2H^+(aq) + 2e^- \longrightarrow H_2(g)$	0.00
$Cu^{2+}(aq) + 2e^- \longrightarrow Cu(s)$	+0.34
$Ag^+(aq) + e^- \longrightarrow Ag(s)$	+0.80

이에 대한 설명으로 옳은 것만을 〈보기〉에서 있는 대로 고른 것은?

보기

ㄱ. Zn 과 Fe 은 H 보다 반응성이 크다.
ㄴ. Fe 과 Cu 로 전지를 만들면 Fe 은 (-)극이 된다.
ㄷ. Zn 과 Cu 로 만든 다니엘 전지의 표준 전지 전위는 1.10 V 이다.

① ㄱ   ② ㄴ   ③ ㄱ, ㄷ
④ ㄴ, ㄷ   ⑤ ㄱ, ㄴ, ㄷ

32 아연(Zn)과 구리(Cu) 전극으로 이루어진 화학 전지의 모형이다.

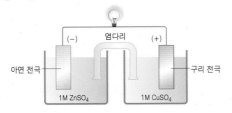

위 전지에 대한 설명으로 옳은 것만을 〈보기〉에서 있는 대로 고른 것은? (단, 아연과 구리의 원자량은 65 와 64 이다.)

보기

ㄱ. 전자는 염다리를 통해 이동한다.
ㄴ. (+)극에서 환원 반응이 일어난다.
ㄷ. 두 전극의 질량의 합은 변하지 않는다.

① ㄱ   ② ㄴ   ③ ㄷ
④ ㄱ, ㄴ   ⑤ ㄴ, ㄷ

34 그림은 아연 – 탄소 건전지의 구조를 나타낸 것이다.

이에 대한 설명으로 옳은 것만을 〈보기〉에서 있는 대로 고른 것은?

보기

ㄱ. 아연통은 (+) 극이다.
ㄴ. 아연 – 탄소 건전지는 2차 전지이다.
ㄷ. 건전지를 사용하면 탄소 막대 주위에 암모니아가 생성된다.

① ㄱ   ② ㄷ   ③ ㄱ, ㄴ
④ ㄴ, ㄷ   ⑤ ㄱ, ㄴ, ㄷ

35 수소 - 산소 연료 전지 모형을 나탄내 것이다.

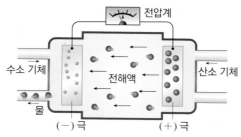

이에 대한 설명으로 옳지 않은 것은?

① (-)극에서 산화 반응이 일어난다.
② (+)극에서 산소 기체가 환원된다.
③ 전지 반응이 진행되어도 pH는 일정하다.
④ 전자는 도선을 따라 환원 전극에서 산화 전극으로 이동한다.
⑤ 전지에서 일어나는 전체 반응식은 수소의 연소 반응식과 같다.

전기 분해

36 전기 분해에 대한 다음 설명의 빈칸에 알맞은 말을 넣으시오.

(1) 전해질 수용액에 전류를 흘려 주면 (+)극에는 (   )이 끌려와 전자를 (잃고, 얻고) 중성 물질로 된다.
(2) 염화 구리 수용액의 전기 분해에서 (-)극에서는 (   )가 석출된다.
(3) 염산의 전기 분해에서 1 F 의 전하량을 통해 주었을 때 발생하는 기체는 (   )와 (   ) 기체이며 0 ℃, 1 기압에서 각각 (   ) L 씩 발생한다.

37 〈보기〉에서 양이온이 녹아 있는 수용액을 전기 분해하였을 때, 양이온 대신 물이 환원되는 것을 있는 대로 고른 것은?

보기
ㄱ. Ca^{2+} ㄴ. Fe^{2+}
ㄷ. Cu^+ ㄹ. Na^+

① ㄱ, ㄴ   ② ㄱ, ㄹ   ③ ㄴ, ㄷ
④ ㄴ, ㄹ   ⑤ ㄷ, ㄹ

38 염산(HCl) 수용액의 전기 분해에 대한 설명으로 옳은 것만을 〈보기〉에서 있는 대로 고른 것은?

보기
ㄱ. (-)극에서 산화 반응이 일어난다.
ㄴ. (+)극에서 황록색의 자극성 기체가 발생한다.
ㄷ. 전기 분해가 진행되면 수용액의 pH는 점점 감소한다.

① ㄱ   ② ㄴ   ③ ㄱ, ㄷ
④ ㄴ, ㄷ   ⑤ ㄱ, ㄴ, ㄷ

39 $CuSO_4$ 수용액을 전기 분해하여 구리 19.2 g 을 얻을 때 흘려 준 전하량으로 옳은 것은? (단, Cu 의 원자량은 64 이고, 1 F = 96500 C 이다.)

① 18300 C   ② 57900 C   ③ 77200 C
④ 154400 C   ⑤ 308800 C

40 물의 전기 분해 실험이다.

(가) 그림과 같은 전기 분해 장치에 황산 나트륨을 조금 녹인 물을 넣고 직류 전원을 연결하여 양쪽 전극에서 발생한 기체 A 와 B 를 시험관에 모은다.
(나) 기체 A 에 성냥불을 갖다 대었더니 '퍽'소리를 내면서 탔다.

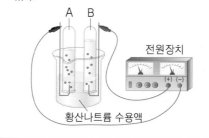

(1) 기체 A 와 기체 B 는 무엇인가?

(2) 기체 A 와 기체 B 의 부피비는?

(3) 기체 B 를 확인하는 방법을 쓰시오.

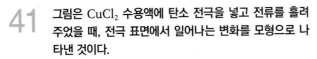

41 그림은 $CuCl_2$ 수용액에 탄소 전극을 넣고 전류를 흘려 주었을 때, 전극 표면에서 일어나는 변화를 모형으로 나타낸 것이다.

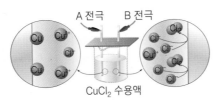

이에 대한 설명으로 옳은 것만을 〈보기〉에서 있는 대로 고른 것은?

보기
ㄱ. B 전극에서 Cl^-은 전자를 잃고 Cl_2 기체가 된다.
ㄴ. 반응이 진행될수록 수용액 속의 총 이온 수는 감소한다.
ㄷ. Cl^-의 전자는 수용액을 통해서 Cu^{2+}으로 이동한다.

① ㄱ   ② ㄴ   ③ ㄱ, ㄴ
④ ㄴ, ㄷ   ⑤ ㄱ, ㄴ, ㄷ

42 염화 나트륨 수용액의 전기 분해 장치이다.

이에 대한 설명 중 옳지 <u>않은</u> 것은?

① 수용액의 pH는 증가한다.
② (−)극에서는 산소 기체가 발생한다.
③ (+)극과 (−)극의 질량은 변하지 않는다.
④ (+)극과 (−)극에서 발생하는 기체의 부피비는 1 : 1이다.
⑤ (+)극에서 발생하는 기체에 젖은 꽃잎을 가져다 대면 탈색된다.

43 Ag^+이 들어 있는 수용액을 사용하여 놋숟가락에 은도금을 하는 장치이다.

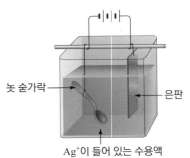

이에 대한 설명으로 옳은 것만을 〈보기〉에서 있는 대로 고른 것은?

보기
ㄱ. 은판의 질량은 감소한다.
ㄴ. 수용액 속 Ag^+의 수는 일정하다.
ㄷ. 놋숟가락 표면에서 Ag^+이 환원되어 $Ag(s)$이 석출된다.

① ㄱ   ② ㄴ   ③ ㄷ
④ ㄱ, ㄴ   ⑤ ㄱ, ㄴ, ㄷ

44 구리(Cu)와 백금(Pt)을 전극으로 하여 황산 구리(II) $(CuSO_4)$ 수용액을 전기 분해하였다.

위 전기 분해에서 (−)극과 (+)극에서 일어나는 반응을 〈보기〉에서 골라 옳게 짝지은 것은?

보기
ㄱ. $Cu^{2+}(aq) + 2e^- \longrightarrow Cu(s)$
ㄴ. $2H_2O(l) \longrightarrow O_2(g) + 4H^+(aq) + 4e^-$
ㄷ. $2H_2O(l) + 2e^- \longrightarrow H_2(g) + 2OH^-(aq)$
ㄹ. $SO_4^{2-}(aq) + 4H^+(aq)$
$\longrightarrow SO_2(g) + 2H_2O(l) + 2e^-$

	(−)극	(+)극		(−)극	(+)극
①	ㄱ	ㄴ	②	ㄱ	ㄹ
③	ㄴ	ㄱ	④	ㄷ	ㄴ
⑤	ㄴ	ㄱ			

개념 심화 문제

11 은(Ag)을 진한 질산에 넣었을 때 일어나는 산화 환원 반응식이다.(단, a ~ d 는 화학 반응식의 계수이다.)

$$Ag(s) + \boxed{a} \, NO_3^-(aq) + \boxed{b} \, H^+(aq) \longrightarrow Ag^+(aq) + \boxed{c} \, NO_2(g) + \boxed{d} \, H_2O(l)$$

(1) a ~ d 에 알맞은 숫자를 쓰시오.

(2) 반응물 중 산화제와 환원제를 쓰시오.

(3) Ag 1 몰과 반응하는 NO_3^- 의 몰수를 구하시오.

12 다음은 철수가 한 실험의 반응식을 나타낸 것이다.

> (가) $Sn(OH)_2(s)$을 HCl 수용액에 용해시켰다.
>
> $$Sn(OH)_2(s) + 2HCl(aq) \longrightarrow SnCl_2(aq) + 2H_2O(l)$$
>
> (나) 이 $SnCl_2$ 수용액에 $HCl(aq)$과 $HNO_3(aq)$을 가하고 가열했더니 기체가 발생하였다.
>
> $$SnCl_2(aq) + 2HCl(aq) + 2HNO_3(aq) \longrightarrow SnCl_4(aq) + 2NO(g) + 2H_2O(l)$$

이에 대한 설명으로 옳은 것만을 〈보기〉에서 있는 대로 고른 것은?

> **보기**
>
> ㄱ. (가)의 반응은 산과 염기의 중화 반응이다.
> ㄴ. (나)의 반응에서 N 의 산화수는 증가한다.
> ㄷ. (나)의 반응에서 $SnCl_2$ 는 산화제이다.

① ㄱ   ② ㄷ   ③ ㄱ, ㄴ   ④ ㄴ, ㄷ   ⑤ ㄱ, ㄴ, ㄷ

개념 돋보기

◯ 산화제와 환원제

① 산화제 : 자신은 환원되면서 다른 물질을 산화시키는 물질
② 환원제 : 자신은 산화되면서 다른 물질을 환원시키는 물질

$$\underset{-1}{4HCl} + \underset{+4}{MnO_2} \longrightarrow \underset{+2}{MnCl_2} + \underset{0}{Cl_2} + H_2O$$

산화수 변화 Cl : $-1 \rightarrow 0$ 산화수 증가, Mn : $+4 \rightarrow +2$ 산화수 감소
산화제(산화수 감소) : MnO_2, 환원제(산화수 증가) : HCl

③ 산화제와 환원제의 세기 비교 : 산화제와 환원제의 세기는 상대적이다.
(산화력: 다른 물질을 산화시키는 능력, 환원되기 쉬운 물질이 산화력이 크다)
(환원력: 다른 물질을 환원시키는 능력, 산화되기 쉬운 물질이 환원력이 크다.)

• 산화 환원반응에서 전자를 내놓거나 받아들이는 것은 상대적이므로 같은 물질이라도 산화제 또는 환원제가 될 수 있다.

환원 : 산화제
$$\underset{(+4)}{SO_2} + \underset{(0)}{Cl_2} + 2H_2O \longrightarrow \underset{(+6)}{H_2SO_4} + \underset{(-1)}{2HCl}$$
산화 : 환원제

환원 : 산화제
$$\underset{(+4)}{SO_2} + \underset{(-2)}{2H_2S} \longrightarrow 2H_2O + \underset{(0)}{3S}$$
산화 : 환원제

13 다음은 주석으로 도금된 철 용기에서 철의 부식에 영향을 주는 요인을 알아보기 위한 실험 과정이다.

〈실험 과정〉

(가) 바닥을 긁어 주석을 벗겨낸 철 용기 A, B, C 를 준비한다.

(나) A 에는 증류수, B 에는 소금물을 붓는다.

(다) C 에는 주석이 벗겨진 바닥에 아연 조각을 올려 놓고 소금물을 붓는다.

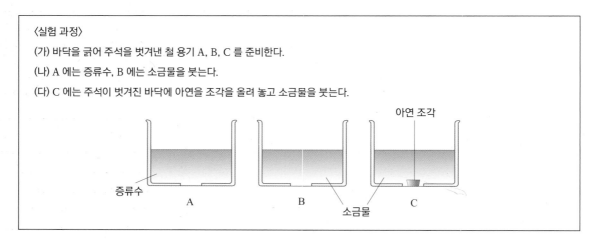

이에 대한 설명으로 옳은 것만을 〈보기〉에서 있는 대로 고른 것은?

보기

ㄱ. 용기 B 가 가장 빨리 부식된다.
ㄴ. (다) 과정에서 아연이 산화되고, 철이 환원된다.
ㄷ. (다) 과정에서 아연 대신 구리를 사용하면, 아연을 사용한 경우보다 C 의 부식이 더 빠르게 일어난다.

① ㄴ   ② ㄷ   ③ ㄱ, ㄴ   ④ ㄱ, ㄷ   ⑤ ㄱ, ㄴ, ㄷ

개념 돋보기

● 철의 부식은 왜 물속에 산소가 들어있을 때 더 잘 일어날까?

• 철의 부식 과정

- 철이 물과 산소를 만나면 $Fe \longrightarrow Fe^{2+} + 2e^-$ (산화)와 $O_2 + 2H_2O + 4e^- \longrightarrow 4OH^-$ (환원)의 반응이 일어난다.

- 전체 반응은 $2Fe + O_2 + 2H_2O \longrightarrow \underset{2\,Fe(OH)_2}{2Fe^{2+} + 4OH^-}$ 이다.

- 수산화 철($Fe(OH)_2$)은 산화되어 $Fe(OH)_3$이 되었다가 녹($Fe_2O_3 \cdot xH_2O$)이 된다.

• 왜 물속에 산소가 있을 때 녹이 더 잘 슬까?

식 ① $2H_2O(l) + 2e^- \longrightarrow H_2(g) + 2OH^-(aq)$ $E° = -0.83$ (V)

식 ② $O_2(g) + 2H_2O + 4e^- \longrightarrow 4OH^-(aq)$ $E° = +0.40$ (V)

식 ③ $Fe^{2+}(aq) + 2e^- \longrightarrow Fe(s)$ $E° = -0.45$ (V)

철이 녹이 슬려면 식 ③의 역반응 즉, 철이 산화가 되어야 하는데, 물에 산소가 없는 경우인 식 ①과 비교하면 식 ③의 표준 환원 전위 값이 크므로 철이 산화되기 힘들다. 하지만 물에 산소가 녹아 있는 경우인 식 ②와 비교하면 식 ③의 표준 환원 전위 값이 작으므로 철의 산화가 잘 일어나고, 녹이 슬기 쉽게 된다.

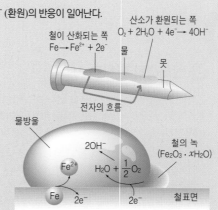

14 그림 (가)는 철(Fe)의 부식 과정을 모식적으로 나타낸 것이며, (나)는 금속 M 으로 도금한 철의 표면에 생긴 흠집에 물방울이 맺힌 모습을 나타낸 것이다.

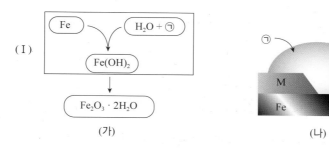

(가)   (나)

이에 대한 설명으로 옳은 것만을 〈보기〉에서 있는 대로 고른 것은?

보기
ㄱ. (I)에서 철은 산화된다.
ㄴ. ㉠에 해당하는 물질은 산소이다.
ㄷ. M 으로 주석(Sn)을 사용하면 (나)에서 (I)의 반응이 일어난다.

① ㄱ   ② ㄷ   ③ ㄱ, ㄴ   ④ ㄴ, ㄷ   ⑤ ㄱ, ㄴ, ㄷ

15 그림은 백금 전극을 사용하여 $Na_2SO_4(aq)$와 $CuCl_2(aq)$를 전기 분해하는 장치이다. 장치에 1 F 의 전하량을 통해 주었을 때, 다음 물음에 답하시오. (단, H, O, Cu 의 원자량은 각각 1, 16, 64 이다.)

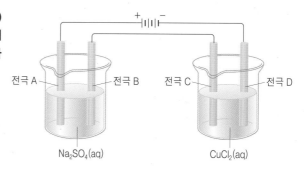

(1) 각 전극에서 발생하는 물질을 쓰시오.

(2) 전극 A 와 C 의 기체의 부피비를 쓰시오.

(3) 전극 B 와 D 에서 생성되는 물질의 질량을 쓰시오.

(4) 산화 반응이 일어나는 전극을 모두 쓰시오.

16 질산 은($AgNO_3$) 수용액과 금속 M 의 황산 염(MSO_4) 수용액을 전기 분해하기 위해 그림과 같이 장치하였다. 이 수용액에 0.1 F 의 전하량을 흘려주었더니 금속 M 3.2 g 과 은 $x(g)$이 석출되었다. 다음 물음에 답하시오. (단, 은의 원자량은 108 이고, 전극은 백금 전극이다.)

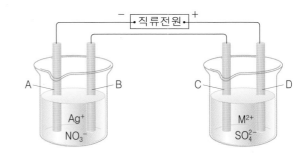

(1) 전극 A ~ D 에서 일어나는 반응의 반쪽 반응식을 쓰시오.

(2) 금속 M 의 원자량을 구하시오.

(3) 석출되는 은의 질량을 구하시오.

(4) 0 ℃, 1 기압에서 생성되는 기체의 총 부피를 구하시오.

17 금속 A, B 와 전해질 수용액을 이용한 실험이다. (단, A, B 는 임의의 원소 기호이고, A 의 이온은 +2가이다.)

〈실험 과정〉

전극 A, B 를 그림과 같이 장치하여 금속 표면에서 일어나는 변화를 관찰하였다. (가), (나), (다)에서 일어나는 현상이 각각 다음 결과와 같았다.

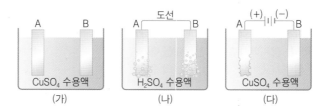

〈실험 결과〉

(가) A 의 표면이 붉은색으로 변하고, B 는 변화가 없다.

(나) A 와 B 의 표면에서 모두 기체가 발생한다.

(다) A 는 수용액으로 녹아 들어가고 B 의 표면은 붉은색으로 변한다.

(1) 금속 A, B, Cu 의 반응성을 비교하시오.

(2) (나)와 (다)에서 금속 A, B 의 질량 변화를 쓰시오.

(3) (나)에서 반응이 진행되면 수용액 속의 전체 이온 수는 어떻게 될까?

(4) (나)와 (다)에서 산화 반응이 일어나는 금속을 적고, 그 화학 반응식을 쓰시오.

18 그림은 불순물이 포함된 구리(A)를 전기 분해하여 순수한 구리(B)를 얻는 장치를 나타낸 것이다. 이에 대한 설명으로 옳지 않은 것은?

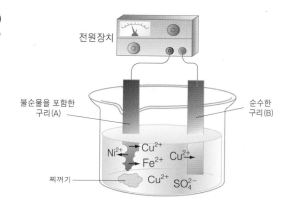

① A 는 (+)극에 연결되어 있다.
② B 에서 산화 반응이 일어난다.
③ B 의 질량은 증가한다.
④ 찌꺼기는 모두 구리보다 반응성이 작은 금속이다.
⑤ 수용액에 존재하는 $\dfrac{Cu^{2+}}{\text{전체 이온 수}}$ 는 감소한다.

19 금속 숟가락을 은(Ag)으로 도금하기 위해 그림과 같이 은판과 숟가락을 직류 전원에 연결하여 질산 은($AgNO_3$) 수용액에 넣었다.

(1) A 극, B 극 중 산화 반응이 일어나는 전극은 어느 극인가?

(2) 각 전극에서 일어나는 반응을 쓰시오.

(3) 수용액 속의 Ag^+ 의 수는 어떻게 될까?

20 그림은 불순물이 포함된 구리로부터 순수한 구리가 생성되는 모습을 나타낸 것이다.

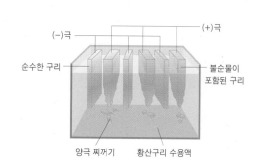

(1) 환원 반응이 일어나는 곳은?

(2) 반응이 진행되면 수용액 속의 SO_4^{2-} 의 수는 어떻게 될까?

(3) 양극 찌꺼기와 Cu 의 반응성을 비교하시오.

(4) (+)극과 (−)극의 질량 변화를 쓰시오.

21 그림은 화학 전지에 전구를 연결한 것이다. (단, 반응성 크기는 Zn > Ni > (H) > Cu 이며, 금속 이온은 Zn^{2+}, Ni^{2+}, Cu^{2+} 이다.)

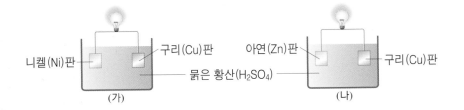

니켈(Ni)판 　　　구리(Cu)판 　　　아연(Zn)판 　　　구리(Cu)판

묽은 황산(H_2SO_4)

(가) 　　　　　　　　　(나)

(1) (가)와 (나)에서 같은 반쪽 반응이 일어나는 전극을 찾아 전극의 반쪽 반응식을 쓰시오.

(2) (가)와 (나) 전지의 표준 전지 전위를 비교하시오.

(3) 전구에 불이 들어오는 동안 (가)의 수용액 속의 이온 수는 어떻게 변할까?

22 그림은 수소-산소 연료 전지의 구조와 물의 분해와 관련된 두 반쪽 반응의 표준 환원 전위($E°$)를 나타낸 것이다.

$$\cdot\ 2H_2O + 2e^- \longrightarrow H_2 + 2OH^- \quad E° = -0.83\ V$$
$$\cdot\ 2H_2O + O_2 + 4e^- \longrightarrow 4OH^- \quad E° = +0.40\ V$$

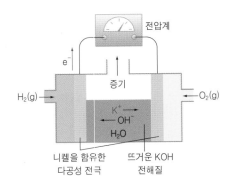

(1) 전지의 표준 전지 전위를 구하시오.

(2) 수용액 속의 OH^- 의 수는 어떻게 되는가?

(3) (-)극에서의 반쪽 반응식을 쓰시오.

개념 돋보기

⬤ 연료 전지

• 대표적 연료 전지 : 수소-산소 연료 전지

• 전극: 금속 촉매를 주입한 다공성 탄소 전극　• 전해질 : KOH　• 전지식 : (-)(C) H_2 | KOH | O_2 (C)(+)

전극	반응식	모형
(-)극	$2H_2 + 4OH^- \longrightarrow 4H_2O + 4e^-$ (산화 반응) 수소 기체 주입	
(+)극	$O_2 + 2H_2O + 4e^- \longrightarrow 4OH^-$ (환원 반응) 산소 기체 주입	
전체 반응	$2H_2 + O_2 \longrightarrow 2H_2O$	
장점	• 연료만 공급하면 재충전 없이 전기 계속 생산 • 에너지 손실이 거의 없는 고효율 전지 • 생성물이 물 → 공해물질의 배출 거의 없음, 소음 적음	

23

그림은 아연(Zn) 전극과 은(Ag) 전극으로 이루어진 화학 전지에서 일어나는 변화를 입자 모형으로 나타낸 것이다. 위 전지에 전류가 흘러 아연 전극의 질량이 0.65 g 감소하였을 때, 석출된 은의 질량은 몇 g 인가? (단, 아연과 은의 원자량은 각각 65 와 108 이다.)

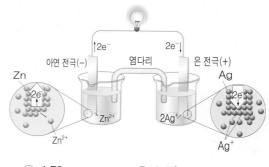

① 0.65　　　② 1.08　　　③ 1.30　　　④ 1.73　　　⑤ 2.16

24

그림은 화학 전지 장치를 나타낸 것이고, 표는 이 반응의 표준 환원 전위 값을 나타낸 것이다.

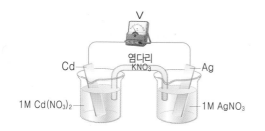

반쪽 반응	$E°$(V)
$Cd^{2+}(aq) + 2e^- \longrightarrow Cd(s)$	$- 0.40$
$Ag^+(aq) + e^- \longrightarrow Ag(s)$	$+ 0.80$

이 화학 전지에 대한 설명으로 옳은 것은? (단, Cd 와 Ag 의 원자량은 112, 108 이다.)

① Cd 은 산화되고 Ag^+ 은 환원된다.
② 표준 전지 전위는 2.0 V 이다.
③ 전지의 전체 반응은 $Cd^{2+}(aq) + 2Ag(s) \longrightarrow Cd(s) + 2Ag^+(aq)$ 이다.
④ 두 전극의 질량의 합은 변하지 않는다.
⑤ 전기적 중성을 유지하기 위하여 염다리의 K^+ 는 왼쪽 비커로 이동한다.

25

그림은 금속 철(Fe)을 전극으로 사용한 화학 전지를, 표는 표준 환원 전위를 나타낸 것이다.

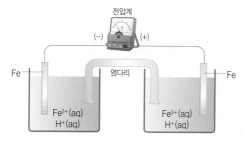

반쪽 반응	$E°$(V)
$Fe^{2+}(aq) + 2e^- \longrightarrow Fe(s)$	$- 0.44$
$Fe^{3+}(aq) + e^- \longrightarrow Fe^{2+}(aq)$	$+ 0.77$

(1) 전지의 표준 전지 전위를 구하시오.

(2) (+)극에서의 반쪽 반응을 쓰시오.

(3) 전체 반응식을 쓰시오.

(4) (+)극과 (−)극의 질량 변화를 설명하시오.

비소

- 원소 기호 : As
- 원자량 : 74.9
- 밀도 : 5.73

비소 산화물은 독성이 강하여 농약, 살충제, 쥐약 등에 이용된다.

- 비소 중독으로 사망한 사람 : 나폴레옹, 중국 광서제 – 머리카락을 조사하여 확인

- 비소 검출 방법 : 체내 성분에 황산 과 아연을 넣고 갈아 끓인 후 이 때 생성되는 증기가 비소 특유의 거울 같은 물질을 만들어내는 것을 보고 검출함.

미의 여신 아프로디테의 남편이며 판도라를 만들고, 아킬레스의 갑옷과 무기를 만들 만큼 재능이 뛰어난 대장간의 신 헤파이스토스의 외모는 지독히 못생기게 묘사되었다. 왜 능력있는 대장간의 신의 모습을 흉하게 묘사했을까?

▲ 헤파이스토스

대장간 작업장이 열악한 환경인 컴컴한 동굴이어서 금속 증기에 섞인 비소 화합물을 많이 마셨기 때문이다. (실제, 그리스로마 시대의 청동기에 다량의 비소가 함유된 것이 확인되었다)

---

01 다음 글을 읽고 물음에 답하시오.

조선시대 중죄인을 처벌하는 방법 중 사약을 내리는 형벌이 있었다. 기록으로 사약의 성분이 전해지지 않으나, 비소를 가공해서 만든 비상이 주성분인 것으로 추정된다. 선조들은 은수저를 이용해 음식물에 비상을 넣었는지 검사를 했다. 비상은 비소와 황의 화합물 (As_2S_3 : 석황, AsS : 계관석)로 이루어졌는데, 은수저를 넣으면 비상속의 황화 이온(S^{2-})과 은이 반응하여 검은색의 황화은(Ag_2S)이 생성되므로 은수저가 검게 변하는 것이다.

(1) 비상과 은의 반응에서 산화된 것과 환원된 물질을 적으시오.

(2) 옛날에도 은은 귀금속으로 은수저는 궁중이나 양반집에서 귀금속의 가치와 독극물 검출의 용도로 이용했다. 그러면 왜 더 귀한 금수저를 사용하지 않고 은수저를 사용했을까?

(3) 계란찜을 은수저로 먹으면 은수저가 검게 변한다. 왜 그럴까?

(4) 계란찜을 먹고 검게 변한 은수저가 있다. 어떻게 하면 검게 변한 은수저를 다시 반짝반짝 빛나게 할 수 있을지 아래 도구를 이용해서 그 방법을 설계하고, 그 원리를 설명하시오.

> 베이킹 파우더($NaHCO_3$), 알루미늄 호일, 물, 녹슨 은수저, 냄비, 가스레인지

● 추리 단답형

02 철수가 터치 전기 스탠드에 손끝을 살짝 대자 불이 켜졌지만, 고무 풍선을 가져다 대니 불이 켜지지 않았다. 철수는 궁금하여 조사한 결과 터치 스탠드의 금속 표면에는 약한 전류가 흐르고 있다는 것을 알게 되었다. 다음 물음에 답하시오.

▲ 손끝을 대었을 때

▲ 고무 풍선을 대었을 때

(1) 손끝을 대면 왜 불이 켜질까?

(2) 우리 주변의 물질 중에서 터치 전기 스탠드에 닿게 했을 때 불이 켜질 수 있는 것은 어떤 것이 있을까?

(3) 2001년 7월 수도권 지역에서 폭우가 내려 19명이 가로등 부근 등에서 모두 감전으로 숨지는 일이 발생하였다. 순수한 물은 전기가 통하지 않는데 어떻게 감전이 되었을까?

● 추리 단답형

03 그림은 영화 "딥 블루씨"에서 유전자 조작된 영리한 상어의 공격을 받은 주인공이 상어와 싸우는 장면이다.

여러분이 그림의 위와 같은 상황에 처해진 주인공이라면 아래 제시된 자료를 사용하여 어떻게 상어를 물리쳤을까? 원리와 함께 방법을 쓰시오.

바람 빠진 고무 보트, 잠수복, 피복이 벗겨진 전류가 흐르는 전선

창의력을 키우는 문제

중크로뮴산 이온($Cr_2O_7^{2-}$)

중크로뮴산 칼륨을 증류수에 녹이면 생성된 중크로뮴산 이온이 물과 반응하여

$$Cr_2O_7^{2-}(aq) + H_2O(l) \rightleftarrows 2CrO_4^{2-}(aq) + 2H^+(aq)$$

의 평형을 이룬다.
$Cr_2O_7^{2-}(aq)$의 색깔은 주황색이며 $CrO_4^{2-}(aq)$의 색깔은 노란색이다.

- $Cr_2O_7^{2-}(aq)$에 염기를 가하면 $CrO_4^{2-}(aq)$가 생성된다.(노란색이 된다.)
- $CrO_4^{2-}(aq)$에 산을 가하면 $Cr_2O_7^{2-}(aq)$가 생성된다.(주황색이 된다.)

크로뮴(Cr)

크로뮴은 여러 가지 산화수를 가진다. 일반 크로뮴과 3가 크로뮴은 사람에게 해롭지 않지만 크로뮴옐로에 들어 있는 산화수의 크로뮴은 피부염이나 암을 일으키는 등 위험한 독성 물질이다.

위나 장의 X선 촬영

황산 바륨 분말을 물에 섞어 마시고 X선 촬영을 한다.

- Ba^{2+}는 독성이 있어 몸에 흡수되면 좋지 않은데, 어떻게 황산 바륨($BaSO_4$) 현탁액을 마신 후 X선 촬영을 할까?
- → 황산 바륨은 물에 거의 녹지 않아 우리 몸에 흡수되지 않고 그대로 배설되므로 해가 없다.
- → 황산 바륨은 해롭지 않지만, 바륨 화합물은 독성이 크므로 조심해야 한다.
$$Ba^{2+} + SO_4^{2-} \rightarrow BaSO_4\downarrow$$

● 단계적 문제 해결력

04 빈센트 고흐는 [해바라기] 그림처럼 노란색을 즐겨 썼다. 그림에 사용된 노란색은 '크롬옐로' 라는 황색 안료로서 질산 납($Pb(NO_3)_2$) 수용액과 중크롬산나트륨($Na_2Cr_2O_7$) 수용액의 반응으로 생성된 앙금이다.

(1) 주황색인 중크롬산 나트륨 수용액에 염기를 가하면 황색의 크롬산 나트륨 수용액이 된다. 이때 크롬의 산화수는 어떻게 변할까?

$$Cr_2O_7^{2-}(aq) + 2OH^-(aq) \rightleftarrows 2CrO_4^{2-}(aq) + H_2O(l)$$

고흐의 '해바라기'.

(2) 크롬옐로의 주성분 안료의 화학식을 쓰고, 이 안료 속에 포함된 크롬의 산화수를 구하시오.

● 창의적 문제 해결력

05 우유에 식초를 넣고 가열하면 카제인이라는 단백질이 응고된다. 카제인은 그림 물감을 만들 때 고착제로 작용한다. 카제인 물감은 유화와 비슷한 효과를 낼 수 있다. 다음 주어진 실험 기구를 사용하고, 제시된 시약 중 알맞은 것을 선택하여 노란색 물감을 만들어 보자.

> 실험 기구 : 전열기, 시험관, 거름장치, 비커, 약수저, 막자사발, 비커, 거즈, 시계접시
>
> 시약 : 수산화 나트륨, 질산 납, 염화 나트륨, 염화 구리, 아이오딘화 칼륨, 황산 구리, 수산화 바륨, 탄산 나트륨, 우유 100 mL, 식초 10 mL

● 논리 서술형

06 제시문을 읽고 물음에 답하시오.

[제시문 1]

우리 몸에는 철분(Fe^{2+})이 필요하다. 철분은 적혈구의 주성분인 헤모글로빈의 생성에 절대적으로 필요한 성분이다. Fe^{2+}는 몸속에서 Fe^{3+}보다 흡수가 빠르지만 철은 대부분 Fe^{3+} 형태로 존재한다. 몸속에 공급된 Fe^{3+}는 Fe^{2+}로 바뀔 때 많은 에너지가 필요하므로 간에 무리를 줄 수가 있다.

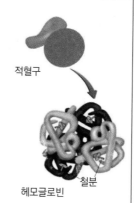

적혈구

철분

헤모글로빈

[제시문 2]

철로 된 못은 공기 중의 수분과 만나면 다음의 과정을 거쳐 녹($Fe_2O_3 \cdot xH_2O$)이 슬게 된다.

(가) $2Fe \longrightarrow 2Fe^{2+} + 4e^-$, $O_2 + 2H_2O + 4e^- \longrightarrow 4OH^-$

(나) $2Fe^{2+} + 4OH^- \longrightarrow 2Fe(OH)_2$

(다) $4Fe(OH)_2 + O_2 + 2H_2O \longrightarrow 4Fe(OH)_3$ 탈수 $\longrightarrow \underset{\text{붉은색 녹}}{2Fe_2O_3 \cdot xH_2O}$

(1) 옛날부터 우리 선조들은 무쇠 칼로 김치를 먹기 바로 전에 먹을 만큼만 썰어 놓았다. 이유는 무엇일까?

(2) 신 김치에 조개껍데기를 담아 두는 이유는 뭘까?

(3) 철 대문에는 페인트 칠을, 철로 된 기계에는 기름칠을 하여 녹스는 것을 방지한다. 어떻게 녹스는 것을 막을 수 있는지 [제시문 2]와 관련지어 설명하시오.

(4) 통조림 캔의 내부는 녹이 슬지 않도록 주석을 도금한 양철로 되어 있다. 왜 통조림 캔은 뚜껑을 따면 녹이 더 빨리 슬까?

철의 부식 방지 방법

- [제시문 2]의 (가)의 반응이 일어나지 않게 한다.(산소와 수분 차단)
→ 페인트, 기름칠 하기
- 음극화 보호
철로 만든 땅속의 연료 탱크나 수도관 등에 철보다 반응성이 큰 마그네슘 덩어리를 도선(구리선)으로 연결한다.

지상
철로 만든 기름 저장 탱크
구리선
마그네슘
아연
바닷물

마그네슘의 반응성이 철보다 크므로 $Fe \rightarrow Fe^{2+} + 2e^-$ 보다 $Mg \rightarrow Mg^{2+} + 2e^-$ 가 더 잘 일어나 철이 부식되는 것이 억제된다. 철보다 반응성 물질을 이용하는 이러한 방법으로 철이 부식을 방지하는 방법을 "음극화 보호"라고 한다.

- 양철, 함석
-양철 : 철보다 반응성이 작은 주석을 도금하여 철의 내부를 보호
-함석 : 철보다 반응성이 큰 아연으로 도금하여 철의 내부를 보호. 아연은 산화되어 얇은 피막($ZnCO_3$)을 형성하여 내부의 철을 보호한다.

- 함석에 흠집이 생겼을 때
– 철보다 반응성이 큰 아연이 먼저 산화되므로 철이 녹스는 것을 방비
(음극화 보호 원리)

아연이 먼저 산화됨
물방울
Zn^{2+}
e^- e^-
Zn
Fe

$Zn \rightarrow Zn^{2+} + 2e^-$ (산화)
$O_2 + 2H_2O + 4e^- \rightarrow 4OH^-$ (환원)

창의력을 키우는 문제

표백제

• 산화 표백(산화제를 사용하는 표백)
 → 산소계 표백제
: 과산화 수소, 과산화 나트륨
 → 염소계 표백제
: 표백분($CaCl_2 \cdot Ca(ClO)_2 \cdot 2H_2O$)
     (= $CaCl(ClO)$)
: 하이포아염소산나트륨($NaOCl$)

물의 정수

• 산화 수돗물의 살균 정수에 염소(Cl_2)기체 사용
$Cl_2(g) + H_2O(l) \rightarrow HOCl(aq) + HCl(aq)$
$HOCl(aq) \rightarrow HCl(aq) + [O]$
이때 발생하는 산소 원자(활성 산소)가 살균 작용이나 표백 작용을 한다.
• 살균 원리 미생물의 단백질을 산화시켜 단백질을 변질시킴
• 표백 원리 색깔 띤 물질로부터 전자를 제거하여 특정 색의 빛을 흡수하지 못하도록 한다.
$HOCl(aq) \rightarrow H^+(aq) + OCl^-(aq)$
$OCl^-(aq) + H_2O + e^-$
$\rightarrow Cl^-(aq) + 2OH^-(aq)$(환원 반응)

락스의 성분

하이포아염소산나트륨($NaOCl$)
$NaOCl \rightarrow NaCl + O$

• 산성 세정제와 세탁하면유 독한 염소 기체가 발생하여 위험
$NaOCl + 2HCl \rightarrow$
$\quad NaCl + H_2O + Cl_2$
• 제조법 : 소금물을 전기 분해 후 생성된 수산화 나트륨과 염소를 반응시킴
$2NaCl + 2H_2O$
$\quad\quad \rightarrow 2NaOH + Cl_2 + H_2$
(전기 분해)
$2NaOH + Cl_2$
$\quad\quad \rightarrow NaOCl + NaCl + H_2O$

보온 밥솥에 넣은 밥은 왜 더 빨리 누렇게 변할까?

밥을 한 다음 보온 밥솥에 넣으면 수분이 증발하고 밥의 탄수화물이 산소와 결합하여 누렇게 변하는 갈변 현상이 일어난다.
온도가 높을수록 탄수화물의 산화가 더 빨리 일어난다.

● 논리 서술형

07 다음 물음에 답하시오.

> 그림은 수백년 된 고서(좌측)와 몇 십년 된 서적(우측)이다.
>
>
>
> 구한 말 어느 외국의 조사에서 〈조선의 종이는 닥나무 섬유를 빼내어 만들므로 서양의 종이처럼 약하지 않고 어찌나 질긴지 노끈을 만들어 쓸 수도 있다고〉라고 감탄했다.

19세기 이후 서양의 흰 종이로 만들어진 책이 이·삼백년 이상 오래된 우리나라 고서보다 빨리 누렇게 색이 바래는 이유는 무엇일까?

● 논리 서술형

08 사과, 바나나, 감자, 고구마 등은 페놀계의 화합물과 이것을 산화시키는 산화 효소를 함께 가지고 있다. 이 산화 효소는 최적의 작용 조건이 있어서 최적 pH 가 5.7 ~ 6.8 이다.

(1) 사과를 깎아서 오래 두면 어떻게 될까? 그 이유와 함께 쓰시오.

(2) 감자나 고구마를 삶으면 색깔이 변하는 갈변 현상이 잘 일어나지 않는다. 이유는?

(3) 껍질을 깎지 않으면 갈변 현상이 일어나지 않는다. 그 이유는?

(4) 갈변 현상을 막을 수 있는 방법을 생각해 보자.(3가지 이상)

● 추리 단답형

09 다음 물음에 답하시오.

[제시문 1]
약 2000년 전에 만들어진 것으로 여겨지는 '바그다드 전지'라고 불리는 항아리형 전지가 1932년 이라크 바그다드에서 발굴되었다.
이 전지는 항아리에 원통형 동판, 가운데에는 철심을 넣고 아스팔트로 막았다. 전해질은 말라 없어졌지만, 식초나 톱밥을 채운 황산이었을 것으로 추정하고 있다.

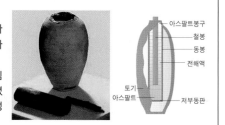

아스팔트봉구
철봉
동봉
전해액
토기
아스팔트
저부동판

[제시문 2]
1800년 이탈리아의 볼타는 작은 원판으로 만든 은과 아연판 사이에 소금물로 적신 헝겊을 끼우고 이것을 여러 개 쌓아 전지를 만드는 데 성공하여 전기 화학의 발전에 크게 공헌하였다.

[제시문 3]
〈금속의 이온화 경향〉
K Ca Na Mg Al Zn Fe Ni Sn Pb (H) Cu Hg Ag Pt Au

◄ 이온화 경향이 커진다.

(1) [제시문 1]과 [제시문 2]에서 같은 역할을 하는 물질들을 서로 연결하시오.

(2) 바그다드 전지와 볼타 전지에서 산화 반응이 일어나는 금속은?

(3) [제시문 2]의 그림에서 금속 원판은 어떤 순서대로 쌓아야 전지의 역할을 할 수 있을까?

(4) 바그다드 전지에서 식초를 사용했을 경우, 만약 반응이 오랫동안 진행된다면 전해질 수용액 속의 양이온 수는 어떻게 될까?

⬡ **이온화 경향과 금속의 반응성**

이온화 경향 증가 → 전자 잃기 쉬움 → 양이온 되기 쉬움 → 반응성 증가

⬡ **황산 구리(II) 수용액과 금속 아연(Zn)의 반응**

• 반응성 : Zn > Cu
$Zn(s) + CuSO_4(aq)$
$\rightarrow ZnSO_4(aq) + Cu(s)$
• $Zn \rightarrow Zn^{2+}$: 산화
(반응성이 큰 아연이 전자를 잃고 산화되어 수용액 속으로 녹아 들어감)
• $Cu^{2+} \rightarrow Cu$: 환원

아연판
황산구리(II) 수용액

• $ZnSO_4(aq) + Cu(s)$ → 반응이 일어나지 않음

구리판
황산아연 수용액

⬡ **그림과 같이 장치하면 반응이 일어날까?**

구리판
질산은 수용액

반응이 일어난다.
$Cu(s) + 2AgNO_3(aq)$
$\rightarrow Cu(NO_3)_2(aq) + 2Ag(s)$
용액에 Cu^{2+} 수가 많아지므로 용액이 푸르게 변한다.

창의력을 키우는 문제

용융액과 수용액에서의 전기 분해

그림 (가) : 어떤 금속 M 의 염화물(MCl)의 용융 전기 분해 장치
그림 (나) : MCl 수용액의 전기 분해 장치

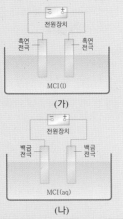

(가)

(나)

〈표준 환원 전위〉
$M^+(aq) + e^- \rightarrow M(s)$ $E° = -2.71$ V
$2H_2O(l) + 2e^- \rightarrow H_2(g) + 2OH^-(aq)$
$E° = -0.83$V
$Cl_2(g) + 2e^- \rightarrow 2Cl^-(aq)$
$E° = +1.36$ V

• (가)의 (+), (−)극에서의 반응 (용융 상태에서는 물이 없다.)
(+)극 : $2Cl^-(aq) \rightarrow Cl_2(g) + 2e^-$
(−)극 : $M^+(aq) + e^- \rightarrow M(s)$
• (나)의 (+), (−)에서의 반응
(+)극 : $2Cl^-(aq) \rightarrow Cl_2(g) + 2e^-$
(−)극 : $2H_2O(l) + 2e^-$
$\rightarrow H_2(g) + 2OH^-(aq)$

백금 전극을 사용하여 염화 구리 수용액을 전기 분해했을 때 (+)극에서 물이 산화 되지 않고, 염화 이온이 산화될까?

(+)극 : $2Cl^-(aq) \rightarrow Cl_2(g) + 2e^-$
(−)극 : $Cu^{2+}(aq) + 2e^- \rightarrow Cu(s)$

(+)극에서
$2H_2O(l) \rightarrow O_2(g) + 4H^+(aq) + 4e^-$ 의 반응이 일어난다면
→ 과전압 발생
→ 일어나기 힘들다.
→ 전위값이 비슷하고, 과전압 발생 적은 $2Cl^-(aq) \rightarrow Cl_2(g) + 2e^-$ 의 반응이 일어난다.

---

10 염화 구리(II) 수용액이 든 U자관에 구리 막대와 직류 전원 장치를 연결하여 10 A 의 전류를 16분 5초 동안 흘려 주어 전기 분해하였다.

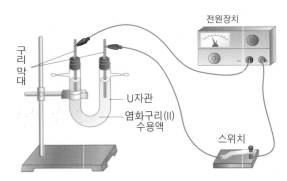

표는 몇 가지 반응의 표준 환원 전위 값을 나타낸 것이다. (단, 1 F 는 96500 C 이고, O, Cl, Cu 의 원자량은 각각 16, 35.5, 63.5 이다.)

환원 반쪽 반응	$E°$(V)
ⓐ $2H_2O(l) + 2e^- \longrightarrow H_2(g) + 2OH^-(aq)$	-0.83
ⓑ $Cu^{2+}(aq) + 2e^- \longrightarrow Cu(s)$	0.34
ⓒ $O_2(g) + 4H^+(aq) + 4e^- \longrightarrow 2H_2O(l)$	1.23
ⓓ $Cl_2(g) + 2e^- \longrightarrow 2Cl^-(aq)$	1.36

(1) (+)극과 (−)극에서의 일어나는 반쪽 반응을 쓰고, 그와 같은 반응이 일어난 이유를 표준 환원 전위 값을 사용하여 쓰시오.

(2) (+)극과 (−)극의 증가 또는 감소한 질량을 쓰시오.

(3) 염화 구리(II) 수용액의 색깔은 푸른색이다. 전기 분해가 진행되는 동안 푸른색은 어떻게 변할지 그 이유와 함께 쓰시오.

● 논리 서술형

11 제시문을 읽고 물음에 답하시오.

금속 중 지각에 존재량이 가장 많은 금속인 알루미늄은 19세기 초반까지 매우 값비싼 귀금속이었다. 19세기 초 칼륨, 나트륨 등을 전기 분해법으로 분리한 영국의 화학자 데이비는 산화 알루미늄을 전기 분해하려고 했지만 실패했다. 많은 과학자들의 연구가 진행된 후, 1886년 미국의 홀은 알루미늄 광석인 보크사이트에서 얻은 순수한 산화 알루미늄을 넣은 후, 빙정석을 넣어 가열하여 용융 상태로 만든 후 전기 분해하여 알루미늄을 얻었다.

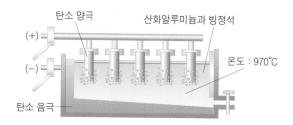

탄소 양극 / 산화알루미늄과 빙정석 / (+) / (−) / 온도 : 970℃ / 탄소 음극

• 녹는점 : 알루미늄 660 ℃, 산화 알루미늄 2054 ℃, 빙정석 1010 ℃
• 보크사이트에서 알루미늄 1톤을 얻을 때에는 약 20,000 kW 의 전기가 필요하지만 알루미늄 캔 등을 재활용하여 알루미늄을 얻을 때는 4 % 의 에너지만 필요하다.

(1) 지각에 존재하는 양이 가장 많은 금속인 알루미늄이 19세기 초까지 값비싼 귀금속에 속한 이유는 무엇일까?

(2) 데이비는 산화 알루미늄의 전기 분해에 실패했지만, 1886년에 홀은 성공한다. 성공한 원인을 산업 혁명의 과정에서의 기술 발전과 관련지어 설명하시오.

(3) 알루미늄의 제련에서 빙정석은 어떤 역할을 할까?

(4) (−)극에서 생성되는 물질과 그 물질의 상태는?

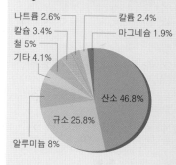

⬡ 지각을 구성하는 8대 원소

나트륨 2.6% / 칼륨 2.4% / 칼슘 3.4% / 마그네슘 1.9% / 철 5% / 기타 4.1% / 산소 46.8% / 규소 25.8% / 알루미늄 8%

⬡ 알루미늄이 산화물 형태로 포함된 보석

• 루비 : 붉은색, 7월의 탄생석
산화 알루미늄 + 크롬 불순물(미량)

• 에메랄드 : 녹색, 5월의 탄생석
녹주석 + 미량의 크롬 불순물
녹주석(규산염+알루미늄+베릴륨)

• 사파이어 : 청색, 9월의 탄생석
산화 알루미늄 + 미량의 티탄, 철 불순물

• 미량의 불순물이 보석의 아름다운 색깔을 띠게 한다.

● 추리 단답형

12 금가루를 뿌린 술이나 금가루가 들어간 화장품이 있다. 하지만, 많은 전문가들은 금박 식품이 건강에 별 영향을 미치지 않는다고 여긴다. 금은 왜 우리 몸에서 소화, 흡수가 되지 않을까? 금가루를 뿌린 술이나 금가루가 들어간 화장품이 있다. 하지만, 많은 전문가들은 금박 식품이 건강에 별 영향을 미치지 않는다고 여긴다. 금은 왜 우리 몸에서 소화, 흡수가 되지 않을까?

단계적 문제 해결형

13 아연 – 탄소 건전지의 구조와 탄소로 이루어진 서로 다른 물질 X 와 Y 의 구조를 나타낸 것이다.

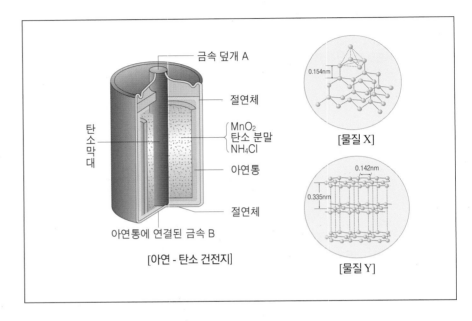

(1) 건전지를 분해하여 건전지 속의 검은색 물질을 증류수에 넣고 유리 막대로 저은 후 거름종이로 거르고 걸러진 고체를 과산화 수소 수가 있는 시험관에 넣으면 어떤 현상이 나타날까?

(2) (1)에서 거른 용액에 질산 은 수용액을 넣으면 어떤 현상이 나타날까?

(3) 건전지에서 탄소 막대의 역할은 무엇인가?

(4) 건전지의 탄소 막대 구조는 물질 X 와 물질 Y 중에서 무엇인지 고르고, 그렇게 생각하는 이유를 설명하시오.

단계적 문제 해결형

14 무한이가 레몬 전지를 만들기 위하여 설계한 실험 과정이다.

〈실험 과정〉

1. 그림 (가)와 같이 구리(Cu)판과 아연(Zn)판 사이에 거름종이를 끼우고 고무밴드로 고정한다.

2. 그림 (나)와 같이 구리(Cu)판과 아연(Zn)판에 전선을 연결하여 장치하고, 꼬마 전구를 연결한다.

3. 꼬마 전구에 불이 켜지지 않으면 같은 전극을 직렬로 2 ~ 3개 더 연결한다.

4. 꼬마 전구의 불빛이 흐려지면 구리(Cu)판 주위에 과산화 수소 수를 몇 방울 떨어뜨린다.

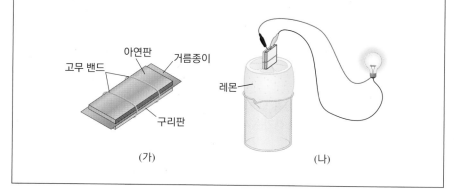

고무 밴드 / 아연판 / 거름종이 / 구리판 / 레몬

(가)   (나)

(1) 구리(Cu)판 주위에서 일어나는 반응의 반쪽 반응식을 쓰시오.

(2) 과정 4에서 구리(Cu)판 주위에 과산화 수소 수를 떨어뜨리는 이유를 쓰시오.

(3) 레몬 속의 레몬즙은 볼타 전지의 구성 요소 중 어떤 것에 해당하는지 쓰시오.

(4) 거름종이의 역할을 쓰시오.

전지의 탄생

▲ 볼타

레몬 전지는 볼타 전지의 원리를 응용해 만든 것으로 볼타 전지는 1800년 이탈리아의 과학자 알렉산드로 볼타(Alessandro Giuseppe Antonio Anastasio Volta)가 만든 세계 최초의 전지이다.

이탈리아의 생물학자였던 루이지 갈바니(Luigi Galvani)는 죽은 개구리의 뒷다리에 금속이 닿자 움찔 움직이는 것을 보고 '동물전기'설을 주장했다. 그는 개구리를 구리판 위에 놓거나 구리 철사로 매단 후 해부용 칼로(주재료는 철) 다리를 건드려도 다리가 움직인다는 것을 발견했다. 이 현상을 연구해 1791년 '전기가 근육운동에 주는 효과에 대한 고찰'이라는 논문을 발표하고, 동물의 근육은 '동물전기'라는 생명의 기를 가지고 있다고 주장했다. 또 동물전기는 금속으로 동물의 근육이나 신경을 건드리면 작용한다고 주장했다.

이런 그의 발표에 많은 과학자들이 관심을 보이며 개구리를 비롯한 다양한 동물로 실험을 진행했는데, 수많은 과학자들 중에는 볼타도 있었다. 볼타는 갈바니의 논문을 읽은 후 개구리로 실험을 하다가 같은 종류의 금속을 다리에 대면 다리가 움직이지 않는 것을 발견하며 의문을 품게 됐다. 그는 개구리 다리에 흐르는 전류가 개구리 다리에서 생긴 것이 아니라(동물전기에 의한 것이 아니라) 서로 다른 금속과 습기에 의해 생긴 것이라 추측하고 이를 증명하는 실험을 진행한다. 결국 볼타의 추측이 맞았으며, 이를 통해 볼타 전지를 발명하게 되었다.

01 희영이는 서로 다른 물질이 녹아 있는 4개의 시험과 I, II, III, IV에 어떤 물질이 들어 있는지 알아 보기 위해 다음과 같은 실험을 하였다. 실험 결과를 보고 질문에 답하시오.

[대회 기출 유형]

실험	결과			
	I	II	III	IV
질산 은 수용액을 가한다	노란색 침전	노란색 침전	노란색 침전	노란색 침전
불꽃 반응	보라색	×	×	×

4개의 시험관에 공통적으로 들어 있는 이온은 무엇인지 쓰시오.

02 그림과 같이 1 % 의 염화 나트륨, 황산, 염화 칼슘, 질산 나트륨 및 질산 구리 수용액을 각 10 mL 씩 시험관에 넣고 각 시험관에 1 % 질산 은 수용액을 10 mL 씩 가했다. 이 실험에서 앙금이 생기는 시험관의 기호를 있는 대로 고른 것은?

[대회 기출 유형]

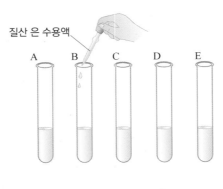

질산 은 수용액

① A, B   ② B, C   ③ D, E   ④ A, B, C   ⑤ C, D, E

03 라벨이 붙어 있지 않은 세 시험관 A, B, C 에는 염화 나트륨 수용액, 아이오딘화 칼륨 수용액, 황산 구리 수용액이 무작위로 들어 있다. 각 시험관에 질산 은 수용액을 넣었을 때 시험관 A 에서는 흰색이 나타났고, 질산 납 수용액을 넣었을 때 시험관 C 에서 노란색 앙금이 생겼다.

[대회 기출 유형]

(1) 시험관 A, B, C 에 들어 있는 용액이 무엇인지 바르게 짝지은 것을 고르시오.
    ① A - 아이오딘화 칼륨 수용액   ② B - 염화 나트륨 수용액
    ③ C - 황산 구리 수용액   ④ A - 염화 나트륨 수용액
    ⑤ B - 아이오딘화 칼륨 수용액

(2) 수산화 바륨 수용액을 B 시험관에 넣으면 생성되는 침전의 색은 무슨 색인가?

04 다음은 3 가지 반응의 화학 반응식이다.

[수능 기출 유형]

(가) $2C + O_2 \longrightarrow 2\ \boxed{\ ⊙\ }$

(나) $Fe_2O_3 + 3\ \boxed{\ ⊙\ } \longrightarrow 2Fe + 3CO_2$

(다) $4Al + 3O_2 \longrightarrow 2Al_2O_3$

이에 대한 설명으로 옳은 것만을 〈보기〉에서 있는 대로 고른 것은?

보기

ㄱ. (가)에서 탄소(C)는 환원된다.
ㄴ. (나)에서 ⊙은 산화제로 작용한다.
ㄷ. (다)는 산화 환원 반응이다.

① ㄱ   ② ㄷ   ③ ㄱ, ㄴ   ④ ㄴ, ㄷ   ⑤ ㄱ, ㄴ, ㄷ

05 다음은 3 가지 반응의 화학 반응식이다.

[수능 기출 유형]

$$H_2O, \qquad Li_2O, \qquad CaCO_3$$

학생 : 제시된 모든 화합물에서 산소(O)의 산화수는 -2 입니다. 따라서 O 가 포함된 화합
물에서 O 는 항상 -2의 산화수를 가진다고 생각합니다.

선생님 : 꼭 그렇지는 않아요. 예를 들어 $\boxed{\ ⊙\ }$ 에서 O 의 산화수는 -2가 아닙니다.

⊙에 들어갈 화합물로 적절한 것만을 〈보기〉에서 있는 대로 고르시오.

보기

ㄱ. H_2O_2 ㄴ. O_2F_2 ㄷ. CaO

06 철은 단단한 성질 때문에 우리 생활에 널리 이용되고 있다. 그러나 철은 공기 중에서 쉽게 산화하여 녹슬게 된다. 이렇게 녹슨 철은 단단하지 못하고 부스러지므로 철이 녹스는 것을 방지하기 위하여 여러 가지 방법을 사용하고 있다. 그 한 예는 철을 주석으로 도금해서 사용하는 통조림 깡통이다.

[대회 기출 유형]

철을 주석으로 도금하는 것과 같은 원리로 철이 녹스는 것을 방지하는 예를 있는 대로 고르시오.

① 기계에 기름칠을 한다.
② 플라스틱으로 코팅을 한다.
③ 배의 바닥에 아연을 부착한다.
④ 철로 만든 문에 페인트를 칠한다.
⑤ 지하 가스관에 마그네슘을 연결한다.
⑥ 스테인리스 스틸과 같은 합금을 만든다.

07 순수한 물은 전기가 통하지 않으나 젖은 손으로 전기 플러그를 만지면 감전의 위험이 크다. 다음은 이러한 물질의 성질을 알아보기 위한 실험이다. 그림 (가)는 증류수에 염화 나트륨을 녹일 때의 실험이고, 그림 (나)는 요오드화 납을 용융시킬 때의 실험이다. 실험 결과 (가)와 (나)에서 모두 전류가 흘렀으며, 전기 분해 반응이 일어났다.

[대회 기출 유형]

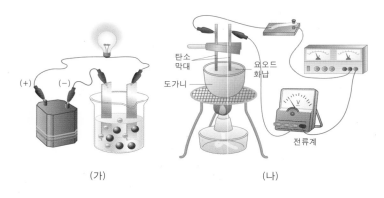

(가)　　　　　　　(나)

그림 (가)와 (나)에서 일어나는 변화에 대한 설명으로 옳지 <u>않은</u> 것은?

① 그림 (가)의 (+)극에서는 환원 반응이 일어난다.
② 그림 (가)의 염화 나트륨은 수용액에서 이온화된다.
③ 그림 (나)의 (−)극에서는 회백색의 납이 생성된다.
④ 그림 (나)의 요오드화 납은 용융 상태에서 전류가 잘 흐른다.
⑤ 그림 (가)와 (나)에서 액체 물질이 전기 전도성을 가지는 것은 전하를 띠고 있는 입자가 자유롭게 움직이기 때문이다.

08 그림과 같이 전원 장치와 연결된 전극을 황산 구리($CuSO_4$) 수용액에 넣었다. 그 후 전원 장치를 켰더니 전류가 흐르면서 전구에 불이 켜졌다.

[대회 기출 유형]

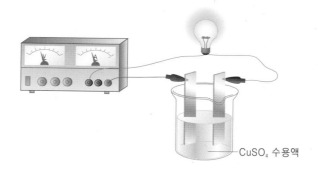

CuSO₄ 수용액

철수는 이런 현상이 일어나는 이유를 전원 장치를 켜기 전의 황산 구리 수용액에는 전류를 흐르게 해 주는 (+) 전하와 (−) 전하가 없었지만, 전원 장치를 켜면 황산 구리가 (+) 전하를 띠는 구리 입자와 (−) 전하를 띠는 황산 입자로 쪼개지기 때문이라고 주장하였다. 그러나 영희는 몇 가지 근거를 통해 전원 장치를 켜지 않아도 황산 구리 수용액에는 (+) 전하와 (−) 전하를 띤 입자가 존재한다고 주장하면서 철수의 주장을 반박하였다. 다음 중 영희의 주장을 뒷받침할 근거로 적합한 것을 있는 대로 고르시오.

① 산에는 약산과 강산이 있다.
② 구리 도선에서 전류가 잘 흐른다.
③ 증류수에서는 전류가 잘 흐르지 않지만 전해질을 넣으면 전류가 잘 흐른다.
④ 황산 구리 수용액을 염화 구리($CuCl_2$)수용액으로 바꾸어도 같은 결과가 나타난다.
⑤ 염화 구리($CuCl_2$)와 브로민화 구리($CuBr_2$)는 고체 상태에서는 각각 푸른색과 갈색을 띠지만 수용액에서는 모두 청색을 띤다.

09 다음 반응 중 산화 환원 반응이 **아닌** 것은?

[대회 기출 유형]

① $2H_2(g) + O_2(g) \longrightarrow H_2O(l)$
② $2NaCl(l) \longrightarrow 2Na(s) + Cl_2(g)$
③ $Mg(s) + Fe^{2+}(aq) \longrightarrow Mg^{2+}(aq) + Fe(s)$
④ $NaOH(aq) + HCl(aq) \longrightarrow NaCl(aq) + H_2O(l)$

10 칼륨(K)은 공기 중에서 연소하여 KO_2를 만드는데, KO_2와 물이 반응하면 (반응 Ⅰ) 염기성 용액을 형성하면서 산소 기체가 발생하며, 이 산소는 산소 호흡기에 사용될 수 있다. 한편, 호흡을 통해 산소 호흡기에 내뿜어진 이산화 탄소와 KO_2가 반응하면(반응 Ⅱ) 탄산염을 현성하면서 더 많은 산소 기체를 내놓는다. KO_2 및 반응 Ⅰ, Ⅱ 와 관련 된 설명 중 옳은 것은?

[대회 기출 유형]

① KO_2에서 O 의 산화수는 −2 이다.
② 반응 Ⅰ 과 Ⅱ 는 모두 산화 환원 반응이다.
③ 반응 Ⅰ 에서 KO_2 1 몰 당 형성되는 O_2 의 몰수는 1 몰이다.
④ 반응 Ⅱ 에서 KO_2 1 몰 당 형성되는 O_2 의 몰수는 1 몰이다.

11 다음은 아연(Zn)과 구리(Cu)의 표준 환원 전극 전위 값이다.

[대회 기출 유형]

$$Zn^{2+}(aq) + 2e^- \longrightarrow Zn(s) \quad E° = -0.76 \text{ V}$$
$$Cu^{2+}(aq) + 2e^- \longrightarrow Cu(s) \quad E° = +0.34 \text{ V}$$

아연과 구리를 사용하여 화학 전지를 만든다고 할 때, 다음 설명 중 옳지 <u>않은</u> 것은?

① 아연이 구리보다 산화가 잘 된다.
② 아연은 산화제로 구리는 환원제로 작용한다.
③ 이 전지의 표준 전지 전위(기전력)는 1.10 V 이다.
④ 구리는 환원 전극으로 아연은 산화 전극으로 작용한다.

12 건전지와 연료 전지의 개략도이다. 이에 대한 설명으로 옳지 <u>않은</u> 것은?

[대회 기출 유형]

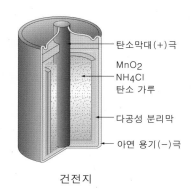

건전지   연료전지

① 연료 전지의 (가)는 (-)극이고, (나)는 (+)극이다.
② 연료 전지의 전체 반응식은 $2H_2 + O_2 \longrightarrow 2H_2O$ 이다.
③ 건전지의 아연과 연료 전지의 산소는 같은 역할을 한다.
④ 건전지의 전체 반응식은 $Zn(s) + 2NH_4^+(aq) + 2MnO_2(s) \longrightarrow Zn^{2+}(aq) + 2NH_3(aq) + Mn_2O_3(s) + H_2O(l)$이다.

13 연료 전지는 산소의 환원과 수소의 산화 반응을 이용하며 생성물로 물만 나오는 무공해 에너지원으로서 주목을 받고 있다. 산소의 환원 반응은 다음과 같다.

[대회 기출 유형]

$$O_2 + 4H^+ + 4e^- \rightleftharpoons 2H_2O$$

만일 연료 전지에서 1 시간 동안 0.80 mmol 의 산소 분자가 환원된다면 전지에 흐르는 전류 값은? (단, 패러데이 상수 1 F = 96485 C 이고, 1 mol 은 1000 mmol 이다.)

① 0.89 nA   ② 21 mA   ③ 86 mA   ④ 309 A

14 화학 전지 그림과 표준 환원 전위 값이다.

[대회 기출 유형]

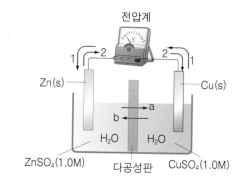

반쪽 반응	$E°$(V)
$Cu^{2+}(aq) + 2e^- \longrightarrow Cu(s)$	0.34
$Zn^{2+}(aq) + 2e^- \longrightarrow Zn(s)$	- 0.76

환원 전극과 산화 전극에서 일어나는 반응을 옳게 짝지은 것은? (단, 전지의 온도는 25 ℃ 이다.)

	환원 전극	산화 전극
①	$Zn^{2+}(aq) + 2e^- \longrightarrow Zn(s)$	$Cu(s) \longrightarrow Cu^{2+}(aq) + 2e^-$
②	$Cu(s) \longrightarrow Cu^{2+}(aq) + 2e^-$	$Zn^{2+}(aq) + 2e^- \longrightarrow Zn(s)$
③	$Cu^{2+}(aq) + 2e^- \longrightarrow Cu(s)$	$Zn(s) \longrightarrow Zn^{2+}(aq) + 2e^-$
④	$Zn(s) \longrightarrow Zn^{2+}(aq) + 2e^-$	$Cu^{2+}(aq) + 2e^- \longrightarrow Cu(s)$

15 여러 화합물의 표준 환원 전위 값이다. 화학 전지를 구성할 수 있는 조합은? (단, 모든 화합물이 표준 상태로 존재한다고 가정한다.)

[대회 기출 유형]

반쪽 반응	$E°$(V)
$MnO_2(s) + 4H^+(aq) + 2e^- \rightleftharpoons Mn^{2+}(aq) + 2H_2O(l)$	1.230
$Cu^{2+}(aq) + 2e^- \longrightarrow Cu(s)$	0.339
$Cd^{2+}(aq) + 2e^- \longrightarrow Cd(s)$	- 0.402
$Li^+(aq) + e^- \longrightarrow Li(s)$	- 3.040

① $MnO_2(s)$ 과 $Li(s)$　　② $Cu(s)$ 과 Cd^{2+}　　③ Li^+ 과 Mn^{2+}　　④ Cd^{2+} 과 Mn^{2+}

16 표준 환원 전위 값이다. 가장 강한 환원제는?

[대회 기출 유형]

반쪽 반응	$E°$(V)
$Al^{3+}(aq) + 3e^- \longrightarrow Al(s)$	- 1.66
$Fe^{3+}(aq) + e^- \longrightarrow Fe^{2+}(aq)$	+ 0.77

① Al　　② Fe^{3+}　　③ Fe^{2+}　　④ Al^{3+}

17 증류수는 전류가 흐르지 않는다. 그러나 증류수에 수산화 나트륨이나 황산을 녹이고 전극을 장치하여 전지에 연결하면 전류가 흐르면서 전기 분해되어 (+)극에서 산소 기체가 발생하고 (−)극에서 수소 기체가 발생한다. 다음 물음에 답하시오.

[과학고 기출 유형]

(1) 증류수에 전해질인 수산화 나트륨을 녹였을 때 전류가 흐르는 까닭을 쓰시오.

(2) 황산 용액이 전기 분해될 때 (−)극에서 수소 이온이 수소 기체로 되는 변화를 반응식으로 쓰시오.

18 염화 칼슘 수용액에 탄산 나트륨 수용액을 조금씩 가할 때 염화 이온의 수와 탄산 나트륨 수용액의 부피 사이의 관계를 바르게 나타낸 것은?

[과학고 기출 유형]

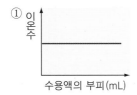 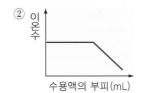  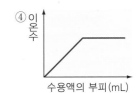

19 표백제인 하이포 아염소산 나트륨($NaClO$)은 다음과 같은 공정으로 만든다.

$$Cl_2 + 2NaOH \longrightarrow NaClO + NaCl + H_2O$$

이때 원료로 쓰이는 염소와 가성 소다는 소금을 액체 상태에서 전기 분해함으로써 얻을 수 있다. 어느 표백제 공장의 전기 분해 장치는 1000 암페어의 전류를 사용한다고 하자. 생성된 염소와 가성 소다는 자동적으로 모두 반응관으로 들어가도록 되어 있다고 할 때, 이 공장의 하루 생산량은 얼마나 되는가? 하루 동안 부산물로 얻어지는 수소는 1 기압, 25 ℃ 에서 몇 L 인가? (단, 1 패러데이는 96500 C, 기체 상수는 0.082 L·atm/mol·K 이고 $NaClO$ 의 화학식량은 84.5 이다)

[대회 기출 유형]

20 어떤 전지의 환원 전극에서 일어나는 반쪽 반응은 다음과 같다.

$$MnO_4^-(aq) + 8H^+(aq) + 5e^- \longrightarrow Mn^{2+}(aq) + 4H_2O(l)$$

이 전지에 0.600 암페어(A)의 전류를 844초 간 흘려주니 25.0 mL 의 용액 내에 들어 있는 모든 MnO_4^- 이 환원되었다. 이 용액 내 MnO_4^- 의 몰 농도(M)는? (단, 패러데이 상수 F = 96485 C · (mole)$^{-1}$ 이다.)

[대회 기출 유형]

① 7.10×10^{-3} ② 4.20×10^{-2} ③ 1.02×10^{-1} ④ 0.21

21 그림은 물을 분해하여 수소를 발생시키는 2 가지 방법을 모식적으로 나타낸 것이다.

[수능 기출 유형]

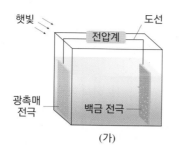
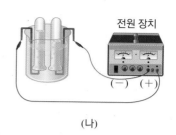

(가)   (나)

이에 대한 설명으로 옳은 것만을 〈보기〉에서 있는 대로 고른 것은?

> **보기**
>
> ㄱ. 물의 분해 반응은 흡열 반응이다.
> ㄴ. (가)의 반응에서 H_2O 의 H 는 환원된다.
> ㄷ. (나)의 (-)극에서 발생한 기체는 산소이다.

① ㄱ   ② ㄷ   ③ ㄱ, ㄴ   ④ ㄴ, ㄷ   ⑤ ㄱ, ㄴ, ㄷ

22 금속 A 와 B 를 사용한 화학 전지와, 이와 관련된 반쪽 반응에 대한 25 ℃ 에서의 표준 환원 전위($E°$)를 나타낸 것이다.

[수능 기출 유형]

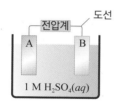

반쪽 반응	$E°$(V)
$A^{2+}(aq) + 2e^- \longrightarrow A(s)$	- 0.76
$B^+(aq) + e^- \longrightarrow B(s)$	+ 0.80

25 ℃ 에서 이에 대한 설명으로 옳은 것만을 〈보기〉에서 있는 대로 고른 것은? (단, 전지에서 물의 증발은 무시하고, 앙금은 생성되지 않는다.)

> **보기**
>
> ㄱ. 전지에서 A 는 환원 전극이다.
> ㄴ. 전지에서 반응이 진행됨에 따라 수용액의 질량은 증가한다.
> ㄷ. 반응 $2B(s) + 2H^+(aq) \longrightarrow 2B^+(aq) + H_2(g)$ 의 표준 전지 전위($E°_{전지}$)는 - 0.80 V 이다.

① ㄱ   ② ㄴ   ③ ㄱ, ㄷ   ④ ㄴ, ㄷ   ⑤ ㄱ, ㄴ, ㄷ

23 그림 (가)와 (나)는 25 ℃ 에서 표준 전지 전위($E^{\circ}_{전지}$)가 각각 $+x$ (V) 와 $+0.46$ (V) 인 2 가지 화학 전지를 나타낸 것이고, 자료는 3 가지 반쪽 반응에 대한 25 ℃ 에서의 표준 환원 전위(E°)이다.

[수능 기출 유형]

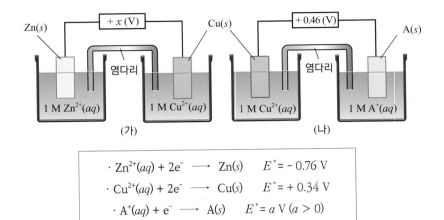

$$\cdot\ Zn^{2+}(aq) + 2e^- \longrightarrow Zn(s) \qquad E^{\circ} = -0.76\ V$$
$$\cdot\ Cu^{2+}(aq) + 2e^- \longrightarrow Cu(s) \qquad E^{\circ} = +0.34\ V$$
$$\cdot\ A^+(aq) + e^- \longrightarrow A(s) \qquad E^{\circ} = a\ V\ (a > 0)$$

25 ℃ 에서 이에 대한 설명으로 옳은 것만을 〈보기〉에서 있는 대로 고른 것은? (단, A 는 임의의 원소 기호이다.)

보기

ㄱ. (가)에서 반응이 진행됨에 따라 Zn 전극의 질량은 증가한다.
ㄴ. (나)에서 반응이 진행됨에 따라 $\dfrac{[Cu^{2+}]}{[A^+]}$ 는 증가한다.
ㄷ. $Zn(s) + 2A^+(aq) \longrightarrow Zn^{2+}(aq) + 2A(s)$ 반응의 표준 전지 전위($E^{\circ}_{전지}$)는 $+x$ (V) 보다 크다.

① ㄱ   ② ㄴ   ③ ㄷ   ④ ㄱ, ㄴ   ⑤ ㄴ, ㄷ

24 철수는 금속 A, B, C, D 의 반응성의 크기를 알아보기 위해 다음 그림과 같이 (가)는 B^{2+} 용액에 금속 A, (나)는 A^+ 용액에 금속 C, (나)는 A^+ 용액에 금속 C, (다)는 D^{2+} 용액에 금속 B, (라)는 D^{2+} 용액에 금속 C 를 실에 매달아 용액에 넣고 관찰하였더니 시험관 (나)에서만 변화가 일어났다.

[대회 기출 유형]

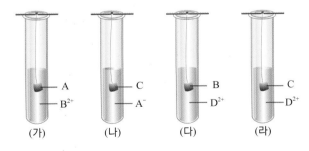

이 결과만으로 네 금속의 반응성 크기 순서를 결정할 수 없다. 다음 중 어느 실험을 더 해야만 순서를 결정할 수 있는지 고르시오.

① A^+ 용액 + 금속 B
② D^{2+} 용액 + 금속 A
③ C^{2+} 용액 + 금속 A
④ C^{2+} 용액 + 금속 B
⑤ B^{2+} 용액 + 금속 D

25 그림과 같이 질산 은(AgNO₃) 수용액에 구리판을 넣고 일어나는 변화를 관찰하였다.

[대회 기출 유형]

(1) 비커에서 관찰되는 현상을 서술하시오.

(2) 이 실험에서의 반응을 완결된 화학 반응식으로 나타내시오.

(3) 위 반응에서 산화제를 쓰시오.

(4) 구리판 대신 알루미늄(Al) 호일, 마그네슘(Mg) 리본, 철사(Fe)를 각각 넣었을 때 반응성이 큰 순서대로 쓰시오.

26 그림과 같이 장치하여 물을 전기 분해하였다.

[대회 기출 유형]

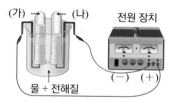

(1) 위 장치에서 일어나는 산화, 환원 반응을 각각 화학 반응식으로 나타내시오.

(2) 만약 위 장치에 10 A 의 전류가 16분 5초 동안 흘렀다면, (+)극에서 발생된 기체의 질량은 몇 g 인지 구하시오. (단, O 의 원자량은 16이다.)

(3) 시험관 (가)와 (나)에서 발생한 기체를 같은 조건에서 같은 부피만큼 취했을 때, 질량비를 구하시오.

(가)에서 발생한 기체 : (나)에서 발생한 기체 = (   ) : (   )

보이지 않지만 존재하는 "나노"의 세계
나노 기술(NANO-TECHNOLOGY)

세포보다 더 작은 미세 로봇이 인간의 몸속에서
손상된 세포를 치료하고, 암세포를 제거하기 위해
혈액 속을 돌아다니는 것은 언제쯤 가능할까?

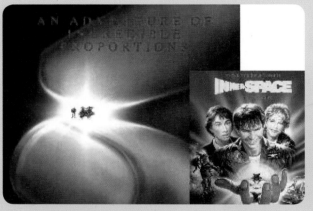

▲ 영화[이너스페이스]의 영화 포스터
초소형 잠수정이 영화 상에서는 더 작게 그려졌다.

▲ 나노 로봇이 혈관 속에 들어가 활동하는 모습의 상상도

세포보다 더 작은 미세 로봇이 인간의 몸속에서 손상된 세포를
치료하고, 암세포를 제거하기 위해 혈액 속을 돌아다니는 것은
언제쯤 가능할까?

 ### 21세기 생활의 변화를 가져올 나노 기술

1987년에 '이너스페이스'라는 영화에서 주인공이 눈에 보이지
않을 정도로 소형화된 잠수정을 타고 인체를 돌아다니는 모험
을 그린 영화가 인기를 끌었었다.

사람까지 축소되는 것은 미래에도 거의 불가능할 것 같지만,
초소형 로봇이 우리 몸속을 돌아다니면서 치료하는 것은 나노
기술의 발전으로 머지않아 많이 이용될 전망이다.

나노(nano)라는 말은 '난쟁이'를 뜻하
는 고대 그리스어에서 유래되었다. 나노
는 10억분의 1(10^{-9})을 나타낸다.

나노기술은 우리가 육안으로 도저히 볼
수 없는 원자나 분자를 조작하거나 결합
시키면서 새로운 물질을 만드는 것이다.
나노 물질은 적어도 한 변의 길이가 nm
에 이르는 물질을 말한다. 한 변만이라
도 100 nm 이하의 크기를 갖는다면 나
노 물질이 된다.

물질이 나노 크기가 되면 물리적·화학적
성질이 변한다. 노란색이며, 전기가 잘
통한다고 생각하는 금이, 크기가 20 nm
이하가 되면 붉은색을 띠고 자석에도 잘
붙고, 반도체로 성질로 바뀐다.

Imagine Infinite

 ## 자연을 모방한 나노 기술의 이용

연잎 효과

연꽃의 잎에 떨어진 물방울은 동그랗게 뭉쳐져 미끄러져 떨어진다. 연잎 표면에 나노미터 크기의 돌기와 돌기에 씌워진 기름 성분 때문에 수막현상이 생겨 물방울이 잎에 붙어 있지 않고 표면에 있던 오염물과 함께 떨어지기 때문에 연잎은 항상 깨끗한 상태를 유지한다. 이를 연잎 효과라고 부른다.

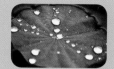
▲ 연잎의 물방울(왼쪽)

▲ 3~10μm 크기의 돌기들로 덮여 있는 연잎 표면(오른쪽)

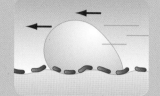
▲ 보통 표면: 물방울이 잘 구르지 못한다.

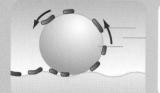
▲ 연잎 표면: 물방울이 잘 구르면서 오염물을 씻어냄

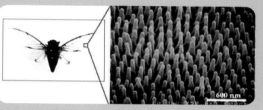
▲ 연잎처럼 표면에 250 nm 의 돌기를 가진 매미의 날개는 비가와도 젖지 않는다.

연잎을 모방한 기술

비가 와도 물방울이 맺히지 않는 차량용 유리나 건물 유리창을 만들 수 있다. 잉크젯 프린터의 잉크를 뿌려 주는 노즐에 응용하면 잉크 노즐에서는 잉크를 방울방울 떨어지게 종이에는 잉크를 얇게 퍼지게 뿌려줄 수 있다.

 ## 도마뱀붙이(gecko)의 발바닥을 모방한 로봇! 스티키봇(Stickybot)

도마뱀붙이는 벽에 달라붙어도 떨어지지 않는다. 도마뱀붙이의 발바닥에는 지름이 $0.2 \sim 0.5\mu m$인 털들이 수십 ~ 수백억 개가 나 있다. 접착 면과 발바닥의 털 사이에는 분자 사이에 작용하는 '반데르발스 힘'이 작용한다. 반데르발스 힘은 아주 약하지만 수십억 개가 모이면 그 힘이 엄청나게 강한 힘을 발휘한다.

 ## 상어 비늘의 돌기 모양을 본 뜬 전신 수영복

수영을 할 때 몸 주변에서 생기는 소용돌이의 마찰 때문에 속도가 느려진다. 상어는 물속에서도 수영을 잘한다. 상어의 비늘은 물속에서 속도를 높일 수 있는 구조이다. V자 형태의 비늘의 미세돌기(리블렛)가 몸 주위에서 발생하는 소용돌이는 밀쳐내는 효과가 있다 이러한 상어 비늘의 원리가 수영복이나 비행기, 잠수함 등에 적용되어 마찰 저항을 줄이고 있다.

◀ 스탠퍼드대학교에서 개발한 벽면을 타고 다닐 수 있는 스티키봇의 발바닥에 있는 150 nm 정도의 초미세 합성 섬유는 도마뱀붙이의 섬모와 비슷한 역할을 한다.
♣ 스티키테이프라는 같은 원리의 테이프도 개발되어 못 없이 도 액자를 걸 수 있게 되었다.

Q 금은 200nm 이하의 크기가 되었을 때 성질이 변한다. 그 이유는?

정답 p.52

Chemistry

VII

08
산과 염기의 반응

여름철 먹는 메밀 냉면에 왜 식초를 넣어 먹는 것일까?
벌레에 물렸을 때 왜 침을 바르는 것일까?

VIII 산과 염기의 반응 (1)

1. 산과 염기의 종류와 성질

(1) 아레니우스 [1] 산과 염기

구분	산	염기
정의	수용액에서 이온화하여 H^+ 을 내놓는 물질	수용액에 이온화하여 OH^- 을 내놓는 물질
모형	(H 모형) 물 H_2O → H$^-$ H$^+$	(M OH 모형) 물 H_2O → M^+ OH$^-$
예	• 염산 $HCl(aq) \longrightarrow H^+(aq) + Cl^-(aq)$ • 황산 $H_2SO_4(aq) \longrightarrow 2H^+(aq) + SO_4^{2-}(aq)$ • 질산 $HNO_3(aq) \longrightarrow H^+(aq) + NO_3^-(aq)$ • 아세트산 $CH_3COOH(aq) \longrightarrow H^+(aq) + CH_3COO^-(aq)$	• 수산화 칼슘 $Ca(OH)_2(aq) \longrightarrow Ca^{2+}(aq) + 2OH^-(aq)$ • 수산화 칼륨 $KOH(aq) \longrightarrow K^+(aq) + OH^-(aq)$ • 수산화 마그네슘 $Mg(OH)_2(aq) \longrightarrow Mg^{2+}(aq) + 2OH^-(aq)$ • 수산화 나트륨 $NaOH(aq) \longrightarrow Na^+(aq) + OH^-(aq)$

① **정의** : 아레니우스는 수용액에서 수소 이온(H^+을 내놓는 물질을 산, 수산화 이온(OH^-)을 내놓는 물질을 염기로 정의하였다.

② **한계** : • 수용액이 아닌 경우에 일어나는 산과 염기의 반응을 설명할 수 없다.
　　　　　• OH^- 을 내놓지 않는 염기성 물질을 설명할 수 없다.

(2) 브뢴스테드 – 로우리 산과 염기

구분	산	염기
정의	양성자(H^+)를 내놓는 물질(양성자 주개)	양성자(H^+)를 받아들이는 물질(양성자 받개)
예	$HCl + H_2O \longrightarrow H_3O^+ [2] + Cl^-$ 산　염기	$H_3O^+ + Cl^- \longrightarrow HCl + H_2O$ 산　염기

① **정의** : 브뢴스테드는 수용액이 아니어도 수소 이온(H^+) 을 내놓는 물질을 산, 수소 이온(H^+) 을 받아들이는 물질을 염기로 정의하였다.

② **한계** : 양성자(H^+)의 전달 반응에만 적용이 가능하다. 따라서 반드시 이온화될 수 있는 수소 이온을 포함하고 있어야 산으로 정의할 수 있다.

③ **짝산과 짝염기** : H^+의 이동에 의하여 산과 염기로 되는 한 쌍의 물질　예 HCl 와 Cl^-, H_2O 과 H_3O^+

④ **양쪽성 물질** : 산으로도 작용할 수 있고 염기로도 작용할 수 있는 물질이다. (H^+ 을 내놓을 수도 있고 받을 수도 있는 물질)

　　예 탄산 이온(HCO_3^-), 황화 수소 이온(HS^-), 황산 이온(HSO_4^-), 인산 이온($H_2PO_4^-$) 등

• H_2O 의 경우

$$HCl + H_2O \longrightarrow H_3O^+ + Cl^-$$
$$\text{산}\quad\text{염기}$$

$$NH_3 + H_2O \longrightarrow NH_4^+ + OH^-$$
$$\text{염기}\quad\text{산}$$

• HCO_3^- 의 경우

$$HCO_3^- + H_3O^+ \longrightarrow H_2CO_3 + H_2O$$
$$\text{염기}\quad\text{산}$$

$$HCO_3^- + H_2O \longrightarrow CO_3^{2-} + H_3O^+$$
$$\text{산}\quad\text{염기}$$

Q1 아레니우스와 브뢴스테드 – 로우리 산과 염기 정의의 차이점은 무엇인가?　　　　정답 p.52

---

❶ 아레니우스(S. A. Arrhenius(1859~1927))

스웨덴의 화학자. 1903년에 노벨 화학상을 받았다.

✿ 루이스의 산과 염기 정의

루이스는 산과 염기가 반응할 때 산이 염기의 비공유 전자쌍을 받아들여 공유 결합한다고 하였다. 따라서
• 산 : 다른 물질의 전자쌍을 받아들이는 물질(전자쌍 받개)
• 염기 : 다른 물질에게 전자쌍을 내놓은 물질(전자쌍 주개)
로 정의했다.

❷ 하이드로늄 이온(H_3O^+)

산과 염기에 대한 아레니우스의 정의로부터 산 HA 는 수용액에서 다음과 같이 이온화한다.
$$HA(aq) \rightarrow H^+(aq) + A^-(aq)$$
양성자 H^+ 는 반응성이 매우 큰 물질이기 때문에 수용액에서 단독으로 존재하지 않고 물 분자와 반응하여 하이드로늄 이온(H_3O^+)(= 옥소늄 이온)으로 존재한다.
$$H^+ + H_2O \rightarrow H_3O^+$$

미니사전

양성자 중성자와 함께 원자핵을 구성하는 소립자의 하나로, (+)전하를 가지고 있다.

(3) 산의 종류와 성질

① 산의 공통적인 성질

- 산 수용액은 신맛이 난다.
- 산 수용액은 전해질이므로 전류가 흐른다.
- 반응성이 큰 금속과 반응하여 수소 기체를 발생시킨다.

  (예) $Mg + 2HCl \longrightarrow MgCl_2 + H_2$

- 탄산 칼슘($CaCO_3$) 성분과 반응하여 이산화 탄소(CO_2)기체를 발생시킨다.

  (예) $CaCO_3 + 2HCl \longrightarrow CaCl_2 + H_2O + CO_2$

② 산의 종류

종류	성질	이용
염산[3] (HCl)	• 자극성이 강한 무색의 기체 • 물에 대한 용해도가 크고 공기보다 무거우므로 하방 치환함 • 암모니아 기체와 반응하여 염화암모늄의 흰색 연기를 생성	• 위액 속에 0.2 ~ 0.5 % 정도 포함되어 있으며, 건물 청소 약품 등 화학 약품의 원료로 사용
황산 (H_2SO_4)	• 일반적으로 말하는 황산은 묽은 황산을 뜻하며 강한 산성을 나타냄 • 진한 황산은 이온화되지 않으므로 산성을 나타내지 않음	• 진한 황산 : 수분을 흡수하는 성질이 있어 시약을 건조시키는 건조제로 사용 • 묽은 황산 : 납축전지의 전해질 용액, 비료, 플라스틱, 세제 등 화학 공업의 중요한 원료로 사용
질산[4] (HNO_3)	• 휘발성이 있으며 열이나 빛에 의해 분해되기 쉬우므로 빛이 잘 통과하지 않는 갈색병에 담아 보관 • 강한 산화력을 가지고 있어 산과 반응하지 않는 구리와도 반응	• 다이너마이트나 폭약, 비료, 염료 등의 원료로 이용
아세트산 (CH_3COOH)	• 자극성 있는 냄새 • 살갗에 닿으면 피부가 상함 • 녹는점이 17 ℃ 로 그 이하 온도에서 고체로 존재하므로 빙초산으로 불림	• 용매로 사용되며 조미료나 의약품, 인조 섬유의 제조에 이용 • 4 ~ 6 % 수용액으로 식초 제조
탄산 (H_2CO_3)	• 이산화 탄소를 물에 녹일 때 일부가 물과 반응하여 생성됨 $CO_2 + H_2O \longrightarrow H_2CO_3 \longrightarrow 2H^+ + CO_3^{2-}$ • 석회 동굴이 만들어지는 원인 $CaCO_3 + CO_2 + H_2O \longrightarrow Ca^{2+} + 3HCO_3^-$	• 청량 음료 만들 때 이용

③ 생물체 내의 산

개미 (포름산)	사과 (말산)	포도 (타르타르산)	귤 (시트르산)	요구르트 (락트산)
(사진)	(사진)	(사진)	(사진)	(사진)
개미에게 물렸을때 포름산 때문에 따끔하다.	사과의 말산은 새콤한 맛을 내게 한다.	포도의 신맛은 타르타르산의 영향이다.	귤의 신맛은 시트르산 때문이다.	요구르트는 락트산의 영향으로 시큼한 맛을 낸다.

정답 p.52

Q2 염산이 금속과 반응하면 어떻게 될까?

Q3 휘발성이 있으며 빛에 의해 분해되기 쉬워 갈색병에 보관해야 하는 산은 무엇인가?

---

❸ 염화 수소(HCl) 제법

염화 나트륨에 진한 황산을 가하고 가열하여 발생시킨다. 생성된 염화 수소를 물에 녹이면 염산이 된다.

▲ 염산 만드는 방법

❹ 질산(HNO_3)의 제법

질산 칼륨에 진한 황산을 넣고 가열할 때 발생하는 기체를 냉각시켜 만든다.

❖ 왕수(王水)

진한 염산(HCl)과 진한 질산(HNO_3)을 3 : 1 로 섞은 용액이다.

일반 산에는 녹지 않는 금이나 백금 등의 귀금속을 녹이며, 그래서 '왕의 물'이라는 뜻의 이름이 붙었다. 오래 보존하기 어려우므로, 사용하기 전에 조제해서 사용한다.

❖ 황산 묽히기

묽은 황산을 묽힐 때 많은 열이 발생하므로 많은 양의 물에 진한 황산을 조금씩 넣어 주면서 묽혀야 한다.

황산을 묽게 할 땐, 물을 넣은 뒤 황산을 넣어야 돼요. 황산에 물을 넣으면 이렇게 돼요.

❺ 수산화 나트륨과 이산 화 탄소의 반응

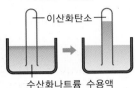

수산화나트륨 수용액

수산화 나트륨(NaOH) 수용액이 들어 있는 비커에 이산화 탄소가 들어 있는 시험관을 거꾸로 세워 두면 이산화 탄소가 수산화 나트륨 수용액에 녹는다. 이때 압력이 낮아져 수면이 올라간다.

❻ 석회수에 이산화 탄소를 불어 넣으면 뿌옇게 되는 이유

석회수에 입김을 불어 넣으면 흰 앙금이 생기는데 그 정체는 탄산 칼슘이다. 석회수에 계속해서 이산화 탄소를 가하면 탄산 칼슘은 물에 녹아 수산화 칼슘으로 변하여 다시 맑은 용액이 된다.

$Ca(OH)_2 + CO_2$
$\rightarrow CaCO_3\downarrow + H_2O$
$CaCO_3 + H_2O$
$\rightarrow Ca(OH)_2 + CO_2$

✿ 석회 동굴 생성 원리

석회석을 가열하면 산화 칼슘과 이산화 탄소가 생성되고, 산화 칼슘에 물을 가하면 열을 내면서 물에 녹아 수산화 칼슘이 된다. 이 과정에서 석회석이 녹아 동굴이 만들어진다.
$CaCO_3 \rightarrow CaO + CO_2$
$CaO + H_2O \rightarrow Ca(OH)_2$

┌ 미니사전 ┐

조해성 고체가 대기 중의 습기를 흡수하여 녹는 성질

(4) 염기의 종류와 성질

① 염기의 공통적인 성질

• 염기 수용액은 쓴맛이 난다.

• 단백질을 녹이는 성질이 있으므로 미끈거린다.

• 염기는 전해질이므로 염기 수용액은 전류가 흐른다.

• 금속과 반응하지 않는다.

② 염기의 종류

종류	성질	이용
수산화 나트륨 (NaOH)	• 물에 잘 녹으며 조해성이 있음 • 공기 중의 이산화 탄소를 흡수하여 탄산 나트륨(Na_2CO_3)을 생성 ❺ $2NaOH + CO_2 \longrightarrow Na_2CO_3 + H_2O$	• 하수구 세정제, 종이나 비누·펄프 등을 만드는 원료
수산화 칼륨 (KOH)	• 수산화 나트륨과 거의 비슷한 성질을 가지는 흰색 고체, 조해성이 있음 • 유리에 대한 부식성이 매우 강해서 플라스틱 병에 보관	• 세수 비누·물비누의 제조, 단백질 제거제, 이산화 탄소 흡수제
수산화 칼슘 ($Ca(OH)_2$)	• 백색의 분말로서 소석회라고도 함 • 물에 잘 녹지 않으나 일단 물에 녹기 시작하면 이온화하는 정도가 크므로 강한 염기성을 나타내며, 그 수용액을 석회수 ❻ 라고 함	• 건축용 시멘트나 표백분의 원료
암모니아 (NH_3)	• 약염기로서 공기보다 가벼운 무색의 자극성 기체 • 염화 수소(HCl)와 반응하여 염화 암모늄 (NH_4Cl)의 흰색 연기를 생성하므로 염화 수소 기체 확인에 이용됨 $NH_3(g) + HCl(g) \longrightarrow NH_4Cl(s)$	• 벌레 물린데 바르는 약, 질소 비료 및 질산의 제조에 사용

③ 염기성 확인 실험

[암모니아 분수 실험]

〈실험 방법〉
둥근바닥 플라스크에 암모니아 기체를 가득 넣고, 물이 들어있는 스포이트를 눌러 플라스크 안에 물을 조금 넣어 주면 붉은색 분수가 생김

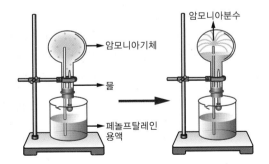

암모니아분수

암모니아기체

물

페놀프탈레인 용액

〈실험 결과〉

• 분수가 생기는 이유 : 암모니아가 물에 잘 녹기 때문에 플라스크 안의 압력이 낮아져 비커의 물이 유리관을 따라 올라가기 때문

• 분수가 붉은색을 띠는 이유 : 암모니아가 염기이기 때문(페놀프탈레인 용액은 염기성에서 붉은색을 띤다.)

2. 산과 염기의 세기

(1) 이온화 물질이 물에 녹아 양이온과 음이온으로 나누어지는 현상

① **이온화도(α)** : 물에 녹은 전해질의 총 몰수에 대한 이온화된 전해질의 몰수비

$$이온화도(α) = \frac{이온화된\ 전해질의\ 몰수}{용해된\ 전해질의\ 몰수}\ (0 < 이온화도 \leq 1)$$

이온화도가 0.2 인 산 HA 의 이온화 모형

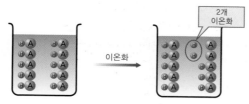

물에 녹은 분자 10개 당 이온화된 분자 개수 2개, 이온화도 = $\frac{2}{10}$ = 0.2

② **약한 전해질과 강한 전해질 ❶** : 이온화도가 0 에 가까우면 약한 전해질이고, 이온화도가 1 에 가까우면 강한 전해질이다.

③ **오스트발트의 희석률** : 이온화도는 같은 농도에서는 온도가 높을수록 커지고, 같은 온도에서는 농도가 작을수록 커지는데, 이것을 오스트발트의 희석률이라고 한다.

(2) 강산과 강염기 이온화도가 크므로 강한 전해질이다.

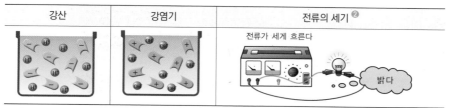

강산	강염기	전류의 세기 ❷

전류가 세게 흐른다 / 밝다

예 강산 : 염산(HCl), 질산(HNO_3), 황산(H_2SO_4)

강염기 : 수산화 나트륨(NaOH), 수산화 칼륨(KOH), 수산화 바륨($Ba(OH)_2$)

(3) 약산과 약염기 이온화도가 작으므로 약한 전해질이다.

약산	약염기	전류의 세기

전류가 약하게 흐른다 / 어둡다

예 약산 : 아세트산(CH_3COOH), 탄산(H_2CO_3), 인산(H_3PO_4)

약염기 : 암모니아(NH_3), 수산화 마그네슘($Mg(OH)_2$), 수산화 알루미늄($Al(OH)_3$)

불없음 / 중간 / 아주밝게

0 ← 이온화도 증가 → 1

정답 p.52

Q4 염산과 아세트산 수용액을 통과하는 전류의 세기는 어떻게 다른가?

---

❶ 강전해질과 약전해질

구분	강한 전해질	약한 전해질
정의	물에 녹아 대부분이 이온화하여 전류가 강하게 흐르는 물질	물에 녹아 일부분만 이온화하여 전류가 약하게 흐르는물질
모형	양이온 / 음이온	음이온 / 양이온
이유	수용액에 전하를 띤 입자가 많음	수용액에 전자를 띤 입자가 적음
	수용액에서 물질이 대부분 전하를 띤 입자로 나누어짐	수용액에서 물질의 일부만 전하를 띤 입자로 나누어짐
예	· 강한 산(염산, 황산) · 강한 염기(수산화 나트륨, 수산화 칼슘)	· 약한 산(아세트산, 탄산) · 약한 염기(암모니아)

❷ 전류의 세기 정도

강한 전해질	약한 전해질	비전해질
불빛이 밝다.	불빛이 흐리다.	불이 들어오지 않는다.
전류의 세기가 강함 이온화도가 크다.	전류의 세기가 약함 이온화도가 작다.	전류가 흐르지 않음 이온화도 0

각 산과 염기의 이온화 크기

산		염기	
HCl	0.94	NaOH	0.91
HNO_3	0.92	KOH	0.91
H_2SO_4	0.62	$Ba(OH)_2$	0.77
CH_3COOH	0.013	NH_3	0.013
H_2CO_3	0.0017		

미니사전

전해질 물에 녹은 상태에서 이온으로 쪼개져 전류가 흐르는 물질

3. 물의 자동 이온화와 pH

(1) 물의 자동 이온화 순수한 물에서 극히 일부분의 물 분자들끼리 서로 수소 이온을 주고 받아 H_3O^+ 과 OH^- 으로 이온화되는 현상이다.

① **물의 이온곱 상수(K_w)** : 물이 자동 이온화하여 평형 상태를 이룰 때의 평형 상수이다.

• 물의 이온화 과정은 흡열 반응이므로 온도가 높을수록 K_w는 커진다.

• 25 ℃ 의 순수한 물에서 K_w = $[H_3O^+][OH^-]$ = 1.0×10^{-14} 이므로 25 ℃ 에서 순수한 물은 $[H_3O^+]$ = $[OH^-]$ = 1.0×10^{-7} M 로 일정하다.

② **수용액의 액성**

• 수용액은 H_3O^+ 에 의해 산성을 나타내고, OH^- 에 의해 염기성을 나타낸다.

• K_w는 온도에만 영향을 받으므로 $[H_3O^+]$와 $[OH^-]$는 반비례 관계이다.

• 산을 가할 때 수용액 중의 H_3O^+ 의 농도가 증가하며 OH^- 의 농도가 감소한다. $[H_3O^+]$ > $[OH^-]$

• 염기를 가할 때 수용액 중의 OH^- 의 농도가 증가하며 H_3O^+ 의 농도가 감소한다. $[H_3O^+]$ < $[OH^-]$

• **산성**(25 ℃) : $[H^+]$ > $[OH^-]$, $[H^+]$ > 10^{-7} M

• **중성**(25 ℃) : $[H^+]$ = $[OH^-]$, $[H^+]$ = 10^{-7} M

• **염기성**(25 ℃) : $[H^+]$ < $[OH^-]$, $[H^+]$ < 10^{-7} M

(2) 수소 이온 지수(pH)

① pH : 용액 속에 들어있는 수소 이온 농도$[H^+]$를 간단히 나타낸 값이다.

pH 가 5.6 미만의 산성을 띠는 비를 산성비라고 하는데 화석 연료의 연소 시 발생하는 이산화 황이나, 자동차의 배기 가스로 배출된 질소 산화물이 빗물에 녹아 황산이나 질산을 생성하면서 산성비가 만들어지게 된다.

② **$[H^+]$의 의미** : H^+ 이온의 몰 농도(mol/L) = $\dfrac{\text{수소 이온의 몰수}}{\text{용액의 부피}}$

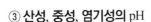

$$pH = -\log[H^+] = -\log C\alpha$$
$$(C : HA(산)의 처음 농도, \alpha : 이온화도)$$

③ **산성, 중성, 염기성의 pH**

• **산성** : pH < 7 , pH가 7보다 작으면 산성

• **중성** : pH = 7 , pH가 7이면 중성

• **염기성** : pH > 7, pH가 7보다 크면 염기성

정답 p.52

Q5 순수한 물의 pH 는 7 이다. 그런데 왜 pH 7 이하를 산성비라 하지 않고 pH 5.6 이하를 산성비라 할까?

개념 확인 문제

산과 염기의 종류와 성질

01 ㉠ ~ ㉣ 중 산으로 작용한 분자나 이온을 있는 대로 고르시오.

$$\underset{㉠}{HCO_3^-} + \underset{㉡}{H_2O} \rightleftharpoons \underset{㉢}{H_3O^+} + \underset{㉣}{CO_3^{2-}}$$

02 염화 수소와 물의 반응은 다음과 같다.

$$HCl + H_2O \rightleftharpoons H_3O^+ + Cl^-$$

이에 대한 설명으로 옳은 것만을 〈보기〉에서 있는 대로 고른 것은?

보기
ㄱ. HCl 는 산으로 작용한다.
ㄴ. H_2O 은 양쪽성 물질이다.
ㄷ. H_3O^+ 과 H_2O 은 짝산 – 짝염기 관계이다.

① ㄱ   ② ㄱ, ㄴ   ③ ㄱ, ㄷ
④ ㄴ, ㄷ   ⑤ ㄱ, ㄴ, ㄷ

03 다음 중 H_2O 이 브뢴스테드의 산으로 작용한 것은?

① $2Na + 2H_2O \longrightarrow 2NaOH + H_2$
② $NH_3 + H_2O \rightleftharpoons NH_4^+ + OH^-$
③ $HSO_4^- + H_2O \rightleftharpoons SO_4^- + H_3O^+$
④ $3Fe + 4H_2O \rightleftharpoons Fe_3O_4 + 4H_2$
⑤ $CH_3COOH + H_2O \rightleftharpoons CH_3COO^- + H_3O^+$

04 〈보기〉 중 용액에서 양쪽성 물질로 작용할 수 있는 것을 있는 대로 고르시오.

보기
ㄱ. HCO_3^- ㄴ. HSO_4^- ㄷ. SO_2
ㄹ. HS^- ㅁ. SO_4^{2-} ㅂ. PO_4^{3-}
ㅅ. S^{2-} ㅇ. H_2O ㅈ. $H_2PO_4^-$

05 다음 반응에 대한 설명으로 옳은 것은?

$$HCO_3^- + H_2O \rightleftharpoons H_3O^+ + CO_3^{2-}$$

① H_3O^+ 는 산으로 작용했다.
② HCO_3^- 는 염기로 작용했다.
③ H_2O 의 짝염기는 H_3O^+ 이다.
④ HCO_3^- 의 짝산은 CO_3^{2-} 이다.
⑤ HCO_3^- 과 CO_3^{2-} 은 모두 산으로 작용했다.

06 다음 〈보기〉에서 강산을 있는 대로 고르시오.

보기
ㄱ. 염산   ㄴ. 질산   ㄷ. 탄산   ㄹ. 아세트산

07 다음 중 산에 대한 설명으로 옳지 않은 것은?

① 산의 수용액에서는 전류가 흐른다.
② 산성을 나타내는 것은 수소 이온(H^+) 때문이다.
③ 수용액 중에 수소 이온을 내놓는 물질은 산이다.
④ 산의 종류에 따라 성질이 다른 것은 산의 양이온 때문이다.
⑤ 농도가 진한 산일수록 금속과 반응해서 수소를 많이 발생시킨다.

08 수용액에서 다음과 같은 성질이 나타나게 하는 이온을 쓰시오.

• 수용액은 신맛이 난다.
• 알칼리 금속과 반응하여 수소 기체를 발생시킨다.
• BTB 용액을 떨어뜨리면 노란색을 나타낸다.

개념 확인 문제

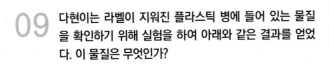

09 다현이는 라벨이 지워진 플라스틱 병에 들어 있는 물질을 확인하기 위해 실험을 하여 아래와 같은 결과를 얻었다. 이 물질은 무엇인가?

- 덜어내어 공기 중에 방치하였더니 곧 저절로 녹았다.
- 녹은 것을 그대로 두었더니 흰색의 가루로 변했다.
- 흰색의 가루를 물에 녹여 불꽃 반응을 시켰더니 불꽃색은 노란색이었다.
- 물에 녹여 페놀프탈레인 용액을 떨어뜨렸더니 붉게 변했다.

10 갈색 병에 보관해야 하는 산은 무엇인가?

① 염산　　　　　　② 황산
③ 질산　　　　　　④ 탄산
⑤ 아세트산

11 수산화 칼슘($Ca(OH)_2$)에 대한 설명으로 옳지 않은 것은?

① 수용액은 강한 염기성을 나타낸다.
② 물에 잘 녹아 대부분 이온으로 존재한다.
③ 수용액은 페놀프탈레인 용액을 붉게 변색시킨다.
④ 수용액에 이산화 탄소를 불어넣으면 뿌옇게 흐려진다.
⑤ 수용액에 메틸오렌지 용액을 떨어뜨리면 노란색으로 변한다.

12 염기의 이온식 중 옳지 않은 것은?

① $KOH \longrightarrow K^+ + OH^-$
② $Ca(OH)_2 \longrightarrow Ca^{2+} + OH^{2-}$
③ $NaOH \longrightarrow Na^+ + OH^-$
④ $NH_4OH \longrightarrow NH_4^+ + OH^-$
⑤ $Mg(OH)_2 \longrightarrow Mg^{2+} + 2OH^-$

13 아세트산과 암모니아수의 구별 방법이 될 수 없는 것은?

① 냄새를 맡아본다.
② 마그네슘 리본을 넣어 본다.
③ 페놀프탈레인 용액을 넣어 본다.
④ 붉은색 리트머스 종이에 묻혀 본다.
⑤ 회로를 연결하여 전류가 흐르는지 알아본다.

14 실험실에서 수행한 방법에 대한 설명으로 옳은 것만을 〈보기〉에서 있는 대로 고른 것은?

> **보기**
>
> ㄱ. 사용하고 남은 질산을 투명한 유리병에 담아 보관하였다.
> ㄴ. 데시케이터에 묽은 황산을 넣고 건조시킬 물질을 넣었다.
> ㄷ. 묽은 황산을 만들기 위해 많은 양의 물에 진한 황산을 조금씩 가하면서 유리 막대로 젓는다.
> ㄹ. 빙초산을 녹이기 위해 빙초산이 담긴 병을 상온(25°C)의 물에 담갔다.

① ㄱ, ㄴ　　　② ㄴ, ㄷ　　　③ ㄷ, ㄹ
④ ㄱ, ㄷ　　　⑤ ㄱ, ㄹ

15 다음 물질의 화학식은?

- 염화 나트륨과 진한 황산을 반응시켜 만든다.
- 암모니아와 반응하면 흰 연기를 생성한다.
- 자극성이 강한 무색의 기체로 물에 매우 잘 녹는다.

① HCl　　　　　　② H_2SO_4
③ $Mg(OH)_2$　　　　④ $NaOH$
⑤ $Ca(OH)_2$

산과 염기의 세기

16 그림은 산 HA 와 HB 수용액을 나타낸 모형이다.

HA 수용액
(가)

HB 수용액
(나)

이에 대한 설명으로 옳은 것만을 〈보기〉에서 있는 대로 고른 것은?

보기

ㄱ. 전기 전도성은 (가)가 (나)보다 크다.
ㄴ. 수용액 속의 총 이온 수는 (가)보다 (나)가 많다.
ㄷ. 아연과 반응하면 (나)에서 수소가 더 빠르게 발생한다.
ㄹ. 페놀프탈레인 용액을 가하면 (가)와 (나)의 색이 다르다.

① ㄱ, ㄴ　　② ㄱ, ㄷ　　③ ㄴ, ㄷ
④ ㄱ, ㄹ　　⑤ ㄷ, ㄹ

17 같은 크기의 아연 조각을 농도가 같은 산 A 수용액과 산 B 수용액에 각각 넣고 고무풍선으로 플라스크 입구를 막았더니 A 수용액의 풍선이 더 부풀어 올랐다.

A

B

이에 대한 설명으로 옳은 것만을 〈보기〉에서 있는 대로 고른 것은?

보기

ㄱ. 산 A 가 산 B 보다 이온화 정도가 더 크다.
ㄴ. 수용액의 분자 수는 A 가 B 보다 더 많다.
ㄷ. 수용액의 수소 이온 농도는 A 가 B 보다 작다.
ㄹ. 금속과의 반응 속도는 A 가 B 보다 빠르다.

① ㄱ, ㄴ　　② ㄱ, ㄷ　　③ ㄱ, ㄹ
④ ㄱ, ㄴ, ㄹ　　⑤ ㄱ, ㄷ, ㄹ

18 그림과 같이 용액에 전극을 담그고 전력을 측정했을 경우 가장 전류가 약하게 흐르는 것은?

① 1 % 수산화 나트륨 수용액
② 1 % 수산화 칼륨 수용액
③ 0.5 % 묽은 염산
④ 1 % 아세트산
⑤ 1 % 묽은 황산

19 수용액에서 전기 전도성이 가장 작은 것을 고르시오.

① NH_3　　　　② KOH
③ $Ca(OH)_2$　　④ $NaOH$
⑤ $Ba(OH)_2$

물의 자동 이온화와 pH

20 pH 에 대한 설명으로 옳지 않은 것은?

① pH 가 7 인 용액은 중성이다.
② pH 가 작을수록 산성이 강하다.
③ 수소 이온 농도가 클수록 pH 가 작다.
④ pH 4 인 용액에서 BTB 용액은 노란색을 나타낸다.
⑤ pH 가 2 인 용액은 pH 가 5 인 용액보다 수소 이온 농도가 3배 크다.

21 몇 가지 용액에 붉은 양배추 즙을 떨어뜨렸을 때의 색깔이다.

액체 종류	양배추 즙의 색깔
증류수	보라색
우유	보라색
세제	녹색
식초	붉은색
제산제	녹색

(1) 아세트산에 양배추 즙을 떨어뜨렸을 때, 어떤 색으로 변하는지 쓰시오.

(2) 암모니아수에 양배추 즙을 떨어뜨렸을 때, 어떤 색으로 변하는지 쓰시오.

22 〈보기〉에서 pH 값이 가장 작은 것과 가장 큰 것을 알맞게 묶은 것을 고르시오.

보기
ㄱ. 수돗물　　　ㄴ. 비눗물　　　ㄷ. 레몬
ㄹ. 우유　　　ㅁ. 수산화 마그네슘

① ㄱ, ㄴ　　　② ㄴ, ㅁ　　　③ ㄷ, ㅁ
④ ㄱ, ㅁ　　　⑤ ㄷ, ㄹ

23 25 ℃ 에서 0.01 M HCl 수용액의 $[H_3O^+]$와 $[OH^-]$를 옳게 짝지은 것은? (단, HCl 의 이온화도는 1 이다.)

	$[H_3O^+]$	$[OH^-]$
①	0.01 M	0.01 M
②	0.01 M	1.0×10^{-14} M
③	1.0×10^{-14} M	1.0×10^{-14} M
④	0.01 M	1.0×10^{-12} M
⑤	1.0×10^{-12} M	0.01 M

24 산 HA, HB, HC 수용액의 농도와 이온화도를 나타낸 것이다.

산	HA	HB	HC
농도(M)	0.1	0.5	0.01
이온화도	0.7	0.1	0.9

산 HA, HB, HC 수용액의 pH 크기를 비교하시오.

25 0.05 M 산 HA 수용액 중에 존재하는 $[H^+]$의 농도는 0.02 M 이다. 이 산의 이온화도(α)를 구한 것으로 옳은 것은?

① 0.02　　　② 0.04　　　③ 0.1
④ 0.2　　　⑤ 0.4

26 그림은 25 ℃ 에서 100 mL 산 HA(aq)과 HB(aq)에 각각 들어 있는 입자들을 모형으로 나타낸 것이다. 물 분자는 나타내지 않았다.

HA 수용액　　　HB 수용액

이에 대한 설명으로 옳은 것만을 〈보기〉에서 있는 대로 고른 것은?

보기
ㄱ. ●는 H^+ 이다.
ㄴ. 몰 농도는 HA(aq)가 HB(aq)보다 크다.
ㄷ. 이온화도(α)는 HA(aq)이 HB(aq)의 5배이다.

① ㄱ　　　② ㄴ　　　③ ㄷ
④ ㄱ, ㄷ　　　⑤ ㄴ, ㄷ

개념 심화 문제

01 한 염기의 성질을 조사한 자료이다.

> (가) 물에 잘 녹지 않는다.
> (나) 수용액을 석회수라고 한다.
> (다) 백색의 분말로 소석회라고도 한다.
> (라) 수용액에 날숨을 불어 넣으면 뿌옇게 흐려진다.

이 염기의 성질과 관련된 설명으로 옳지 않은 것을 고르시오.

① 강염기이다.
② 조해성이 있다.
③ 시멘트나 표백분의 원료로 이용된다.
④ 석회수가 뿌옇게 되는 이유는 이산화 탄소 때문이다.
⑤ 뿌옇게 흐려진 석회수에 계속 숨을 불어넣으면 다시 맑은 용액이 된다.

02 1 M 의 HA 가 있다. [A⁻] = 0.8 M 이다. 다음의 표를 보고 이 용액의 pH 값이 얼마인지 구하시오.

$-\log[H^+]$	pH
$-\log 0.1$	1
$-\log 0.2$	0.69898
$-\log 0.3$	0.52288
$-\log 0.4$	0.39795

$-\log[H^+]$	pH
$-\log 0.5$	0.30103
$-\log 0.6$	0.22185
$-\log 0.7$	0.15491
$-\log 0.8$	0.04576

$-\log[H^+]$	pH
$-\log 0.94$	0.02688
$-\log 0.91$	0.04096
$-\log 0.77$	0.11351
$-\log 0.62$	0.20761
$-\log 0.013$	1.88606

03 표는 3 가지 1 M 의 산의 이온화도를 나타낸 것이다. 이에 대한 설명으로 옳은 것은?

산	이온화도
HCl	0.94
H_2SO_4	0.62
CH_3COOH	0.013

① CH_3COOH 는 강산이다.
② 이온화도가 0 에 가까울수록 강한 전해질이다.
③ 이온화도가 작을수록 pH 가 작다.
④ 같은 온도에서 농도가 묽을수록 이온화도는 크다.
⑤ 같은 농도에서는 온도가 낮을수록 이온화도는 커진다.

개념 돋보기

◉ 수소 이온 지수(pH)

• pH 가 1 감소할 때마다 [H⁺]는 10배씩 증가한다.
• $pH = \log \dfrac{1}{[H^+]} = -\log[H^+] = -\log C\alpha$, $[H^+] = 10^{-pH}$ (C : HA 의 처음 농도, α : 이온화도)

04 묽은 염산 100 mL 에 충분한 양의 마그네슘 조각을 넣고 시간에 따른 용액 속의 마그네슘 이온 수의 변화를 나타내었다.

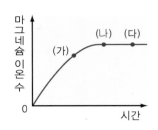

이에 대한 설명으로 옳은 것만을 〈보기〉에서 있는 대로 고른 것은?

보기

ㄱ. (다) 점의 pH 는 (가)보다 작다.
ㄴ. (가)보다 (다)의 염화 이온 수가 많다.
ㄷ. (나) 점까지 발생된 수소 기체의 양은 (가) 점까지 발생양보다 많다.

① ㄱ   ② ㄴ   ③ ㄷ   ④ ㄱ, ㄷ   ⑤ ㄴ, ㄷ

05 일상 생활에서 사용하는 여러 물질의 액성을 알아보기 위한 실험 결과이다.

물질 ＼ 상태	메틸 오렌지 용액을 넣는다.	자주색 양배추 즙을 가한다.	마그네슘 조각을 넣는다.	BTB 용액을 넣는다.
자동차 배터리 액	붉은색	붉은색	기체 발생	노란색
수돗물	노란색	자주색	변화 없음	녹색
아스피린	붉은색	(가)	기체 발생	노란색
제산제	노란색	푸른색	(나)	푸른색

위 자료에 대한 설명으로 옳은 것을 고르시오.

① (가)는 푸른색이다.
② 수돗물은 산성이다.
③ (나)에서는 기체가 발생하지 않는다.
④ 제산제에 배터리액을 넣으면 온도가 낮아진다.
⑤ 자동차 배터리액에 페놀프탈레인 용액을 넣으면 붉은색을 나타낸다.

06 기체 A 의 성질을 설명한 것이다.

> ㄱ. 물에 녹아 약한 산성을 나타낸다.
>
> ㄴ. 수산화 칼슘 수용액에 기체를 넣었더니 탄산 칼슘이 생겼다.
>
> ㄷ. 온도가 낮을수록 용해도가 증가한다.

이 기체로 다음과 같은 실험을 진행하였다.

> [실험 과정]
>
> 시험관에 기체 A 를 넣고 수산화 나트륨 수용액에 거꾸로 세워 놓았다. → 수면이 올라갔다.
>
>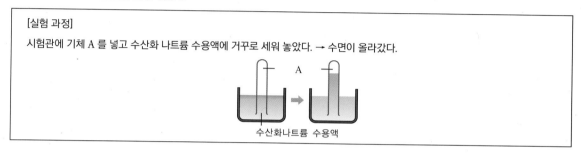
>
> 수산화나트륨 수용액

(1) 기체 A 는 무엇이며, 수산화 나트륨의 수면이 올라가는 이유는 무엇인가?

(2) 페놀프탈레인 용액을 떨어뜨렸을 경우 시험관 안과 밖의 색깔이 어떻게 변화할 것인지 예상하여 쓰시오.

07 우리 주변 물질들의 pH 를 나타낸 것이다.

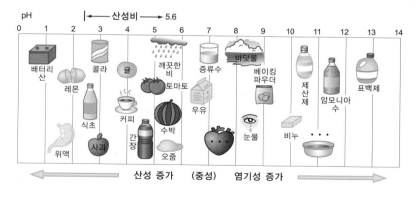

(1) 위 그림에 대한 설명으로 옳은 것만을 〈보기〉에서 있는 대로 고르시오.

> **보기**
>
> ㄱ. pH 가 높을수록 산성이 강하다.
>
> ㄴ. 증류수는 콜라보다 수소 이온 농도가 10^4 배 크다.
>
> ㄷ. 제산제에 메틸오렌지 용액을 떨어뜨리면 노란색으로 변한다.

(2) 그림에서 보는 바와 같이 산성비는 pH 가 5.6 미만인 빗물이다. 산성비 이외에 깨끗한 비의 pH 도 중성이 아닌 이유를 화학식으로 나타내시오.

08 다음은 25 ℃ 에서 실행한 실험이다.

[실험 과정]

① 잘 세척하여 말린 플라스크에 암모니아 기체를 가득 넣고, 유리관과 물이 든 스포이트를 끼운 고무마개로 암모니아 기체가 든 플라스크의 입구를 막는다.

② 비커에 물을 반정도 넣고 페놀프탈레인 용액을 몇 방울 떨어뜨린 다음, 유리관의 아랫부분이 물에 잠기도록 오른쪽 그림과 같이 장치한다.

③ 스포이트를 눌러 물이 플라스크 속으로 들어가게 한다.

④ 그 결과 위의 오른쪽 그림과 같이 비커의 물이 플라스크 속으로 빨려 올라가 분수가 되어 플라스크 속을 채우게 되었다.

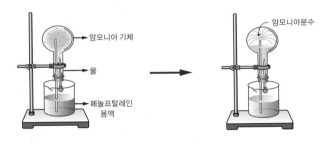

(1) 플라스크 속에서 분출되는 물의 색을 쓰고, 그 변화가 나타난 이유를 간단히 쓰시오.

(2) 스포이트를 눌러 주었을 때, 물이 유리관을 통해 플라스크 속으로 올라가는 것은 암모니아의 어떤 성질을 이용한 것인가?

(3) 암모니아 분수가 만들어질 때, 플라스크 안의 압력은 어떤 변화가 일어난 것인가?

09 양팔 저울의 양쪽 접시에 묽은 염산과 묽은 아세트산이 들어 있는 비커를 올려 놓았더니 저울이 수평을 이루었다. 두 비커에 아연 조각 0.5 g 을 동시에 넣었더니, 다음 그림과 같이 양쪽에서 기체가 발생하면서 저울이 용액 B 쪽으로 서서히 기울어졌다.

이에 대한 설명으로 옳은 것만을 〈보기〉에서 있는 대로 고르시오. (단, A 와 B 는 묽은 염산과 묽은 아세트산 중 하나이다.)

보기

ㄱ. 용액 A 는 강산이고, 용액 B 는 약산이다.

ㄴ. 용액 A 는 아세트산이고, 용액 B 는 염산이다.

ㄷ. 처음 용액 속에 존재하는 수소 이온의 개수는 A < B 이다.

10 5개의 비커 A ~ E 에 똑같은 농도와 양의 탄산 나트륨 수용액, 염산, 수산화 나트륨 수용액, 아세트산 수용액, 염화 나트륨 수용액
이 순서없이 각각 들어 있다. 각 수용액은 모두 무색으로 눈으로는 구분할 수 없다.

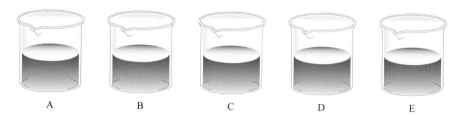

A   B   C   D   E

각 비커에 들어 있는 용액을 구분하기 위해 다음 표와 같은 실험 결과를 얻었다.

구분	A	B	C	D	E
페놀프탈레인 용액을 넣었을 때 색깔	붉은색	붉은색	무색	무색	무색
불꽃 반응색	노란색	노란색	노란색	무색	무색
상대적 전기 전도성	크다	작다	크다	크다	작다

이에 대한 설명으로 옳은 것만을 〈보기〉에서 있는 대로 고른 것은?

> **보기**
>
> ㄱ. 수용액의 pH 를 비교하면 A > B > C > D > E 이다.
> ㄴ. A 와 C 의 수용액을 혼합하면 중화열이 발생한다.
> ㄷ. B 와 D 수용액에 질산 은($AgNO_3$) 수용액을 떨어뜨리면 모두 앙금이 생성된다.

① ㄱ   ② ㄴ   ③ ㄷ   ④ ㄱ, ㄷ   ⑤ ㄴ, ㄷ

11 물의 자동 이온화와 서로 다른 온도에서 물의 이온곱 상수(K_w)를 나타낸 것이다.

$$H_2O + H_2O \rightleftharpoons H_3O^+ + OH^-$$
18 ℃ : $K_w = 0.64 \times 10^{-14}$ (몰/L)^2
25 ℃ : $K_w = 1.00 \times 10^{-14}$ (몰/L)^2

물의 이온화에 대한 설명으로 옳은 것은?

① 물은 이온화할 때 열을 흡수한다.
② 18 ℃ 에서 물속의 [OH$^-$] = 1.0×10^{-7} 몰/L 이다.
③ 물은 25 ℃ 에서 중성이지만 18 ℃ 에서는 산성이다.
④ 25 ℃ 에서 물의 pH 는 18 ℃ 에서 물의 pH 보다 크다.
⑤ 25 ℃ 에서 이 평형계에 물을 더 넣으면 K_w 값이 커진다.

4. 중화 반응

(1) 중화 반응   산과 염기가 반응할 때, 수소 이온과 수산화 이온이 결합하여 물을 생성하고, 산의 음이온과 염기의 양이온이 합해져 염이 만들어지는 반응이다.

$$HCl(aq) + NaOH(aq) \longrightarrow NaCl(aq) + H_2O(l)$$
$$산 + 염기 \longrightarrow 염 + 물 + 열(Q)$$

→ 묽은 염산(HCl)과 수산화 나트륨(NaOH) 수용액이 중화 반응하여 염화 나트륨(NaCl)과 물 (H_2O)이 생성된다.

① 중화 반응의 알짜 이온 반응

• 산의 H^+ 과 염기의 OH^- 이 반응하여 물(H_2O)이 생성되는 반응이다.

$$H^+(aq) + OH^-(aq) \longrightarrow H_2O(l)$$

• 염기의 양이온과 산의 음이온은 중화 반응에 직접 참여하지 않으므로 구경꾼 이온이다.

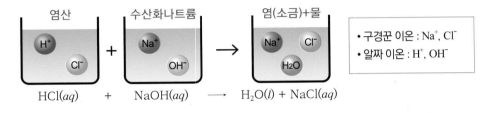

• 구경꾼 이온 : Na^+, Cl^-
• 알짜 이온 : H^+, OH^-

② 중화 반응의 양적 관계 : 중화 반응이 완결되려면 H^+ 의 몰수와 OH^- 의 몰수가 같아야 한다.

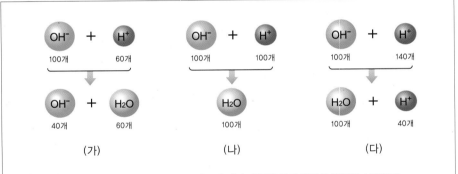

• 그림 (나)의 경우는 H^+ 의 개수와 OH^- 의 개수가 같기 때문에 중화 반응이 완결된 상태이다.
• 그림 (가)와 (다)의 경우는 H^+ 의 개수와 OH^- 의 개수가 같지 않으므로 중화 반응이 완결되지 않은 상태이다.
• (가)는 OH^- 의 몰수가 H^+ 의 몰수보다 많아 반응하고 OH^- 이 남으므로 염기성 용액이 되고, (다)는 H^+ 의 몰수가 OH^- 의 몰수보다 많으므로 산성 용액이 된다.

산이 내놓는 H^+ 의 몰수 = 염기가 내놓는 OH^- 의 몰수
$$nMV = n'M'V'$$
(n, n' : 산, 염기의 가수 ❶, M, M' : 산과 염기의 몰 농도, V, V' : 산과 염기의 부피)

정답 p.55

Q6 0.1 M 묽은 H_2SO_4 200 mL 를 완전히 중화시키는 데 필요한 0.4 M NaOH 수용액의 부피는?

---

❶ 산과 염기의 가수

• 산의 가수 : 산의 한 분자 내에 포함된 수소 원자 중 수소 이온이 될 수 있는 수소 원자의 수를 산의 가수라고 한다.
• 염기의 가수 : 염기의 한 분자 내에 포함된 OH 중 수산화 이온(OH^-)이 될 수 있는 OH 의 수를 염기의 가수라고 한다.

⚙ 중화 반응의 예

• 위산이 많이 분비되어 속 쓰릴 때 제산제 복용
• 생선의 비린내를 없애기 위해 레몬즙을 뿌림

• 벌에 쏘이거나 벌레에 물렸을 때 암모니아수를 바름

• 산성화된 호수나 토양에 CaO, $Ca(OH)_2$, $CaCO_3$ 을 뿌려 준다.
(예) $CaCO_3 + 2H^+ + SO_4^{2-}$
  $\rightarrow HCO_3^- + H^+ + CaSO_4$

미니사전

구경꾼 이온 반응에 직접 참여하지 않는 이온

알짜 이온 반응식 반응에 직접 참여한 이온과 그 생성물을 나타낸 화학 반응

③ **중화점** : 산의 H^+ 과 염기의 OH^- 이 반응하여 완전히 중화되는 지점이다.

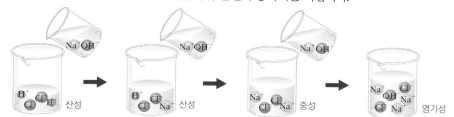

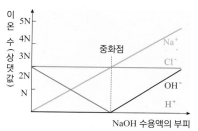

- H^+ : OH^- 과 반응하므로 점점 감소하다가 중화점 이후 모두 반응하여 존재하지 않음
- Cl^- : 반응에 참여하지 않으므로 일정(구경꾼 이온)
- Na^+ : 반응에 참여하지 않으므로 계속 증가(구경꾼 이온)
- OH^- : 중화점 이후 더 이상 반응할 H^+ 이 없을 때 증가
- 총 이온 수 : 처음에는 일정하다가 중화점 이후 증가

④ **중화점의 확인**

- **지시약 ❷ 의 이용 방법** : 색의 변화를 관찰하여 중화점을 확인한다.

지시약	리트머스 종이	페놀프탈레인 용액	메틸오렌지 용액	BTB 용액
	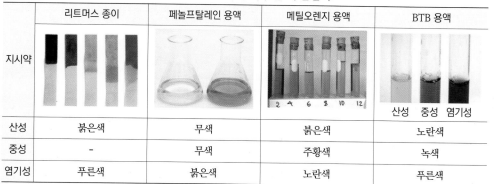			
산성	붉은색	무색	붉은색	노란색
중성	-	무색	주황색	녹색
염기성	푸른색	붉은색	노란색	푸른색

- **중화열 이용 방법 ❸** : 일정량의 산(염기) 수용액에 염기(산) 수용액을 가해 중화시키면 중화열에 의해 용액의 온도가 높아지고, 중화점에서 혼합 용액의 온도가 최고가 된다.

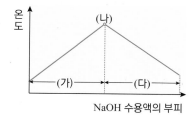

- (가) 구간에서는 중화 반응때문에 중화열이 방출되므로 혼합 용액의 온도가 높아진다.
- (나)점은 일정량의 H^+이 모두 반응한 지점으로 혼합 용액의 온도가 가장 높다. → 중화점
- (다) 구간에서는 중화 반응이 완결된 후 혼합 용액보다 온도가 낮은 용액이 가해지므로 온도가 낮아진다.

▲ 묽은 염산에 수산화 나트륨 수용액을 가할 때의 혼합 용액의 온도 변화

- **전류의 세기의 이용 방법 ❹** : 일정량의 강산(강염기) 수용액에 강염기(강산) 수용액을 가해 중화시키면 중화점에서 전류의 세기가 가장 약하다.

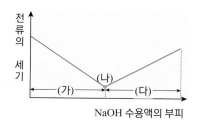

- (가) 구간에서 총 이온 수는 변함없지만 중화 반응때문에 H^+의 수가 감소하기 때문에 전류의 세기가 약해진다.
- (나)점은 H^+이 OH^-과 모두 반응하여 이온의 농도가 가장 작으므로 전류의 세기가 최소이다. → 중화점
- (다) 구간에서는 중화 반응이 완결된 후 가해지는 수용액으로 인해 이온 농도가 증가하므로 전류의 세기가 증가한다.

▲ 묽은 염산에 수산화 나트륨 수용액을 가할 때의 혼합 용액의 전류의 세기 변화

---

❷ **지시약**

용액의 액성을 구별하는 데 쓰이는 물질로 그 자체가 약한 산성 또는 약한 염기성을 띠는 물질이다.
지시약의 산성형을 HIn, 그 짝염기형을 In^- 라고 할 때,
$$HIn + H_2O \rightleftarrows H_3O^+ + In^-$$
산성 용액에서는 평형이 왼쪽으로 이동, 염기성 용액에서는 평형이 오른쪽으로 이동한다.

⚙ **중화열 반응 장치 구조**

열의 방출을 막기 위해 스티로폼을 사용하여 중화열을 측정한다.

온도계
스티로폼 컵
염산 + NaOH수용액

❸ **산과 염기의 농도가 다를 때 혼합 용액의 온도 변화**

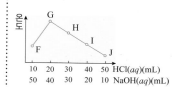

온도가 가장 높은 G 용액에서 중화 반응이 가장 많이 일어난다. → 염산과 수산화 나트륨 수용액이 1 : 2 의 부피비로 반응하였을 때 온도가 가장 높으므로 염산과 수산화 나트륨 수용액의 농도비는 2 : 1 이다.

❹ **전류의 세기 변화**

- 강한 산 + 약한 염기

- 약한 산 + 강한 염기

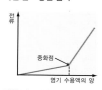

- 강한 산 + 약한 염기

(2) 중화 적정 이미 알고 있는 산 또는 염기의 용액을 사용하여 농도를 모르는 염기 또는 산의 농도를 알아내는 실험적 방법을 말한다.

① **표준 용액** : 농도를 정확하게 알고 있는 용액으로, 부피 플라스크를 이용하여 만든다.

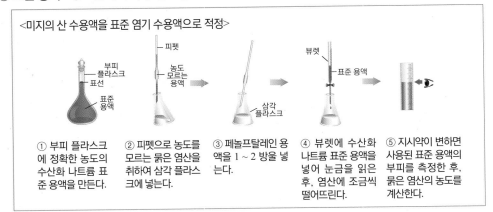

<미지의 산 수용액을 표준 염기 수용액으로 적정>

① 부피 플라스크에 정확한 농도의 수산화 나트륨 표준 용액을 만든다.
② 피펫으로 농도를 모르는 묽은 염산을 취하여 삼각 플라스크에 넣는다.
③ 페놀프탈레인 용액을 1 ~ 2 방울 넣는다.
④ 뷰렛에 수산화 나트륨 표준 용액을 넣어 눈금을 읽은 후, 염산에 조금씩 떨어뜨린다.
⑤ 지시약이 변하면 사용된 표준 용액의 부피를 측정한 후, 묽은 염산의 농도를 계산한다.

② **중화 적정 곡선** : 중화 적정 과정에서 가해 주는 표준 용액의 부피에 따른 용액의 pH 변화를 나타낸 곡선이다.

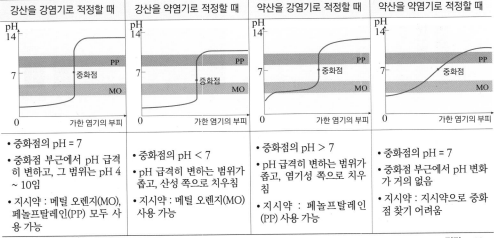

강산을 강염기로 적정할 때	강산을 약염기로 적정할 때	약산을 강염기로 적정할 때	약산을 약염기로 적정할 때
• 중화점의 pH = 7 • 중화점 부근에서 pH 급격히 변하고, 그 범위는 pH 4 ~ 10임 • 지시약 : 메틸 오렌지(MO), 페놀프탈레인(PP) 모두 사용 가능	• 중화점의 pH < 7 • pH 급격히 변하는 범위가 좁고, 산성 쪽으로 치우침 • 지시약 : 메틸 오렌지(MO) 사용 가능	• 중화점의 pH > 7 • pH 급격히 변하는 범위가 좁고, 염기성 쪽으로 치우침 • 지시약 : 페놀프탈레인(PP) 사용 가능	• 중화점의 pH = 7 • 중화점 부근에서 pH 변화가 거의 없음 • 지시약 : 지시약으로 중화점 찾기 어려움

정답 p.55

Q7 중화점을 확인하는 방법 3가지를 쓰시오.

(3) 염❺

① **염** : 산과 염기의 중화 반응에서 물과 함께 생성되는 물질로, 산의 음이온과 염기의 양이온이 결합하여 이루어진다.

② **염의 생성 반응**❻

반응물	염의 생성 반응	예
산과 염기	산 + 염기 ⟶ 염 + 물(중화 반응)	$HCl + NaOH \longrightarrow NaCl + H_2O$
산과 금속	산 + 금속 ⟶ 염 + 수소	$2HCl + Fe \longrightarrow FeCl_2 + H_2\uparrow$
산과 금속 산화물	산 + 금속 산화물 ⟶ 염 + 물	$2HCl + MgO \longrightarrow MgCl_2 + H_2O$
염기와 비금속 산화물	금속 산화물 + 비금속 산화물 ⟶ 염	$2NaOH + CO_2 \longrightarrow NaNO_3 + H_2O$
금속 산화물과 비금속 산화물	염 + 염 ⟶ 염 + 염(앙금)	$CaO + CO_2 \longrightarrow CaCO_3\downarrow$
염과 염	붉은색	$NaCl + AgNO_3 \longrightarrow NaNO_3 + AgCl\downarrow$

③ **염의 용해성** : 산과 염기의 중화 반응에서 물과 함께 생성되는 물질로, 산의 음이온과 염기의 양이온이 결합하여 이루어진다.

양이온＼음이온	NO_3^-	Cl^-	SO_4^{2-}	CO_3^{2-}
Na^+	$NaNO_3$ (질산 나트륨)	$NaCl$ (염화 나트륨)	Na_2SO_4 (황산 나트륨)	Na_2CO_3 (탄산 나트륨)
K^+	KNO_3 (질산 칼륨)	KCl (염화 칼륨)	K_2SO_4 (황산 칼륨)	K_2CO_3 (탄산 칼륨)
NH_4^+	NH_4NO_3 (질산 암모늄)	NH_4Cl (염화 암모늄)	$(NH_4)_2SO_4$ (황산 암모늄)	$(NH_4)_2CO_3$ (탄산 암모늄)
Ca^{2+}	$Ca(NO_3)_2$ (질산 칼슘)	$CaCl_2$ (염화 칼슘)	$CaSO_4$ (황산 칼슘)	$CaCO_3$ (탄산 칼슘)
Ba^{2+}	$Ba(NO_3)_2$ (질산 바륨)	$BaCl_2$ (염화 바륨)	$BaSO_4$ (황산 바륨)	$BaCO_3$ (탄산 바륨)
Ag^+	$AgNO_3$ (질산 은)	$AgCl$ (염화 은)	Ag_2SO_4 (황산 은)	Ag_2CO_3 (탄산 은)

□ : 물에 잘 녹는 염 　　□ : 물에 잘 녹지 않는 염

④ **염의 가수 분해** : 염이 수용액 중에서 이온화할 때 생기는 이온 중 일부가 물과 반응하여 수소 이온이나 수산화 이온을 생성하여 수용액의 액성이 산성이나 염기성으로 변하는 것을 염의 가수 분해라고 한다.

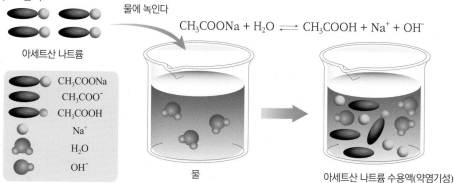

물에 녹인다

$$CH_3COONa + H_2O \rightleftharpoons CH_3COOH + Na^+ + OH^-$$

아세트산 나트륨

| CH_3COONa |
| CH_3COO^- |
| CH_3COOH |
| Na^+ |
| H_2O |
| OH^- |

물　　아세트산 나트륨 수용액(약염기성)

• **강한 산과 강한 염기가 반응하여 생성된 염** : 강한 산과 강한 염기가 중화 반응을 하여 생성된 염은 물에 녹아 이온화는 되지만 가수 분해는 되지 않는다. 따라서 정염의 수용액은 중성, 산성염의 수용액은 산성, 염기성염의 수용액은 염기성을 나타낸다.

● 강한 산과 강한 염기가 반응하여 생성된 염

강한 염기의 양이온 　 강한 산의 음이온 → 중성

중성을 나타내는 염	KCl, $NaNO_3$, K_2SO_4, KNO_3, $NaCl$, Na_2SO_4	(예) $KCl \longrightarrow K^+ + Cl^-$ (중성)
산성을 나타내는 염	$KHSO_4$, $NaHSO_4$	(예) $KHSO_4 \longrightarrow K^+ + H^+ + SO_4^{2-}$ (산성)
염기성을 나타내는 염	$Ba(OH)Cl$, $Ca(OH)Cl$	(예) $Ba(OH)Cl \longrightarrow Ba^{2+} + OH^- + Cl^-$ (염기성)

⚙ 염의 종류는 염의 성분에 따라 나눈 것으로, 염을 녹인 수용액의 액성을 결정하는 것은 아니다.

⚙ **염의 색깔**

색깔	노란색
성분	크롬산 나트륨

색깔	빨간색
성분	수은 황화물

색깔	파란색
성분	구리 황산염

색깔	녹색
성분	마그네슘 황산염

색깔	흰색, 검은색
성분	망가니즈 이산화물

⚙ **알칼리 금속**

$Na + 2H_2O \rightarrow Na^+ + 2OH^- + H_2$

알칼리 금속은 물에 녹으면 OH^- 때문에 염기성을 띤다.

⑦ 염화 암모늄의 가수 분해

- NH_4Cl을 물에 녹이면 다음과 같이 이온화한다.
  $$NH_4Cl \longrightarrow NH_4^+ + Cl^-$$
- NH_4^+ 중 일부가 물과의 반응
  $$NH_4^+ + H_2O \longrightarrow NH_3 + H_3O^+(산성)$$
  → 가수 분해하여 산성을 띤다.

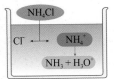

물속의 OH^- 감소
H_3O^+ 증가

⑧ CH_3COONa 의 가수 분해

- $CH_3COONa \longrightarrow Na^+ + CH_3COO^-$
- $CH_3COO^- + H_2O \longrightarrow$
  $CH_3COOH + OH^-(염기성)$
  → 가수 분해하여 염기성을 띤다.

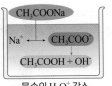

물속의 H_3O^+ 감소
OH^- 증가

⑨ 염화 칼슘($CaCl_2$)

제습제로 쓰이는 물먹는 하마 안에는 염화 칼슘이 들어 있다.

- **강한 산과 약한 염기가 반응하여 생성된 염 ⑦** : 강한 산과 약한 염기에 의해 생성된 염은 가수 분해하여 산성을 나타낸다.

← 강한 산과 약한 염기가 반응하여 생성된 염

이온화	$FeSO_4(염) \longrightarrow Fe^{2+}(양이온) + SO_4^{2-}(음이온)$
가수 분해	$Fe^{2+}(양이온) + 2H_2O \longrightarrow Fe(OH)_2 + 2H^+(산성)$
예	$(NH_4)_2SO_4$, $CuSO_4$, NH_4Cl, $MgCl_2$, $FeSO_4$

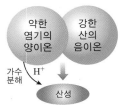

- **강한 염기와 약한 산이 반응하여 생성된 염 ⑧** : 아세트산 나트륨을 물에 녹이면 다음과 같이 CH_3COO^- 과 Na^+ 이 생성된다. 이때 생성된 음이온인 CH_3COO^- 이 물과 반응하여 OH^- 을 생성하므로 이 수용액은 염기성을 나타낸다.

← 약한 산과 강한 염기가 반응하여 생성된 염

이온화	$CH_3COONa(염) \longrightarrow CH_3COO^-(음이온) + Na^+(양이온)$
가수 분해	$CH_3COO^- + H_2O \longrightarrow CH_3COOH + OH^-(염기성)$
예	Na_2CO_3, $NaHCO_3$, CH_3COONa, KCN, K_3PO_4, K_2HPO_4

- **약한 염기와 약한 산이 반응하여 생성된 염** : 약한 산과 약한 염기에 의해 생성된 염은 가수 분해되어 중성에 가까운 용액이 된다.

← 약한 산과 약한 염기가 반응하여 생성된 염

이온화	$CH_3COONH_4(염) \longrightarrow CH_3COO^-(음이온) + NH_4^+(양이온)$
가수 분해	$CH_3COO^- + H_2O \longrightarrow CH_3COOH + OH^-(염기성)$ $NH_4^+ + H_2O \longrightarrow NH_3 + H_3O^+(산성)$
전체 반응	$CH_3COO^- + NH_4^+ + 2H_2O$ $\longrightarrow CH_3COOH + NH_3 + H_3O^+(산성) + OH^-(염기성)$

⑤ 일상 생활에서 쓰이는 염

염(화학식)	용도		염(화학식)	용도	
황산 암모늄 $((NH_4)_2SO_4)$	질소 비료의 원료로 사용된다.		아질산 나트륨 $(NaNO_2)$	햄의 붉은 색은 아질산 나트륨의 영향이다.	
염화 칼슘 ⑨ $(CaCl_2)$	도로가 어는 것을 막기 위해 눈에 염화 칼슘을 뿌려 용해열로 눈을 녹인다.		플루오린화 나트륨, (NaF)	치아 세정제인 가그린에는 플루오린화 나트륨이 들어 있어 치아 부식을 막는다.	
인산 칼슘 $(Ca_3(PO_4)_2)$	뼈, 치아의 주성분이다.		황산 칼슘 $(CaSO_4)$	석고 보드의 원료로 쓰인다.	

정답 p.55

Q8 염의 양이온이 물과 반응하여 용액의 액성이 산성이 되는 물질을 한 가지만 쓰시오.

Q9 다음 염의 수용액의 액성(산성, 염기성, 중성)을 쓰시오.

(1) KNO_3 (   )　　(2) NH_4Cl (   )　　(3) CH_3COONa (   )

(4) 완충 용액

① **공통 이온 효과** : 어떤 평형 상태에서 그 평형에 참여하는 이온과 공통되는 이온을 넣으면 그 이온의 농도가 감소하는 방향으로 평형이 이동하는 현상이다.

> <아세트산 이온(CH_3COO^-)의 공통 이온 효과>
>
> ① 아세트산(CH_3COOH)은 수용액에서 다음과 같은 평형을 이룬다.
> $$CH_3COOH(aq) + H_2O(l) \rightleftharpoons CH_3COO^-(aq) + H_3O^+(aq)$$
> ② 이 수용액에 아세트산 나트륨(CH_3COONa)을 넣으면 CH_3COONa이 이온화되어 수용액 속에 공통 이온인 CH_3COO^- 의 농도가 증가한다.
> $$CH_3COONa(aq) \longrightarrow CH_3COO^-(aq) + Na^+(aq)$$
> ③ CH_3COO^- 의 농도가 증가하면 르샤틀리에 원리⑩ 에 의해 CH_3COO^- 의 농도를 감소시키는 역반응 쪽으로 이동하여 새로운 평형에 도달한다.

② **완충 용액** : 약산에 그 짝염기를 넣은 용액이나, 약염기에 그 짝산을 넣은 용액으로, 산이나 염기를 가하여도 공통 이온 효과에 의해 용액의 pH가 거의 변하지 않는 용액이다.

• **완충 용액의 원리** : CH_3COOH 과 CH_3COONa 을 넣은 용액은 다음과 같이 이온화하여 평형을 이룬다.

> $$CH_3COOH(aq) + H_2O(l) \rightleftharpoons CH_3COO^-(aq) + H_3O^+(aq) \text{ (약산이므로 일부 이온화)}$$
> $$CH_3COONa(aq) \longrightarrow CH_3COO^-(aq) + Na^+(aq) \text{ (염이므로 완전히 이온화)}$$

• **이 용액에 산이 첨가될 때** : 용액 속에 H^+ 의 양이 증가 → 르샤틀리에 원리에 의해 CH_3COOH 이 생성되는 역반응 진행 → 증가한 H^+ 의 양이 감소 → pH 일정

• **이 용액에 염기가 첨가될 때** : 용액 속에 OH^- 의 양이 증가 → OH^- 과 H^+ 의 중화 반응이 일어나 H^+ 의 양이 감소 → 르샤틀리에 원리에 의해 CH_3COOH 이 이온화하여 H^+ 과 CH_3COO^- 생성되는 정반응 진행 → H^+ 의 양 증가 → pH 일정

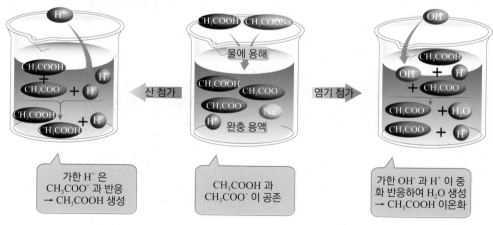

⑩ 르샤틀리에 원리
가역 반응이 평형 상태에 있을 때, 농도, 온도, 압력 등의 조건을 변화시키면 그 변화를 감소시키는 방향으로 반응이 진행되어 새로운 평형에 도달한다는 원리이다.

혈액의 완충 작용
혈액에는 여러 가지 완충 용액이 섞여 있는데, 그 중에는 탄산(H_2CO_3)과 탄산수소 이온(HCO_3^-)의 완충 용액이 있다. 이산화 탄소가 혈액에 녹아 생성된 H_2CO_3과 HCO_3^- 이 평형을 이루면서 pH 7.4 인 약한 염기성을 유지한다.
$$H_2O + CO_2 \rightleftharpoons H_2CO_3$$
$$\rightleftharpoons H^+ + HCO_3^-$$

정답 p.55

Q10 약산과 그 짝염기, 약염기와 그 짝산으로 만들어 산이나 염기를 가하여도 용액의 pH 가 거의 변하지 않는 용액을 무엇이라 하는지 쓰시오.

Q11 옳은 것은 ○표, 옳지 않은 것은 ×표 하시오.

(1) 약산과 그 약산의 짝염기를 약 1 : 1 로 섞으면 완충 용액이 만들어진다. (　　)

(2) 완충 작용은 공통 이온 효과의 일종이다. (　　)

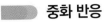
중화 반응

27 0.1 M HCl 수용액 100 mL 를 중화시키는 데 필요한 0.2 M NaOH 수용액의 부피는 몇 mL 인가?

28 0.1 M 의 H_2SO_4 40 mL 에 0.1 M KOH 수용액 15 mL 를 섞었다. 0.1 M NaOH 수용액 몇 mL 를 더 섞으면 완전히 중화가 되겠는가?

29 묽은 염산($HCl(aq)$)에 수산화 나트륨 수용액 ($NaOH(aq)$)을 조금씩 가할 때의 전류의 세기를 나타낸 것이다.

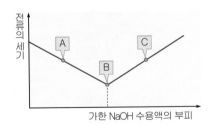

위 그래프에 대한 해석으로 옳은 것만을 있는 대로 고르시오.

① A 점에서 가장 많이 존재하는 이온은 H^+ 이다.
② B 점에서 온도가 가장 높다.
③ B 점에서 존재하는 이온은 H^+, OH^- 뿐이다.
④ C 점에서 수용액의 액성은 염기성이다.
⑤ C 점에서 BTB 용액을 넣으면 파란색을 나타낸다.

30 같은 농도의 묽은 염산과 수산화 나트륨 수용액의 부피를 다르게 하여 반응시켰다.

시험관	A	B	C	D	E
묽은 염산의 용액(mL)	10	15	20	25	30
수산화 나트륨 수용액(mL)	30	25	20	15	10

각 시험관에 들어 있는 용액의 온도 변화를 바르게 나타낸 것은?

①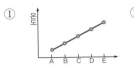
②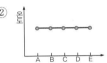
③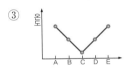
④
⑤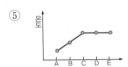

31 1 % 묽은 염산 용액 30 mL 에 1 % 수산화 나트륨 수용액의 부피를 달리하여 반응시켰다.

시험관	A	B	C	D	E
묽은 염산의 용액(mL)	30	30	30	30	30
수산화 나트륨 수용액(mL)	0	5	10	15	20

각 혼합 용액의 총 이온수를 그래프로 가장 옳게 나타낸 것은?

①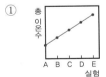
②
③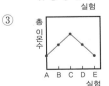
④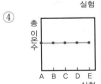
⑤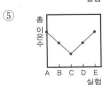

32 수산화 나트륨(NaOH)수용액과 묽은 염산(HCl)의 부피를 변화시키면서 용액의 온도를 측정한 결과이다.

실험	A	B	C	D	E
HCl 의 부피(mL)	10	15	20	25	30
NaOH 의 부피(mL)	30	25	20	15	10
온도(℃)	21	22	23	22	21

C 의 혼합 용액에 BTB 지시약을 떨어뜨렸을 때 나타나는 색깔은?

① 노란색   ② 녹색   ③ 푸른색
④ 무색   ⑤ 빨간색

33 일상 생활에서 산과 염기의 중화 반응을 이용하는 경우를 〈보기〉에서 있는 대로 고르시오.

보기

ㄱ. 속이 쓰릴 때 제산제를 복용한다.
ㄴ. 벌에 쏘이면 암모니아수를 바른다.
ㄷ. 상처난 곳에 과산화 수소 수를 바른다.
ㄹ. 수돗물을 소독할 때 염소 기체를 넣어 준다.
ㅁ. 생선 비린내를 없애기 위해 레몬 즙을 뿌린다.
ㅂ. 하수구가 막혔을 때 NaOH 수용액을 붓는다.
ㅅ. 간장을 담글 때 불순물을 없애려고 숯을 넣는다.

34 다음 반응에서 공통적으로 일어나는 반응은?

• 개미나 벌에 쏘였을 때 암모니아수를 바르면 낫는다.
• 빨래 비누로 머리를 감았을 때 식초를 탄 물로 헹구어 머리카락의 손상을 막는다.
• 산성비나 과도한 비료 사용으로 농작물이 잘 자라지 않는 땅에 수산화 칼슘을 뿌리면 지력이 회복된다.

① $H^+ + Cl^- \longrightarrow HCl$
② $H^+ + OH^- \longrightarrow H_2O$
③ $Ag^+ + Cl^- \longrightarrow AgCl$
④ $Na^+ + Cl^- \longrightarrow NaCl$
⑤ $Ca^{2+} + CO_3^{2-} \longrightarrow CaCO_3$

35 〈보기〉에서 중화점을 확인할 수 있는 방법만을 있는 대로 고르시오.

보기

ㄱ. 온도를 측정한다.
ㄴ. 전류의 세기를 측정한다.
ㄷ. 용액의 질량 변화를 측정한다.
ㄹ. BTB 용액을 넣어 색깔이 변하는 지점을 찾는다.

36 같은 농도의 염산과 수산화 나트륨 수용액의 부피를 다르게 하여 스티로폼 컵에 넣고 혼합한 후, 혼합 용액의 최고 온도를 측정한 결과이다.

실험	HCl(mL)	NaOH(mL)
(가)	5	15
(나)	10	10
(다)	15	5

(가) ~ (다) 중 최고 온도가 가장 높은 실험을 찾고, 그 이유를 간단히 쓰시오.

37 묽은 염산에 같은 농도의 수산화 바륨 수용액을 가하면서 전류의 세기를 측정한 것이다. 이에 대한 해석으로 옳은 것은?

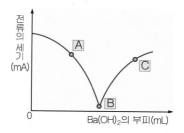

① pH 는 A 가 B 보다 크다.
② B 에서 용액의 온도가 가장 낮다.
③ B 에서 BTB 용액은 푸른색을 나타낸다.
④ 전체 이온의 개수는 A 보다 B 에서 많다.
⑤ A 에 가장 많이 존재하는 이온은 Cl^- 이다.

38 중화 반응에 대한 설명으로 옳지 <u>않은</u> 것은?

① 산과 염기의 반응이다.
② 반응 후 물이 생성된다.
③ 반응하는 H^+ : OH^- 의 개수비는 1 : 1 이다.
④ 열이 발생하므로 반응 후 용액의 온도가 올라간다.
⑤ 산의 양이온과 염기의 음이온이 만나 염을 만든다.

39 다음 반응에서 공통으로 생성되는 물질은?

- 수산화 바륨 수용액 + 묽은 황산
- 수산화 칼륨 수용액 + 묽은 질산
- 수산화 나트륨 수용액 + 묽은 염산

① 물   ② 황산 바륨   ③ 질산 칼륨
④ 염화 나트륨   ⑤ 수산화 나트륨

40 〈보기〉의 염을 물에 잘 녹는 염과 물에 잘 녹지 않는 염으로 분류해서 쓰시오.

보기
ㄱ. NaCl   ㄴ. AgCl   ㄷ. $CaCO_3$
ㄹ. KNO_3 ㅁ. $BaSO_4$

(1) 물에 잘 녹는 염 :

(2) 물에 잘 녹지 않는 염 :

41 어떤 흰색의 고체 결정을 물에 녹인 후 실험한 결과이다.

(가) 염화 칼슘 수용액을 넣었더니 흰색 앙금이 생성되었다.
(나) 수용액을 불꽃 반응시켰더니 노란색이 나타났다.

다음 중 이 물질로 가능한 것은?

① $NaNO_3$ ② K_2CO_3 ③ NaCl
④ K_2SO_4 ⑤ Na_2CO_3

42 염에 대한 설명으로 옳지 <u>않은</u> 것은?

① 중화 반응에서 물과 함께 생성된다.
② 금속 이온과 산의 음이온이 결합된 물질이다.
③ 염기의 양이온과 산의 음이온이 결합된 물질이다.
④ 염을 읽을 때에는 음이온을 먼저 읽고 양이온을 나중에 읽는다.
⑤ 염의 화학식을 쓸 때에는 음이온을 먼저 쓰고 양이온을 나중에 쓴다.

43 〈보기〉에서 NaH_2PO_4 에 대한 설명으로 옳은 것만을 있는 대로 고르시오.

보기
ㄱ. 염기성 염이다.
ㄴ. 수용액의 pH는 7 보다 작다.
ㄷ. NaOH 과 H_3PO_4 의 중화 반응으로 생성된다.

44 〈보기〉의 화합물 중 산성염, 염기성염, 정염(중성염)을 각각 고르시오.

보기
ㄱ. Ca(OH)Cl   ㄴ. CH_3COONa
ㄷ. $(NH_4)_2SO_4$ ㄹ. $NaHCO_3$

(1) 산성염

(2) 염기성염

(3) 정염(중성염)

45 염기 수용액을 같은 농도의 산 수용액으로 중화시킨 후 생성된 염을 확인하고자 불꽃색을 관찰하였더니 보라색 불꽃이 확인되었다. 또 이 염을 질산 은 수용액에 넣었더니 흰색 앙금이 생겼다. 실험 결과를 참고 할 때에 생성된 염은 무엇인가? 염을 만들기 위해 사용된 염기와 산은 어떤 것이었을지 쓰시오.

[46~47] 물질 X 의 성질을 알아보기 위한 실험이다

〈실험 과정〉
1. 무색의 질산 칼륨(KNO_3) 수용액을 적신 거름종이 위에 붉은색 리트머스 종이를 올려놓는다.
2. 붉은색 리트머스 종이 가운데에 X 수용액을 적신 실을 올려놓고 전류를 흘려준다.

〈실험 결과〉
• 실의 오른쪽이 푸른색으로 변하였다.

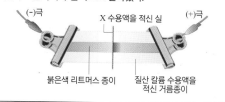

(-)극   X 수용액을 적신 실   (+)극

붉은색 리트머스 종이   질산 칼륨 수용액을 적신 거름종이

46 리트머스 종이의 색을 변화시킨 이온은?

① H^+ ② K^+ ③ NO_3^-
④ OH^- ⑤ Cl^-

47 이에 대한 설명으로 옳은 것만을 〈보기〉에서 있는 대로 고르시오.

보기
ㄱ. X 는 전해질이다.
ㄴ. X 수용액은 마그네슘과 반응하여 수소 기체를 발생시킨다.
ㄷ. X 대신 NH_4OH를 사용해도 실험 결과는 같다.

48 0.2 M CH_3COOH 10 mL 를 비커에 넣고, 0.2 M $NaOH$ 로 중화 적정할 때, 이 적정에 사용할 수 있는 지시약을 쓰시오.

49 몇 가지 염의 수용액에서 액성을 나타낸 것이다.

염	NaCl	NH_4Cl	$KHSO_4$	$NaHCO_3$	CH_3COONa
액성	중성	산성	(가)	(나)	(다)

이에 대한 설명으로 옳지 않은 것은?

① NaCl 은 수용액에서 Na^+ 과 Cl^- 으로 존재한다.
② NH_4Cl 수용액이 산성인 것은 NH_4^+ 이 가수 분해하여 H_3O^+ 을 생성하기 때문이다.
③ (가)는 HSO_4^-의 이온화에 의해 산성이다.
④ (나)는 가수 분해 반응에서 HCO_3^- 이 H^+ 과 CO_3^{2-} 으로 이온화하므로 산성이다.
⑤ (다)는 CH_3COO^- 이 가수 분해하여 OH^- 을 생성하므로 염기성이다.

50 완충 용액에 대한 설명이다.

완충 용액이란 외부에서 강한 산이나 강한 염기가 소량 첨가되어도 pH 변화가 거의 없는 용액으로 혈액이 대표적인 예이다. 대부분의 생명 과정에서 pH 가 조금이라도 변하게 되면 생명에 지장을 줄 수 있기 때문에 H_3O^+ 과 OH^- 의 농도를 일정하게 유지하는 것은 매우 중요하다. 사람의 혈액은 탄산, 인산과 단백질의 조합으로 pH 농도가 7.35 ~ 7.45 사이를 일정하게 유지한다.

혈액의 완충 작용으로 적절한 반응식은?

12 묽은 염산($HCl(aq)$)과 묽은 황산($H_2SO_4(aq)$)을 적정량 취해 용액을 각각 구별하는 실험을 하려고 한다. 이 실험에 대한 적절한 방법으로 옳은 것만을 〈보기〉에서 있는 대로 고른 것은?

보기

ㄱ. 메틸 오렌지 용액을 가한다.

ㄴ. 질산 은 수용액을 가한다.

ㄷ. 염화 칼슘 수용액을 떨어뜨려 본다.

ㄹ. 금속을 넣어서 수소 기체가 발생하는지 확인한다.

① ㄴ   ② ㄷ   ③ ㄴ, ㄷ   ④ ㄱ, ㄹ   ⑤ ㄷ, ㄹ

13 그림은 1 M 의 $HCl(aq)$ 과 b M 의 NaOH 수용액을 부피를 다르게 하여 섞었을 때 각 혼합 용액의 온도 변화를 나타낸 것이다.

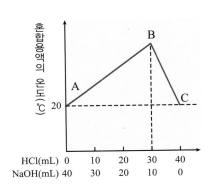

(1) 이에 대한 설명으로 옳은 것만을 〈보기〉에서 있는 대로 고르시오.

보기

ㄱ. 염산과 수산화 나트륨은 같은 부피로 반응했을 때 온도가 가장 높다.

ㄴ. 중화 반응으로 생성된 NaCl 의 양이 많을수록 혼합 용액의 온도가 높다.

ㄷ. C 에서 BTB 용액 색깔은 노란색이다.

ㄹ. A 점에서 pH 는 7 보다 작다.

(2) NaOH 수용액의 농도 b 를 구하시오.

개념 돋보기

○ 중화 반응의 양적 관계

• 산과 염기의 중화 적정 실험에서 산 수용액의 농도를 구하기 위해서는 산과 염기의 가수, 사용한 염기 수용액의 농도와 부피 그리고 산 수용액의 부피를 알아야 한다.

$$nMV = n'M'V'$$

(n, n' : 산, 염기의 가수. M, M' : 산, 염기의 몰 농도. V, V' : 산, 염기의 부피)

14 유리판 위에 질산 칼륨 수용액을 적신 거름종이를 깔고 붉은색 리트머스 종이를 놓은 후, NaOH 수용액을 적신 실을 리트머스 종이의 중앙에 올려놓았더니 그림과 같이 색이 변하였다.

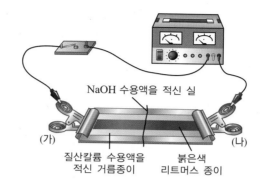

(1) 리트머스 종이는 어떻게 변하는가? 그 이유는 무엇인가?

(2) 다음 중 옳지 <u>않은</u> 것을 고르시오.

① (가) 극으로 2 종류의 이온이 이동한다.
② (나)극은 (-)에 연결되어 있다.
③ 질산 칼륨 대신에 소금물을 이용할 수 있다.
④ 리트머스 종이는 실의 왼쪽이 점점 푸른색으로 변할 것이다.
⑤ 리트머스 종이의 색깔이 변하는 이유는 H^+ 때문이다.

15 암모니아 5.1 g 을 물에 녹여 암모니아수 1000 mL 를 만들었다. 이 용액 10 mL 를 중화시키는 데 필요한 0.1 M HCl 수용액의 부피는? (단, 암모니아의 분자량은 17 이다.)

16 0.24 M H_2SO_4 수용액 50 mL 를 중화시키기 위해 필요한 0.6 M NaOH 수용액의 부피(mL)를 구하시오.

17 0.1 M HNO_3 수용액 10 mL 와 0.2 M H_2SO_4 수용액 10 mL 가 혼합되어 있는 용액을 0.1 M 의 $Ca(OH)_2$ 수용액으로 적정하였다. 종말점에 도달하였을 때 까지 소모되는 $Ca(OH)_2$ 의 부피는?

① 10 mL   ② 15 mL   ③ 20 mL   ④ 25 mL   ⑤ 30 mL

18 탄산수는 수분과 영양소의 빠른 흡수를 도와줘 피로 회복을 돕고 당뇨 환자의 혈당을 내려주는 효과가 있다고 하여 각광받고 있다. 탄산수 안에 존재하는 탄산의 농도를 알아내기 위해 탄산 음료 10 mL 를 취한 후 0.1 M 의 수산화 칼륨 용액 2 mL 로 중화 적정하였다. 탄산 음료 속에 녹아 있는 탄산의 농도는?

① 0.5 M   ② 0.1 M   ③ 0.05 M   ④ 0.01 M   ⑤ 0 M

19 수용액에 포함되어 있는 이온과 같은 종류의 이온을 가하면 가해 준 이온의 농도가 감소하는 방향으로 평형이 이동하여 새로운 평형 상태에 이르는 현상을 공통 이온 효과라고 한다.

> 수용액에서 아세트산(CH_3COOH)은 다음과 같은 평형을 이루고 있다.
>
> $$CH_3COOH(aq) \rightleftharpoons CH_3COO^-(aq) + H^+(aq)$$
>
> 이 수용액에 아세트산나트륨(CH_3COONa)을 넣어주면 CH_3COONa 이 이온화되어 수용액 속에 공통 이온인 CH_3COO^- 의 농도가 증가하게 된다.
>
> $$CH_3COONa(aq) \longrightarrow CH_3COO^-(aq) + Na^+(aq)$$
>
> CH_3COO^- 의 농도가 증가하면 르 샤틀리에의 원리에 의해 CH_3COOH 의 평형이 CH_3COO^- 의 농도를 감소시키는 역반응 쪽으로 이동하여 새로운 평형에 도달한다. 이 CH_3COO^- 은 아세트산 나트륨 수용액과 아세트산 수용액에 모두 존재하는 공통 이온이고, 이러한 공통 이온에 의한 평형 이동을 공통 이온 효과라고 한다.

아세트산($CH_3COOH(aq)$)에 산과 염기를 첨가하면 일어나는 반응식을 예상해서 쓰시오.

(1) 산 첨가 :

(2) 염기 첨가 :

개념 돋보기

● 르샤틀리에(Henri Le Charelier : 1850 ~ 1936)

• 프랑스의 화학자로, 1884년 어떤 계의 평형 상태가 외부 작용에 의해 깨지면 그 외부 작용의 효과를 완화시키려는 방향으로 계의 상태가 변화하여 새로운 평형에 도달한다는 르 샤틀리에의 원리를 발표하였다. 이 원리는 화학적 가역 반응 뿐만 아니라 증발이나 결정화와 같은 물리적 가역 반응에도 적용된다.

● 르샤틀리에 원리

• 어떤 화학 반응이 평형 상태에 있을 때 온도, 압력, 농도등의 조건이 가해지면 새로운 평형 상태에 도달하게 되는데 화학 평형의 이동이라 한다.

• 이 원리에 따르면 평형 상태에 있는 반응계에 어떤 변화가 가해지면 이 변화를 완화시키려는 방향으로 평형이 이동한다. 예를 들어, 평형 상태의 반응에서 반응 물질의 농도를 증가시키면, 반응 물질이 감소하고 생성 물질은 증가하는쪽(정반응)으로 반응이 진행된다.

20 어떤 지시약 HIn 의 이온화 평형을 나타낸 것이다.

$$\underset{\text{노란색}}{\text{HIn}(aq)} + H_2O(l) \rightleftharpoons H_3O^+(aq) + \underset{\text{푸른색}}{\text{In}^-(aq)}$$

(1) pH = 9 인 용액에서 이 지시약은 어떠한 색을 나타낼지 쓰시오.

(2) 이 용액에 산성 용액을 떨어뜨리면 어떠한 반응이 일어나게 될지 설명하시오.

(3) 다음은 산, 염기 지시약의 변색 범위를 나타낸 것이다. 염산을 수산화 나트륨으로 중화 적정할 때 사용하기 적절한 지시약을 모두 고르고 그 이유를 설명하시오.

산-염기 지시약의 변색 범위

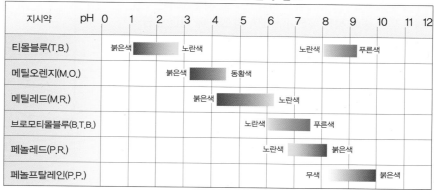

개념 돋보기

○ 지시약

• 용액의 pH에 따라 색깔이 변하는 물질로, 지시약 자체가 약한 산 또는 약한 염기이다. HIn과 In⁻ 인 경우 색깔이 다르기 때문에 산성 용액과 염기성 용액에서 색깔이 서로 다르게 나타난다. 지시약의 영문 표현인 Indicator의 In 에 수소인 H 를 붙여 HIn 으로 표시한다.
지시약의 평형이 다음과 같을 때, $\underset{\text{A색}}{\text{HIn}(aq)} + H_2O(l) \rightleftharpoons \underset{\text{B색}}{\text{In}^-(aq)} + H_3O^+(aq)$

• 산성 용액에 지시약을 넣을 때 : H_3O^+ 이 많으므로 평형이 역반응 쪽으로 이동한다.
  → 지시약이 주로 HIn형태로 존재하므로 용액이 A색을 띠게 된다.
• 염기성 용액에 지시약을 넣을 때 : OH^- 이 많으므로 평형이 정반응 쪽으로 이동한다.
  → 지시약이 주로 In⁻ 형태로 존재하므로 용액이 B색을 띠게 된다.

○ 자연 지시약

• 가지, 포도껍질, 당근 등 식물의 천연 물질을 이용해도 지시약을 만들 수 있는데 그 이유는 안토시아닌이라는 색소 때문이다. 이 색소가 용액 안의 수소 이온과 결합하여 안토시아닌의 구조를 바꾸기 때문에 이에 따라 색이 변하게 된다.

21 중화 적정에서 전류의 세기 변화에 관한 그래프이다.

이에 대한 설명으로 옳은 것만을 〈보기〉에서 있는 대로 고른 것은?

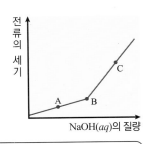

> **보기**
>
> ㄱ. 생성된 물의 몰수가 가장 큰 것은 A 지점이다.
> ㄴ. 같은 부피에 들어 있는 이온의 수는 A 가 B 보다 많다.
> ㄷ. C 점의 용액에 BTB 용액을 떨어뜨리면 노란색이 나타난다.

① ㄱ   ② ㄴ   ③ ㄱ, ㄴ   ④ ㄱ, ㄷ   ⑤ ㄴ, ㄷ

22 부피가 같은 HA 수용액과 HB 수용액을 각각 0.1 M 의 NaOH 수용액으로 적정하여 얻은 중화 적정 곡선이다. HA 와 HB 에 대한 설명으로 옳은 것만을 〈보기〉에서 있는 대로 고른 것은?

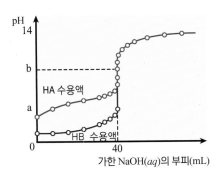

> **보기**
>
> ㄱ. HB 의 중화점은 b 이다.
> ㄴ. 산의 세기는 HB 가 HA 보다 더 세다.
> ㄷ. 수용액의 몰 농도는 B 가 A 보다 더 크다.

① ㄱ   ② ㄴ   ③ ㄱ, ㄴ   ④ ㄱ, ㄷ   ⑤ ㄴ, ㄷ

23 5 % 수산화 나트륨 수용액을 5 % 묽은 염산으로 중화 적정했을 때 혼합 용액 속 이온 수의 변화는 어떠할 것인지 각각 그래프에 그리시오. (단, 세로 축은 이온 수, 점선은 중화점이다.)

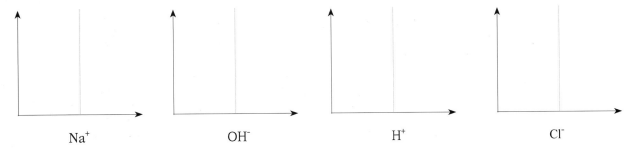

Na⁺   OH⁻   H⁺   Cl⁻

24 위액이 너무 많이 분비되면 소화 불량이 되어 속이 아프게 된다. 이때 먹는 제산제의 주성분은 수산화 알루미늄 $Al(OH)_3$, 수산화 마그네슘 $Mg(OH)_2$, 탄산 수소 나트륨 $NaHCO_3$, 탄산 마그네슘 $MgCO_3$ 등이 있다. 소화 불량일 때 제산제를 먹는 것과 같은 원리가 이용되는 경우를 〈보기〉에서 있는 대로 고르시오.

> **보기**
>
> ㄱ. 비누로 머리를 감은 후 약간의 식초를 탄 물로 헹군다.
> ㄴ. 습한 옷장에 $NaOH$, KOH 로 된 제습제를 넣는다.
> ㄷ. 개미에게 물렸을 때 암모니아수를 바른다.
> ㄹ. 산성화된 토양에 CaO, $Ca(OH)_2$, $CaCO_3$ 을 뿌려 준다.

25 수산화 나트륨($NaOH$) 수용액 50 mL 에 염산(HCl)을 조금씩 떨어뜨릴 때, 혼합 용액에 들어 있는 이온 수를 나타낸 것이다.

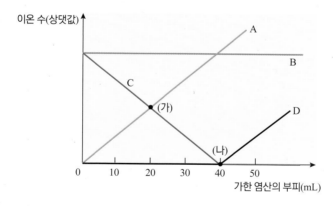

이에 대한 설명으로 옳은 것만을 〈보기〉에서 있는 대로 고른 것은?

> **보기**
>
> ㄱ. A 와 B 는 구경꾼 이온이다.
> ㄴ. 혼합 용액의 pH 는 (나)가 (가)보다 크다.
> ㄷ. 같은 부피의 $NaOH$ 수용액과 HCl 에 각각 들어 있는 전체 이온 수는 서로 같다.

① ㄱ   ② ㄴ   ③ ㄷ   ④ ㄱ, ㄴ   ⑤ ㄱ, ㄷ

26 같은 농도의 A ~ D 수용액의 전기 전도성을 측정하여 상대적인 크기를 나타낸 것이다. (단, A ~ D 는 염산(HCl), 아세트산(CH₃COOH) 수용액, 암모니아수(NH₄OH), 수산화 나트륨(NaOH) 수용액 중 하나이며, 같은 부피의 A 와 C 를 혼합하면 열이 발생하고, pH 는 7 보다 작았다.)

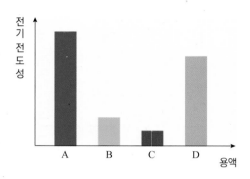

(1) A ~ D 중 pH 가 가장 큰 용액을 고르시오.

(2) A ~ D 를 산과 염기로 구분하시오.

27 식초 속의 아세트산 농도를 구하기 위해 삼각 플라스크, 뷰렛, 식초 10 mL, 지시약 그리고 0.1 M NaOH 표준 용액을 준비한 후, 그림 (가)와 같이 중화 적정 장치를 설치하고 실험하여 그림 (나)와 같은 중화 적정 곡선을 얻었다.

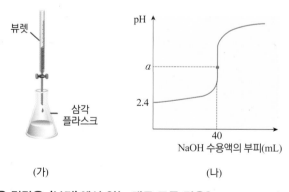

이 실험에 대한 설명으로 옳은 것만을 〈보기〉에서 있는 대로 고른 것은?

> **보기**
>
> ㄱ. 뷰렛 속에는 0.1 M NaOH 표준 용액을 넣는다.
> ㄴ. 삼각 플라스크에는 식초 10 mL 와 지시약을 넣는다.
> ㄷ. (나)에서 중화점의 pH인 a 의 값은 7 이다.
> ㄹ. 이 실험의 지시약으로는 변색 범위가 pH 3.1 ~ 4.4 인 메틸 오렌지가 적당하다.

① ㄱ, ㄴ   ② ㄷ, ㄹ   ③ ㄱ, ㄴ, ㄷ   ④ ㄱ, ㄴ, ㄹ   ⑤ ㄴ, ㄷ, ㄹ

28 혈액의 pH 를 일정하게 유지시키는데 관여하는 주요 반응이다.

> (가) $CO_2(g) \rightleftharpoons CO_2(aq)$
>
> (나) $CO_2(aq) + H_2O(l) \rightleftharpoons H_2CO_3(aq)$
>
> (다) $H_2CO_3(aq) \rightleftharpoons HCO_3^-(aq) + H^+(aq)$

이에 대한 설명으로 옳은 것만을 〈보기〉에서 있는 대로 고른 것은?

보기

ㄱ. 격렬한 운동을 한 후 혈액 내 HCO_3^- 의 농도는 증가한다.
ㄴ. H_2CO_3 수용액과 $KHCO_3$ 수용액의 혼합 용액은 완충 용액이다.
ㄷ. 혈액 중으로 소량의 염기가 유입되면 (다)의 평형이 정반응으로 이동한다.

① ㄱ   ② ㄷ   ③ ㄱ, ㄴ   ④ ㄴ, ㄷ   ⑤ ㄱ, ㄴ, ㄷ

29 수산화 나트륨(NaOH) 수용액 10 mL 에 묽은 염산(HCl)을 5 mL 씩 가할 때, 혼합 용액 (가) ~ (라)에 존재하는 이온의 종류와 이온 수의 비율을 원 그래프로 나타낸 것이다. (단, HCl 과 NaOH 은 수용액에서 모두 이온화하며, 혼합 전 묽은 염산과 수산화 나트륨 수용액의 온도는 같다.)

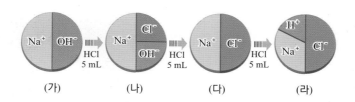

(1) Na^+ 과 Cl^- 의 변화에 대해 설명하시오.

(2) (가) ~ (라) 중 최고 온고가 가장 높은 것은?

(3) (가) ~ (라) 중 단위 부피 당 생성된 물 분자 수가 가장 큰 것은?

창의력을 키우는 문제

추리 단답형

01 다음 표는 우리가 일상 생활에서 많이 섭취하고 있는 여러 가지 물질들의 산도와 알칼리도를 값이 큰 물질부터 나타낸 것이다. 산도가 큰 물질일수록 강한 산성 식품이고, 알칼리도가 큰 물질일수록 강한 알칼리성 식품이다.

건강한 상태의 우리 몸은 이를 완충할 충분한 힘을 갖고 있기 때문에 이들 식품의 섭취에 의하여 체액의 산도가 변하지는 않는다. 그러나 산성 식품만 먹거나 알칼리성 식품만 먹는다면 우리 몸이 항상성을 유지하는 것이 어려워질 수 있다. 그래서 산성 식품과 알칼리성 식품을 골고루 먹는 균형 잡힌 식사를 하는 것이 좋다.

산성 식품		알칼리성 식품	
식품명	산도	식품명	알칼리도
오징어	29.6	생강	21.1
돼지고기	5.3	시금치	15.6
현미	15.5	무	4.6
백미	4.3	호박	4.4
보리	3.5	양배추	4.9
치즈	4.3	사과	3.4

사과는 왜 신맛이 나는데 알칼리성 식품으로 분류되는 것일까? 그 이유를 생각해 쓰시오.

추리 단답형

02 비누를 오래 쓰지 않고 방치해 놓았을 경우 표면에 흰 가루가 생기는 것을 알 수 있다. 다음 물음에 답하시오.

(1) 위 현상의 화학 반응식은 다음과 같다. ( )에 알맞은 화합물을 쓰시오.

$$2NaOH + CO_2 \longrightarrow (\qquad) + H_2O$$

(2) 흰 가루가 어떻게 만들어지는지 설명하시오.

귤이 알칼리성인 이유

산성 식품과 알칼리성 식품의 구별은 그 식품의 맛이 아니라 식품이 체내에서 소화, 흡수된 후에 최종적으로 어떤 물질이 남게 되는지에 따라 달라진다.

예를 들어 대부분의 야채, 과일은 나트륨, 칼륨, 칼슘, 마그네슘과 같은 원소가 포함되어 있어 체내에서 소화, 흡수된 후에 염기성 물질이 남으므로 알칼리성 식품이다. 그러나 육류 및 생선류 등은 염소, 인, 황과 같은 원소가 포함되어 있어 체내에서 소화, 흡수된 후에 산성 물질이 남으므로 산성 식품이다.

비누의 탄생

비누를 개발한 사람들은 메소포타미아 사람들이라고 한다. 그들은 처음에 식물을 태웠을 때 생기는 재에다 기름을 섞어 비누를 만들었다고 한다.

● 추리 단답형

03 음식을 많이 먹거나 몸에 이상이 생기면 위산이 많이 분비되어 속이 쓰린다. 이때는 제산제를 먹으면 곧 편안해진다. 이것은 제산제에 들어 있는 탄산 수소 나트륨(NaHCO₃), 수산화 알루미늄(Al(OH)₃)과 같은 약한 염기성 물질이 위산을 중화시키기 때문이다. 제산제의 종류는 다음과 같다. 다음 제산제의 종류에 따른 위 속에서의 화학 반응을 각각 쓰시오.

수산화 이온을 포함하는 경우	$Al(OH)_3$
탄산 이온을 포함하는 경우	$MgCO_3$
탄산 수소 이온을 포함하는 경우	$NaHCO_3$

인체의 pH 농도

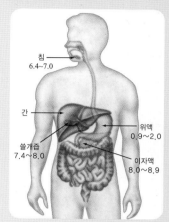

침
6.4~7.0

간

위액
0.9~2.0

쓸개즙
7.4~8.0

이자액
8.0~8.9

● 추리 단답형

04 과다하게 분비된 위액을 중화시키기 위해 제산제로 쓰이는 성분 중에는 약한 염기성 물질만을 사용하는데, NaOH 과 KOH 과 같은 강한 염기는 왜 사용하지 않는 것일까?

위산 부족?

2006년 식품 의약품 안전청 연구 보고서에 따르면 위산 부족의 기준인 산도(pH) 5.0 이상 환자가 전체의 22.55 % 였다. 위산 부족의 가장 큰 원인은 노화로, 나이가 들면 세포의 재생 능력이 현저하게 떨어지고 세포 수가 줄면서 위벽에서 분비되는 위산도 동시에 줄어든다. 그 밖에도 위 절제 수술을 받았거나 과도한 스트레스, 헬리코박터 감염 등이 위산 부족의 원인이 된다.

05 이산화 탄소(CO_2)는 수분(H_2O)과 접촉하면 화학 작용을 일으켜 탄산 수용액(H_2CO_3)으로 변한다. 우리가 마시는 탄산 음료는 바로 이 탄산 수용액을 먹게 되는 것이다. 탄산 수용액을 정기적으로 오랜 기간 마셨을 경우 우리 몸에 어떠한 영향을 미치게 되는지 아는 대로 모두 서술하시오.

○ 탄산 음료
(Carbonated beverages)

음료수에 이산화 탄소를 전체 중량의 1만 분의 5 이상을 함유하고, 알코올 함량이 11 % 미만인 청량감을 주는 음료, 감미료나 산미료, 과즙 등 여러 가지를 첨가하여 만든다.

06 약한 산에 그 짝염기를 넣은 용액이나 약한 염기에 그 짝산을 넣은 용액은 산이나 염기를 가하여도 공통 이온 효과에 의해 그 pH 가 변하지 않는데 이 용액을 완충 용액이라 한다. 혈액은 대표적인 완충 용액이라고 할 수 있다. 다음의 모형을 보고 혈액 속에 산성과 염기성 물질이 들어올 때 어떠한 반응이 일어나게 되는지 ①, ②를 각각 쓰시오.

○ 혈액의 완충 작용

완충 용액은 pH를 일정하게 유지시키려는 성질 때문에 생화학적, 생리적 과정 등에서 pH를 일정하게 유지할 때 매우 중요한 역할을 한다.
생명 과정에서 pH가 조금이라도 변하게 되면 생명에 지장을 줄 수 있기 때문에 H^+ 과 OH^-의 농도를 일정하게 유지하는 것은 매우 중요하다. 사람의 혈액은 탄산, 인산과 단백질의 조합으로 pH 농도가 7.35 ~ 7.45 사이를 일정하게 유지한다.
이때 혈액의 pH 농도가 7.0 이하이거나 7.8 이상일 경우 사람은 즉시 사망하게 된다.

혈액의 완충 작용

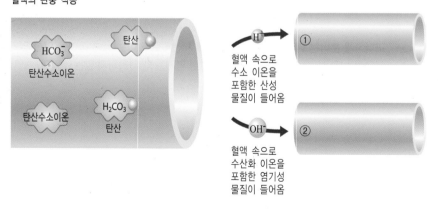

① _____

② _____

■ 논리 서술형

07 요즘 아토피 피부염과 호흡기 질환을 야기하는 물질로 논란이 되고 있는 새집 증후군의 원인 물질 중의 하나는 폼알데하이드(HCHO)이다. 이 물질이 산화되면 폼산(HCOOH)이 된다. 다음 물음에 답하시오.

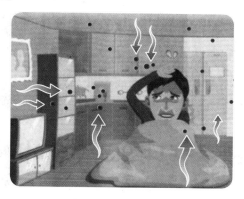

(1) 새집 증후군을 예방하는 방법을 모두 쓰시오.

(2) 이 중 중화 반응에 관련된 것은 무엇인가?

■ 논리 서술형

08 귤껍질에는 껍질이 과일에 달라붙게 해주는 결합 단백질 성분이 있다. 염산은 이 결합 단백질 성분을 분해시켜 주는 성질이 있다.

귤 통조림을 만들 때 필요한 시약은 다음 중 어떠한 것이 있을지 〈보기〉에서 골라 보고, 그 과정을 써 보시오.

보기

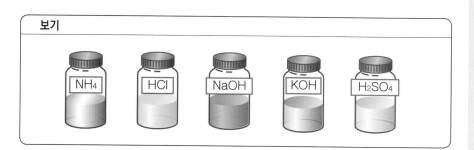

NH_4 HCl NaOH KOH H_2SO_4

🔵 **환경병**

몸의 문제가 아니라 환경에 의해 생기는 병으로 날로 늘어나는 환경 공해의 영향을 받아 점점 더 확산되고 있다.

▲ 환경병의 하나인 아토피

⬡ **캔 통조림의 역사**

캔 통조림은 1810년 영국의 함석 기술자 피터 듀란드가 발명하였다. 듀란드는 점심 식사 때마다 병조림을 이용하여 먹다가 어느 추운 겨울날 차가워진 병조림을 그냥 먹을 수 없어서 자신이 만들고 있던 조그만 깡통에 쏟아 불에 데워 먹었다. 이 계기로 그는 유리 대신에 캔으로 통조림을 만들 수 있으리라 생각했고 그것을 만드는 것에 착수했다. 이것이 캔 통조림의 시초였다.

○ 황산 테러

- 황산은 무색, 무취의 끈끈한 액체로 염산 다음으로 산성이 강하여 금과 백금을 제외한 대부분의 쇠붙이를 다 녹인다. 물에 섞으면 많은 열을 내며 진한 황산은 습기를 빨아들이는 성질이 세고 비료, 폭약, 염료, 화학 약품 따위를 만드는 데 많이 쓴다.
- 황산의 성질은 농도와 습도에 따라 크게 달라진다. 농도가 낮은 황산 (질량 퍼센트 농도가 약 90 % 미만)을 묽은 황산이라고 한다. 묽은 황산은 강산성이지만 산화력과 탈수 작용이 없다. 농도가 높은 황산 (질량 퍼센트가 약 90 % 이상)을 농황산 또는 진한 황산이라고 한다. 진한 황산은 산으로서의 성질이 약하다. 그 대신 흡습성이 강하기 때문에 강산 탈수 작용을 한다. 만약 유기물에 접촉하면 수소와 산소를 물 분자의 형태로 빨아 들인다. 황산이 피부에 닿으면 화상을 입는다. 화상을 입는 것은 이 같은 탈수 작용과 발열 때문이다.

● 논리 서술형

09 실험실에서 실험을 하다가 실수로 바지에 진한 황산 한 방울을 떨어뜨렸다. 다음 날 입으려고 보니 진한 황산을 떨어뜨렸던 부분이 가루처럼 부스러지는 것을 발견했다. 그 이유는 무엇일까?

● 추리 단답형

10 캠핑을 하러 갔다가 꿀벌에 쏘였다. 벌에 쏘인 부분이 따갑고 쓰라려서 비누 거품을 내어 상처에 발랐더니 가라앉았다. 상처가 따갑고 쓰라렸던 이유가 무엇인지 생각해 보고 비누 거품 이외에 상처를 가라앉히는데 적절한 방법은 어떠한 것들이 있는지 생각해서 적어 보시오.

● 추리 단답형

11 인공적으로 머리칼에 웨이브를 주는 일은 아주 오래 전 클레오파트라 시대로 거슬러 간다. 당시에는, 머리칼에 알칼리성 진흙을 발라서 막대기에 감아 붙이고 말렸다가 씻어 내는 방법을 사용하였다고 한다. 오늘날의 파마와는 약간 다르지만 그 원리에 있어서는 상당히 비슷하다. 이것은 어떠한 원리를 이용한 것일까?

● 논리 서술형

12 수돗물은 이온이 있어 전해질 역할을 할 수 있다. 한 근로자가 누전된 양수용 펌프에 접촉되어 감전 사망한 사건이 있었다. 만약 그것이 다른 이온이 없는 순수한 물이었다면 어떻게 되었을까? 추측하여 서술해 보시오.

○ **파마의 원리**

머리카락은 단백질로 이루어져 있는데 그 단백질은 시스틴이라는 아미노산을 많이 함유하고 있다. 각 단백질은 이웃하고 있는 시스틴 간의 황 – 황 다리 결합으로 연결되어 있는데 이 다리 결합이 파마에 있어 매우 중요한 역할을 한다. 파마약은 황의 다리 결합을 끊고 롯드 모양대로 구부러진 상태에서 새로운 이웃과 접하게 만들어 준다. 거기에 다시 중화제를 바르면 롯드 모양대로 다시 황의 결합이 일어나게 된다.

○ **물의 자동 이온화**

순수한 물에서 극히 일부분의 물 분자들끼리 서로 수소 이온을 주고 받아 H_3O^+ 과 OH^- 으로 이온화 되는 현상

$$H_2O(l) + H_2O(l) \rightleftharpoons H_3O^+(aq) + OH^-(aq)$$

🔴 H_3O^+
🔴 H_2O
🔵 OH^-

창의력을 키우는 문제

● 논리 서술형

13 금세기 말에 남극해 근처의 바닷물과 같은 조성을 가진 물을 만들어 바다달팽이와 함께 수조에 넣고 방치하여 관찰하는 실험이 있었다. 그 결과 바다달팽이의 탄산 칼슘이 이틀이 지나기 전에 녹아내리는 결과가 나타났다. 그 이유를 아래 그림과 연관시켜 설명해 보시오.

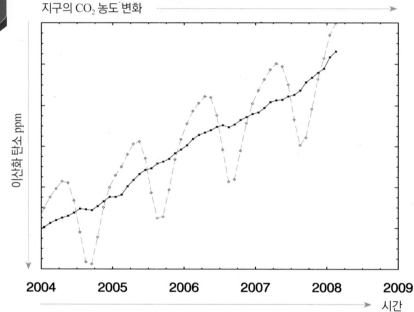

지구의 CO₂ 농도 변화

이산화 탄소 ppm

2004   2005   2006   2007   2008   2009

시간

○ 2백 30억 톤의 이산화 탄소는 어디로 가는가?

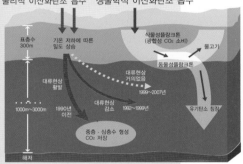

동해의 대기 중 이산화탄소 흡수량 변화

물리적 이산화탄소 흡수   생물학적 이산화탄소 흡수

최근 사이언스지 보도에 따르면 1991년과 1997년 사이에 화석 연료의 연소로부터 매년 2백 30억 t 의 이산화 탄소가 대기로 뿜어졌다고 한다. 그 중에서 51억 t 은 광합성에 의해 육지에서 재흡수됐고 74억 t 은 바다로 흡수됐으며 나머지 1백 5억 t 은 0.03 %를 유지하고 있는 대기의 이산화 탄소 농도를 증가시키는 것으로 조사됐다. 바닷물에 녹아들어간 이산화 탄소는 약산인 탄산 H_2CO_3을 만든다.

$$CO_2 + H_2O \rightarrow H_2CO_3$$

탄산은 두 단계로 해리되어 탄산 이온을 만든다.

$$H_2CO_3 \rightarrow HCO_3^- + H^+,$$
$$HCO_3^- \rightarrow CO_3^- + H^+$$

○ **지구 온난화**(global warming)

• 지구 표면의 평균 온도가 상승하는 현상이다. 땅이나 물에 있는 생태계가 변화하거나 해수면이 올라가서 해안선이 달라지는 등 기온이 올라감에 따라 발생하는 문제를 포함하기도 한다.

• 온난화의 원인은 아직까지 명확하게 규명되지 않았으나, 온실 효과를 일으키는 온실 기체가 유력한 원인으로 꼽힌다. 온실 기체로는 이산화 탄소가 가장 대표적이며 인류의 산업화와 함께 그 양은 계속 증가하고 있다. 또한 인류가 숲을 파괴하거나 환경 오염 때문에 산호초가 줄어드는 것에 의해서 온난화 현상이 심해진다는 가설도 있다. 나무나 산호가 줄어듦으로써 공기 중에 있는 이산화 탄소를 자연계가 흡수하지 못해서 이산화 탄소의 양이 계속 증가한다는 것이다.

● 추리 단답형

14 지구 온난화 문제에 대한 대응 방안으로 연소 배기 가스 중의 이산화 탄소를 화학적으로 전환하여 처리하는 기술 개발에 대한 연구가 전 세계적으로 관심이 되고 있다. 연소 배기 가스 중의 이산화 탄소를 NaOH 알칼리 폐수에 주입하면 알칼리 폐수 내의 수산 이온(OH^-)과 결합하여 중조($NaHCO_3$)를 생성하면서 폐수는 중화되고 대기 중으로 배출되는 이산화 탄소의 양을 효과적으로 줄일 수 있다. NaOH 알칼리 폐수와 연소배기 가스 내의 이산화 탄소의 중화 반응은 다음 반응식들로 요약할 수 있다.

$$CO_2 + OH^- \rightleftharpoons HCO_3^- \tag{1}$$
$$HCO_3^- + OH^- \rightleftharpoons CO_3^{2-} + H_2O \tag{2}$$
$$CO_2 + H_2O \rightleftharpoons H_2CO_3 \rightleftharpoons HCO_3^- + H^+ \tag{3}$$
$$H^+ + OH^- \rightleftharpoons H_2O \tag{4}$$

브뢴스테드 – 로우리 정의에 의하면 산은 H^+ 을 내놓는 물질이다. 위의 반응식에서 산을 모두 쓰시오.

대회 기출 문제

01 표시가 없는 시약병 4개에 수산화 나트륨 수용액, 묽은 염산, 묽은 황산 및 수산화 칼슘 수용액(석회수)이 각각 들어 있다. 이들을 서로 구별하는 방법에 관한 아래 물음에 답하시오.

[대회 기출 유형]

(1) 한 시약병에 이산화 탄소 기체를 유리관을 통하여 넣었더니 흰색 앙금이 생겼다. 시약병에 들어 있던 시약의 화학식을 쓰시오. 또 흰 앙금은 무엇인지 그 이름과 화학식을 쓰시오.

(2) 다른 한 시약병에는 그 주둥이 가까이에 수산화 암모늄을 묻힌 유리 막대를 대었더니 흰 연기가 생겼다. 시약병에 들어 있던 시약의 화학식을 쓰시오. 또 흰 연기는 무엇인지 그 이름과 화학식을 쓰시오.

(3) 또 다른 한 시약병에는 염화 바륨 수용액을 소량 넣었더니 흰 앙금이 생겼다. 이 시약병에 들어 있던 시약의 화학식을 쓰시오. 또 흰 앙금은 무엇인지 그 이름과 화학식을 쓰시오.

02 0.1 % 수산화 바륨 용액 25 cm^3 에 0.2 % 황산을 조금씩 넣으면서 용액에 흐르는 전류의 세기를 측정하니 다음 그림과 같았다. 다음 물음에 답하시오.

[대회 기출 유형]

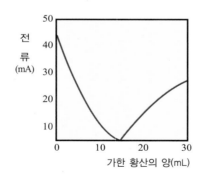

(1) 수산화 바륨 용액에 황산을 가하면 어떤 반응이 일어나는가? 화학 반응식을 쓰시오.

(2) 황산 10 cm^3 을 가하고 나면 수용액 중에는 어떤 이온들이 많이 들어 있겠는가?

(3) 처음에 전류의 세기가 감소하는 까닭은 무엇인가?

03 수산화 바륨 $Ba(OH)_2$ 의 수용액이 들어 있는 비커에 두 개의 백금 전극을 담그고 비커 위에서 뷰렛으로부터 묽은 황산을 떨어뜨려 가면서 전류계를 통해 전류의 세기를 측정하였다.

[대회 기출 유형]

(1) 이때 일어나는 화학 변화를 화학 반응식으로 쓰시오.

(2) 전류의 세기(y축)를 첨가한 황산의 부피(x축)에 대해 도시(圖示)하고 중화점을 표시하시오.

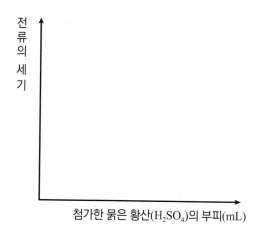

(3) 황산의 부피에 따른 전류의 세기 곡선이 왜 그러한 모양을 가지는지 설명하시오.

04 이산화 탄소가 녹아 있는 물에 대해 다음 물음에 답하시오.

[대회 기출 유형]

(1) 이 물이 산성을 띠는 이유를 설명하시오.

(2) 같은 압력에서 이 물의 온도를 높이면 $[H^+]$의 농도는 어떻게 변하겠는가? 그 이유를 설명하시오.

05 수연이는 아래 그림과 같이 충분한 양의 아연 조각이 들어 있는 시험관에 각각 다른 용액을 가했다.

[과학고 기출 유형]

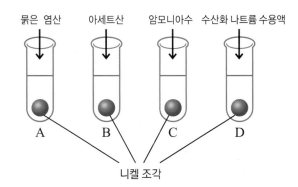

(1) 기체가 발생되는 시험관은 어느 것이며, 그 중에서 기체가 가장 적게 나오는 시험관은 무엇인가?

(2) 이때 발생한 기체는 무엇인가?

06 어떤 물질에 대한 실험 결과이다. 어떤 물질인지 고르시오.

[대회 기출 유형]

> • 수용액을 만져보면 미끈미끈하다.
> • 불꽃 반응 실험에서 노란색을 나타낸다.
> • 공기 중에 놓아 두면 수분을 흡수하여 녹는다.
> • 수용액은 BTB 용액을 푸른색으로 변화시킨다.

① KOH   ② NaOH   ③ $CaCl_2$ ④ NaCl

07 물질 A ~ D 의 특성을 각각 설명한 것이다. 그 특성에 해당되는 물질과 옳게 짝지은 것은?

[대회 기출 유형]

> A. 불꽃 반응 실험에서 불꽃이 보라색(자색)이다.
> B. BTB 용액을 가하면 노란색으로 변하며, 건조제로 쓰인다.
> C. 수용액에 탄산 나트륨 용액을 가하면 흰 침전이 생긴다.
> D. 빛에 의하여 분해가 되므로 갈색병에 보관한다.

	A	B	C	D
①	$CaCl_2$	H_2SO_4	KCl	HNO_3
②	KCl	H_2SO_4	$CaCl_2$	HNO_3
③	$CaCl_2$	H_2SO_4	HNO_3	KCl
④	KCl	HNO_3	$CaCl_2$	H_2SO_4

08 서로 다른 용액 ㉠ ~ ㉣ 에 대한 설명이다.

[과학고 기출 유형]

> ㉠ 어떤 산 HA 를 염기 B(OH)₂ 로 완전히 중화시켜 만든 침전이 없는 용액
> ㉡ 다른 산 H₂C 를 염기 DOH 로 완전히 중화시켜 만든 침전이 없는 용액
> ㉢ 같은 수의 이온을 포함하는 ㉠ 용액과 ㉡ 용액을 섞어 BC 가 침전된 용액
> ㉣ 어떤 산 H₂C 를 염기 B(OH)₂ 로 완전히 중화시킨 용액

㉢ 용액에는 있으나 ㉣ 용액에는 없는 이온의 기호를 모두 쓰시오. (단, A, C 는 산, B, D 는 금속이다.)

09 다음 표는 5개의 비커 A ~ E 에 2 % 수산화 나트륨 수용액을 각각 20 mL 씩 넣고 BTB 용액 2 ~ 3 방울을 떨어뜨린 후 묽은 염산의 양을 달리 하면서 넣어줄 때, 용액의 색 변화를 나타낸 것이다. 이 실험에서 사용한 염산의 농도는 몇 % 인가? (단, 2 % 수산화 나트륨 수용액 1 mL 는 2 % 염산 1 mL 로 중화한다.)

[대회 기출 유형]

비커	A	B	C	D	E
2 % 수산화 나트륨 수용액(mL)	20	20	20	20	20
묽은 염산(mL)	10	20	30	40	50
용액의 색	푸른색	푸른색	푸른색	녹색	노란색

① 1 %   ② 2 %   ③ 3 %   ④ 4 %

10 어떤 농도의 염산(HCl) 용액 25 mL 에 같은 농도의 수산화 나트륨(NaOH) 용액을 조금씩 가하면서 중화시킬 때, 혼합 용액에서 일어나는 여러 변화를 나타낸 그래프 중 옳지 않은 것은?

[과학고 기출 유형]

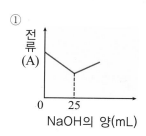

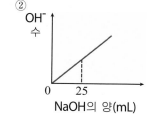

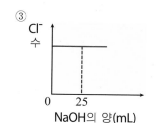

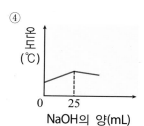

11 그림과 같이 1 % 염산 용액 20 mL 를 비커에 넣고 페놀프탈레인 용액 3 방울을 떨어뜨린 후, 1 % 수산화 나트륨 용액을 조금씩 가해 가며 유리 막대로 저어 주었다. 혼합 용액이 분홍색이 된 후 계속해서 약 2 mL 의 1 % 수산화 나트륨 용액을 가하니 붉은색으로 변하였다. 이 붉은색 용액에 존재하는 이온 3 가지를 그 수가 많은 것부터 차례로 나열하시오. (단, 이온은 원소 기호를 써서 나타낸다.)

[과학고 기출 유형]

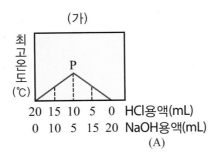

12 (가)와 (나)는 일정한 농도의 염산 용액에 농도가 서로 다른 수산화 나트륨 수용액 A, B 를 각각 혼합한 후, 그 혼합 용액의 최고 온도를 측정하여 나타낸 것이다. (단, 실험 도중 열의 손실은 없다.)

[과학고 기출 유형]

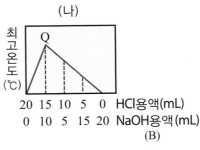

(1) 그래프 (가), (나)의 P, Q 점에 해당하는 혼합 용액에 존재하는 수소 이온(H^+)과 수산화 이온(OH^-)의 수를 비교하고, 그 이유를 쓰시오.

(2) 이 실험에 사용한 수산화 나트륨 용액 A 10 mL 속의 수산화 이온(OH^-)의 수를 n 개라 할 때, 수산화 나트륨 용액 B 10 mL 속의 수산화 이온의 수를 구하고, 그 이유를 쓰시오.

13 수용액 (가)와 (나)가 반응하여 수용액 (다)로 완전히 중화되는 과정을 나타낸 이온 모형이다. 이 반응에 대한 설명 중 옳지 않은 것은?

[수능 기출 유형]

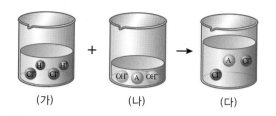

① A 는 +2 가 양이온이다.
③ (다)에서 이온 전하량의 총합은 0이다.
⑤ 용액의 전기 전도성은 (가) > (나) = (다)이다.

② 용액의 pH 는 (가) < (다) < (나)이다.
④ 알짜 이온 반응식은 $H^+ + OH^- \longrightarrow H_2O$ 이다.

14 그림 (가)는 날숨 속의 어떤 기체를 확인하는 것을 나타낸 것이고, (나)는 어떤 공기 오염 물질의 배출을 줄이기 위한 장치를 나타낸 것이다.

[수능 기출 유형]

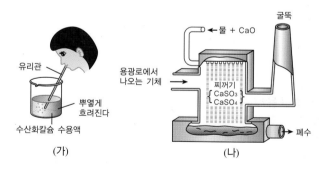

이에 대한 설명으로 옳은 것만을 〈보기〉에서 있는 대로 고른 것은?

보기

ㄱ. (가)와 (나)에서 모두 중화 반응이 일어난다.
ㄴ. 수산화 칼슘 수용액으로 이산화 황을 검출할 수 있다.
ㄷ. 탄산 칼슘과 황산 칼슘의 물에 대한 용해도는 매우 작다.

① ㄴ   ② ㄷ   ③ ㄱ, ㄴ   ④ ㄱ, ㄷ   ⑤ ㄱ, ㄴ, ㄷ

15 일정량의 AX_2 수용액에 B_2Y 수용액을 가할 때 생성되는 앙금의 양을 나타낸 그래프와 화학 반응식이다.

[수능 기출 유형]

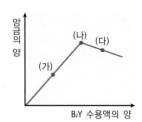

- $AX_2(aq) + B_2Y(aq) \longrightarrow AY(s) + 2BX(l)$
- $AY(s) + B_2Y(aq) \longrightarrow A(BY)_2(aq)$

이에 대한 설명으로 옳은 것만을 〈보기〉에서 있는 대로 고른 것은?

보기

ㄱ. 두 화학 반응에서 B^+ 은 구경꾼 이온이다.

ㄴ. A^{2+} 은 점 (가)보다 점 (다)에서 더 많이 존재한다.

ㄷ. 점 (나) 이후 넣은 B_2Y 수용액의 양이 증가하면 용해되는 AY 의 양은 증가한다.

---

① ㄴ   ② ㄷ   ③ ㄱ, ㄴ   ④ ㄱ, ㄷ   ⑤ ㄱ, ㄴ, ㄷ

16 페놀프탈레인은 산성과 중성 용액에서는 색이 없으나, 염기성 용액에서는 붉은색을 띤다. 소량의 페놀프탈레인 용액을 넣은 수산화 나트륨 수용액이 붉은색일 때의 이온 모형으로 가장 적당한 것은? (단, 페놀프탈레인은 약한 산이며 HIn 으로 표시한다.)

[수능 기출 유형]

17 다음은 물질의 성질을 확인하기 위한 실험이다.

[수능 기출 유형]

〈실험 과정〉

(가) 석회석이 들어 있는 삼각 플라스크에 묽은 염산을 넣었을 때 발생하는 기체를 수산화 나트륨 수용액이 들어 있는 페트병에 모은다.

(나) 페트병에 충분한 양의 기체를 모았을 때 마개를 막고 세게 흔든다.

(다) 삼각 플라스크와 페트병으로부터 용액 A 와 B 를 얻는다.

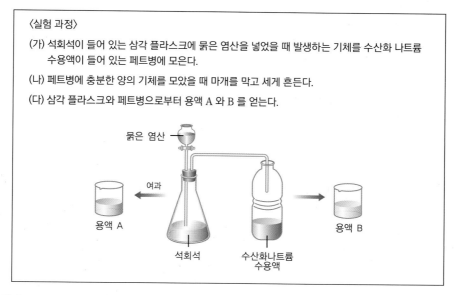

이에 대한 설명으로 옳은 것만을 〈보기〉에서 있는 대로 고른 것은?

보기

ㄱ. (나)에서 페트병이 찌그러진다.
ㄴ. 용액 A 에 질산 은 수용액을 넣으면 앙금이 생성된다.
ㄷ. 용액 B 에 소량의 용액 A 를 넣으면 앙금이 생성된다.

① ㄱ   ② ㄷ   ③ ㄱ, ㄴ   ④ ㄴ, ㄷ   ⑤ ㄱ, ㄴ, ㄷ

18 그림은 수산화 나트륨($NaOH$) 수용액과 염산(HCl)의 부피비를 달리하여 반응시켰을 때, 용액에 존재하는 수산화 이온(OH^-)의 수를 상대값으로 나타낸 것이다. 실험 Ⅰ과 실험 Ⅱ에서 사용한 $NaOH$ 수용액과 HCl 수용액의 농도는 다르다.

[대회 기출 유형]

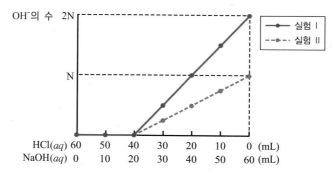

이에 대한 설명으로 옳은 것만을 〈보기〉에서 있는 대로 고른 것은?

보기

ㄱ. 실험 Ⅰ에서 단위 부피 당 이온의 수는 $NaOH$ 수용액이 HCl 의 2배이다.
ㄴ. HCl 의 단위 부피당 수소 이온의 수는 실험 Ⅰ이 실험 Ⅱ의 2배이다.
ㄷ. 실험 Ⅰ과 실험 Ⅱ의 중화점에서 생성된 물의 양은 같다.

① ㄱ   ② ㄷ   ③ ㄱ, ㄴ   ④ ㄴ, ㄷ   ⑤ ㄱ, ㄴ, ㄷ

19 그림은 일정량의 수산화 바륨(Ba(OH)₂) 수용액과 여러 부피의 묽은 황산 (H₂SO₄)을 각각 혼합하였을 때, 각 혼합 용액 A ~ D 의 최고 온도를 나타낸 것이다.
혼합 용액 A ~ D 에 대한 설명으로 옳지 <u>않은</u> 것은?

[수능 기출 유형]

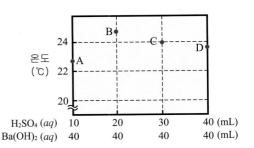

① pH 는 A > B 이다.
② 전체 이온 수는 D > A 이다.
③ 생성된 앙금의 양은 B > C 이다.
④ 생성된 물의 질량은 C 와 D 가 같다.
⑤ A ~ D 에서 구경꾼 이온은 존재하지 않는다.

20 은환이는 다음과 같이 실험하였다.

[수능 기출 유형]

〈실험 과정〉

(가) 비커에 묽은 염산 20 mL 를 넣는다.

(나) 비커에 전류 측정 장치를 설치한다.

(다) 비커에 스포이트로 묽은 수산화 나트륨(NaOH) 수용액을 조금씩 떨어뜨리면서 용액에 흐르는 전류의 세기를 측정한다.

〈실험 결과〉

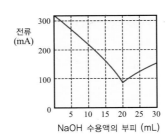

이 반응에서 생성되는 물의 분자 수를 바르게 나타낸 것은?

①   ②   ③

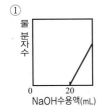 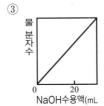 

21 석회수가 들어 있는 시험관에 이산화 탄소를 일정량으로 계속 공급하였더니, 시험관 안의 앙금의 양이 그림과 같이 나타났다.

이에 대한 설명으로 옳은 것만을 〈보기〉에서 있는 대로 고른 것은?

[수능 기출 유형]

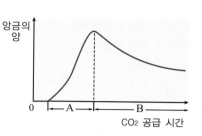

보기

ㄱ. 구간 A 에서 pH 는 감소한다.
ㄴ. 구간 B 에서 용액의 질량은 증가한다.
ㄷ. Ca^{2+} 의 양은 구간 A 에서 증가하고, 구간 B 에서 감소한다.

---

① ㄱ   ② ㄴ   ③ ㄷ   ④ ㄱ, ㄴ   ⑤ ㄱ, ㄷ

---

22 표는 $HCl(aq)$, $NaOH(aq)$, $KOH(aq)$ 의 부피를 달리하여 혼합한 용액 (가) ~ (다)에 대한 자료이다.

[수능 기출 유형]

혼합 용액	혼합 전 용액의 부피(mL)			단위 부피 당 생성된 물 분자 수
	$HCl(aq)$	$NaOH(aq)$	$KOH(aq)$	
(가)	10	5	0	$2N$
(나)	5	0	5	$6N$
(다)	15	10	5	$5N$

이에 대한 설명으로 옳은 것만을 〈보기〉에서 있는 대로 고른 것은? (단, 혼합 용액의 부피는 혼합 전 각 용액의 부피의 합과 같다.)

보기

ㄱ. (가)는 산성이다.
ㄴ. 총 이온 수는 (다)가 (나)의 2.5배이다.
ㄷ. $HCl(aq)$ 10 mL, $NaOH(aq)$ 5 mL, $KOH(aq)$ 5 mL 를 혼합한 용액은 염기성이다.

---

① ㄱ   ② ㄷ   ③ ㄱ, ㄴ   ④ ㄴ, ㄷ   ⑤ ㄱ, ㄴ, ㄷ

23 어떤 탄소 화합물 6.10 g 을 완전 연소시켰더니 CO_2 15.4 g 과 H_2O 2.68 g 이 생성되었다. 이 화합물 0.24 g 을 벤젠 100 g 에 녹인 용액은 끓는점이 0.050 ℃ 올라갔다. 또한 이 화합물 1.00 g 을 물에 녹여 1 L 의 수용액을 만들었다. 이 용액 10 mL 중화 적정하는데 0.01 M NaOH 수용액 8.2 mL 가 사용되었다. (단, 탄소 화합물은 C, H, O 로 이루어져 있고, 벤젠의 몰랄 오름 상수 K_b = 2.54 ℃ 이며, H, C, O 의 원자량은 각각 1, 12, 16 이다.)

[대회 기출 유형]

(1) 이 화합물의 실험식을 쓰시오.

(2) 이 화합물의 분자량을 구하시오.

(3) 이 화합물은 몇 가 산인지 구하시오.

24 AgCl 의 포화 용액은 $[Ag^+]$와 $[Cl^-]$의 사이에 25 ℃ 에서 $[Ag^+][Cl^-]$ = 1.56 × 10^{-10} 이 성립한다. (단, Ag, Cl 의 원자량은 각각 107.9, 35.5 이다.)

[대회 기출 유형]

(1) 0.01 M $AgNO_3$ 용액 25 mL 에 0.01 M NaCl 용액 15 mL 를 가하였다. 이때 생성된 AgCl(s)의 질량(g)을 구하시오.

(2) (1) 용액 중 남아 있는 Ag^+ 과 Cl^- 의 몰 농도(M)를 각각 구하시오.

(3) (1) 용액에 다시 10 mL 의 0.01 M NaCl 용액을 가했을 때 추가로 생성된 AgCl(s)의 질량을 구하시오.

25 다음은 수산화 나트륨 수용액(NaOH(aq))과 농도가 다른 두 염산(HCl(aq))을 부피를 달리 하여 반응시킬 때 온도 변화를 나타낸 것이다.

[대회 기출 유형]

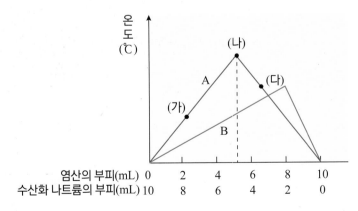

(1) (가), (나), (다) 각 지점에서의 수소 이온(H^+)과 수산화 이온(OH^-)의 수를 부등호(>, <, =)로 각각 비교하시오.

(2) 그래프 A, B 중에서 염산의 농도가 더 큰 것을 고르시오.

(3) 위 그림의 화학 반응식을 쓰시오.

26 다음은 수소 이온(H^+)과 수산화 이온(OH^-)이 반응하여 물을 생성하는 중화 반응의 실험 내용이다.

[과학고 기출 유형]

〈실험 과정〉

1. 다음과 같은 두 용액을 준비한다.

A 용액 : 진한 황산(H_2SO_4) 1몰을 희석하여 만든 수용액 1 L

B 용액 : 수산화 바륨($Ba(OH)_2$) 1몰을 녹여 만든 수용액 1 L

2. A 용액 10 mL 와 페놀프탈레인 소량을 비커에 넣은 뒤, 여기에 B 용액을 1 mL 씩 넣으면서 전기 전도성을 측정한다.

〈실험 결과〉

· B 용액 10 mL 를 넣는 순간 비커 안 용액의 색이 붉게 변하였다.

(1) 두 용액 A 와 B 에서 같은 값으로 측정되는 것으로 옳은 것만을 〈보기〉에서 있는 대로 고르시오.

보기

ㄱ. 밀도   ㄴ. 질량   ㄷ. (+) 이온 수   ㄹ. 총 이온 수   ㅁ. % 농도

(2) 실험 과정 2의 결과를 그래프로 나타내시오.

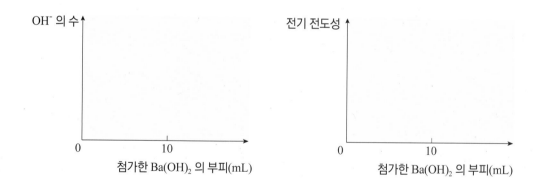

클레오파트라가
선택한 식초

클레오파트라의 이야기 중에는 '달의 눈물'이라고 하는 진주에 관한 유명한 이야기가
전해 내려오고 있다.

고대 이집트가 로마군에 의해서 점령되어 겨우 명맥을 이어가고 있을 무렵, 프톨레마이
어스 12세의 왕비였던 클레오파트라는 최초의 로마 장군 줄리어스 시저의 애인이 되었
다. 그가 죽고 난 후, 클레오파트라는 시저의 부하인 안토니우스와 친분을 맺었다. 안토
니우스는 시저 군대의 지휘관이었다가 최고 자리에 오른 사람이었다.

그녀는 안토니우스를 연회마다 초대했지만 맛있는 음식에 익숙했던 로마인에게 연회란
놀라운 것이 아니었다. 어느날 안토니우스는 클레오파트라에게 세상에서 최고로 비싼 식사를 할 수 있는가 하고 내기를 걸었다.
클레오파트라는 심부름꾼에게 식초가 담겨 있는 황금의 술잔을 가져오라고 했다. 그 잔 속에 그녀는 자신이 달고 있던 세계에서
가장 오래된 '달의 눈물'이라는 아름다운 진주 귀걸이를 넣고 그것이 녹는 것을 본 뒤 마셨다고 한다.
이에 안토니우스가 경탄하자 그녀는 다시 또 하나의 귀걸이를 빼어 그 속에 넣으려고 했다.
그러자 안토니우스는 당황하며 "내가 졌으니 그만 하시오"라며 그녀를 만류했다고 한다.

과연 진주가 식초에 녹을 수 있을까?

조개가 자신의 껍질 속에 들어온 불순물의 둘레에 조개껍질을 만드는 성분을 분비시켜 매끄럽고 둥글게 만든 것이 진주이다. 이런 조개껍질의 성분은 조개가 바다 속에 녹아 있는 석회 성분을 흡수해 탄산 칼슘($CaCO_3$)으로 침전시킨 것으로 진주의 주성분은 탄산 칼슘과 유기 물질(단백질과 수분 등) 등으로 되어 있는 석회석이라 할 수 있다. 따라서 진주는 식초를 포함한 모든 산에 잘 녹는다.

식초는 아세트산을 포함하고 있고 아세트산은 석회석으로 된 바위를 녹여 아세트산 칼슘이라는 염을 만드는 성질이 있다. 클레오파트라의 진주 역시 석회질로 만들어졌기 때문에 산을 이용해 진주를 녹일 수 있었던 것이다.

그러나 과연 클레오파트라가 진주를 곧바로 녹여 마실 수 있었는지는 확인하기 어렵다. 그녀가 마신 식초는 당연히 몸에 해를 주지 않을 정도의 약한 산성을 띠었을 것이다. 따라서 진주 알갱이가 녹기까지 어느 정도 시간이 필요하다.

▲ 계란을 식초에 담근 모습 　　▲ 계란 껍질이 식초에 녹는 모습

그렇다면 연회 당시 어떤 일이 벌어진 것일까?
한 가지 해석은 당시의 화학 지식을 많이 갖춘 클레오파트라가 진주를 녹일 수 있는 어떤 물질을 연회가 시작하기 전 미리 식초에 타놓았다는 것이다. 한편 클레오파트라가 흰색의 석회로 된 가짜 진주를 귀에 걸고 있다가 교묘하게 속였다는 설명도 있다.

그러나 당대 최대의 부자이자 위대한 이집트의 여왕이 상대방을 속이는 행동을 보였다는 것은 어울리지 않는다. 또 하나의 가능성은 여왕이 식초와 함께 진주를 통째로 삼킨 상황이다. 클레오파트라가 들고 있던 잔이 금속 잔이었다면 진주가 실제로 녹았는지 아무도 확인하기 어려웠을 것이다.
정확한 상황을 파악하기는 어렵지만 클레오파트라가 인기를 끌었던 데에는 미모뿐만 아니라 뛰어난 지략도 한몫했음을 알 수 있다.

Q 진주가 식초에 녹을 때의 화학식은 무엇이었을까?

부록

1. 국제 단위계(SI 단위계)

1 SI 접두어

크기	접두어	기호
10^1	데카(deca)	da
10^2	헥토(hecto)	h
10^3	킬로(kilo)	k
10^6	메가(mega)	M
10^9	기가(giga)	G
10^{12}	테라(tera)	T

크기	접두어	기호
10^{-1}	데시(deci)	d
10^{-2}	센티(centi)	c
10^{-3}	밀리(milli)	m
10^{-6}	마이크로(micro)	μ
10^{-9}	나노(nano)	n
10^{-12}	피코(pico)	p

2 SI 기본 단위

물리량	명칭	기호
길이	미터(meter)	m
질량	킬로그램(kilogram)	kg
시간	초(second)	s
전류	암페어(ampere)	A
온도	켈빈(kelvin)	K
몰질량	몰(mole)	mol
광도	칸델라(candela)	cd

3 SI 유도 단위

물리량	명칭	기호	기호
힘	뉴턴(newton)	N	$kg \cdot m/s^2$
압력	파스칼(pascal)	Pa	$kg \cdot m/s^2 = N/m^2$
에너지	줄(joule)	J	$kg \cdot m^2/s^2 = N/m$
일률	와트(watt)	W	$kg \cdot m^2/s^3 = J/s$
진동수	헤르츠(hertz)	Hz	s^{-1}
전하량	쿨롱(coulomb)	C	$A \cdot s$
전압	볼트(volt)	V	$J/C = W/A$

4 단위 환산

길이	질량	온도
1 cm = 0.3937 in(인치) 1 in = 2.54 cm 1 mile(마일) = 5280 ft(피트) = 1.6093 km 1 nm = 10^{-9} m	1 kg = 1000 g 1 lb(파운드) = 453.59 g = 16 oz(온스) 1 t(톤) = 1000 kg 1 원자 질량 단위 = 1.66057×10^{-27} kg	0 K = -273.15 ℃(섭씨도) = -457.67 ℉(화씨도) K = ℃ + 273.15 $℃ = \dfrac{5}{9}$ (℉ - 32) $℉ = \dfrac{9}{5}$ (℃) + 32

몰질량	압력	에너지
1 mol = 22.4 L (0 ℃, 1 기압에서 기체의 부피) = 6.02×10^{23} 개(분자 수)	1 Pa = 1 N(뉴턴) /m^2 = 1 $kg/m \cdot s^2$ 1 atm(기압) = 1013.25 hPa = 760 mmHg 1 bar(바) = 10^5 Pa	1 J = 1 N·m = W·s = 1 $kg \cdot m^2/s^2$ = 0.23901 cal(칼로리) 1 cal = 4.184 J 1 kWh(킬로와트시) = 10^3 W × 3600 s = 3.6×10^6 J

2. 원소의 물리적 성질

기압 : 1 atm

원소 기호	H	He	Li	Be	B	C
원소 이름	수소	헬륨	리튬	베릴륨	붕소	탄소
영어 이름	Hydrogen	Helium	Lithium	Beryllium	Boron	Carbon
원자 번호	1	2	3	4	5	6
원자량	1.008	4.0026	6.941	9.0122	10.811	12.011
녹는점(℃)	-259.14	-272.2	97.81	1283	2300	3550
끓는점(℃)	-252.87	-268.9	903.8	2484	3658	4827
밀도(g/cm³)	0.070	0.147	0.971	1.848	2.34	2.25
바닥 상태 전자 배치	$1s^1$	$1s^2$	[He] $2s^1$	[He] $2s^2$	[He] $2s^22p^1$	[He] $2s^22p^2$
이온화 에너지	1312	2372.3	495.8	899.4	800.6	1086.4
전기 음성도	2.20	-	0.93	1.57	2.04	2.55

원소 기호	N	O	F	Ne	Na	Mg
원소 이름	질소	산소	플루오린	네온	나트륨	마그네슘
영어 이름	Nitrogen	Oxygen	Fluorine	Neon	Sodium	Magnesium
원자 번호	7	8	9	10	11	12
원자량	14.007	15.999	18.996	20.180	22.990	24.305
녹는점(℃)	-209.86	-217.4	-219.62	-248.69	97.81	648.8
끓는점(℃)	-195.8	-182.96	-188.14	-246.05	903.8	1105
밀도(g/cm³)	0.808	1.14	1.108	1.207	0.971	1.738
바닥 상태 전자 배치	[He] $2s^22p^3$	[He] $2s^22p^4$	[He] $2s^22p^5$	[He] $2s^22p^6$	[Ne] $3s^1$	[Ne] $3s^2$
이온화 에너지	1402.3	1313.9	1681.0	2080.6	495.8	737.7
전기 음성도	3.04	3.44	3.98	-	0.93	1.31

원소 기호	Al	Si	P	S	Cl	Ar
원소 이름	알루미늄	규소	인	황	염소	아르곤
영어 이름	Aluminum	Silicon	Fluorine	Phosphorus	Chlorine	Argon
원자 번호	13	14	15	16	17	18
원자량	26.982	28.086	30.974	32.065	35.453	39.948
녹는점(℃)	660.37	1410	44.1	119.0	-100.98	-189.2
끓는점(℃)	2467	2355	280	444.7	-34.6	-185.7
밀도(g/cm³)	2.702	2.33	1.82	1.96	1.367	1.40
바닥 상태 전자 배치	[Ne] $3s^23p^1$	[Ne] $3s^23p^2$	[Ne] $3s^23p^3$	[Ne] $3s^23p^4$	[Ne] $3s^23p^5$	[Ne] $3s^23p^6$
이온화 에너지	577.6	786.4	1011.7	999.6	1251.1	1520.5
전기 음성도	1.61	1.90	2.19	2.58	3.16	-

원소 기호	K	Ca	Zn	Fe	Ni	Sn
원소 이름	칼륨	칼슘	아연	철	니켈	주석
영어 이름	Potassium	Calcium	Zinc	Iron	Sodium	Tin
원자 번호	19	20	30	26	28	50
원자량	39.098	40.098	65.409	55.845	58.693	118.71
녹는점(℃)	63.65	839	419.58	1535	1453	231.97
끓는점(℃)	774	1484	907	2750	2732	2270
밀도(g/cm³)	0.862	1.55	7.4133	7.874	8.902	5.75
바닥 상태 전자 배치	[Ar] $4s^1$	[Ar] $4s^2$	[Ar] $3d^{10}4s^2$	[Ar] $3d^64s^2$	[Ar] $3d^84s^2$	[Kr] $4d^{10}5s^25p^2$
이온화 에너지	418.8	589.8	906.4	759.3	736.7	708.6
전기 음성도	0.82	1.00	1.65	1.90	1.91	1.88

원소 기호	Pb	Cu	Hg	Ag	Pt	Au
원소 이름	납	구리	수은	은	백금	금
영어 이름	Lead	Copper	Mercury	Silver	Platinum	Gold
원자 번호	82	29	80	47	78	79
원자량	207.2	63.546	200.59	107.868	195.08	196.967
녹는점(℃)	327.5	1083.4	-38.87	961.93	1772	1064.43
끓는점(℃)	1740	2567	356.58	2212	3827	2807
밀도(g/cm³)	11.35	8.96	13.546	410.50	21.45	19.32
바닥 상태 전자 배치	[Xe] $4f^{14}5d^{10}6s^26p^2$	[Ar] $3d^{10}4s^1$	[Xe] $4f^{14}5d^{10}6s^2$	[Kr] $4d^{10}5s^1$	[Xe] $4f^{14}5d^96s^1$	[Xe] $4f^{14}5d^{10}6s^1$
이온화 에너지	715.5	745.4	1007.0	731.0	868	890.1
전기 음성도	2.10	1.90	2.00	1.93	2.28	2.54

원소 기호	Br	I	Ba	Cr	Mn	U
원소 이름	브로민	아이오딘	바륨	크로뮴	망가니즈	우라늄
영어 이름	Bromine	Iodine	Barium	Selenium	Manganese	Uranium
원자 번호	35	53	56	24	25	92
원자량	79.904	126.904	137.327	51.996	54.938	238.03
녹는점(℃)	-7.25	113.5	725	1857	1244	1132.3
끓는점(℃)	58.78	184.35	1640	2672	1962	3818
밀도(g/cm³)	3.119	4.93	3.51	7.18	7.21	18.95
바닥 상태 전자 배치	[Ar] $3d^{10}4s^24p^5$	[Kr] $4d^{10}5s^25p^5$	[Xe] $6s^2$	[Ar] $3d^54s^1$	[Ar] $3d^54s^2$	[Rn] $5f^36d^17s^2$
이온화 에너지	1139.9	1008.4	502.9	652.8	717.4	587
전기 음성도	2.96	2.66	0.89	1.66	1.55	1.38

3. 탄화수소 명명

탄소 수	접두어	물질 이름	분자식	알케인(Alkane)	분자식	알켄(Alkene)	분자식	알카인(Alkyne)
1	mono	metha	CH_4	메테인(methane)	-	-	-	-
2	di	etha	C_2H_6	에테인(ethane)	C_2H_4	에텐(ethene)	C_2H_2	에타인(ethyne)
3	tri	propa	C_3H_8	프로페인(propane)	C_3H_6	프로펜(propene)	C_3H_4	프로파인(propyne)
4	tetra	buta	C_4H_{10}	뷰테인(butane)	C_4H_8	뷰텐(butene)	C_4H_6	뷰타인(butyne)
5	penta	penta	C_5H_{12}	펜테인(pentane)	C_5H_{10}	펜텐(pentene)	C_5H_8	펜타인(pentyne)
6	hexa	hexa	C_6H_{14}	헥세인(hexane)	C_6H_{12}	헥센(hexene)	C_6H_{10}	헥사인(hexyne)
7	hepta	hepta	C_7H_{16}	헵테인(heptane)	C_7H_{14}	헵텐(heptene)	C_7H_{12}	헵타인(heptyne)
8	octa	octa	C_8H_{18}	옥테인(octane)	C_8H_{16}	옥텐(octene)	C_8H_{14}	옥타인(octyne)
9	nona	nona	C_9H_{20}	노네인(nonane)	C_9H_{18}	노넨(nonene)	C_9H_{16}	노나인(nonyne)
10	deca	deca	$C_{10}H_{22}$	데케인(decane)	$C_{10}H_{20}$	데켄(decene)	$C_{10}H_{18}$	데카인(decyne)

탄화수소 유도체 일반식	탄화수소 유도체 이름	작용기	작용기 이름	화합물의 예
R - OH	알코올	—OH	하이드록시기	CH_3OH 메탄올 C_2H_5OH 에탄올
R - CHO	알데하이드	$-C{\overset{O}{\underset{H}{}}}$	포밀기	HCHO 폼알데하이드 CH_3CHO 아세트알데하이드
R - COOH	카복실산	$-C{\overset{O}{\underset{OH}{}}}$	카복시기	HCOOH 폼산 CH_3COOH 아세트산
R - CO - R´	케톤	$-\overset{}{\underset{O}{C}}-$	카보닐기	CH_3COCH_3 다이메틸케톤 $CH_3COC_2H_5$ 에틸메틸케톤
R - O - R´	에테르	—O—	에테르 결합	CH_3OCH_3 다이메틸에테르 $C_2H_5OC_2H_5$ 다이에틸에테르
R - COO - R´	에스터	$-\overset{}{\underset{O}{C}}-O-$	에스터 결합	$HCOOCH_3$ 폼산메틸 $CH_3COOC_2H_5$ 아세트산메틸
R - NH_2	아민	$-N{\overset{H}{\underset{H}{}}}$	아미노기	CH_3NH_2 메틸아민 $C_6H_5NH_2$ 아닐린

4. 표준 환원 전위(25 ℃, 1 M)

반쪽 반응	$E°$ (V)
$H_2O_2(aq) + 2H^+(aq) + 2e^- \longrightarrow 2H_2O(l)$	1.78
$MnO_4(aq) + 8H^+(aq) + 5e^- \longrightarrow Mn^{2+}(aq) + 4H_2O(l)$	1.49
$Cl_2(g) + 2e^- \longrightarrow 2Cl^-(aq)$	1.36
$Cr_2O_7^{2-}(aq) + 14H^+(aq) + 6e^- \longrightarrow 2Cr^{3+}(aq) + 7H_2O(l)$	1.33
$O_2(g) + 4H^+(aq) + 4e^- \longrightarrow 2H_2O(l)$	1.23
$NO_3^-(aq) + 4H^+(aq) + 3e^- \longrightarrow NO(g) + 2H_2O(l)$	0.96
$Ag^+(aq) + e^- \longrightarrow Ag(s)$	0.80
$Fe^{3+}(aq) + e^- \longrightarrow Fe^{2+}(aq)$	0.77
$Cu^+(aq) + e^- \longrightarrow Cu(s)$	0.52
$Cu^{2+}(aq) + 2e^- \longrightarrow Cu(s)$	0.34
$Cu^{2+}(aq) + e^- \longrightarrow Cu^+(aq)$	0.16
$2H^+(aq) + 2e^- \longrightarrow H_2(g)$	0.00
$Fe^{3+}(aq) + 3e^- \longrightarrow Fe(s)$	-0.04
$Pb^{2+}(aq) + 2e^- \longrightarrow Pb(s)$	-0.13
$Ni^{2+}(aq) + 2e^- \longrightarrow Ni(s)$	-0.23
$Cd^{2+}(aq) + 2e^- \longrightarrow Cd(s)$	-0.40
$Fe^{2+}(aq) + 2e^- \longrightarrow Fe(s)$	-0.44
$Zn^{2+}(aq) + 2e^- \longrightarrow Zn(s)$	-0.76
$2H_2O(l) + 2e^- \longrightarrow H_2(g) + 2OH^-(aq)$	-0.83
$Al^{3+}(aq) + 3e^- \longrightarrow Al(s)$	-1.66
$Mg^{2+}(aq) + 2e^- \longrightarrow Mg(s)$	-2.38
$Na^+(aq) + e^- \longrightarrow Na(s)$	-2.71
$Ca^{2+}(aq) + 2e^- \longrightarrow Ca(s)$	-2.87
$Ba^{2+}(aq) + 2e^- \longrightarrow Ba(s)$	-2.91
$K^+(aq) + e^- \longrightarrow K(s)$	-2.93
$Li^+(aq) + e^- \longrightarrow Li(s)$	-3.04

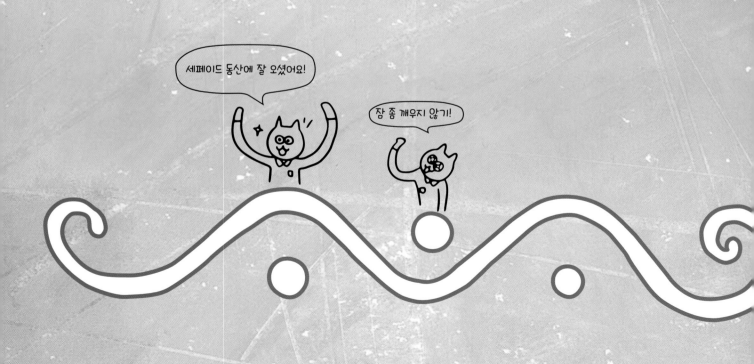

창·의·력·과·학

I & I

아이
앤
아이
아이

윤찬섭 저

화학(하)
정답 및 해설

개정2판

무한상상

아이앤아이

창·의·력·수·학 / 과·학

영재학교·과학고	영재교육원·영재성검사	과학대회 준비
아이앤아이 물리학 (상,하)	아이앤아이 영재들의 수학여행 수학 32권 (5단계)	아이앤아이 꾸러미 과학대회 초등 – 각종 대회, 과학 논술/서술
아이앤아이 화학 (상,하)	아이앤아이 꾸러미 48제 모의고사 수학 3권, 과학 3권	아이앤아이 꾸러미 과학대회 중고등 – 각종 대회, 과학 논술/서술
아이앤아이 생명과학 (상,하)	아이앤아이 꾸러미 120제 수학 3권, 과학 3권	
아이앤아이 지구과학 (상,하)	아이앤아이 꾸러미 시리즈 (전4권) 수학, 과학 영재교육원 대비 종합서	
	아이앤아이 초등과학 시리즈 (전4권) 과학 (초 3,4,5,6) – 창의적문제해결력	

창·의·력·과·학

I&I

아이 앤 아이

화학(하)

개정2판

정답 및 해설

무한상상

V. 혼합물의 분리 (1)

개념 보기

Q1 어는점, 녹는점, 끓는점, 용해도, 밀도 등 물질의 특성으로 구분한다.

Q2 2 g/mL   Q3 혼합물

개념 확인 문제

정답		15 ~ 18 쪽
01 ㄱ, ㄷ, ㅁ, ㅅ, ㅊ	02 ④	03 ④
04 ④	05 ③	06 ②
07 (가) > (나) > (다)	08 ⑤	09 ①
10 (1) ㄱ (2) ㄴ, ㄹ, ㅁ (3) ㄴ, ㅁ, ㅂ (4) ㄴ, ㅁ		
11 54 mL		
12 (1) O (2) O (3) O (4) X (5) O (6) X (7) O (8) O		
13 ⑤	14 3종류	
15 (1) C → B → A → D (2) 0.25 g/mL		
16 C, E, F	17 ⑤	18 ③
19 (가) B (나) C, D (다) A		20 수소
21 ④	22 ④	23 ③, ④, ⑤ 24 ④
25 ④	26 ①	27 ③

01 ㄱ, ㄷ, ㅁ, ㅅ, ㅊ

해설 |

물질의 특성	물질의 특성이 아닌 것
어는점, 녹는점, 끓는점, 용해도, 밀도, 맛(겉보기 성질) 등	부피, 질량, 무게, 길이, 온도, 상태 변화, 농도 등

02 ④

해설 | ① 온도는 다른 물질이라도 같을 수 있으므로 물질의 특성이 아니다.

② 부피와 질량은 물질의 특성이 아니다.

③ 질량, 길이, 부피와 같은 크기 성질은 물질의 특성이 될 수 없고, 세기 성질(온도, 녹는점, 끓는점, 밀도, 용해도 등)은 물질의 특성이 된다. 이 물질의 특성으로 사용될 수 있다.

⑤ 맛은 겉보기 성질이므로 물질의 특성으로 사용될 수 있다.

03 ④

해설 | 겉보기 성질에는 색, 맛, 냄새, 촉감, 굳기, 결정 모양 등이 있다.

04 ④

해설 | 식초는 시큼한 향과 맛을 가지고 있으므로 물과 구별된다.

① 질량은 물질의 특성이 아니므로 구리과 은을 구별할 수 없다.

② 소금과 설탕은 둘 다 흰색이므로 색으로 구별하기는 어렵다.

③ 소금과 설탕 둘 다 거친 느낌이므로 촉감으로 구별하기 어렵다.

⑤ 석영과 백반은 가루의 색이 같으며 결정 모양으로 물질을 구별한다.

05 ③

해설 | ① 녹는점에 먼저 도달한 B의 양이 더 적다.

② A와 D는 녹는점이 다르므로 물질의 질량을 비교할 수 없다.

③ 분자 간의 인력이 강할수록 녹는점과 끓는점이 높다.

④ 가장 빨리 녹기 시작하는 물질은 녹는점에 가장 빨리 도달한 B이다.

⑤ B와 C는 녹는점이 같으므로 같은 물질이다. 따라서 3가지 종류의 물질을 가열한 곡선이다.

06 ②

해설 | 불꽃 세기가 강할수록 끓는점에 먼저 도달한다(ㅁ), (가)의 평평한 부분이 (나)보다 높은 온도에서 형성된다(ㄴ)

ㄱ. 끓는점(녹는점)이 다르므로 (가)와 (나)는 다른 물질이다.

ㄷ. 끓는점이 같으므로 같은 물질이다.

ㄹ. 물질의 양이 적을수록 끓는점에 빨리 도달하므로 물질의 양은 C → B → A로 갈수록 적어진다.

07 (가) > (나) > (다)

해설 | 불꽃 세기가 셀수록 끓는점에 빨리 도달한다.

08 ⑤

해설 | 끓는점과 녹는점은 압력에 의해서만 변하는 물질의 특성이다. 일반적인 물질은 압력이 높아지면 끓는점과 녹는점은 높아지지만 물의 녹는점은 압력이 증가할수록 낮아진다.

09 ①

해설 | 소방관이 입는 소방복은 녹는점이 높은 것을 이용한 것이다.

녹는점이 높은 물질의 이용	
 소방복은 녹는점이 높아야 열을 견딘다.	 땜납은 약간의 열로 납이 녹아 전자 부품 등을 접합하는데 사용한다.
 퓨즈가 일정한 전류값에 녹지 않으면 집안에 과부하로 화재가 일어날 수 있다.	 전구는 전기의 높은 저항으로 인한 열을 견딜 수 있어야 한다.
화재 경보기 불에 의해 잘 녹는 물질을 이용해 비상 신호음을 발생시킨다.	 페트병 등 재활용 물질은 녹기 쉬워야 다른 물질로 변형시켜 사용할 수 있다.

10 (1) ㄱ (2) ㄴ, ㄹ, ㅁ (3) ㄴ, ㅁ, ㅂ (4) ㄴ, ㅁ
해설 |

모양이 일정한 고체

자를 이용하여 가로, 세로 높이를 잰 후 부피를 계산한다.

모양이 일정하지 않은 고체

물에 잠기는 고체	물에 뜨는 고체
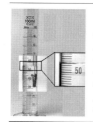 부피를 측정하고자 하는 고체를 실에 매달아 물이 채워진 눈금실린더에 넣고 물의 부피를 측정한다.	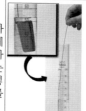 철사로 부피를 측정하고자 하는 고체를 눌러 가라앉게 한 다음 부피를 측정한다.

· 기체의 부피는 눈금 실린더에 물을 채운 후 기체가 밀어낸 물의 부피를 측정한다.

11 54 mL
해설 |
물의 경우 수면의 낮은 부분을 읽는다. 유리
표면을 따라 올라간 물의 양은 적은 양이어서 수면의 높이에 거의 영향을 주지 않는다.

— 54 mL

12 (1) O (2) O (3) O (4) X (5) O (6) X (7) O (8) O
해설 |
(2) 부피가 같으면 질량과 밀도는 비례한다.
(3) 부피가 같을 때 분자의 질량이 클수록 밀도가 크다.
(4) 같은 부피에서 분자 간의 거리가 가까울수록 밀도가 크다.
(5) 분자 간의 거리가 가까운 고체의 밀도가 일반적으로 가장 크지만 물은 예외적으로 물보다 얼음의 밀도가 더 작다.
(6) 밀도는 물질의 특성이므로 같은 물질일 경우 크기에 관계없이 일정하다.
(7) 기체의 밀도는 온도와 압력의 영향을 많이 받으므로 온도와 압력을 함께 표시하지만 고체인 경우는 온도, 압력을 표시하지 않는다.
(8) 물은 4 ℃ 일 때 분자 간의 거리가 가장 가깝다.

13 ⑤
해설 | 질량이 일정할 때 밀도와 부피는 반비례 관계이다.

14 3 종류
해설 | 각 물질의 밀도를 계산하면 다음과 같다.

물질	A	B	C	D	E
밀도	2.7	2.7	6.7	2.6	2.7

밀도는 물질의 특성이므로 A, B, E는 같은 물질이다.

15 (1) C → B → A → D (2) 0.25 g/mL
해설 | (1) 액체의 밀도 측정
① 저울로 액체가 들어있는 용기의 질량 측정 = 16 g (C)
② 눈금 실린더에 액체를 넣고 부피 측정 = 44 mL (B → A)
③ 저울로 빈 용기의 질량 측정 = 5 g (D)
액체의 경우 용기를 옮길 때마다 벽면에 액체가 묻기 때문에 오차가 생기므로 위와 같은 순서대로 실험을 진행시킨다.
(2) $\dfrac{(16-5)\,g}{44\,mL}$ = 0.25 g/mL

16 C, E, F
해설 | A ~ E의 밀도를 구하면 다음과 같다.

물질	A	B	C	D	E	F
밀도(g/mL)	5	4	1.5	4	3	2.2

17 ⑤
해설 | 바다 깊은 곳에서는 수압으로 인해 끓는점이 높아지므로 화산이 폭발하여 물의 온도가 100 ℃ 가 되어도 바닷물은 끓지 않는다.

18 ③
해설 | 각 물질의 밀도를 구하면,

물질	A	B	C	D
밀도(g/cm³)	6	1	2	2

액체 A의 밀도는 액체 C의 밀도의 3배이다.
① 액체 A의 밀도가 가장 크다.
② 밀도가 다르므로 다른 물질이다.
④ 액체 C와 D는 밀도가 같으므로 같은 물질이다.(기울기가 같다)
⑤ 만약, 질량이 60 g 으로 같다면 액체 A의 부피는 10 cm³, 액체 C의 부피는 30 cm³ 이다.

19 (가) B (나) C, D (다) A
해설 | 밀도가 큰 것이 아래에 위치하고, 밀도가 작은 것이 위에 위치한다. C와 D는 같은 물질이다.

20 수소
해설 | 어떤 기체의 밀도 = $\dfrac{0.05\,g}{250\,cm^3}$ = 0.00008 g/cm³

21 ④
해설 |

구분	순물질	혼합물
정의	다른 물질이 섞여 있지 않고 한 가지 종류의 물질만으로 이루어진 물질	두 가지 이상의 순수한 물질이 본래의 성질을 잃지 않고 섞여 있는 물질

성질	① 밀도, 녹는점, 끓는점, 용해도 등이 일정하다. ② 가열 냉각 곡선에 수평인 구간이 한군데 나타난다. 예 물의 어는점은 1 기압에서 0 ℃, 끓는점은 1 기압에서 100 ℃, 밀도는 4 ℃ 에서 1.0 g/cm³ 이다	① 성분 물질의 성질을 그대로 가지고 있다. 예 설탕물은 설탕과 물의 성질을 모두 나타낸다. ② 성분 물질의 혼합 비율에 따라 녹는점, 끓는점, 밀도 등이 달라진다. 예 소금물의 밀도는 순수한 물보다 크다. 이때 소금을 많이 넣을수록 밀도도 커진다. ③ 물리적인 방법(끓는점, 밀도, 용해도 차이)을 이용하여 성분 물질로 분리할 수 있다.

22 ④

해설 |

구분	순물질	혼합물	
		균일 혼합물	불균일 혼합물
종류	산소, 수소, 염화나트륨(소금), 물, 이산화 탄소, 설탕 등	소금물, 설탕물, 술, 식초, 놋쇠, 합금, 공기, 음료수 등	흙탕물, 햄, 우유, 암석, 흙, 모래와 소금이 섞인 것 등

23 ③, ④, ⑤

해설 | 순물질과 혼합물은 물질의 특성에 해당하는 밀도, 끓는점, 용해도를 이용하여 분리할 수 있다. 겉보기 성질은 사람마다 상대적이기 때문에 혼합물을 정확하게 구분할 수 없다.

24 ④

해설 | (가)는 분자의 종류가 변하지 않으므로 물질의 성질을 그대로 지니고 있는 물리 변화이고, (나)는 원자의 배열이 달라져 분자의 종류가 바뀌었으므로 물질의 성질이 달라지는 화학 변화이다.
① 물리 변화와 화학 변화 모두 원자의 종류는 달라지지 않는다.
② 분자의 배열이 달라지는 것은 물리 변화이다.
③ 물리 변화에서는 물질의 성질이 변하지 않는다.
⑤ 물질의 상태나 모양이 변하는 것은 물리 변화이다.

25 ④

해설 | 물리 변화 : 물질의 고유한 성질이 변하지 않는 변화
화학 변화 : 원자의 배열이 변하여 새로운 물질이 생성되는 변화
얼음물이 담긴 컵 표면에 물방울이 맺히는 것은 상태 변화로 물리 변화에 해당된다.

26 ①

해설 | 혼합물은 성분 물질의 성질을 그대로 가지고 있지만, 화합물은 성분 물질의 성질을 잃고 새로운 성질을 가진다.

27 ③

해설 | (나)와 (라)는 혼합물이고 (다)는 순물질이다.

개념 심화 문제

019 ~ 021쪽

정답

01 ④   **02** (1) 구리(Cu) (2) 탄소(C) (3) 탄소(C)
03 ④   **04** ⑤
05 (1) 불연성 (2) 감광성 (3) 조연성 (4) 가연성   **06** ⑤

01 ④

해설 | (가) 물질의 상태는 끓는점과 녹는점으로 확인이 가능하기 때문에 상온에서 액체인 연료는 C 이다.
(나) 저장 및 운반이 어려운 기체는 액화하기 가장 어려운 기체 즉, 끓는점이 가장 낮은 기체 A(LNG) 이다.
(다) 혼합 기체로 가스 경보기가 바닥에 있으므로 밀도가 커야 한다. 기체이면서 밀도가 큰 B(LPG)이다.

02 (1) 구리(Cu) (2) 탄소(C) (3) 탄소(C)

해설 | 밀도 $= \dfrac{질량}{부피}$ 이므로 10 g 에 해당하는 부피가 가장 작은 구리의 밀도가 가장 크고, 몰수 $= \dfrac{질량}{원자량}$ 이므로, 원자량이 가장 작은 탄소의 몰수와 원자 수가 가장 크다.

03 ④

해설 | Fe_2O_3 은 두 가지 원소로 이루어진 화합물이고, N_2 는 분자이면서 홑원소 물질, Cu 는 금속 결정이면서 홑원소 물질이다. 따라서 ①, ②, ③, ⑤의 기준 (가)와 (나)는 세 가지 물질을 분류하는 기준으로 적합하다. 그러나 ④의 기준으로는 $X(Fe_2O_3)$는 분류할 수 있지만 N_2 와 Cu 는 모두 홑원소 물질이므로 Y 와 Z 로 분류할 수 없다.

04 ⑤

해설 | ㄱ. (가)는 한 종류의 원소로 이루어진 홑원소 물질이다.
ㄴ. (나)는 두 가지 이상의 원소로 이루어진 화합물이다. 섞여 있는 물질이란 혼합물을 뜻한다.
ㄷ. 화합물은 완전 연소시키면 두 가지 이상의 물질을 생성한다.

05 (1) 불연성 (2) 감광성 (3) 조연성 (4) 가연성

해설 | (1) 철이 타지 않는 성질을 이용한다.
(2) 필름이 빛에 반응하여 사진이 현상된다.
(3) 산소는 우주선의 연료가 타는 것을 돕는다.
(4) 나무는 산소와 반응하여(연소하여) 열과 빛을 낸다.

06 ⑤

해설 | (가)에서는 휘발유가 기화되는 물리적 변화가 일어났고, (나)에서는 휘발유가 연소되는 화학적 변화가 일어났다. 물리적 변화는 처음 물질과 성질이 같으나 분자의 배열이 다르고 화학적 변화는 원자의 배열이 바뀌어 다른 물질이 생성되므로 처음 물질과 성질이 다르다.
① (가)는 물리적 변화가, (나)는 화학적 변화가 나타난다.
②, ③ (가)는 같은 물질이지만 (나)는 다른 물질이다.
④ (가)는 분자의 배열이 달라지고 (나)는 원자의 배열이 달라진다.

V. 혼합물의 분리 (2)

개념 보기

Q4 사염화 탄소   Q5 액화 석유 가스

개념 확인 문제

정답			27 ~ 31 쪽
28 ①	**29** ③	**30** ③	**31** 60 ℃
32 ④	**33** ③	**34** ④	
35 (1) 질산 칼륨 18 g (2) 질산 칼륨 32 g, 질산 나트륨 50 g			
36 ②	**37** ②	**38** ③	**39** ①
40 ⑤	**41** (나) → (가)	**42** ④	**43** ③
44 ⑤	**45** ②	**46** ④	
47 A : LPG , B : 가솔린, C : 등유, D : 경유, E : 중유			
48 ⑤			
49 A : 청색, B : 오렌지색, C : 핑크색, D : 녹색, E : 갈색			
50 ③	**51** ③	**52** (1) A → B → C	
(2) 이동 속도 : A > B > C, 고정상에 대한 흡착력 : A < B < C			
53 (1) A, E (2) A의 전개율 : $\frac{1}{6}$, B의 전개율 : $\frac{1}{2}$			

28 ①

해설 | 밀도가 다른 고체 혼합물은 밀도가 두 물질의 중간 정도이며, 두 물질을 녹이지 않는 액체 속에 넣어 분리한다.

29 ③

해설 | 이 실험 기구는 분별 깔대기로 서로 섞이지 않는 두 액체를 분리하는데 사용한다. 거름 장치는 오른쪽 그림과 같은 실험 기구로 특정 용매에 녹는 물질과 녹지 않는 물질을 분리할 때 사용한다.

[거름 장치]

30 ③

해설 | 온도에 따라 용해도 차이가 큰 두 혼합물 A와 B(용해도 A > B)가 있을 때, 다음과 같이 분리한다.
ⅰ) 두 물질이 다 용해되는 온도로 가열한다.
ⅱ) 온도를 천천히 낮춘다. → B 석출 : 재결정법
ⅲ) 거름을 통해 B를 분리한다.
단순 증류는 끓는점 차이가 큰 혼합물을 분리할 때, 분별 깔대기법은 섞이지 않는 액체 혼합물을 분리할 때 사용한다.

31 60 ℃

해설 | 물 100 g 에 염화 나트륨과 붕산이 녹아 있으므로 80 ℃ 에

서 두 물질은 모두 불포화 상태이다. 염화 나트륨은 용해도가 38 g 이상을 유지하므로 온도를 낮추어도 석출되지 않으며, 붕산은 용해도가 15 g 인 60 ℃ 보다 온도가 더 낮아지면 석출되기 시작한다.

32 ④

해설 | 염화 나트륨은 20 ℃ 에서 용해도가 38 g 이므로 15 g 이 녹아 있는 용액 안의 염화 나트륨은 석출되지 않는다. 20 ℃ 에서 붕산의 용해도는 5 g 이므로 용액에 녹아 있는 붕산 15 g 중에서 5 g 을 제외한 나머지가 석출된다. 따라서 석출되는 붕산의 양 = 15 - 5 = 10 g 이다.

33 ③

해설 | 어떤 용매에 잘 녹는 기체와 녹지 않는 기체가 섞여 있는 혼합물을 분리하는 실험 기구이다.

34 ④

해설 | 그림은 물질을 물에 녹여 재결정법으로 분리하는 모습이다. 온도에 따른 용해도 차이가 큰 고체 혼합물을 분리하는데 사용된다. 염화 나트륨은 온도에 따라 용해도 차이가 적으므로 재결정법으로 얻을 수 없다.

35 (1) 질산 칼륨 18 g   (2) 질산 칼륨 32 g, 질산 나트륨 50 g

해설 | (1) 80 ℃ 에서 물 100 g 에 질산 칼륨 50 g, 질산 나트륨 50 g 이 녹아 있다.
20 ℃ 에서의 용해도는 질산 칼륨 = 32 g, 질산 나트륨 = 88 g
질산 나트륨은 불포화 상태이므로 질산 칼륨만 석출된다.
석출되는 질산 칼륨의 양 = 50 - 32 = 18 g
(2) 18 g 의 질산 칼륨이 석출되면 용액에는 질산 칼륨 32 g 과 질산 나트륨 50 g 이 녹아 있으므로 용액을 가열하여 물을 증발시키면 증발접시 위에는 질산 칼륨 32 g 과 질산 나트륨 50 g 이 남는다.

36 ②

해설 | 밀도는 신선한 달걀 > 소금물 > 오래된 달걀 순이다. 소금을 더 넣어주면 물의 밀도가 증가하므로 가라앉은 달걀 중 오래된 달걀이 먼저 떠오른다.

37 ②

해설 | 식초 = 물 + 아세트산
아세트산은 에테르에만 녹으므로 식초에 에테르를 넣어 식초 성분 중의 아세트산만 녹여 분리할 수 있다. 이런 방법을 추출이라고 한다.

38 ③

해설 | 떫은 맛을 내는 물질은 소금물에 녹으므로 덜 익은 감을 소금물에 담가 놓으면 떫은 맛이 없어진다.
① 용액의 어는점이 낮아지는 성질을 이용한 것이다.
② 증발을 통해 용매를 기화시키면 비휘발성 물질인 소금을 얻을 수 있다.(재결정)
④ 액체에 녹지 않는 고체 혼합물은 밀도 차이를 이용하여 분리한다.
밀도 : 알곡 > 소금물 > 쭉정이

⑤ 섞이지 않는 두 액체를 가만히 놓아 두면 밀도가 큰 액체는 아래쪽에, 밀도가 작은 액체는 위쪽에 모인다. (밀도 차에 의한 분리)

39 ①

해설 | 끓는점이 다른 두 물질을 가열하면 끓는점이 낮은 물질이 먼저 기화되어 나온다.

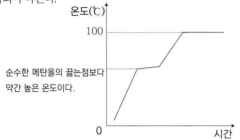

40 ⑤

해설 | 혼합물에서 섞여 나오는 물질의 양을 줄이기 위해서는 분별 증류를 이용한다.
① 분별 깔때기이다. → 밀도차에 의한 서로 섞이지 않는 액체의 분리
② 스포이트를 이용한 밀도차에 의한 액체의 분리
③ 용해도 차에 의한 분리(거름)
④ 용해도 차에 의한 기체 혼합물을 분리하는 장치이다.

41 (나) → (가)

해설 | 분별 증류에서의 냉각기는 찬물을 아래에서 위로 흐르게 하여 냉각시킨다.

42 ④

해설 | 서로 잘 섞이고, 끓는점이 다른 액체 혼합물은 증류 또는 분별 증류를 통해 분리한다.

43 ③

해설 | 찬물 대신 뜨거운 물을 사용하면 뜨거운 물이 들어 있는 그릇의 바닥에서 액화가 일어나지 않으므로 순수한 술을 얻을 수 없다.

44 ⑤

해설 | 혼합물을 낮은 온도로부터 가열하는 것이므로 끓는점이 높은 물질일수록 가장 나중에 끓어 나온다.

45 ②

해설 | 끓는점이 낮은 프로페인부터 분리되어 나오기 시작한다. 혼합물의 끓는점 오름으로 인해 -43 ℃ 보다 높은 온도로 수조를 유지시켜야 하지만 뷰테인의 끓는점인 -0.5 ℃ 보다는 낮아야 한다.

46 ④

해설 | 분별 증류는 끓는점이 다른 액체 혼합물을 분리하는 방법이다.
④ 용해도 차이를 이용하는 방법은 분별 결정이다.

47 A : LPG   B : 가솔린   C : 등유   D : 경유   E : 중유

해설 | 끓는점이 낮은 물질이 먼저 기화되어 증류탑의 꼭대기 부분에서 분리되어 나온다.

물질	LPG	가솔린	등유	경유	중유
끓는점(℃)	30 ~ 180	50 ~ 200	150 ~ 250	200 ~ 350	350 이상

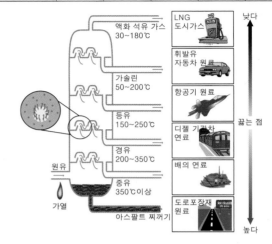

48 ⑤

해설 | 〈크로마토그래피의 특징〉
· 실험 방법이 간단하고, 짧은 시간 안에 분리가 가능하다.
· 혼합물의 양이 매우 적어도 분리할 수 있다.
· 용매는 혼합물을 녹일 수 있어야 하며, 용매가 바뀌면 분리되는 위치도 바뀐다.
· 여러 가지 성분이 섞여있는 복잡한 혼합물의 분리에 유용하다.
· 끓는점, 녹는점, 밀도 등의 성질이 유사한 물질들도 한 번에 분리가 가능하다.
⑤ 실험 방법이 간단하고 짧은 시간에 분리가 가능하다.

49 A : 청색, B : 오렌지색, C : 핑크색, D : 녹색, E : 갈색

해설 | 크로마토그래피에 3가지 색이 나타난 E는 색소의 종류가 3가지인 갈색이다. 2가지 색이 나타난 B와 D는 녹색과 오렌지색 중 하나인데 D는 A, E 와 같은 색이 포함되어 있으므로 녹색이고, B는 오렌지색이다. 따라서 A는 청색이고, C는 핑크색이다.

50 ③

해설 | 고정상(거름종이)과의 인력 : A < B < C < D
이동상(용매)과의 인력 : A > B > C > D

51 ③

해설 | 〈종이 크로마토그래피에서 유의할 점〉
i) 불순물이 없는 순수한 용매를 사용한다.
ii) 혼합물을 찍는 위치는 거름종이 아래에서 1 ~ 2 mm 정도가 적당하다.
iii) 거름종이 끝까지 용매가 이동하기 전에 실험을 마친다.

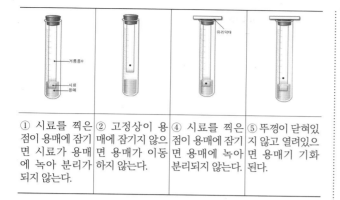

| ① 시료를 찍은 점이 용매에 잠기면 시료가 용매에 녹아 분리가 되지 않는다. | ② 고정상이 용매에 잠기지 않으면 용매가 이동하지 않는다. | ④ 시료를 찍은 점이 용매에 잠기면 용매에 녹아 분리되지 않는다. | ⑤ 뚜껑이 닫혀있지 않고 열려있으면 용매기 기화된다. |

52 (1) A → B → C

(2) 이동 속도 : A > B > C, 고정상에 대한 흡착력 : A < B < C

해설 | 이동상과의 인력이 큰 A의 이동 속도가 가장 크기 때문에 먼저 분리되어 나온다. (고정상 : 실리카겔, 이동상 : 용매)

53 (1) A, E (2) A의 전개율 : $\frac{1}{6}$, B의 전개율 : $\frac{1}{2}$

해설 | (1)

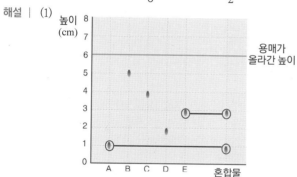

(2) 〈전개율〉

· 전개율 = $\dfrac{용질의\ 이동\ 거리(b)}{용매의\ 이동\ 거리(a)}$

· 용매의 종류와 용질의 성질에 따라 다르다.

· 전개율이 같으면 같은 물질이다.

A의 전개율 : $\frac{1}{6}$, B의 전개율 : $\frac{3}{6}=\frac{1}{2}$

개념 심화 문제

정답   32 ~ 36 쪽

07 ①

08 (1) 질산 칼륨 90 g, 염화 나트륨 64 g (2) 질산 칼륨, 78 g

09 A : 붕산, B : 소금, 이유: 처음에 붕산이 분리되고(A) 남은 용액을 증발시켰을 때 얻을 수 있는 혼합물에는 소량의 붕산과 소금이 섞여 있다. 이 혼합물 중 붕산은 소량이어서 80 ℃ 의 약간의 물에 모두 녹지만, 상대적으로 양이 많은 소금은 약간의 물에 모두 녹지 않기 때문에 거름 종이 위에 남는다.(B)

10 (1) 40 g (2) 48 g

11 (1) 4 g (2) 4.44 g (3) 여러 번 나누어 추출한다.

12 A : 이산화 황과 이산화 질소가 섞인 공기, B : 물, C : 순수한 공기, D : 이산화 황과 이산화 질소가 녹아 있는 수용액

13 A : 질소, B : 산소, C : 이산화 탄소, D : 아르곤

14 ③   15 (1) A : 0.25, B : 0.75, C : 0.9, D : 0.25 (2) 3 가지

16 해설 참조

17 (1) A : 알코올, B : 아이오딘(I$_2$), C : 물, D : 아이오딘화 칼륨(KI)

(2) (가) : 분별 증류, (나) : 추출, (다) : 증류

(3) 사염화 탄소는 알코올에 녹으나 물에는 녹지 않고, 아이오딘은 알코올과 사염화 탄소에 녹지만 물에는 녹지 않는다. 사염화 탄소를 먼저 넣으면 아이오딘과 알코올이 녹으므로 추출의 효과가 떨어진다. 또한 사염화 탄소에 의해 아이오딘과 알코올이 녹아 나오므로 남은 액에는 물과 아이오딘화 칼륨만 남게 된다. 이때 분별 증류를 할 수 없으므로 (가)와 (나)의 순서를 바꾸면 안된다.

18 ㄷ, ㅁ

07 ①

해설 | 분별 깔때기는 섞이지 않는 액체 혼합물을 분리하는데 사용하는 실험 기구이다. 상온에서 액체인 물질은 물과 벤젠, 사염화 탄소이며 벤젠과 사염화 탄소는 무극성으로 서로 섞이지만, 둘 다 물과는 섞이지 않는다. 따라서 분별 깔때기는 물과 벤젠, 물과 사염화 탄소의 혼합물의 분리에 적절하다. 물과 나프탈렌은 서로 섞이지 않는 무극성 물질이지만 나프탈렌은 상온에서 고체이므로 분별 깔때기가 아닌 거름을 이용해 분리해야 한다.

08 (1) 질산 칼륨 90 g, 염화 나트륨 64 g (2) 질산 칼륨, 78 g

해설 | (1) 혼합물 300 g 에 들어 있는 질산 칼륨의 양 = 200 g, 염화 나트륨의 양 = 100 g 으로 질량비는 2 : 1이다.

60 ℃ 에서 질산 칼륨의 용해도(물 100 g 에 최대로 녹을 수 있는 용질의 양)는 110, 염화 나트륨의 용해도는 36이므로 녹지 않는 질산 칼륨의 양 = 200 - 110 = 90 g, 녹지 않는 염화 나트륨의 양 = 100 - 36 = 64 g 이다.

(2) 20 ℃ 까지 냉각시켰을 때 염화 나트륨의 용해도는 변화가 없으므로 질산 칼륨만 석출된다. 20 ℃ 에서 질산 칼륨의 용해도는 32이므로 석출되는 질산 칼륨의 양은 110 - 32 = 78 g 이다.

09 A : 붕산, B : 소금, 이유: 처음에 붕산이 분리되고(A) 남은 용액을 증발시켰을 때 얻을 수 있는 혼합물에는 소량의 붕산과 소금이 섞

여 있다. 이 혼합물 중 붕산은 소량이어서 80 ℃ 의 약간의 물에 모두 녹지만, 상대적으로 양이 많은 소금은 약간의 물에 모두 녹지 않기 때문에 거름 종이 위에 남는다.(B)

해설 │ 처음 80 ℃ 의 물에 혼합물을 녹이고 40 ℃ 로 냉각시키면 붕산 10 g 이 결정으로 분리된다. 남은 혼합 용액에는 나머지 붕산 10 g 과 소금 30 g 이 녹아 있다. 이 혼합 용액을 80 ℃ 의 소량의 물(약 40 g)에 녹이면 붕산은 적은 양이기 때문에 모두 녹을 수 있지만 소금은 상대적으로 양이 많아서 다 녹지 못하고 고체 상태로 남아 있는데, 고체 상태의 염화 나트륨은 거름 종이를 통과하지 못한다.

10 (1) 40 g   (2) 48 g
해설 │ (1) 물과 에테르는 같은 양이므로
$50 - x_1 : x_1 = 1 : 4$, $x_1 = 40$ g 이다.
x_1 : 에테르에 녹아 추출되는 아세트산의 질량
(2) i) 한 번 추출했을 때 (1)에서와 같이 40 g 이 추출된다.
아직 물에 남아 있는 아세트산의 질량 : 50 - 40 = 10 g
ii) 물과 같은 양의 에테르를 넣어 다시 추출하는 경우, 물에 녹아 있는 아세트산의 질량은 10 g 이므로, $(10 - x_2) : x_2 = 1 : 4$, $x_2 = 8$ g
추출되는 아세트산의 총 질량 = $x_1 + x_2$ = 40 + 8 = 48 g
→ 추출 횟수를 반복하면 물에 남아 있는 아세트산의 양이 점점 줄어든다.

11 (1) 4 g   (2) 4.44 g   (3) 여러 번 나누어 추출한다.
해설 │ 같은 양의 용매 (가), (나)에 녹는 어떤 용질의 질량비를 a : b 라고 한다.
용매 (가) A(mL)에 용질 x(g)이 녹아 있고, 용매 (나)를 B(mL)를 넣어 섞을 때 용매 (가)에 녹아 있던 용질 중 y(g)이 용매 (나)로 이동하여 녹게 된 후 추출된다면, 용매 (가)에는 용질이 $x - y$(g)만큼 남아 있게 된다. 이때 $\frac{x - y}{A} : \frac{y}{B} = a : b$가 성립하며 $y = \frac{B \times b \times x}{A \times a + B \times b}$이다.
(1) 처음 분리되는 물질 X의 질량 = $\frac{20 \times 2 \times 5}{10 \times 1 + 20 \times 2}$ = 4 g
(2) 한 번 추출 : $\frac{10 \times 2 \times 5}{10 \times 1 + 10 \times 2}$ = 3.33 g 의 물질 X가 추출된다.
→ 남아 있는 물질 X의 양 = 5 - 3.33 = 1.67 g
두 번 추출 : $\frac{10 \times 2 \times 1.67}{10 \times 1 + 10 \times 2}$ = 1.11 g
추출된 물질 X의 총량은 3.33 + 1.11 = 4.44 g 이다.
(3) 한 번 추출 시 80 % 가 추출되었고 두 번 추출 시 88.8 % 가 추출되었다. 어떤 혼합물에서 특정한 물질을 추출하고자 할 때 많은 용매를 가하여 한 번에 추출하는 것보다 여러 번 나누어 추출하는 것이 더 많은 양을 분리할 수 있다.

12 A : 이산화 황과 이산화 질소가 섞인 공기, B : 물, C : 순수한 공기, D : 이산화 황과 이산화 질소가 녹아 있는 수용액
해설 │ 어떤 용매에 잘 녹는 기체와 녹지 않는 기체의 혼합물을 용매가 흐르는 유리관에 통과시켜 성분 물질로 분리한다.
혼합물을 물이 흐르는 유리관에 통과시키면 물에 녹는 이산화 황과 이산화 질소는 물에 녹아 흘러내리고, 물에 녹지 않는 공기는 기체로 빠져나간다.

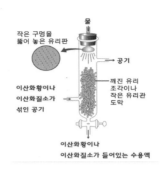

13 A : 질소, B : 산소, C : 이산화 탄소, D : 아르곤
해설 │ 분별 증류는 끓는점이 다른 물질을 분리하는 방법이다. 끓는점이 낮을수록 먼저 기화되어 증류탑 위에서 분리되어 나온다.
끓는점 : 질소 < 산소 < 이산화 탄소 < 아르곤

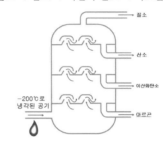

14 ③
해설 │ ㄱ. 익힌 시금치의 크로마토그래피에만 페오피틴 a와 b가 분리되었으므로 익힌 시금치에만 페오피틴 a와 b가 들어 있다.
ㄴ. 루테인은 이동상과의 친화력보다 고정상과의 친화력이 더 크므로 이동 속도가 가장 느리다.
ㄷ. 용매와의 인력이 가장 큰 물질은 β-카로틴이고 이동 속도가 가장 빠르다.
ㄹ. 익힌 시금치에도 엽록소 a와 b가 나타났으므로 파괴되지 않는다.
ㅁ. 용매가 같으면 물질의 전개율은 같다.

15 (1) A : 0.25, B : 0.75, C : 0.9, D : 0.25   (2) 3 가지
해설 │ (1) A : $\frac{3}{9 + 3}$ = 0.25, B : $\frac{9}{9 + 3}$ = 0.75, C : $\frac{9}{9 + 1}$ = 0.9,
D : $\frac{1.5}{4.5 + 1.5}$ = 0.25
(2) 같은 용매를 사용하였을 때 전개율이 같으면 같은 물질이므로 전개율이 0.25로 같은 A와 D는 같은 물질이다. 따라서 물질의 종류는 모두 3가지이다.

16 해설 참조

해설 |

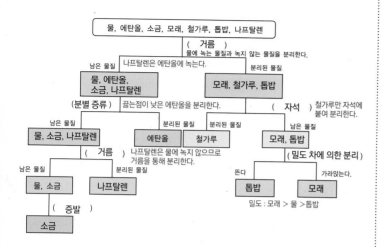

17 (1) A : 알코올, B : 아이오딘(I_2), C : 물, D : 아이오딘화 칼륨(KI)
(2) (가) : 분별 증류, (나) : 추출, (다) : 증류
(3) 사염화 탄소는 알코올에 녹으나 물에는 녹지 않고, 아이오딘은 알코올과 사염화 탄소에 녹지만 물에는 녹지 않는다. 사염화 탄소를 먼저 넣으면 아이오딘과 알코올이 녹으므로 추출의 효과가 떨어진다. 또한 사염화 탄소에 의해 아이오딘과 알코올이 녹아 나오므로 남은 액에는 물과 아이오딘화 칼륨만 남게 된다. 이때 분별 증류를 할 수 없으므로 (가)와 (나)의 순서를 바꾸면 안된다.

해설 | (가)에서 80 ℃ 로 가열하면 알코올이 모두 증발하고, 남은 액체는 물, 아이오딘, 아이오딘화 칼륨이다. (나)에서 수용액을 분별 깔대기에 넣고 사염화 탄소를 넣어 흔들면 사염화 탄소 층에는 아이오딘이 녹아 나오고 남은 층에는 아이오딘화 칼륨이 녹아 있다. (다)에서 용액을 가열하면 물이 모두 증발되어 아이오딘화 칼륨 고체가 남는다.

18 ㄷ, ㅁ

해설 | 전개율(= $\dfrac{\text{용질의 이동 거리}}{\text{용매의 이동 거리}}$)이 같으면 같은 물질이다.

따라서 전개율이 $\dfrac{1}{2}$ 인 (다)와 (마)가 같은 물질이고, 전개율이 $\dfrac{3}{4}$ 인 (나)와 (라)가 같은 물질이다.

✖ 창의력을 키우는 문제

37 ~ 48 쪽

01. 논리 서술형

만약, 왕관에 금보다 값이 싼 은을 일부 넣었다면 왕관의 밀도는 순금의 밀도보다 작아질 것이다. 따라서 왕이 준 순금의 무게와 왕관의 무게가 같았다면, 왕관의 부피가 왕이 준 순금의 부피보다 커야 한다. 물이 들어 있는 눈금 실린더에 만든 왕관을 넣고 늘어난 물의 부피를 재어 왕관의 부피가 왕이 준 순금의 부피보다 더 큰 것을 알아내었다.

02. 논리 서술형

(1) 달걀보다 밀도가 작은 수용액 A를 더 넣을수록 (소금물 + 수용액 A)의 밀도가 점점 작아져서 결국 달걀의 밀도보다 작아지기 때문이다.
(2) ① 끓인다 ② 물을 증발시킨다. ③ 농도가 더 진한 소금물을 넣는다. ④ 소금을 달걀이 뜰 때까지 넣는다.

해설 | (1) 밀도가 작은 물질은 밀도가 큰 액체에서 뜬다.
(2) 소금물의 농도를 진하게 하여 달걀보다 밀도를 크게 하는 방법을 생각해 본다.

03. 논리 서술형

다이어트 콜라가 일반 콜라보다 단맛을 내는 물질을 적게 포함하므로 부피는 같지만 질량이 작아서 밀도가 더 작아지게 된다.

해설 | 다이어트 콜라와 일반 콜라는 부피가 같으나 질량이 서로 다르기 때문에 밀도가 다르다. 다이어트 콜라에는 단맛을 내는 물질이 적게 녹아 있어 일반 콜라보다 질량이 작기 때문에 밀도가 작다.
일정한 부피의 용액 속에 녹아 있는 용질의 양이 적을수록 용액의 질량이 작아져 밀도가 작아진다. - 농도에 따른 밀도의 변화

04. 논리 서술형

(1) 철을 얇게 펴서 공간을 감싸게 만들어 부피를 증가시켜 배의 전체 밀도를 감소시킨다.
(2) 보트 안의 빈 공간에 물을 채우면 질량이 증가하여 보트가 가라앉고 물을 펌프를 이용하여 빼내면 질량이 감소하여 밀도가 작아지기 때문에 보트가 물에 뜬다.

05. 논리 서술형

A - 물리 변화 : 설탕이 녹는다.(고체 → 액체) → 설탕 분자 간의 거리가 늘어난다.
B - 화학 변화 : 설탕이 탄다. → 공기 중의 산소와 반응하는 화학 변화이다.
C - 화학 변화 : 설탕이 부풀어 오르는 것은 베이킹 소다($NaHCO_3$)가 열에 의해 분해될 때 발생하는 이산화 탄소 때문이므로 화학 변화이다.

06. 단계적 문제 해결형

(1) (나) 혼합 용액을 60 ℃ 까지 가열하여 붕산과 염화 나트륨을 완전히 녹인다. → 90 ℃ 이상으로 가열해야 한다.
(2) 해설 참조
(3) 4 g 의 붕산과 20 g 의 염화 나트륨

해설 | (1) 90 ℃ 이상으로 가열해야 한다. 60 ℃ 에서 염화 나트륨과 붕산의 용해도(용매 100 g 에 최대로 녹는 용질의 g수)는 각각 38 g, 15 g 이므로 물 80 g 에는 염화 나트륨 30.4 g, 붕산 12 g 까지 녹을 수 있다. 90 ℃ 에서는 물 80 g 에 염화 나트륨 32.8 g, 붕산 20 g 을 다 녹일 수 있으므로 90 ℃ 이상으로 가열하여 용질을 모두 녹여야 한다.

(2)

유리막대
거름종이
깔때기
혼합 용액

(3) 10 ℃ 물 80 g 의 녹을 수 있는 용질의 질량
(염화 나트륨) $100 : 37 = 80 : x$, $x = 29.6$ g → 염화 나트륨은 20 g 이고 다 녹아도 불포화 상태이므로 석출되지 않는다.
(붕산) $100 : 5 = 80 : y$, $y = 4$ g → 붕산 4 g 이 녹을 수 있다.(붕산은 16 g 이 석출된다.)
석출된 붕산 16 g 을 걸러 내면 용액 속에는 붕산 4 g 과 염화 나트륨 20 g 이 녹아 있으므로 용액을 증발시키면 붕산 4 g 과 염화 나트륨 20 g 이 남는다.

07. 논리 서술형

(1) B < C < D < E, B에서 E로 증기가 이동하면서 온도가 낮아지므로 수증기가 계속 응축되므로 증기 속의 아세톤 농도가 진해진다.
(2) 20 cm, 위로 올라갈수록 온도가 낮아져 냉각되므로 분별 증류가 더 효과적으로 일어난다.
(3) 해설 참조

해설 | (1) B에서 E구간으로 증기가 올라가는 동안 온도가 낮아지기 때문에 응축된다. 아세톤을 물보다 쉽게 증발하므로 B구간의 수증기와 아세톤이 섞여 있는 증기에서 위로 올라갈수록 끓는점이 높은 수증기의 응축이 더 쉽게 일어난다. B에서 E로 증기가 이동하면서 온도가 낮아지기 때문에 수증기가 계속 응축되므로 증기 속의 아세톤 농도가 진해진다.
(2) 길이가 길수록 플라스크 목에서 끓는점이 높은 물이 냉각되어 액체로 되어 흘러내리므로 물이 섞이지 않은 순수한 아세톤이 분리된다.
(3) 실험 장치 (나)는 분별 증류관을 설치하여 아세톤과 수증기가 혼합된 증기가 증류관 안의 유리도막의 사이를 통과할 때 수증기가 응출이 잘 되어 여러 번 증류하는 효과가 나타난다. 실험 장치(가)는 여러 번 증류되는 효과를 얻지 못하므로 아래의 실험 장치 (나)에서 더 순수한 아세톤을 얻을 수 있다.

08. 단계적 문제 해결형

(1) 단순 증류 장치나 분별 증류 장치 등의 끓는점의 차를 이용한다.
(2) 추출에 의한 방법으로 아이오딘을 분리하기 위해서이다.
(3) 56.84 g

해설 | (1) 끓는점의 차를 이용한다.

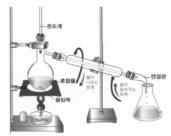

온도계
연결관
혼합물
끓임쪽
물이 나오는 방향
물이 들어가는 방향

분별 증류 장치를 그려도 옳은 답이다.

(2) 아이오딘은 아이오딘화 칼륨 수용액보다 사염화 탄소에 더 잘 녹기 때문에 추출의 방법으로 아이오딘을 분리해 내기 위해서이다.
(3) 70 % 에탄올 수용액은 에탄올이 70 % 녹아 있는 수용액이므로 에탄올이 모두 증발한 후 남아 있는 물의 양 = $200 × 0.3 = 60$ g(= 60 mL)(70 % 의 에탄올이 증발)이다. 이 물에 아이오딘 60 g 이 녹아 있고, 다른 용매인 사염화 탄소 120 mL 를 넣어서 아이오딘을 추출하려는 것이다. 물과 사염화 탄소의 부피가 60 : 120 (= 1 : 2)이고, 물과 사염화 탄소에 녹는 아이오딘의 질량비가 1 : 9 이므로 물 60 mL, 사염화 탄소 120 mL 에 녹아 있는 아이오딘의 질량비는 1 : 18 이다. 녹아 있는 아이오딘의 질량은 60 g 이므로 사염화 탄소 120 mL 에 녹는 아이오딘의 양 = $60 × \dfrac{18}{19} = 56.84$ g 이다.

09. 논리 서술형

사발에 바닷물을 담고 가운데에 빈 컵을 고정시킨 다음, 투명한 랩으로 덮어 고무줄로 고정시켜 사발을 씌우고 가운데 부분에 동전을 올려놓는다. 랩은 투명하므로 햇빛이 사발 안을 비추고, 사발 안의 바닷물에서 순수한 물이 증발하여 뚜껑으로 씌운 랩에 도달하면 액화되어 물방울이 맺힌다. 랩 위에 올려진 동전에 의해 랩의 중앙이 깔때기처럼 가라앉아 있으므로 물방울은 랩을 타고 가운데로 모여지고, 컵 안으로 떨어져 물을 얻을 수 있다.

해설 |

동전 랩
고무줄
컵 사발
바닷물

10. 추리 단답형

(1) 용매를 알코올 대신 A와 B를 동시에 녹일 수 있는 물질로 바꾼다.
(2) 보라색
종이 크로마토그래피는 아래에서 위로 용매가 이동하면서 혼합물을 분리하는 반면에 관 크로마토그래피는 위에서 아래로 용매가 이동하면서 이동 속도에 따라 혼합물을 분리한다.
종이 크로마토그래피에서 보라색 물질이 용매와 결합력이 커 이동 속도가 빨랐으므로 관 크로마토그래피에서 먼저 분리되어 나온다.

해설 | (1) 크로마토그래피는 용매에 녹은 물질이 거름종이를 타고 이동하는 속도의 차이를 이용한다. 분리하고자 하는 물질이 용매에 녹지 않으면(용매 분자와 결합하지 않으면) 분리할 수가 없으므로 용매의 선택이 중요하다.
(2)

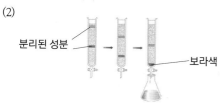

분리된 성분 보라색

이동상 용매인 알코올과 에테르는 유기 용매이므로 혼합물 A의 분리가 잘 일어나며, 종이 크로마토그래피와 같은 결과가 나타난다.

11. 논리 서술형

· 유사점 : 크로마토그래피에서는 각 성분 물질들이 한 종류의 정지상(거름종이 등)에서의 이동 속도의 차이로 분리가 된다. 육상 장애물 경기에서도 모든 선수가 같은 트랙 위를 뛰고, 같은 장애물을 넘는 다는 점에서 정지상이 같다고 할 수 있다.
· 차이점 : 크로마토그래피에서는 성분 물질들이 고정상과의 친화력, 용매와의 친화력 때문에 이동 속도의 차이가 발생하는데 비해서 육상 장애물 경기에서는 각 선수 개개인의 운동 신경이나 근육의 발달 정도 때문에 이동 속도의 차이가 생긴다.

12. 논리 서술형

후추를 걸러낸다.(거름, 용해도 차에 의한 고체 혼합물의 분리)(후추는 건조한 고체 가루이므로 다른 물질과 잘 섞이지 않는다.) → 분별 깔때기로 참기름을 분리한다(밀도 차이에 의한 액체 혼합물의 분리) → 소금물을 증발시켜 소금을 얻는다.

13. 추리 단답형

(1) 커피 열매(생두)를 초임계 상태의 이산화 탄소에 넣으면 커피 열매 속에 들어 있는 카페인이 모두 녹는다. 이때 커피 열매를 꺼내어 두면 이산화 탄소는 모두 기화되므로 카페인이 없는 커피만 남는다.
(2) 뜨거운 수증기로 카페인을 제거하면 향이나 맛이 변형되어 기존 성질이 보존되지 않는다. 이산화 탄소로 카페인을 추출하는 방법은 낮은 온도에서 추출하므로 커피의 여러 성분의 성질이 변형되지 않아서 맛이나 향이 보존된다.
(3) 고체인 드라이아이스 밀도가 더 크므로 액체 이산화 탄소에서 가라앉는다.

해설 | 이산화 탄소에 녹아 있는 카페인은 콜라, 초콜릿을 만드는 데 이용할 수 있다.
상평형 그림을 봤을 때 이산화 탄소의 용해 곡선은 양(+)의 기울기이다. 이는 액체 이산화 탄소가 고체 드라이아이스가 되었을 때 밀도가 커진다는 것을 의미한다. 따라서 고체 드라이아이스를 액체 이산화 탄소에 넣으면 가라앉는다.

카페인 함유량
캔커피 74mg
초콜릿1개(30g) 16mg 녹차 한잔(티백 하나 기준) 15mg 콜라 한캔(250ml) 23mg
커피맛 빙과(150ml) 29mg 커피우유 1개(200ml) 47mg 커피 믹스 한봉(12g) 69mg

14. 추리 단답형

(1) 맥주보다 소주에 에탄올 비율이 높아, 소주일 경우 물의 어는점이 더 낮기 때문이다.
(2) 에탄올 수용액(맥주)이 얼 때 물만 얼고 어는점이 낮은 에탄올은 얼지 않으므로 얼음에는 순수한 물만 있고, 얼지 않고 남은 술은 에탄올의 농도가 더 진하므로 마셨을 경우 먼저 취한다.
(3) 바다가 얼 때는 물만 언다. 따라서 순수한 물로 이루어진 거대한 얼음덩어리가 녹으면 주변의 염분의 농도가 낮아진다.
(4) 커다란 용기에 얼음과 소금을 3 : 1 의 비율로 섞은 다음 술병을 넣고 뚜껑을 닫는다. 얼음과 소금을 적절한 비율로 섞으면 온도가 −21 ℃ 까지 내려간다. 용기 안의 온도가 내려가 술이 반쯤 얼면 얼음을 꺼내어 녹여 마신다.

해설 │ 술을 물과 에탄올로 분리할 때는 분별 증류법을 사용한다.
* 한제 : 2개 이상의 물질을 혼합하여 만든 냉각제
얼음과 소금을 섞을 경우, 얼음의 용해열과 소금의 용해열이 모두 흡열 반응이어서 완전히 녹아 섞이는 지점까지 온도가 내려간다.
얼음 + 소금 : -21.2 ℃,
얼음 + 염화 칼슘 : -55 ℃
드라이아이스 + 에탄올 : -80 ℃
* 아이스바 만들기
시험관에 설탕물과 나무 젓가락을 넣고, 비커에 얼음 조각과 소금 (1/3)을 넣고, 섞은 뒤 비닐로 비커 전체를 덮어둔다.

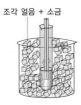
조각 얼음 + 소금

비닐
고무밴드

---

15. 추리 단답형

(1) 뷰테인의 끓는점은 -0.5 ℃ 로 겨울철에 온도가 낮으면 액체 상태가 되므로 기화가 잘 되지 않는다.
(2) 겨울철에 제주도보다 서울 지역이 더 추우므로 어는점이 더 낮은 프로페인 비율은 서울 지역이 더 크다.
(3) 메테인은 끓는점이 낮아 액화시키기 어려우므로 특수한 시설이 필요하기 때문이다.
(4) 한 층으로 존재한다.
(5) LPG

해설 │ (1), (2) 자동차 연료로 사용하는 LPG의 보관은 액체 상태로 보관하지만 연소시킬 때는 기체 상태로 만든다. 겨울철에 온도가 낮아 끓는점 이하로 낮아지면 기화가 잘 안되므로 시동이 잘 걸리지 않는다. 따라서 겨울철에는 끓는점이 낮은 프로페인의 비율을 높여 시동이 잘 걸리게 한다.
(3) LPG는 상온에서도 조금만 압축하면 액화가 되므로 통에 넣을 수 있지만, LNG의 주성분인 메테인은 끓는점이 낮으므로 액체 상태로 공급하기 위해서는 특수한 시설과 용기가 필요하다. 시설 설치비가 많이 드는 시골에는 LNG가 많이 보급되기 힘들다.
(4) 프로페인과 뷰테인은 서로 잘 섞이므로 액체 상태에서도 잘 섞여 있다.
(5) LNG의 밀도는 공기보다 작아서 누출 시 쉽게 확산하여 위로 올라가고, LPG의 밀도는 공기보다 커서 아래로 가라앉기 때문에 똑같은 양이 누출될 때 LPG에 의한 폭발 가능성이 LNG에 의한 폭발 가능성보다 크다.

---

16. 논리 서술 + 창의적 해결형

(1) 향수는 잘 휘발해서 냄새가 빨리 퍼져야 하는데, 장미 향유는 휘발성이 작기 때문에 휘발성이 큰 에탄올과 혼합하여 사용한다. 장미 향유는 에탄올에 잘 녹고, 에탄올에 혼합된 장미 향유는 에탄올이 기화할 때 함께 기화한다.
(2) 에탄올의 화학식은 C_3H_5OH 이고, 탄화수소 부분은 기름 성분과 친하여 기름(향유)과 잘 섞이고, 하이드록시기(OH) 부분은 물과 친하여 물과도 잘 섞이기 때문이다.
(3) 분별 깔때기에 식초와 에테르를 넣고 흔든 뒤 잘 놓아 둔다. 잠시 후, 아래의 물 층을 버리고 위층의 에테르 층을 비커에 받는다. 물 중탕법으로 에테르를 가열하여 증발시키면 아세트산이 남는다.

해설 │ (2) 에탄올의 구조

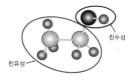
친수성
친유성

(3) 식초에서 아세트산 추출

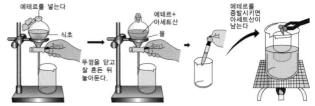
에테르를 넣는다
식초
에테르 + 아세트산
물
뚜껑을 닫고 잘 흔든 뒤 놓아둔다.
에테르를 증발시키면 아세트산이 남는다

대회 기출 문제

01 ③, ④
02 (1) 콩의 밀도 : 1.3 g/mL, 좁쌀의 밀도 : 1.2 g/mL   (2) 40 g
    (3) 최소 60 g
03 ②   **04** ①, ②   **05** ㄴ   **06** ①
07 ①, ③, ⑤   **08** ③   **09** ③   **10** ①, ③
11 ①, ②, ⑤   **12** ①, ②, ⑤   **13** 해설 참조   **14** ③
15 (1) 50 g   (2) 33.3 g   (3) 37.5 g   **16** ②
17 ④   **18** ④
19 (1) ① : 추출, 에테르 용액을 물로 추출하면 A 는 에테르 층에 남아 있고, B는 물 층에 남아 있다.
    ② : 증발, 에테르 층을 증발시키면 A를 얻는다. 물 층을 증발시키면 B를 얻는다.
    ③ : 재결정, A와 B에는 기타 불순물이 섞여 있으므로 적당한 용매로 재결정한다.
    (2) 끓는점 또는 녹는점을 측정하여 끓는점, 녹는점에서 온도가 일정하게 유지되는지 확인한다.
20 21번

01 ③, ④

해설 | 열기구나 비행선이 공기 중에서 가라앉지 않고 계속 떠 있기 위해서는 열기구나 비행선 안의 기체의 밀도가 공기의 밀도보다 작아야 한다. 열기구는 공기를 가열하여 밀도를 낮추고, 비행선은 처음부터 공기보다 밀도가 작은 기체를 사용한다.

① 비행선 안의 기체의 밀도가 밖의 공기의 밀도보다 작아야 위로 뜬다.

② 비행선은 외부와 열교환을 하므로 평형에 도달하여 내부와 외부의 온도가 같지만, 열기구는 열을 계속 공급하여 내부의 온도가 더 높다.

③ 열기구 안의 공기는 열기구 밖의 공기보다 밀도가 작다.

④ 열기구 안의 공기를 가열하면 같은 압력에서 부피가 증가하면서 공기가 빠져나와 밀도가 작게 된다.

⑤ 열기구는 내부의 공기를 가열하여 공기의 밀도를 낮추므로 열기구 안의 온도가 열기구 밖의 온도보다 높다.

02 (1) 콩의 밀도 : 1.3 g/mL, 좁쌀의 밀도 : 1.2 g/mL   (2) 40 g
(3) 최소 60 g

해설 | (1) ① 콩의 부피 = 240 - 200 = 40 mL 이므로 콩의 밀도 = $\frac{52}{40}$ = 1.3 g/mL 이다.

② 좁쌀의 부피 = 265 - 240 = 25 mL 이므로 좁쌀의 밀도 = $\frac{30}{25}$ = 1.2 g/mL 이다.

(2) 좁쌀을 뜨게 하려면 소금물의 밀도가 좁쌀의 밀도인 1.2 g/mL 이상이 되어야 한다. 처음 물의 부피가 200 mL, 질량은 200 g 이므로 1.2 g/mL × 200 mL = 240 g 이다. 즉, 소금물의 무게가 240 g 을 넘어야 한다(부피는 200mL로 일정하게 유지됨). 따라서 소금을 최소한 40 g 을 녹여 주어야 한다.

(3) 소금물의 밀도가 콩의 밀도보다 커야 한다. 1.3 g/mL × 200 mL = 260 g 이므로 소금을 최소 60 g 을 넣어서 녹여야 한다.

03 ②

해설 | 같은 조건에서 분자량이 큰 물질일수록 같은 부피 당 질량이 크므로 밀도가 크다. H_2 의 분자량은 2, Cl_2 의 분자량은 71, CH_4 의 분자량은 16 이므로 밀도가 가장 큰 기체는 Cl_2 이다.

04 ①, ②

해설 | 혼합물 : 성분 조성이 일정하지 않으며 녹는점, 끓는점 등이 일정하지 않다.

화합물 : 성분 조성이 일정하며 녹는점, 끓는점 등이 일정하다.

① 공기는 혼합물이다.

② 녹는점, 밀도 등이 일정하지 않는 것이 혼합물의 특징이다.

③ 두 가지 이상의 물질이 본래의 성질을 잃지 않고 단순히 섞여 있는 물질이기 때문에 성분 물질의 성질을 그대로 갖는다.

④ 혼합물은 물리적인 방법으로 분리할 수 있다. 물리적인 방법으로는 가열, 거름, 추출, 증류가 있다.

⑤ 모든 혼합물이 여과 방법만으로 쉽게 분리할 수 있는 것은 아니다.

05 ㄴ

해설 | ㄱ. 분자는 O_2, CO, CO_2 3가지이다.

ㄴ. 화합물은 두 가지 이상의 원소로 이루어진 CO, CO_2, Fe_2O_3 3가지이다.

ㄷ. 홀원소 물질은 한 가지 원소로 이루어진 O_2, C, Fe 3가지이다.

06 ①

해설 | 분자는 공유 결합을 하고 있는 물질이고, 이온 결합, 금속 결합을 하고 있는 물질은 분자가 아니다. Ar 은 비활성 기체로 단원자 분자이다. Cu 는 홀원소 물질이고, 분자가 아니다. O_3 은 분자이고, 홀원소 물질이다. HF 는 분자이고, 화합물이다. NaCl 은 분자가 아닌 화합물이다.

① O_3 은 분자이고, 홀원소 물질이므로 Ⅰ에 속한다.

② Ⅰ은 분자이면서 화합물이 아닌 홀원소 물질이므로 Ar, O_3 이 속하므로 2가지이다.

③ Ar 은 Ⅰ에 속한다.

④ NaCl 은 분자가 아닌 화합물이므로 Ⅳ에 속한다.

⑤ HF 는 분자이면서 화합물이므로 Ⅲ에 속한다.

07 ①, ③, ⑤

해설 | 그림의 냉각기는 끓는 온도에서 발생하는 기체를 액화시켜 주는 장치이다. 액체의 증기 압력과 대기 압력이 같을 때 끓기 시작하는데 이것은 대기의 대기 압력이 낮은 높은 산 위에서 물의 끓는점이 낮아지는 현상과 관련이 있다.

② 리비히 냉각기는 아래쪽에서 물이 들어가 위쪽에서 나온다. 위쪽에서 물이 흘러 들어가면 냉각기 안이 차가운 물로 꽉차지 않아 냉각이 잘 일어나지 않는다.

④ 끓임쪽은 액체를 가열할 때 용액 내에서 불균등하게 끓음이 일어나는 것을 막아 주는 역할을 한다.

08 ③

해설 | 20 ℃ 상온에서 물질 B는 고체이고 A와 C는 액체이나, 세 물질은 서로 녹아 있는 상태이다.

첫 번째 분리 방법 : 분별 증류(물중탕)으로 끓는점이 가장 낮은 C가 먼저 분리되어 나온다.

C가 분리된 후에는 고체 B가 액체 A에 녹아 있는 용액이 남는다.

두 번째 분리 방법 : 추출 → 물질 B는 에테르에 녹지 않으나 A는 에테르에 녹는다. 에테르를 넣고 흔들면 에테르에 물질 A가 녹아 들어간다.

세 번째 분리 방법 : 분별 증류 → 에테르에는 물질 A가 녹아 있으므로 분별 증류를 통해 끓는점이 낮은 에테르가 기화되어 나오고 남은 물질이 A이다.

네 번째 분리 방법 : 추출의 반복 → 두 번째 방법에서 추출하고 남은 용액은 소량의 A와 물질 B의 혼합물이다. 에테르를 이용하여 추출과정을 반복하면 A를 모두 분리하여 물질 B를 얻을 수 있다.

09 ③

해설 | 메추리알의 밀도 < 설탕물의 밀도 → 메추리알이 설탕물 위에 뜬다. 메추리알의 밀도 > 설탕물의 밀도 → 메추리알이 설탕물에 가라앉는다. 설탕물의 밀도는 A > B > C > D 이다.

ㄴ. C 용액이 D 용액보다 진하다.

ㄷ. A 용액보다 농도가 흐린 D 용액을 섞으면 A 용액의 농도가 묽어지긴 하지만 밀도를 정확히 알 수 없으므로 가라 앉는지 뜨는지 여부는 알 수 없다.

ㄹ. A 용액을 장시간 방치하면 용매인 물이 증발하여 설탕물의 농도는 더 진해져 메추리알은 가라앉지 않고 계속 떠 있을 것이다.

10 ①, ⑤

해설 │ 밀도가 다른 플라스틱의 분리는 두 용매의 혼합비를 이용하여 분리할 수 있다.

밀도의 크기 : 액체 D > 플라스틱 A > 플라스틱 B > 액체 C

① 플라스틱이 액체에 녹으면 이 방법으로 두 플라스틱을 서로 분리할 수 없다.

② 두 액체가 서로 섞이지 않으면 두 액체의 경계에 플라스틱이 있어야 할 것이다. 두 액체를 섞은 혼합 용액의 밀도가 계속 변하므로 밀도차에 의해 두 플라스틱을 분리할 수 있다.

③ 액체 D를 첨가할수록 플라스틱이 뜨므로 액체 D의 밀도가 액체 C보다 더 크다.

④ 처음 액체 D를 첨가하였을 때 플라스틱 A는 가라앉고 플라스틱 B는 뜨므로 플라스틱 B의 밀도보다 플라스틱 A의 밀도가 더 크다.

⑤ 액체 D는 두 종류의 플라스틱보다 밀도가 크므로 플라스틱 A, B는 액체 D에 뜬다.

11 ①, ②, ⑤

해설 │ 나프탈렌은 어는점과 녹는점이 일정하므로 순수한 물질이다. 물질의 상태가 변화될 때 순수한 물질은 결합 구조가 규칙적이어서 결합을 끊는데 필요한 에너지가 일정하기 때문에 상태 변화 과정에서 평평한 구간이 생긴다. (가)의 평평한 구간에서는 에너지를 흡수하고, (나)의 평평한 구간에서는 에너지를 방출한다.

③ 어는점보다 낮은 온도에서는 고체 상태로 존재한다.

④ 온도가 일정한 구간은 상태 변화하는 중이며 액체와 고체가 함께 존재한다.

12 ①, ②, ⑤

해설 │ 그림의 공통된 현상은 물질을 분리한다는 것이다. 프리즘은 여러 가지 색이 섞여 있는 빛을 각각의 색으로 분리하는 것이고, 분필을 이용한 크로마토그래피는 사인펜에 섞여 있는 색을 분리하는 방법이다.

① 승화 장치 - 고체 혼합물의 분리

② 분별 깔때기 - 서로 섞이지 않는 액체의 분리

③ 용량 플라스크 - 액체의 부피를 재는 실험 기구로 혼합물을 분리하는 것과 관련이 없다.

④ 레이저 포인트 - 혼합물의 분리와 관계없다.

⑤ 분별 증류 장치 - 끓는점이 다른 액체 혼합물을 분리하는 실험 장치

13 온도(℃)

해설 │ 혼합물을 분별 증류하면 혼합물을 이루는 물질의 성분 수만큼 그래프에서 온도가 일정한 부분이 나온다. 온도 변화에 걸리는 시간은 액체의 양에 따라 달라지므로 질소가 기체로 변하는 시간이 가장 길며, 아르곤이 기체로 변하는 시간이 가장 짧다.

14 ③

해설 │ 1 ~ 3. 끓는 물을 여과지에 붓는다. → 거름

4 ~ 6. 비커에 용액을 모아서 분별 깔때기에 넣는다. 클로로폼을 분별 깔때기에 넣고 분별 깔때기를 거꾸로 들고 흔든다. 분별 깔때기에 들어 있는 수용액 층과 클로로폼 층을 분리한다. → 추출

7. 클로로폼 층을 받아낸 후 클로로폼을 기화시켜 날려 보낸 후 주성분이 카페인 물질을 얻는다. → 증류

15 (1) 50 g　　(2) 33.3 g　　(3) 37.5 g

해설 │ (1) 아세트산 수용액의 질량 : 1.0 g/mL × 250 mL = 250 g

20 % 아세트산의 질량 = 0.2 × 250 = 50 g

(2)

아세트산 수용액 용액 : 250 g 용질 : 50 g 용매 : 200 mL	에테르 100 mL → 추출	물 200 mL 아세트산 (50 − x)(g)	에테르 100 mL 아세트산 x(g)

같은 부피에 들어 있는 아세트산의 질량비는 1 : 4 이므로

$$\frac{50-x}{200 \text{ (mL)}} : \frac{x}{100 \text{ (mL)}} = 1 : 4 \ , \ x = 33.3 \text{ g 이다.}$$

(3) i) 한 번 추출했을 때

$$\frac{(50-x_1)}{200} : \frac{x_1}{50} = 1 : 4, \ x_1 = 25 \text{ g}$$

ii) 두 번 추출했을 때

$$\frac{(25-x_2)}{200} : \frac{x_2}{50} = 1 : 4, \ x_2 = 12.5 \text{ g}$$

두 번 추출해서 얻은 아세트산의 총 질량은 $x_1 + x_2$ = 25 g + 12.5 g = 37.5 g 이다.

16 ②

해설 │ 이동상의 극성이 감소하면 분석 대상 물질의 이동하는 정도가 모두 감소하지만 이동상을 바꾸어도 이동 순서는 달라지지 않는다.

17 ④

해설 │

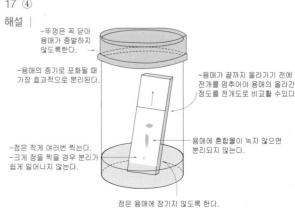

-뚜껑은 꼭 닫아 용매가 증발하지 않도록한다.

-용매의 증기로 포화될 때 가장 효과적으로 분리된다.

-용매가 끝까지 올라가기 전에 전개를 멈추어야 용매의 올라간 정도를 전개도로 비교할 수 있다.

-점은 작게 여러번 찍는다.
-크게 점을 찍을 경우 분리가 쉽게 일어나지 않는다.

-용매에 혼합물이 녹지 않으면 분리되지 않는다.

점은 용매에 잠기지 않도록 한다.

18 ④

해설 | 크로마토그래피에서 이동상(물)과의 인력이 클수록 이동하는 거리가 길다. 실험 결과, A의 이동 거리가 가장 길었으므로 물과의 인력이 가장 크고 C의 이동 거리가 가장 짧았으므로 분필(탄산 칼슘)과의 인력이 가장 크다.

· 탄산 칼슘과의 인력 : A < B < C
· 물과의 인력 : A > B > C

① 모두 물에 녹았기 때문에 이동이 가능하다.
② 분필 크로마토그래피에서 분자량은 이동 거리에 영향을 미치지 않는다.
③ A, B, C 염료의 물과의 인력은 A < B < C 이 아닌 A > B > C 이다.
⑤ 용매에 따라 물질의 인력은 다르므로 용매가 바뀌면 실험 결과도 바뀐다.

19 (1) ① : 추출, 에테르 용액을 물로 추출하면 A 는 에테르 층에 남아 있고, B는 물 층에 남아 있다. ② : 증발, 에테르 층을 증발시키면 A를 얻는다. 물 층을 증발시키면 B를 얻는다. ③ : 재결정, A와 B에는 기타 불순물이 섞여 있으므로 적당한 용매로 재결정한다.
(2) 끓는점 또는 녹는점을 측정하여 끓는점, 녹는점에서 온도가 일정하게 유지되는지 확인한다.

해설 | (2) A와 B의 끓는점 또는 녹는점을 측정하여 순수한 A, B의 것과 비교한다.

20 21번

해설 | 에테인과 에틸렌의 부피비가 1 : 1 이므로 비율은 에테인과 에틸렌의 각각 50 % 이고, 에테인과 에틸렌의 양을 각각 1 이라고 가정한다. 흡착 과정을 통해 에테인의 양은 일정하며, 에틸렌의 양이 10 % 씩 감소하므로 첫 번째 흡착 과정을 거치면 에틸렌의 양은 0.9 가 되고, 에테인의 비율은 $\frac{1}{1 + 0.9}$ × 100 = 53 % 이다. 두 번째 흡착 과정을 거치면 에틸렌의 양은 0.9 × 0.9 = 0.81이 되고, 에테인의 비율은 $\frac{1}{1 + 0.81}$ × 100 ≒ 55.25 % 이다. 따라서 n 번째 흡착 과정을 거치면 에틸렌의 양은 $(0.9)^n$ 이고, 이때 에테인의 비율은 $\frac{1}{1 + (0.9)^n}$ × 100 이다. 이 비율이 90 % 이상이 될 때, n을 구하기 위해서는 다음과 같은 식이 성립해야 한다.

$$\frac{1}{1 + (0.9)^n} \times 100 \geq 90(\%)$$

$\frac{100}{90} \geq 1 + (0.9)^n$, $\frac{1}{9} \geq (0.9)^n$ 이므로 log 로 나타내면

$-2\log 3 \geq n(2\log 3 - 1)$, $n \geq \frac{2\log 3}{(1 - 2\log 3)}$ 이다.

log 3 은 0.477이므로 $\frac{2\log 3}{(1 - 2\log 3)}$ ≒ 20.74 이다. 따라서 21번 이상의 흡착 과정을 거치면 순도 90 % 인 에테인을 얻을 수 있다.

❌ imagine infinitely   58 ~ 59 쪽

A. 성질이 비슷한 적은 양의 혼합물을 분리할 수 있기 때문이다.

VI. 원소의 주기성과 화학 결합 (1)

개념 보기

Q1 양성자 수 : 20, 중성자 수 : 20, 전자 수 : 20
Q2 화학 변화 시 원자들은 없어지거나 새로 생겨나거나 다른 원자로 바뀌지 않는다.   Q3 원자핵
Q4 방출된다.   Q5 s 오비탈
Q6 원자 번호가 증가할수록 유효 핵전하가 커져서 원자핵과 전자 사이의 인력이 증가하기 때문이다.
Q7 Be > Mg, 같은 2족 원소로 원자 번호가 크면 전자껍질 수가 증가하기 때문에 원자핵과 전자 사이의 인력이 약해져 이온화 에너지가 감소한다.
Q8 M^+ Q9 플루오린(F)

Q1 양성자 수 : 20, 중성자 수 : 20, 전자 수 : 20
해설 | $3.2 \times 10^{-18} = 20 \times 1.6 \times 10^{-19}$

Q8 M^+
해설 | 순차적 이온화 에너지가 $E_1 \ll E_2$ 이므로 원자가 전자 수는 1 개이고, 전자 1개를 잃어 안정한 이온이 되므로 이온식은 M^+ 이다.

개념 확인 문제

정답			78 ~ 89 쪽
01 ②	02 ⑤	03 ④	04 ②
05 A와 C	06 나 - 다 - 라 - 가 - 마		
07 (1) O (2) X (3) X (4) O	08 ④	09 ②	10 ①
11 ③	12 ⑤	13 ④	14 ②	15 ⑤
16 ⑤	17 ④	18 ⑤	19 ⓒ, ⓒ, ㉠, ㉡
20 ⑤	21 ②	22 ⑤	23 리튬, 구리
24 ㄱ, ㄴ	25 ③	26 ②	27 ⑤	28 ④
29 (1) O (2) O (3) O	30 ①	31 ②
32 ㄴ, ㄷ	33 ④	34 ⑤	35 ⑤
36 ㉠ 2 ㉡ 8 ㉢ 18 ㉣ 32	37 88.5
38 (1) O (2) X (3) X	39 ③	40 ④	41 ②
42 ⑤	43 He, Ar	44 K, Ca	45 ③, ④	46 ⑤
47 ④	48 ①	49 ④	50 ⑤
51 ①, ②	52 ⑤	53 ⑤	54 ⑤	55 ⑤
56 ①	57 ⑤		
58 (1) E (2) 붕소 : $1s^2\,2s^2\,2p^1$ (3) G(Na)	59 ②
60 ⑤	61 ㄴ - ㄱ - ㄹ - ㄷ	62 ②
63 (해설 참조)	64 ⑤	65 (해설 참조)
66 ④	67 ②	68 ④	69 ②	70 ⑤

정답 및 해설

01 ②

해설 │ 원자는 전기적으로 중성이므로 원자 X, Y, Z의 전자의 수는 양성자의 수와 같다. 따라서 원자 X는 ^6_3Li, Y는 ^7_3Li, Z는 ^7_4Be 이다.

ㄱ. 원자 X와 Y는 동위 원소이므로 양성자 수는 같지만 중성자 수는 다르다.

ㄴ. Y는 ^7_3Li, Z는 ^7_4Be 이므로, 양성자 수와 중성자 수는 다르지만 질량수는 동일하다.

ㄷ. 원자 번호는 양성자의 수와 동일하므로, X와 Z의 원자 번호는 다르다.

02 ⑤

해설 │ ㄱ. A는 전자이므로 기본 입자가 맞지만, B는 양성자로 기본 입자가 아니다. 기본 입자에는 쿼크와 경입자(렙톤)가 있고, 전자는 6종류의 경입자 중 하나이다.

ㄴ. 전자는 (-)전하를 띠고, 양성자는 (+)전하를 띠므로 전자와 양성자 사이에는 정전기적인 인력이 작용한다.

ㄷ. 양성자는 기본 입자인 쿼크로 쪼갤 수 있다. 양성자는 두 개의 위(up) 쿼크와 한 개의 아래(down) 쿼크로 구성된다.

03 ④

해설 │ ① 양성자보다 중성자의 질량이 약간 더 크다.

② 수소 원자(^1_1H)의 원자핵에는 중성자가 존재하지 않는다.

③ 모든 원자에서 양성자와 전자의 수는 같지만, 양성자와 중성자의 수는 항상 같지는 않다.

⑤ 원자가 전자를 잃고 양이온이 되더라도 원자핵의 질량은 변하지 않는다.

04 ②

해설 │ (가)와 (나)는 동위 원소이므로 양성자 수는 동일하고 중성자 수는 다르다. 따라서 A는 양성자, B는 중성자이다.

ㄱ. (가)의 질량수는 3, (나)의 질량수는 4이므로 (가)와 (나)의 질량수는 다르다.

ㄴ. A는 양성자이므로, A의 개수는 원자 번호와 같다.

ㄷ. B는 중성자이므로 전하를 띠지 않는다.

05 A와 C

해설 │ 원자는 전기적으로 중성이기 때문에 양성자 수와 전자 수가 같다. 따라서 중성 원자 A ~ C의 양성자 수와 중성자 수, 전자 수는 각각 다음 표와 같다.

구성 입자 \ 원자	A	B	C
양성자 수	2	1	2
중성자 수	2	2	1
전자 수	2	1	2

A와 C는 양성자 수가 동일하므로 같은 종류의 원소이기 때문에 화학적 성질이 같다.

06 나 - 다 - 라 - 가 - 마

해설 │

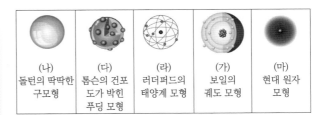

(나)	(다)	(라)	(가)	(마)
돌턴의 딱딱한 구모형	톰슨의 건포도가 박힌 푸딩 모형	러더퍼드의 태양계 모형	보일의 궤도 모형	현대 원자 모형

07 (1) ○ (2) X (3) X (4) ○

해설 │ (2) 같은 원소의 원자들은 크기, 모양, 질량이 같고 다른 원자들은 크기, 모양, 질량이 다르다.

(3) 화학 변화 시 원자들은 없어지거나 새로 생성되지 않는다.

08 ④

해설 │ 돌턴의 원자설에 의하면, 화학 반응이 일어나도 원소는 다른 원소로 바뀌지 않는다. 중세의 연금술사들은 철을 금으로 바꾸려고 하였다.

09 ②

해설 │ 동위 원소는 원자 번호와 양성자 수가 같지만 중성자 수가 달라 질량수가 다르다. 따라서 원자의 종류가 같아도 질량이 다를 수 있다.

10 ①

해설 │ 전기장 속에서 음극선은 직진하지 않고 (+)극 방향으로 휜다. 이것으로 음극선은 (-) 전하를 가지고 있음을 알 수 있다.

ㄷ. 바람개비에 음극선을 쪼이면 돌아간다. 이것은 음극선이 질량을 가진 입자의 흐름이라는 것을 증명해 준다. 그러나 이 성질은 전기장 속에서 (+)극 쪽으로 휘는 현상으로는 설명할 수는 없다.

〈음극선은 바람개비를 돌린다.→ 음극선은 질량을 가진다.〉

11 ③

해설 │ 설명하는 원자 모형은 러더퍼드의 태양계 모형이다.

12 ③

해설 │ ㄱ. 원자 내부는 대부분 빈 공간이므로 대부분의 α 입자가 산란되지 않고 원자를 통과할 수 있다.

ㄴ. α 입자는 헬륨의 원자핵으로 (+)전하를 띠며, 금박의 원자의 중심 부분에 작고 단단한 (+)전하를 띤 물질에 의해 반발력을 받아 크게 산란될 수 있다.

ㄷ. α 입자는 (+) 전하, 음극선은 (-) 전하를 가진 입자의 흐름이다.

13 ③

해설 │ 높은 에너지 준위에서 낮은 에너지 준위로 전자가 전이했을 때 에너지가 전자기파의 형태로 방출된다.

$a : n = 2 \rightarrow n = 1$: 에너지 방출 $b : n = 2 \rightarrow n = 3$: 에너지 흡수

$c : n = 3 \rightarrow n = 2$: 에너지 방출 $d : n = 2 \rightarrow n = 4$: 에너지 흡수

14 ①

해설 │ 바깥 궤도에서 $n = 1$로의 전이 : 라이먼 계열 자외선 방출

바깥 궤도에서 $n = 2$로의 전이 : 발머 계열 가시광선 방출

바깥 궤도에서 $n = 3$으로의 전이 : 파센 계열 적외선 방출

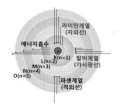

15 ⑤

해설 | 바깥 궤도에서 $n = 1$ 로의 전이 : 라이먼 계열 - 자외선 방출
바깥 궤도에서 $n = 2$ 로의 전이 : 발머 계열 - 가시광선 방출
바깥 궤도에서 $n = 3$ 로의 전이 : 파센 계열 - 적외선 방출

16 ⑤

해설 | 보어의 원자 모형 :

1. 러더퍼드의 모형을 발전시킨 모형
2. 수소 원자의 선 스펙트럼 분석에 의해 완성
3. 전자가 원자핵 주위의 일정한 궤도를 원운동하는 모형
4. 정해진 궤도를 도는 전자는 에너지를 흡수하거나 방출하지 않는다.
5. 핵에서 가까운 궤도일수록 에너지가 적으므로, 전자가 핵에서 먼 궤도로 전이하려면 에너지를 흡수해야 한다.
6. 문제점 : 수소 원자의 선 스펙트럼을 잘 설명할 수 있으나 전자 수가 많으면 적용이 안됨

17 ④

해설 | 중성 원자의 경우 원자 번호 = 양성자 수 = 전자 수이므로 그림의 전자의 개수를 샌다. 그림에서 전자의 수는 10개이므로 원자 번호 10번이고 양성자 수는 10개이다.

18 ⑤

해설 | 전자의 위치는 정확하게 알 수 없으므로 전자가 존재할 지점을 확률적 점으로 표현하면 구름 형태가 된다. → 현대의 전자 구름 모형
i) 양자 역학을 토대로 만들었다.
ii) 전자는 입자성과 파동성을 동시에 갖고 있어 전자의 운동을 추적하기 어려워 전자를 발견할 수 있는 확률로서 전자의 존재를 알 수 있다.

19 ㉡, ㉢, ㉠, ㉣

해설 | 니크롬선만 겉불꽃에 먼저 넣는 이유는 불순물을 제거하기 위해서이다.

20 ⑤

해설 | 니크롬선에 다른 색깔을 내는 불순물이 묻어 있으면 원소의 불꽃색이 정확하게 나타나지 않으므로 염산으로 불순물을 제거하는 과정이다.

21 ②

해설 | 불꽃 반응으로 구별이 어려운 원소의 경우 선스펙트럼을 분석하여 구별한다.

22 ⑤

해설 | 원소들의 불꽃색은 다음과 같다.

원소	나트륨	칼륨	칼슘	구리	바륨	리튬	스트론튬
원소 기호	Na	K	Ca	Cu	Ba	Li	Sr
불꽃색	노란색	보라색	주황색	청록색	황록색	빨간색	진한 빨간색

23 리튬, 구리

해설 | 화합물 X와 선이 일치하는 원소를 찾는다.

24 ㄱ, ㄴ

해설 | 스펙트럼 선의 색을 볼 수 있으므로 수소 원자의 스펙트럼 중 가시광선 영역인 발머 계열의 스펙트럼이다.(ㄴ)

ㄱ. 보라색은 붉은색보다 파장이 짧고, 에너지가 큰 가시광선이다. 또한 수소 원자에서 전자껍질의 에너지 준위는 주양자수가 커질수록 증가하며, 주양자수가 커질수록 이웃한 에너지 준위 차이가 감소하기 때문에 에너지가 큰 쪽으로 갈수록 스펙트럼 선의 간격이 좁아진다. 따라서 스펙트럼 선의 간격이 좁아지는 방향의 스펙트럼 선인 a가 b 보다 에너지가 크고 파장이 짧은 빛이라는 것을 알 수 있다.

ㄷ. 수소 원자가 흡수하거나 방출할 수 있는 에너지의 크기는 수소 원자의 에너지 준위에 의해 정해져있으므로 수소 방전관에 수소 기체를 더 넣는다고 해서 스펙트럼의 형태가 바뀌지는 않는다.

25 ③

해설 | 수소 원자의 에너지 준위는 주양자수에 의해서 결정되지만, 다전자 원자의 에너지 준위는 주양자수와 방위 양자수에 의해 결정되며, 다전자 원자에서 에너지 준위는 주양자수와 방위 양자수를 합한 값이 클수록 높고, 주양자수와 방위 양자수를 합한 값이 같을 때는 주양자수가 더 큰 오비탈의 에너지 준위가 높다.
H : $1s < 2s = 2p < 3s = 3p = 3d < 4s \cdots$
He, C : $1s < 2s < 2p < 3s < 3p < 4s < 3d \cdots$

26 ④

해설 | ㄱ. 보어 원자 모형을 이용하여 바닥상태의 원자의 전자 배치를 할 때, 전자는 에너지 준위가 낮은 전자껍질부터 차례대로 채워지기 때문에 $_2$He의 안정한 전자 배치는 K(2)이다. (가)는 K(2) (나)는 K(1)L(1)의 전자 배치를 가지므로 (가)는 바닥상태, (나)는 들뜬상태 라고 볼 수 있다.

ㄴ. (가)에서 (나)로 될 때 에너지는 흡수된다.

27 ①

해설 | ① (가)는 옥텟 규칙을 만족하는 전자 배치를 갖는 18족 원자이므로, 가장 바깥쪽 전자껍질에 8개의 전자가 존재하지만, 이 전자들은 결합에 관여할 수 없기 때문에 원자가 전자는 0이다.

⑤ 주양자수가 2인 L 전자껍질에는 최대 8개의 전자가 채워질 수 있다.

28 ③

해설 | (가)는 s 오비탈, (나)는 p_x , p_y , p_z 이 모두 표현된 p 오비탈이다.

ㄱ. (가)는 방향성이 없지만 (나)는 방향에 따라 전자를 발견할 확률이 다르기 때문에 방향성이 있다.

ㄴ. 현대 원자 모형에서는 원자 내의 전자의 정확한 위치와 속력은 알

수 없어 원자핵 주위에 전자가 존재하는 확률로 나타낸다.

ㄷ. 현대 원자 모형에서 원자의 경계는 뚜렷하지 않으나 원자를 표현할때 임의의 한계는 필요하기 때문에 전자가 존재할 확률이 90 % 인 지점을 연결한 경계면 그림으로 나타낸다.

29 (1) O (2) O (3) O

해설 | (1) s 오비탈은 구형이다.

(2) s 오비탈의 최대 수용 전자 수는 2개이다.

(3) 각 전자껍질마다 1개씩 존재한다.

30 ①

해설 | ㄱ. 원자는 전기적으로 중성인 입자이므로 양성자와 전자의 수가 같다. 따라서 A와 B의 양성자 수는 3개이다.

ㄴ. C는 L 전자껍질에 8개의 전자가 채워진 원자로 옥텟 규칙을 만족하는 18족 원소이기 때문에 원자가 전자 수는 0이다.

ㄷ. C는 최외각 전자 수가 8, D는 최외각 전자 수가 2이기 때문에 C의 최외각 전자 수가 D의 최외각 전자 수보다 많다.

31 ②

해설 | ㄱ. 4s 오비탈은 3d 오비탈보다 주양자수는 크지만, 에너지 준위는 낮다.

ㄷ. 주양자수가 4인 전자껍질에는 4s, 4p, 4d, 4f의 오비탈이 존재하며, 이 오비탈의 총 개수(n^2)가 16개이므로, 채워질 수 있는 최대 전자 수($2n^2$)는 32개이다.

32 ㄴ, ㄷ

해설 | 바닥상태의 전자 배치는 쌓음 원리, 파울리 배타 원리 , 훈트 규칙을 모두 만족하는 전자 배치이다.

ㄱ. 훈트 규칙에 어긋난 전자 배치이다.

ㄴ. 쌓음 원리, 파울리 배타 원리, 훈트 규칙을 모두 만족한다.

ㄷ. p 오비탈에는 p_x, p_y, p_z 오비탈이 있고, 이들의 에너지 준위는 같다. 따라서 어떤 오비탈에 전자가 배치되어도 에너지 차이가 없다.

ㄹ. 2s 오비탈에 스핀 방향이 같은 전자가 2개 들어 있으므로 파울리 배타 원리에 어긋나는 전자 배치이기 때문에 불가능한 전자 배치이다.

33 ④

해설 | 같은 주기에서는 원자 번호가 클수록 원자가 전자의 유효 핵전하가 증가하지만, 다음 주기로 바뀔 때에는 원자가 전자의 유효 핵전하가 크게 감소한다. $_5$B, $_6$C, $_8$O, $_{10}$Ne는 모두 2주기 원소이고, $_{11}$Na은 3주기 원소이므로 이 원소들 중 Ne의 원자가 전자의 유효 핵전하가 가장 크다.

34 ④

해설 | 양성자 수에 의한 핵전하가 11+이고, 원자의 전자 수가 11 개이므로 원자 번호가 11번인 나트륨이다. 나트륨의 전자 배치는 $1s^2 2s^2 2p^6 3s^1$이고, 원자가 전자 1개를 잃고 양이온이 되어 네온과 같은 $1s^2 2s^2 2p^6$의 전자 배치를 이룬다.

35 ①

해설 |

	1s	2s	2p_x	2p_y	2p_z	
A	↑↓	↑↑	↑	↑		파울리 배타 원리에 어긋남
B	↑↓	↑↓	↑		↑	바닥상태 전자 배치
C	↑↓	↑↓		↑	↑	바닥상태 전자 배치
D	↑↓	↑↓	↑↓			훈트 규칙에 어긋남

ㄱ. A의 전자 배치는 2s 오비탈에 스핀 방향이 같은 전자가 2개 들어 있으므로 파울리 배타 원리에 어긋나는 전자 배치이므로 불가능한 전자 배치이다.

ㄴ. p 오비탈에는 p_x, p_y, p_z 오비탈이 있고, 이들의 에너지 준위는 같다. 따라서 어떤 오비탈에 전자가 먼저 배치되어도 에너지에 차이가 없다. 따라서 B와 C는 모두 바닥상태 전자 배치이므로 B에서 C로 될 때 에너지 방출은 없다. 들뜬상태에서 바닥상태가 될 때 에너지가 방출된다.

ㄷ. D의 전자 배치는 훈트 규칙을 만족하지 않으므로 바닥상태가 아니라 들뜬 상태의 전자 배치이다.(불가능하지 않다.)

36 ㉠ 2 ㉡ 8 ㉢ 18 ㉣ 32

해설 | 각 오비탈마다 스핀이 다른 전자 2개가 들어갈 수 있다.

주양자수	K(n = 1)	L(n = 2)	M(n = 3)	N(n = 4)
오비탈 수(n^2)	1	4	9	16
최대 수용 전자 수($2n^2$)	2	8	18	32

37 88.5

해설 | 세쌍 원소설에서 가운데 원소의 원자량은 양쪽 원소의 중간 값이다. $\dfrac{40 + 137}{2} = 88.5$

38 (1) O (2) X (3) X

해설 | (1) 주기율표는 멘델레예프에 의해서 최초로 작성되었다.

(2) 모즐리는 원자들을 원자량의 순서가 아니라 원자 번호 순으로 배열하였다.

(3) 되베라이너의 세 쌍 원소설이 먼저 발표되고(1817) 뉼렌즈의 옥타브 법칙이 발표되었다.(1864)

39 ③

해설 | ③ 현대의 주기율표는 멘델레예프에 의해 처음으로 발표되었다.

40 ②

해설 | ㄴ. A는 원자 번호 1번인 수소이다.

ㄷ. B는 H(수소)를 제외한 1족 원소로 원자가 전자 수가 1개이다.

ㄱ. 주기율표는 1 ~ 18족, 7주기로 구성되어 있다.

ㄹ. 3주기에는 8개의 원소만 있다.

ㅁ. 핵반응으로 만들어진 원소들은 원자 번호 93번 이후의 원소들이다.

41 ②

해설 | 주기율표는 원소들을 원자 번호 순서대로 배열하되, 화학적 성질이 비슷한 원소들을 같은 세로줄에 오도록 배열하여, 원소의 성질별로 분류가 가능하도록 만든 표이다.

42 ⑤

해설 | ① 원소 A와 E는 모두 1족 원소로 원자가 전자 수가 1개이다.
② 주기율표는 원소를 원자 번호 순으로 나열한 것이다. 원자 번호는 원소의 양성자 수와 같다. 따라서 원소 B의 양성자 수는 2개이다.
③ 원소 C는 2주기에 속한 원소이므로 전자껍질 수가 2개이다.
④ 원소 D와 G는 17족 원소이므로, 할로젠 원소이다. 동족 원소끼리는 화학적 성질이 비슷하다.
⑤ 원소 F는 15족 원소로 최외각 전자 수는 5개이다.

43 He, Ar

해설 | 같은 족 원소끼리는 원자가 전자 수가 같다. 네온은 18족 원소이므로 원자가 전자 수가 0개이고, 헬륨과 아르곤 역시 원자가 전자 수가 0개이다.

44 K, Ca

해설 | 주기는 한 원소의 전자껍질의 수와 같다. 따라서 전자껍질 수가 4개인 원소는 4주기의 원소이다.

45 ③, ④

해설 | ① 원소들이 화학 결합을 할 때는 옥텟 규칙을 따르지 않는 경우도 존재한다. 보통 3주기 이상의 원소의 경우에는 옥텟 규칙을 따르지 않는다.
②, ③ 16족, 17족 원소들의 경우에는 이온이 될 때 전자를 얻어 p 오비탈을 채워서 비활성 기체의 전자 배치와 같아지려는 경향이 있다.
④ 1족, 2족, 13족 원소의 경우 이온이 될 때 s 오비탈의 전자를 잃는다. 따라서 전자 껍질 수가 줄어들게 된다.
⑤ 3주기 1족 원소인 나트륨이 원자가 전자 한 개를 잃고 Na^+이 되면 Na^+의 전자 배치는 2주기의 18족 원소 네온의 전자 배치와 같아진다.

46 ③

해설 | 주기율표를 금속, 준금속, 비금속 원소로 구분하면 다음과 같다.

| 금속 원소 | 준금속 원소 | 비금속 원소 |

구분	1족	2족	13족	14족	15족	16족	17족	18족
1주기	A							B
2주기		C					D	
3주기	E				F	G		

ㄱ. 원소 A는 비금속 원소이고, C와 E는 금속 원소이다.
ㄴ. 원소 B는 비금속 원소이지만 옥텟 규칙을 만족하는 비활성 기체로 비금속성이 없다.
ㄷ. 원소 D는 비금속 원소이므로 전자를 얻어 음이온이 되기 쉽다.

47 ④

해설 | 같은 족에서 원자 반지름은 전자껍질 수가 많을수록 증가하고, 같은 주기에서 유효 핵전하가 클수록 감소한다. 또한 같은 주기에서 원자 번호가 증가할수록 원자 반지름이 감소한다.

48 ①

해설 | 등전자 이온에서 원자 번호가 클수록 이온 반지름이 작아진다. 등전자 이온은 전자의 수가 같으므로 이온의 핵전하가 클수록 유효 핵전하가 증가하기 때문에 이온 반지름의 크기는 $_{15}P^{3-} > _{16}S^{2-} >$

$_{17}Cl^- > _{19}K^+ > _{20}Ca^{2+}$ 순으로 크다.

49 ④

해설

구분	Na	Na^+
양성자 수	11	11
전자 수	11	10
전자껍질 수	3개	2개
유효 핵전하	2.51	6.80
반지름	154 pm	102 pm

금속 원소가 전자를 잃고 이온이 될 때에는 전자껍질 수가 감소하므로 원자 반지름보다 이온 반지름이 더 작다.

50 ⑤

해설 | ㄴ. 중성 원자가 전자를 얻어 음이온이 되면 추가된 전자에 의해 전자 사이의 반발력이 증가하여 전자 구름이 커지므로 유효 핵전하가 감소하기 때문에 음이온 반지름은 원자 반지름보다 커진다. 따라서 비금속 원소는 원자 반지름보다 이온 반지름이 크다.

51 ①, ②

해설 | ① 전자껍질 수가 많을수록 원자핵과 최외각 전자 사이의 거리가 멀어지므로 원자 반지름은 증가한다.
② 전자 수가 많을수록 전자 사이의 반발력이 증가하므로 원자 반지름이 증가한다.
③, ⑤ 유효 핵전하가 클수록 원자핵과 전자 사이의 인력이 증가한다. 원자핵과 전자 사이의 인력이 증가하면 서로 잡아 당기는 힘이 강해져 원자 반지름이 감소한다.
④ 인접한 분자 수가 증가해도 실제 원자의 반지름에는 변화가 없다.

52 ⑤

해설 | ㄱ. 같은 주기에서 원자 번호가 증가할수록 양성자 수가 많아져 유효 핵전하가 커지므로 원자 반지름이 감소한다.
ㄴ. 같은 족에서 원자 번호가 증가할수록 전자껍질 수가 많아져 원자 반지름이 증가한다.
ㄷ. 주기율표에서 왼쪽 아래로 갈수록 원자 반지름이 증가한다.

53 ③

해설 | 같은 족에서는 원자 번호가 클수록 이온화 에너지가 감소한다.

54 ⑤

해설 | ㄱ. 전자 1 mol 을 떼어 낼 때 필요한 에너지를 제1 이온화 에너지(E_1)라고 하며, 2번째 전자, 3번째 전자 …떼어 낼 때 필요한 에너지를 제2 이온화 에너지(E_2), 제3 이온화 에너지(E_3), …라고 한다.
ㄴ. 순차적 이온화 에너지가 급격하게 증가하기 전까지 떼어 낸 전자 수가 원자가 전자 수이다.
ㄷ. 이온화가 진행되면 전자 사이의 반발력은 감소하고, 원자핵과 전자 사이의 인력이 증가하기 때문에 순차적 이온화 에너지가 증가한다.

55 ⑤

해설 | 전기 음성도는 같은 주기에서 원자 번호가 클수록 대체로 증가한다. 같은 족에서는 원자 번호가 클수록 대체로 감소한다. 따라서

같은 족 원소인 Li, Na, K의 전기 음성도 크기는 Li > Na > K이고, 같은 주기 원소인 N, O, F는 N < O < F이다.

56 ①

해설 | 나트륨과 칼륨은 같은 1족 원소이고, 나트륨이 칼륨보다 원자 번호가 더 작다.

① 같은 족에서 원자 번호가 클수록 이온화 에너지는 작아진다. 따라서 이온화 에너지는 나트륨이 더 큰 값을 갖는다.

② 같은 족 원소는 원자가 전자 수가 같다. 나트륨과 칼륨은 모두 1족 원소이므로 원자가 전자 수가 1개이다.

③ 나트륨은 3주기 1족 원소이고, 칼륨은 4주기 1족 원소이므로 전자 껍질 수는 칼륨이 더 많다.

④ 금속성은 같은 족에서 원자 번호가 클수록 속성이 더 크다.

⑤ 전자껍질 수가 더 많은 칼륨의 원자 반지름이 더 크다.

57 ⑤

해설 | 순차적 이온화 에너지가 급격히 증가하기 직전의 차수가 원자가 전자 수와 동일하다. 따라서 원자가 전자 수는 A는 3, B는 1, C는 2이다. 즉, A는 13족, B는 1족, C는 2족 원소이다.

ㄱ. 제1 이온화 에너지는 같은 주기일 때 원자 번호가 클수록 증가하므로 1족 원소인 B가 가장 작다.

ㄴ. 원자가 전자 수가 가장 많은 것은 A이다.

ㄷ. B의 전자 배치는 K(2)L(8)M(1)이므로 B의 제2 이온화 에너지는 L 전자껍질에서 전자를 떼어 낼 때 필요한 에너지이다.

58 (1) E (2) 붕소 : $1s^2 2s^2 2p^1$ (3) G(Na)

해설 | 2주기에서 이온화 에너지는 18족이 가장 크다. 따라서 F는 2주기 18족 원소인 Ne이다. 따라서 A ~ H 의 원소 기호는 다음과 같다.

A	B	C	D	E	F	G	H
붕소	탄소	질소	산소	플루오린	네온	나트륨	마그네슘
B	C	N	O	F	Ne	Na	Mg

원자 반지름은 전자껍질 수가 많은 3주기 원소가 2주기 원소 반지름보다 크며, 같은 주기인 나트륨과 마그네슘은 핵의 전하량이 적은 나트륨이 원자가 전자를 덜 잡아당겨 반지름이 더 크다.

59 ②

해설 | 고대에 처음으로 원자에 대해 언급한 사람은 데모크리토스이다. 데모크리토스는 더 이상 쪼개지지 않는 입자를 설명하는 입자설을 주장하였다.

60 ⑤

해설 | 데모크리토스는 최초로 입자설을 주장하였다.

① 탈레스 : 모든 물질의 근원은 물이다.

② 엠페도클레스 : 물질은 물, 불, 흙, 공기로 이루어져 있다.

③ 아리스토텔레스 : 물질의 본질은 물, 불, 흙, 공기이다.

④ 아리스토텔레스 : 물질은 없어질 때 까지 계속 쪼갤 수 있으며 자연은 진공을 싫어하므로 물질 속에는 빈 공간이 없다.

61 ㄴ - ㄱ - ㄹ - ㄷ

해설 | 탈레스(1원소설) → 아리스토텔레스(4원소 변환설) → 라부

아지에(원소설) → 아보가드로(분자설)

62 ②

해설 | 라부아지에는 금속의 연소 실험을 통해 화학 반응이 일어날 때, 반응하는 물질의 총 질량과 반응 후 생성되는 물질의 총 질량이 같다는 질량 보존 법칙을 발견하고 프로지스톤설을 부정하였다.

63 해설 참조

해설 | 아리스토텔레스의 연속설은 물질 속에 빈 공간이 없다는 주장이었고, 데모크리토스의 입자설은 입자 사이에 빈 공간이 존재한다는 주장이었다. 큰 입자 사이로 작은 입자가 끼어들어가기 때문이다.

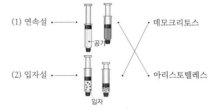

64 ⑤

해설 | 입자설의 증거 : 물 50 mL 와 에탄올 50 mL 를 섞으면 혼합 용액의 부피가 100 mL 보다 작다.

65 4원소설, 물은 산소와 수소로 분해되므로 물이 물질의 원소가 아님을 증명하였다.

해설 | 물 분해 실험-(라부아지에의 원소설[1789년])

 물은 산소와 수소로 분해되므로 물이 물질의 원소가 아님을 증명했다.
→ 아리스토텔레스의 4원소설이 옳지 않음을 실험적으로 증명하였다.

66 ④

해설 | 금속은 연소할 때 공중의 산소와 결합한다. 그러므로 같은 질량의 강철 솜을 연소시키면 질량이 증가한다. 이 실험으로 라부아지에는 슈탈의 프로지스톤설을 반박하였다.

67 ②

해설 | 사이다의 병마개를 따면 외부 압력이 줄어들어 기체의 용해도는 감소한다. 입자설과 관계없다.

68 ④

해설 | 산화 수은은 산소와 수은으로 이루어진 화합물이다.

69 ④

해설 | 더 이상 분해되지 않으며 물질을 이루는 기본 성분은 원소이다.

① 물 : H_2O → 수소 + 산소 로 분해된다.

② 설탕물 = 설탕 + 물 → 혼합물, 설탕은 수소, 탄소, 산소 등의 원소

들로 이루어져 있다.

③ 암모니아 : NH_3 → 질소 + 수소

⑤ 염화나트륨 : $NaCl$ → 나트륨 + 염소

70 ⑤

해설 | 반응 전 후에 들어 있는 원소를 확인하기 위해서는 불꽃 반응을 이용한다. 불꽃반응으로 색을 구별하기 어려운 경우는 선스펙트럼을 이용한다.

밀도, 질량, 색깔, 용해도는 화합물에 따라 바뀌는 성질이므로 성분 원소를 알 수 없다.

개념 심화 문제

정답   **90 ~ 105 쪽**

01 (해설 참조)

02 (1) (가) : 돌턴, (나) : 라부아지에, (다) : 원소, (라) : 원자
(2) 고대에는 원소를 물질을 이루는 기본 성분으로, 근대에는 원소를 실험적으로(화학적으로) 더 이상 분해되지 않고, 물질을 이루는 기본 성분으로 정의하고 있다.

03 (1) 수소, 산소   (2) 반응 전 철의 질량 < 반응 후 철의 질량, 철이 연소하면서 산소와 결합하였기 때문이다.
(3) '펑' 소리를 내며 탄다.   (4) (해설 참조)

04 ②   **05** (1) 꺼져 가는 성냥불이 다시 밝게 살아 난다.
(2) 가열 전의 광택이 없던 산화 은이 가열 후에는 광택이 생기는 것으로 보아 산화 은은 다른 물질로 바뀌었다.

06 ㄴ, ㅁ   **07** C, O, Ca
08 (가) Be, 베릴륨 (나) N, 질소 (다) Si, 규소 (라) Ar, 아르곤
09 ②, ⑤   **10** (1) Be > B (2) Na < K (3) F < Cl (4) O < S
11 ③   **12** (1) 눈으로 볼 수 없는 대상을 연구(설명)하기 위하여(원자의 크기가 너무 작아서 눈으로 볼 수 없기 때문에)
(2) (해설 참조)
13 ①   **14** ②
15 (1) A와 B , C와 D   (2) C   (3) D   (4) C
16 ① 18 ② 21 ③ 19   **17** ②
18 (1) 2가지, 79, 81 (2) 5가지   **19** ⑤   **20** ①
21 ②, ④, ⑥   **22** 6가지   **23** ④   **24** c
25 (해설 참조)   **26** ②   **27** ⑤
28 (1) 원자가 전자가 주기성을 나타내기 때문이다. (2) (해설 참조)
(3) Ne(네온)   **29** ①
30 (1) C_2A (2) C (3) B   **31** (1) A < B (2) (-)극 (3) A < D
32 (1) A : ②, B : ②, C : ③, D : ②, 이유 : (해설 참조)
(2) D, 이유 : (해설 참조)   **33** (1) $E_1 < E_2$ (2) $E_3 < E_4$
34 (1) A, C (2) D_2O_3 (3) 2648 kJ/mol   **35** ㄱ

01 (해설 참조)

해설 | 비눗방울을 한없이 크게 만들 수 있어야 한다. 아리스토텔레스의 연속설에 의하면 물질은 한없이 작게 쪼갤 수 있기 때문에 비눗방울의 막도 한없이 얇게 만들 수 있기 때문이다.

02 (1) (가) : 돌턴, (나) : 라부아지에, (다) : 원소, (라) : 원자
(2) 고대에는 원소를 물질을 이루는 기본 성분으로, 근대에는 원소를 실험적으로(화학적으로) 더 이상 분해되지 않고, 물질을 이루는 기본 성분으로 정의하고 있다.

해설 | (1) 근대에 처음 원소의 개념을 제시하였다.(1665년) 그 이후 1700년대에 라부아지에가 33종의 원소를 분류하였다.

03 (1) 수소, 산소   (2) 반응 전 철의 질량 < 반응 후 철의 질량, 철이 연소하면서 산소와 결합하였기 때문이다.
(3) '펑' 소리를 내며 탄다.   (4) (해설 참조)

해설 | (4) 아리스토텔레스는 '물'이 물질을 이루는 기본 성분 중 하나라고 주장하였지만 라부아지에의 실험을 통해 물이 수소와 산소로 나누어지면서 물이 물질을 이루는 기본 성분이 아님이 실험적으로 증명되었다.

· 뜨겁게 가열된 기다란 주철관으로 물이 통과할 때 물은 수소와 산소로 나누어진다.→ 이때의 산소와 주철관의 철이 결합하여 산화철이 된다(주철관의 질량 증가) → 수소 기체는 냉각기를 통과하면서 얻어진다.

· 이 실험은 근본적으로 아리스토텔레스의 4원소설을 부정하는 결과를 낳았다. 라부아지에의 실험에 의해 물이 산소와 수소로 나누어진다는 것은 물이 원소가 아닌 두 가지 이상의 물질로 결합된 화합물이라는 것이 증명된 것이다.

또한 연소 실험을 통해 연소 시 철의 질량이 증가한다는 사실을 발견함으로써, 당시 과학계를 지배하였던 프로지스톤설을 폐기시키는 결과를 낳기도 했다.

04 ②

해설 | 보일은 J자 관에 수은을 넣어 줄 때 공기의 부피가 줄어들며, 이것은 공기 입자와 공기 입자 사이가 빈 공간으로 이루어져 있기 때문이라고 밝혔다. 이것은 아리스토텔레스의 자연은 빈 공간을 싫어한다는 생각을 부정한 실험이며 물질이 더 이상 쪼갤 수 없는 알갱이로 되어 있음을 실험적으로 증명한 것이다.

05 (1) 꺼져 가는 성냥불이 다시 밝게 살아난다.
(2) 가열전의 광택이 없던 산화 은이 가열 후에는 광택이 생기는 것으로 보아 산화 은은 다른 물질로 바뀌었다.

해설 | (1) 산소는 꺼져 가는 성냥불을 다시 빛내는 성질을 가지고 있다. 산화 은은 가열 후 산소와 은으로 분해된다는 사실을 분자식으로 추리할 수 있다.(Ag : 은, O : 산소)
(2) 산화 은은 가열 후에 산소와 은으로 나뉘어진다. 은은 더 이상 나누어 지지 않는 원소이므로 가열 전과 후의 물질은 다른 물질이다.

06 ㄴ, ㅁ

해설 | 화합물은 나트륨과 염소가 포함된 염화 나트륨이다. 물질의

불꽃색은 금속 원소에 의해 결정되므로 나트륨 원소가 포함된 물질을 찾으면 된다.
ㄱ. 염화 구리 : 청록색　　　　　ㄴ. 염화 나트륨 :노란색
ㄷ. 염화 스트론튬 : 진한 빨간색　ㄹ. 황화 은 : 색이 없다
ㅁ. 질산 나트륨 : 노란색　　　　ㅂ. 염화 칼륨 : 보라색
ㅅ. 염화 칼슘 : 주황색

07 C, O, Ca

해설 ┃ HCl 과 반응시켰더니 CO_2 가 발생하였다. 따라서 조개껍질에는 C, O 성분이 들어 있고, (나) 실험을 통해 Ca이 들어 있음을 알 수 있다. (조개껍질은 C, O, Ca 을 포함한 화합물이다.)

반응식 : $CaCO_3 + 2HCl \longrightarrow CaCl_2 + H_2O + CO_2\uparrow$

화학 반응을 통해 이산화 탄소(석회수가 뿌옇게 되었다)가 발생하는 것을 알 수 있으며, 불꽃 반응색으로 칼슘 원소가 포함되어 있음을 알 수 있다.

08 (가) Be, 베릴륨　(나) N, 질소　(다) Si, 규소　(라) Ar, 아르곤

09 ②, ⑤

해설 ┃ ① 알칼리 금속은 불꽃 반응으로 구별할 수 있다.
알칼리 금속이 성분으로 들어있는 화합물은 대부분 물에 잘 녹고, 그 수용액은 무색이기 때문에 검출이 어렵다. 그러나 독특한 불꽃 반응 색을 나타내므로 불꽃 반응을 이용하여 알칼리 금속 원소를 확인할 수 있다.

원소	불꽃 반응색
Li	빨간색
Na	노란색
K	보라색
Rb	빨간색
Cs	파란색

② 아래로 내려갈수록 녹는점이 점점 낮아지므로 Rb의 녹는점은 Cs보다 높고 K보다 낮을 것이다.
③ 상온에서 알칼리 금속은 모두 고체 상태로 존재한다.
④ 알칼리 금속의 끓는점은 원자번호가 증가할수록 점점 낮아지는 경향성을 보인다.
⑤ 밀도가 1.6 g/cm³ 인 액체에 가라 앉는 것은 액체보다 밀도가 큰 Cs 뿐이다.

10 (1) Be > B (2) Na < K (3) F < Cl (4) O < S

해설 ┃

원자 반지름은 같은 주기에서 원자 번호가 커질수록 작아지고, 같은 족에서는 원자 번호가 커질수록 커진다.

11 ③

해설 ┃ 같은 주기에 있는 원자들의 전자 껍질의 수는 같으므로 핵전하가 증가할수록 원자 반지름은 감소한다. 핵전하는 양성자의 전하량이므로 원자 번호가 증가할수록 커진다.

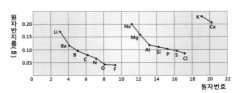

12 (1) 눈으로 볼 수 없는 대상을 연구(설명)하기 위하여(원자의 크기가 너무 작아서 눈으로 볼 수 없기 때문에)
(2) (해설 참조)

해설 ┃ (2)

원자 모형이 갖추어야 할 조건
• 원자 모형이 쉽게 쪼개지지 않아야 한다.
• 원자 모형은 원자의 종류마다 크기, 모양 등이 달라야 한다.
• 원자 모형으로 결합을 할 수 있고, 결합을 풀 수 있어야 한다.

13 ①

해설 ┃ 원자의 중심에 존재하는 A는 양성자 B는 중성자, C는 전자를 나타낸다.
② 모든 원자에서 양성자와 중성자의 질량은 거의 같으며 전자의 질량보다 약 1837배 크다.
③ 모든 원자에서 양성자는 (+) 전하를 띠고 중성자는 전하를 띠지 않으므로 양성자와 중성자의 전하를 합치면 양(+)의 값이다.
④ 질량수 = 양성자 수 + 중성자 수
⑤ 전자의 이동이 있어도 핵의 이동은 없으므로 양성자 수와 중성자 수는 변함이 없다.

14 ②

해설 ┃ 주어진 그래프의 A ~ F에 포함된 양성자수와 중성자수를 표로 정리하면 다음과 같다.

구분	A	B	C	D	E	F
양성자 수	1	2	5	5	6	7
중성자 수	1	1	6	7	6	7
질량수	2	3	11	12	12	14

① 중성 원자에서 양성자 수는 전자 수와 같으므로 F가 A보다 전자 수가 많다.
② D와 E의 질량수는 12로 같다.
③ E의 중성자 수 = 6, F의 중성자 수 = 7
④ E의 질량수는 12, B의 질량수는 3이므로 E는 B의 4배이다.
⑤ C와 D는 양성자 수가 같으므로 화학적 성질은 같다.

15 (1) A와 B , C와 D　(2) C　(3) D　(4) C

해설 ┃ (1) 양성자 수가 같고 (원자 번호가 같다) 중성자 수가 다른 A와 B, C와 D가 동위 원소 관계에 있다.
(2) 질량수 = 양성자 수 + 중성자 수
각 원자의 질량수 : A = 1, B = 3, C = 3, D = 4
(3) 양성자 수가 같으면 원자 번호가 같다.
(4) 화학적 성질이 같으려면 원자 번호, 즉 양성자 수가 같아야 한다.

동위 원소는 질량 수만 다르고 양성자 수가 같으므로 화학적 성질이 같다. (같은 종류의 원소이다.)

16 ① 18   ② 21   ③ 19

해설 | 중성 원자에서 원자 번호 = 양성자 수 = 전자 수,

질량수 = 양성자 수 + 중성자 수 이고,

동위 원소는 양성자 수는 같지만 중성자 수가 달라 질량수가 다른 원소이다.

① (가)와 (나)는 동위 원소이므로 양성자 수가 같다.

② (나)와 (다)는 질량수가 같다. (나)의 질량수가 18 + 22 = 40이므로 (다)의 중성자 수는 40 - 19 = 21이다.

③ (다)와 (라)의 원자 번호가 같으므로 양성자 수가 같다. 중성 원자에서 양성자 수 = 전자 수이므로 (라)의 전자 수는 19이다.

17 ②

해설 | 질소와 산소의 동위 원소의 질량비를 고려한 평균 원자량을 계산하면 다음과 같다.

구분	동위 원소	상대 원자량	존재 비율(%)	평균 원자량
질소	^{14}N	14.0	40	14.0 × 0.4 + 15.0 × 0.6 = 14.6
	^{15}N	15.0	60	
산소	^{16}O	16.0	40	16.0 × 0.4 + 17.0 × 0.6 = 16.6
	^{17}O	17.0	60	

ㄱ. 동위 원소는 원자 번호가 같으므로 중성 원자의 전자 수도 같다.

ㄴ. N의 평균 원자량이 14.6이므로 N_2의 평균 원자량은 14.6 × 2 = 29.2 이다.

ㄷ. 3종류 (30, 31, 32)의 NO 분자가 가능하다.

ㄹ. 각각의 동위 원소가 반응하여 생성할 수 있는 일산화 질소의 질량수는 다음 표와 같다.

O의 질량수 \ N의 질량수	14	15
16	30	31
17	31	32

18 (1) 2가지, 79, 81   (2) 5가지

해설 | (1) Br 원자 두 개가 결합된 Br_2의 가능한 분자량은 다음과 같이 얻어진다.

Br 질량수	79	81
79	79 + 79 = 158	79 + 81 = 160
81	81 + 79 = 160	81 + 81 = 162

분자량인 160인 Br_2 은 두 번 계산이 되므로 존재비가 두 배이다.

(2) HBr이 가질 수 있는 분자량은 다음 표와 같다.

Br의 질량수 \ H의 질량수	1	2	3
79	80	81	82
91	82	83	84

19 ⑤

해설 | ㄱ : 보어의 궤도 모형, ㄴ : 돌턴의 공모형, ㄷ : 톰슨의 푸딩 모형, ㄹ : 현대 원자 모형, ㅁ : 러더퍼드의 태양계 모형

구분	공 모형	푸딩 모형	태양계 모형	궤도 모형	오비탈
년도	1803	1897	1911	1913	1926

학자	돌턴	톰슨	러더퍼드	보어	(현대)
한계	원자보다 더 작은 입자 (원자핵,전자 등)가 발견 되었다.	α 입자 산란 실험 결과를 설명할 수 없다.	수소 원자의 선 스펙트럼을 설명할 수 없다.	전자 수가 많은 원자들의 선 스펙트럼을 설명할 수 없다.	-

⑤ 채드윅은 1932년에 중성자를 발견했다. ㅁ 모형은 1911년에 러더퍼드에 의해 제안된 태양계 모형이다.

20 ①

해설 | (가)는 마찰 등에 의해 물체의 표면에서 전자가 이동하여 전기적으로 중성이던 물체가 전하를 띠게 되는 정전기 유도 현상이다. 따라서 전자의 존재를 나타내는 ㄱ, ㄷ, ㄹ, ㅁ 모형으로 설명할 수 있다. (나)는 전자가 높은 에너지 상태에서 낮은 에너지 상태로 이동할 때 나타나는 현상으로, 현대 원자 모형만으로만 설명할 수 있다.

→ ㄱ(보어의 궤도 모형)으로는 수소 원자 이외의 원소의 선 스펙트럼을 설명할 수 없으므로 나트륨의 선 스펙트럼을 설명할 수 없다.

21 ②, ④, ⑥

해설 | α 입자(He^{2+})가 대부분 통과하는 것으로 보아 원자는 대부분 빈 공간으로 되어있다는 것을, 산란되는 입자가 매우 적은 것으로 보아 원자핵이 차지하는 공간이 매우 작다는 것을 알 수 있다. 또한 (+)전하를 띠는 α 입자가 원자핵에 부딪혀 산란되는 것으로 원자핵이 (+)전하를 가진다는 것을 알 수 있다.

22 6가지

해설 | 높은 에너지 상태(들뜬상태)에서 낮은 에너지 상태(바닥상태)로 전자가 이동할 때 에너지 차이 만큼을 빛의 형태로 방출한다.

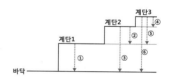

23 ④

해설 |

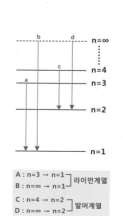

A : n=3 → n=1	라이먼계열
B : n=∞ → n=1	
C : n=4 → n=2	발머계열
D : n=∞ → n=2	

같은 계열인 경우 전자 전이 과정에서 뛰어넘는 전자 껍질의 수가 많을수록 더 큰 에너지가 방출된다.($E_b > E_a$, $E_d > E_c$)

계열별 방출 에너지의 크기는 라이먼 계열 > 발머 계열 > 파센 계열 순이다. ($E_a > E_d$)

ㄱ. 방출 에너지가 작은 발머 계열(c와 d) 중 E_c가 더 작으므로 a ~ d

의 과정에서 방출되는 에너지 중 E_c가 가장 작다.

ㄴ. c와 d는 발머 계열이므로 가시광선 영역에 속한다.

ㄷ. 에너지의 크기는 $E_b > E_a > E_d > E_c$ 순이다.

24 c

해설 | 파장이 길수록 에너지는 작으므로 전자가 궤도를 이동할 때 내놓는 에너지가 가장 작은 c의 파장이 제일 길다.

25 (해설 참조)

해설 | 전자껍질의 에너지 준위는 전자와 원자핵 사이의 전기적 인력에 의해 나타나게 된다. 수소 원자는 양성자 1개와 전자 1개로 이루어져 있기 때문에 양성자와 전자 사이의 전기적 인력에 의해 에너지 준위가 결정되지만 다전자 원자의 경우 전자들 사이의 전기적 반발력이 작용하기 때문에 주양자수가 같더라도 오비탈의 종류에 따라 에너지 준위가 달라진다.

26 ②

해설 |

원자	s 오비탈에 있는 전자 수	p 오비탈에 있는 전자 수	홀전자 수
(가)	5	6	a (1)
(나)	4	b (3)	3
(다)	3	c (0)	1

(가)는 바닥상태에서 p 오비탈에 전자가 6개 있으므로 3개의 2p 오비탈에 전자가 모두 쌍을 이루어 채워져 있다. 따라서 s 오비탈에 들어 있는 전자 중 홀전자가 존재한다. 즉, (가)의 전자 배치는 $1s^2 2s^2 2p^6 3s^1$이고, 홀전자 수는 1개이다.

(나)는 바닥상태에서 s 오비탈에 있는 전자가 4개이므로 s 오비탈에 전자가 모두 쌍을 이루어 채워져 있다. 따라서 홀전자는 모두 2p 오비탈에 존재한다. 따라서 (나)의 전자 배치는 $1s^2 2s^2 2p_x^1 2p_y^1 2p_z^1$이고, p 오비탈에 있는 전자 수는 3개이다.

(다)는 바닥상태에서 s 오비탈에 있는 전자가 3개이므로 $1s$ 오비탈에 전자 2개가 채워져 있고, $2s$ 오비탈에 전자 1개가 채워져 있는 것이다. 따라서 (다)의 전자 배치는 $1s^2 2s^1$이고, p 오비탈에는 전자가 없다.

27 ⑤

해설 | ㄱ. (가)에서 전자가 들어 있는 오비탈은 $1s$, $2s$, $2p_x$, $2p_y$, $2p_z$, $3s$이므로 총 6개이다.

ㄴ. (나)는 원자 번호가 7인 질소이고, (다)는 원자 번호가 3인 리튬이므로 모두 2주기 원소이다. 같은 주기에서는 원자 번호가 증가할수록 가려막기 효과가 커진다. 또한 같은 주기에서 원자 번호가 증가할수록 원자가 전자의 유효 핵전하가 증가한다. 따라서 원자 번호가 더 큰 (나)가 (다)보다 가려막기 효과와 원자가 전자의 유효 핵전하가 크다.

ㄷ. (가)와 (나)가 안정한 이온이 되면 두 이온의 바닥상태 전자 배치는 모두 $1s^2 2s^2 2p^6$이다.

28 (1) 원자가 전자가 주기성을 나타내기 때문이다.
(2) (해설 참조) (3) Ne(네온)

해설 | (1) 같은 족 원소들은 원자가 전자 수가 같고, 같은 주기 안에서 원자 번호가 증가할수록 원자가 전자 수가 증가한다. 즉, 원자의 원자가 전자 수가 주기성을 나타내기 때문에 원소의 주기율이 존

재한다.

(2) 최외각 전자는 바닥상태의 전자 배치에서 가장 바깥 껍질에 채워지는 전자를 말하고, 원자가 전자는 그 전자 중 화학 반응에 참여하는 전자를 말한다. 따라서 18족 비활성 기체의 경우 화학적 활성이 거의 없으므로 최외각 전자 수는 8개(헬륨은 2개)이지만 원자가 전자 수는 0개이다.

(3) 나트륨은 최외각 전자 한 개를 잃고, Na^+이 되어 네온(Ne)과 같은 전자 배치를 갖게 된다.

29 ①

해설 | O와 F는 2주기 비금속 원소이고, Na, Mg, Al은 3주기 금속 원소이다.

(가)는 O에서 Al로 갈수록 크기가 점점 감소한다. O, F, Na, Mg, Al의 안정한 이온은 모두 네온(Ne)과 같은 전자 배치를 갖는다. 따라서 이들의 안정한 이온은 등전자 이온이므로 원자 번호가 클수록 이온 반지름이 감소한다. 따라서 (가)는 이온 반지름을 나타낸 것이다.

(나)는 O에서 F로 갈 때 증가하고, Na에서 크게 감소한 후 Na에서 Al로 갈 때 다시 점차 증가한다. 유효 핵전하는 전자껍질 수가 많을수록, 핵전하량이 작을수록 작다. 따라서 (나)는 유효 핵전하를 나타낸 것이다.

(다)는 O에서 F로 갈 때 감소하고, Na에서 크게 증가한 후 Na에서 Al로 갈 때 다시 점차 감소한다. 원자 반지름은 전자껍질 수가 많을수록 크고, 전자껍질 수가 같을 때는 원자가 전자의 유효 핵전하가 작을수록 크다. 따라서 (다)는 원자 반지름을 나타낸 것이다.

30 (1) C_2A (2) C (3) B

해설 | (1) A가 전자를 2개 얻으면 A^{2-}, C가 전자를 1개 잃으면 C^+이다. 따라서 화학식은 C_2A이다.
(2) Na은 1족에 속하므로 전자를 1개 잃기 쉽다. 따라서 나트륨은 C에 해당한다.
(3) 같은 주기에서 이온화 에너지는 오른쪽으로 갈수록 대체로 증가하며 1족 < 2족 < 16족 < 17족 순이다. 따라서 이온화 에너지는 B가 가장 크다.

31 (1) A < B (2) (-)극 (3) A < D

해설 | A는 원자와 이온의 전자 차이가 1개이므로 이온이 되면 전자를 1개 잃으므로 A^+이 된다.

원자	A	B	C	D
원자 번호	3	8	13	9
전자껍질 수	2	2	3	2
이온	A^+	B^{2-}	C^{3+}	D^-

(1) A와 B는 같은 주기이므로 핵전하량이 크고 음이온이 되기 쉬운 B가 이온화 에너지가 더 크다.
(2) C가 이온이 되면 C^{3+}되므로 수용액에서 (-)극쪽으로 이동한다.
(3) A와 D는 같은 주기이고, 1족인 A보다 17족인 D가 음이온이 되기 쉬우므로 전자 친화도는 D가 더 크다.

32 (1) A : ㉢, B : ㉡, C : ㉠, D : ㉣, 이유 : (해설 참조)
(2) D, 이유 : (해설 참조)

해설 | (1) 전자 배치에서 ㉠은 2주기 18족 원소이고, ㉡은 2주기

16족 원소, ⓒ은 2주기 15족 원소, ㉣은 3주기 1족 원소이다. 이온화 에너지는 주기율표에서 오른쪽 위에 있는 원소일수록 크므로 3주기 1족 원소인 ㉣은 이온화 에너지가 가장 작은 D이다. 16족인 ⓒ은 p 오비탈에서 쌍을 이룬 전자 사이에 반발력이 작용하여 홀전자만 있는 15족 원소보다 전자를 떼어 내기 쉬우므로 15족인 ⓒ보다 이온화 에너지가 작다. 따라서 이온화 에너지 크기는 ㉣ < ⓒ < ⓒ < ㉠ 이고, 그래프 (가)에서 이온화 에너지가 D < B < A < C이므로 A는 ⓒ, B는 ⓒ, C는 ㉠, D는 ㉣이다.

(2) 제2 이온화 에너지가 가장 큰 것은 원자가 전자 1개인 1족 원소 D이다. D의 제2 이온화 에너지는 원자가 전자 1개를 떼어 내고 안쪽 전자껍질에 있는 전자 1개를 떼어낼 때의 이온화 에너지이므로 순차적 이온화 에너지가 급격하게 증가하기 때문이다.

33 (1) $E_1 < E_2$ (2) $E_3 < E_4$

해설 | (1) E_1과 E_2는 이온화 에너지이며, 이온화 에너지는 전자를 떼어낼 때 필요한 에너지로 같은 주기에서 원자 번호가 증가할수록 대체로 커지므로 같은 주기에서 1족보다 17족의 이온화 에너지가 더 크다.

(2) E_3와 E_4는 전자 친화도이며, 전자 친화도는 원자 1몰이 전자 1몰을 얻어 음이온이 될 때 방출하는 에너지로 16족보다 17족의 원소가 음이온이 잘 되며, 방출하는 에너지가 더 크므로, 전자 친화도가 더 크다.

34 (1) A, C   (2) D_2O_3 (3) 2648 kJ/mol

해설 | (1) A는 제2 이온화 에너지와 제3 이온화 에너지 사이에 급격한 이온화 에너지의 증가가 있으므로 원자가 전자 수가 2개이다. A : 2족, B : 1족, C : 2족, D : 13족 따라서 A와 C가 같은 족이다.

원소	순차적 이온화 에너지(kJ/몰)			
	E_1	E_2	E_3	E_4
A	897	1751	14800	20939
B	494	4549	6899	9512
C	735	1446	7709	10515
D	575	1810	2736	10578

4배 이상 큰 차이 : 원자가 전자 수 : 2개

A보다 C의 이온화 에너지 작으므로 A : 2주기 , C : 3주기

(2) D는 13족 원소이므로 D_2O_3이다.

(3) A 원자는 안정한 이온이 되기 위해서는 전자를 2개 잃어야 한다. 따라서 1몰의 A원자를 안정한 A^{2+}으로 만들기 위해서는 897 kJ + 1751 kJ = 2648 kJ 의 에너지가 필요하다.

35 ㄱ

해설 | ㄱ. A와 C는 제 1이온화 에너지와 제2 이온화 에너지 사이에 큰 이온화 에너지 차이가 있으므로 1족이다.

ㄴ. A는 1족이므로 안정한 이온이 되려면 제1 이온화 에너지 만큼의 에너지가 필요하다. 7305 kJ/mol 은 제2 이온화 에너지이다.

ㄷ. A, B는 같은 주기이며 전자껍질 수가 같다. B는 A보다 양성자 수가 1개 더 많아 유효 핵전하량이 더 크다.

B의 $E_1 < E_2$ 이며 B의 E_2가 A의 E_1보다 더 큰 이유는 핵전하량이 더 커서 핵과 전자 사이의 인력이 B가 더 크기 때문이다.

VI. 원소의 주기성과 화학 결합 (2)

개념 보기

Q10 옥텟 규칙	Q11 이온 결합
Q12 104.5°, 굽은 형	Q13 NH_3

개념 확인 문제

정답			112 ~ 116 쪽
71 (해설 참조)	**72** ③	**73** ②	**74** ③
75 ①	**76** ④, ⑤	**77** ②	**78** ③
79 ②	**80** ⑤	**81** ②	**82** ①
83 (1) X (2) O (3) X		**84** ③	**85** ①
86 ⑤	**87** ⑤		
88 A : CH_4 , B : H_2O , C : CH_2Cl_2 , D : CO_2			**89** ③
90 ③	**91** ①	**92** ④	**93** ④
94 ④	**95** ③	**96** ①	
97 ㄱ, ㄴ	**98** ⑤	**99** ⑤	

71

원자 번호	원소 기호	최외각 전자 수	원자 번호	원소 기호	최외각 전자 수
1	H	1	6	C	4
2	He	2	7	N	5
3	Li	1	8	O	6
4	Be	2	9	F	7
5	B	3	10	Ne	8

해설 | 최외각 전자 : 전자 배치에서 가장 바깥쪽에 배치된 전자

72 ③

해설 | 루이스 전자점식은 원소 기호의 상하좌우에 최외각 전자를 점으로 찍어 나타낸 것이다.

번호	원소 기호	최외각 전자 수	루이스 전자 점식
①	Be	2	Be
②	B	3	B
④	O	6	O
⑤	F	7	F

73 ②

해설 | 문제의 그림은 수소 원자와 플루오린 원자가 공유 결합하는 과정을 나타낸 것이다.

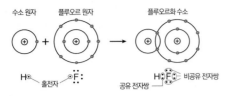

수소 원자   플루오르 원자   플루오르화 수소

H⊙   홀전자   ⊙F:

H⊙F: 비공유 전자쌍   공유 전자쌍

① 루이스 전자점식에서 짝짓지 않는 전자가 홀전자이므로 결합 전 플루오린 원자의 홀전자 수는 1개이다.

③ 공유 결합은 단단하여 화학 반응 시에만 깨진다.

④ 전자가 각각 하나씩 결합하므로 단일 결합이다.

⑤ 위 그림은 공유 결합을 형성하는 과정을 나타낸 것이다.

74 ③

해설 | ① N_2 : 3중 결합

② NH_3(암모니아) : 단일 결합 3개

④ CO_2 : C와 O 사이에 2쌍의 공유 결합으로 구성된 2중 결합이다.

⑤ HCN(사이안화 수소) : 단일 결합 1개, 3중 결합 1개

③에서 C의 주위에 10개의 전자가 있으므로 잘못된 것이다. 옳게 고치면 다음과 같다.

$$H : \overset{\displaystyle ..}{\underset{\displaystyle H}{C}} :: \overset{..}{\underset{..}{O}} :$$

75 ①

해설 | 그림은 이온 결합으로 양이온과 음이온 사이의 정전기적 인력에 의한 결합이다.

이온 결합은 물에 잘 녹으나 외부에서 힘이 가해지면 반발력이 작용하여 잘 깨진다.

②, ⑤ 공유 결합은 두 원자가 전자쌍을 공유함으로써 형성되며, 다중 결합이 존재한다.

③, ④ 금속 결합은 이온과 자유 전자의 정전기적 인력에 의한 결합이므로 외부에서 힘이 가해져도 잘 깨지지 않는 강한 결합을 형성한다.

76 ④, ⑤

해설 | 그림에 제시된 입자의 전자는 18개로 보기 가운데 안정한 이온이 되었을때 전자의 개수가 18개인 원소가 답이다.

① Na^+ : 전자 10개   ② Mg^{2+} : 전자 12개   ③ Al^{3+} : 전자 13개

④ S^{2-} : 전자 18개   ⑤ K^+ : 전자 18개

77 ②

해설 | ① 이온 결합 물질 중에서도 앙금은 물에 잘 녹지 않는다.

③ 이온 결합 물질은 고체 상태에서 양이온과 음이온이 강하게 결합하고 있어 전기 전도성을 갖지 않는다.

④ 이온 결합은 매우 단단하지만 외부에서 힘이 가해지면 이온들 사이의 상대적인 위치가 바뀌면서 반발력이 작용하게 되므로 잘 부서진다.

⑤ 이온 결합 물질의 녹는점은 이온 사이의 거리뿐만 아니라 이온의 전하량도 영향을 미친다.

78 ③

해설 | A^{3-} 과 B^{2+} 의 전자가 10개 이므로 A는 $_7N$, B는 $_{12}Mg$이다.

ㄱ. A는 2주기, B는 3주기 원소이다.

ㄴ. A는 B보다 전자 껍질 수가 적어 반지름이 작다.

79 ②

해설 | ① $:\overset{..}{O}=\overset{..}{O}:$ ② $\overset{\displaystyle :\overset{..}{F}:}{\underset{\displaystyle :\overset{..}{F}: \quad :\overset{..}{F}:}{B}}$ ③ $:\overset{..}{O}=C=\overset{..}{O}:$

4개   9개   4개

④ $H-\underset{\displaystyle |}{\underset{\displaystyle H}{N}}-H$ ⑤ $\overset{\displaystyle H}{\underset{\displaystyle H}{C}}=\overset{\displaystyle H}{\underset{\displaystyle H}{C}}$

1개   없음

80 ⑤

해설 |

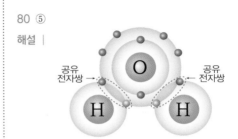

공유 전자쌍   O   공유 전자쌍   H   H

ㄱ. 물 분자의 공유 전자쌍은 2쌍이다.

ㄴ. 물 분자에서 산소 주위에 8개의 전자가 존재하므로 옥텟 규칙을 만족한다.

ㄷ. 물 분자에서 수소 원자의 전자 배치는 같은 주기의 비활성 기체인 헬륨의 전자 배치와 같다.

81 ②

해설 | A : $_3Li$, B : $_5B$, C : $_6C$, D : $_8O$, E : $_9F$

ㄱ. A는 금속 원소인 $_3Li$, D는 비금속 원소인 $_8O$이므로 A와 D는 이온 결합을 한다.

ㄴ. $_5B$는 원자가 전자 수가 3개이고, $_9F$은 7개이므로 B : F = 1 : 3 으로 공유 결합하여 $BF_3(BE_3)$가 될 수 있다.

ㄷ. 비공유 전자쌍의 수는 CO_2가 4쌍, F_2이 6쌍이므로, CD_2보다 E_2가 더 많다.

$:\overset{..}{O}=C=\overset{..}{O}:$ $:\overset{..}{\underset{..}{F}}-\overset{..}{\underset{..}{F}}:$

82 ①

해설 | ① 공유 결합 물질 중에서도 홑원소 물질이 존재한다.

② 흑연은 공유 결합으로 이루어진 원자 결정이지만 탄소 원자 1개가 이웃한 탄소 원자 3개와 육각형을 이루면서 공유 결합하기 때문에 4개의 원자가 전자 중 3개는 이웃한 탄소와 공유 결합하고, 나머지 1개의 전자가 탄소 원자로 이루어진 육각형 판 위를 자유롭게 이동할 수 있게 되어 예외적으로 고체 상태에서 전기 전도성을 갖는다.

③ 분자 결정은 분자 사이의 인력이 약하기 때문에 외부에서 힘을 가하면 부서지기 쉽다.

④ 공유 결합 물질의 전자는 일반적으로 원자 사이에 공유되어 있거나 원자핵에 강하게 결합되어 있어 이동할 수 없으므로 고체 상태와 액체 상태에서 모두 전기 전도성을 갖지 않는다.

⑤ 공유 결합 물질은 분자 결정(드라이아이스, 얼음 등), 원자 결정(다이아몬드, 흑연 등)으로 나눌 수 있다.

83 (1) X (2) O (3) X

해설 | (1) 분자의 골격 구조는 실험을 통해서만 알 수 있기 때문에 화학식으로부터 골격을 정확하게 결정할 수 없다.
(2) H는 원자가 전자가 1개 이므로 중심 원자가 될 수 없다.
(3) 구조식은 공유 전자쌍을 선으로 나타낸 식으로 비공유 전자쌍은 점으로 표시하거나 생략한다.

84 ③

해설 | ㄱ. 물질 X는 금속 양이온과 자유 전자가 결합하고 있는 금속이므로 힘을 받아 금속 양이온의 위치가 바뀌어도 자유 전자가 이동하여 금속 결합은 그대로 유지되므로 부서지거나, 쪼개지지 않고 모양만 바뀐다.
ㄴ. MgO는 이온 결합 물질이므로 금속 결합으로 이루어진 물질 X와는 다른 종류의 화학 결합을 갖는다.
ㄷ. 물질 X에 전압을 걸어주면 (-)전하를 띤 자유 전자들이 (+)극 쪽으로 이동하여 전류가 흐른다.

85 ①

해설 | (가)는 CH_3Cl, (나)는 BF_3, (다)는 NF_3이다.
①, ② (가)에서 중심 원자인 C에는 비공유 전자쌍이 존재하지 않고, 4쌍의 공유 결합(단일 결합)이 존재하므로 사면체 형의 구조를 갖는다. 그러나 Cl의 원자 반지름은 H의 원자 반지름 보다 크므로 CH_3Cl에서 C-Cl 결합은 C-H 결합보다 결합 길이가 길다. 따라서 CH_3Cl은 결합 길이가 더 긴 사면체형의 구조를 갖는다. 따라서 정사면체 구조이고 모든 결합 길이와 결합각이 동일한 CH_4과 결합각이 다르다.
③, ④, ⑤ (나)와 (다)에서 중심 원자의 공유 전자쌍의 수는 모두 3개이다. 그러나 중심 원자에 비공유 전자쌍을 가지지 않는 (나)는 평면 정삼각형, 중심 원자에 비공유 전자쌍을 한 개 가지는 (다)는 삼각뿔형의 구조를 갖는다. 따라서 (나)는 평면 구조, (다)는 입체 구조이다.

86 ⑤

해설 | 각 물질들의 구조와 결합각은 다음과 같다.

물질	BF_3	NF_3	CH_4
구조식 & 결합각	$F-B(_{120°})F$ ... F	$F-N-F$ 약 107° F	$H-C-H$ 약 109.5° H H
중심 원자에 대한 구조	평면 삼각형	삼각뿔형	정사면체형

① NF_3는 삼각뿔형이며 입체 구조를 갖는다.
② NF_3는 삼각뿔형이며 CH_4은 정사면체이다.
③ BF_3는 평면 삼각형 구조이므로 결합각이 NF_3의 결합각보다 더 크다.
④ BF_3의 비공유 전자쌍의 수는 9개, NF_3의 비공유 전자쌍의 수는 10개로 그 수가 다르다.
⑤ NF_3에서 중심 원자의 전자쌍은 4쌍이므로 사면체 구조로 배치된다.

87 ⑤

해설 | ① 입체 수가 4인 분자의 모양은 중심 원자의 비공유 전자쌍의 수와 중심 원자에 결합한 원자의 종류에 따라 정사면체형, 사면체형, 삼각뿔형, 굽은형의 구조를 가질 수 있다.

②, ⑤ 비공유 전자쌍은 공유 전자쌍과 달리 하나의 핵이 전자쌍을 끌어당기고 있어 공유 전자쌍에 비해 중심 원자의 핵에 가까이 있고, 더 넓은 공간을 차지한다.
③ 중심 원자 주변에 존재하는 전자단의 수를 입체 수라고 한다.
④ 공유 전자쌍 사이의 반발력보다 비공유 전자쌍 사이의 반발력이 더 크다.

88 A : CH_4, B : H_2O, C : CH_2Cl_2, D : CO_2

해설 |

물질	H_2O	CO_2	CH_2Cl_2	CH_4
구조식	$H-O:$ 〰 H	$:O=C=O:$	Cl $H-C-Cl$ H	H $H-C-H$ H
모양	굽은 형 (평면 구조)	직선형 (평면 구조)	사면체형 (입체 구조)	정사면체형 (입체 구조)
분자의 극성	극성	무극성	극성	무극성

89 ③

해설 | 대전체와 인력이 작용하는 액체 X는 극성 물질, 대전체와 인력이 작용하지 않는 액체 Y는 무극성 물질이다.
① 극성 분자는 대전체의 전하에 따라 대전체와 인력이 작용하는 방향으로 회전하기 때문에 대전체의 전하와 관계없이 대전체와 항상 인력이 작용한다. 따라서 액체 X에 (+) 대전체를 가까이 하면 인력이 작용할 것이다.
② X는 극성 분자이므로 쌍극자 모멘트의 합이 0이 아니다.
③ $CCl_4(l)$는 무극성 분자이므로 액체 Y와 같은 실험 결과가 나타난다.
④ 기체 Y는 무극성 분자이므로 전기장 내에서 일정한 방향성을 갖지 않고 불규칙적으로 배열된다.
⑤ 액체 X는 극성 분자, 액체 Y는 무극성 분자이므로 잘 섞이지 않는다.

90 ③

해설 | A : $_{11}Na$ B : $_{15}P$ C : $_{16}S$ D : $_{17}Cl$
ㄱ. A는 금속 원소이므로 비금속 원소인 수소 원자와 이온 결합한다.(NaH) B ~ D는 모두 비금속 원소이므로 수소 원자와 공유 결합한다.
ㄴ. A_2C(Na_2O)와 AD(NaCl)는 모두 이온 결합 물질이다.
ㄷ. CD_2(SCl_2)는 S와 Cl의 극성 공유 결합만으로 이루어진 물질이다.

91 ①

해설 | (가) BH_3 (나) NH_3 (다) H_2O (라) HF,
A : $_5B$ B : $_7N$ C : $_8O$ D : $_9F$

물질	BH_3	NH_3	H_2O	HF
구조식	H $B(_{120°})$ H H	$H-N-H$ 107° H	$H-O:$ 104.5° H	$H-F:$
모양	평면 정삼각형 (평면 삼각형)	삼각뿔형	굽은 형	직선형

ㄱ. BH_3는 평면 정삼각형 구조를 가지므로 결합각은 120°, NH_3는 삼

각뿔형 구조를 가지므로 결합각은 107°이다.

ㄴ. H_2O는 굽은 형 구조를 가진 물질로 쌍극자 모멘트의 합이 0보다 큰 극성 분자이다.

ㄷ. BH_3는 무극성 분자이고, NH_3, H_2O, HF는 극성 분자이다.

92 ④

해설 | 각 원자의 전기 음성도는 다음과 같다.

$_8O : 3.5$ $_7N : 3.0$ $_6C : 2.5$ $_1H : 2.1$

(가) CH_4 (나) NH_3 (다) H_2O

ㄱ. (가)는 C와 H 사이의 극성 공유 결합으로만 이루어진 물질이다.

ㄴ. 결합을 형성하는 두 원자 사이의 전기 음성도 차이가 클수록 결합의 극성은 커지므로 (다) 공유 결합의 극성이 더 크다.

ㄷ. (가)는 CH_4으로 완벽하게 대칭인 정사면체 구조를 가지기 때문에 결합의 쌍극자 모멘트의 합이 0인 무극성 물질이다.

93 ④

해설 | HCHO와 C_2H_6의 분자량은 모두 30이다.

 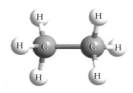

▲ 폼알데하이드 ▲ 에테인

폼알데하이드는 극성 분자, 에테인은 완전 대칭 구조를 갖는 무극성 분자이다. 분자량이 비슷하다면 일반적으로 극성 분자의 끓는점이 무극성 분자의 끓는점 보다 높으므로 폼알데하이드와 에테인의 특성은 다음과 같이 비교할 수 있다.

① 끓는점 : 폼알데하이드 > 에테인

② 분자량 : 폼알데하이드 = 에테인

③ 결합각 : 폼알데하이드(약 120°) > 에테인(약 109.5°)

④ 녹는점 : 폼알데하이드 > 에테인

⑤ 물에 대한 용해도 : 폼알데하이드 > 에테인

94 ④

해설 | 탄소 원자는 대부분 공유 결합을 하여 분자를 만들 수 있다. 탄소 원자는 최대 4개의 공유 결합을 형성하므로 매우 다양한 화합물을 만들 수 있다.

95 ③

해설 | ㄱ. 탄소 화합물은 대부분 극성이 매우 작고, 분자 사이의 인력이 약해 녹는점과 끓는점이 낮다.

ㄴ. 같은 족의 다른 원소들보다 크기가 작아 공유 결합 길이가 짧고, 안정한 탄소-탄소 결합이 가능하다.

ㄷ. 탄소 원자가 기본 골격을 이루고 수소, 산소, 질소 등의 여러 종류

의 원자가 결합한 화합물을 말한다.

96 ①

해설 | 하나의 탄소 원자에 최대 4개의 원자가 결합할 수 있고, 다른 여러 종류의 원자들과 안정한 공유 결합을 형성하므로 다양한 탄소 화합물이 만들어질 수 있다.

97 ㄱ, ㄴ

해설 | 메테인이 연소하면 이산화 탄소와 물을 생성하므로 공해 물질은 거의 발생하지 않지만, 발생한 이산화 탄소가 지구 온난화를 일으키는 문제가 있다.

98 ⑤

해설 | 각 특징에 해당하는 탄소 화합물은 ① 메테인(CH_4), ② 에탄올(C_2H_5OH), ③ 폼알데하이드(HCHO), ④ 아세트산(CH_3COOH), ⑤ 아세톤(CH_3COCH_3)이다.

99 ⑤

해설 | 가연성이란 물질의 타기 쉬운 성질을 의미한다. 에탄올은 곡물을 발효시키는 과정에서 얻을 수 있다. 에탄올은 세균의 단백질을 응고시키므로 소독·살균 작용을 한다.

개념 심화 문제

정답		117 ~ 122쪽

36 (1) (해설 참조) (2) ㄴ **37** ② **38** ②

39 ① **40** ① **41** ⑤ **42** ④ **43** ③

44 α : 약 109.5°, β : 약 120°, γ : 약 107°

45 ④ **46** ㄱ, ㄴ, ㄷ, ㄹ

47 아세트산, $H-\overset{H}{\underset{H}{C}}-\overset{O}{C}<^{O}_{O-H}$

48 ② **49** C_3H_6, $\overset{H}{\underset{H}{C}}=C-\overset{H}{\underset{H}{C}}-H$

36 (1) 해설 참조 (2) ㄴ

해설 |

분자	ㄱ. H_2	ㄴ. CO_2	ㄷ. H_2O	ㄹ. HF	ㅁ. CH_4
루이스 전자점식	H:H	:Ö::C::Ö:	H:Ö:H	H:F:	H:C:H (H 위아래)
공유 전자쌍 개수	1	4	2	1	4
비공유 전자쌍 개수	0	4	2	3	0

37 ②

해설 | 금은 금속 결합 물질이므로 외부에서 압력을 가하여 얇게 펼 수 있다. 금속에 힘을 가하여 원자의 위치가 바뀌어도 자유 전자가

이동하여 결합을 유지하므로 모양은 변형되지만 부스러지지 않는다.

ㄱ. 금 조각에 힘을 가해도 질량과 부피는 변하지 않는다.

ㄷ. 자유 전자가 이동할 뿐 자유 전자의 수는 변하지 않는다.

38 ②

해설 | ㄱ. 이온 사이의 결합이 강할수록 녹는점은 증가한다.

(1) 이온 전하량이 같을 때 : 이온 간 거리가 가까울수록 이온 사이의 결합이 강하다.

(2) 이온 간 거리가 비슷할 때 : 이온 전하량의 곱이 클수록 이온 사이의 결합이 강하다.

화합물	NaF	NaCl	CaO	BaO
이온 전하량의 곱	(+1) × (−1) = −1	(+1) × (−1) = −1	(+2) × (−2) = −4	(+2) × (−2) = −4
이온간 거리(nm)	0.230	0.278	0.239	0.275
녹는점(℃)	870	801	2572	( )

ㄴ. BaO은 이온 간의 거리가 비슷한 NaCl보다 전하량의 곱이 크므로 녹는점이 높고, 전하량의 곱이 같은 CaO보다 이온 사이의 거리가 멀기 때문에 CaO보다 녹는점이 낮다.

ㄷ. 이온 간의 거리가 가까울수록 이온 사이의 결합을 끊는데 필요한 에너지가 커진다.

39 ①

해설 | 이온 결정은 이온 결합력이 클수록 녹는점이 높은데, 이온 결합력은 이온의 전하량 곱이 클수록 이온 사이의 거리가 가까울수록 크다. 전하량의 크기와 녹는점 사이의 관계를 알아보려면 이온 사이의 거리가 비슷하면서 전하량이 다른 화합물인 LiF 과 MgO 을 비교하거나 LiCl 과 CaO 를 비교해야 한다.

40 ①

해설 | 이온이 액체 상태가 되려면 녹는점 이상의 온도로 올라가야 한다. 염화 나트륨의 녹는점은 800 ℃ 이므로 이 온도보다 낮을 때는 전기 전도도가 0에 가깝지만, 액체가 되면서 전기 전도도는 커진다.

41 ⑤

해설 | H, C, O 중 공유 결합 후 비공유 전자쌍을 갖는 원소는 O 이므로 (가)에는 2개의 O, (나)에는 1개의 O가 포함되었다고 추론할 수 있다. 따라서 (가)는 H_2O_2, (나)는 HCHO이다.

$$H - \overset{..}{\underset{..}{O}} - \overset{..}{\underset{..}{O}} - H \qquad \overset{\overset{:O:}{\|}}{\underset{H}{\overset{|}{C}}} H$$

ㄱ. H_2O_2에는 공유 전자쌍이 3쌍이다.

ㄴ. HCHO에는 2중 결합이 있다.

ㄷ. HCHO의 중심 원자는 C이며, (가)가 X, Y로 이루어졌으므로, Z는 C이다.

42 ④

해설 | 힘을 가했을 때 잘 부서지는 물질 : 분자 결정, 이온 결정, 흑연
액체 상태에서 전기 전도성을 갖는 물질 : 이온 결정, 금속 결정

고체 상태에서 전기 전도성을 갖는 물질 : 금속 결정, 흑연

A : 이온 결정, B : 분자 결정, C : 금속 결정, D : 원자 결정(흑연 제외)

43 ③

해설 |

물질	(가) N_2F_2	(나) C_2H_2
구조식	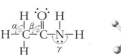	H−C≡C−H

ㄱ. (가)는 중심 원자인 N를 중심으로 삼각뿔형의 구조를 갖는다.

ㄴ. (나)에서 C의 원자가 전자는 4이다.

ㄷ. (나)는 직선형 구조이므로 평면 구조이다.

44 α : 약 109.5˚, β : 약 120˚, γ : 약 107˚

해설 | 아세트 아마이드의 루이스 구조식은 다음과 같다.

또한 아세트 아마이드의 중심 원자는 모두 3개로 각 중심 원자에 대한 구조는 다음과 같다.

중심 원자	①C	②C	N
분자 모양	사면체형	평면 삼각형	삼각뿔형

②C를 중심으로 비공유 전자쌍 없이 세 방향으로 결합하고 있으므로 β는 약 120˚이다.

45 ④

해설 | ① A는 HCHO 이므로 분자의 모양은 평면 삼각형이다.

② B는 $CH_2 = CH_2$ 이므로 2중 결합이 있다.

③ C는 CCl_4 이고, E는 $CHCl_3$ 이므로 중심 원자는 탄소이다. 입체수가 3이하는 평면 구조이다.(평면 삼각형, 굽은 형) $CHCl_3$ 는 H와 Cl의 전기 음성도가 다르기 때문에 대칭 구조가 될 수 없고, 쌍극자 모멘트 합이 0이 될 수 없어 극성 분자이다. CCl_4 는 C에 4개의 Cl 원자가 결합하고 있어 대칭 구조이고, 쌍극자 모멘트 합이 0이므로 무극성 분자이다.

④ 중심 원자에 비공유 전자쌍이 있는 분자는 NH_3 이므로 D이다.

⑤ A와 D는 극성 분자이므로 물 줄기에 대전체를 가까이 하면 끌린다.

46 ㄱ, ㄴ, ㄷ, ㄹ

해설 | ㄱ. C와 H는 전기 음성도가 다르기 때문에 극성 공유 결합을 하고 있고, 전체적으로 대칭을 이루고 있어 쌍극자 모멘트 합이 0 이므로 무극성 분자이다. 따라서 (가)는 극성 공유 결합한 무극성 분자이다.

ㄴ. (나)는 중심 원자에 비공유 전자쌍이 없고, 입체수가 3 이하이므로 평면 삼각형 구조이다.

ㄷ. (다)는 쌍극자 모멘트의 합이 0이 아니기 때문에 극성 분자이다.

ㄹ. 모두 원자 사이에는 공유 결합을 하고 있으므로 원자 사이의 결합이 강해 화학적으로 안정하다.

47 아세트산,

H H O
H-C-C-O-H
H

해설 │ 분자식이 $C_2H_4O_2$ 이고, 에탄올의 산화 반응으로 생성되면, 식초, 플라스틱, 합성 섬유, 의약품의 원료로 이용되는 탄소 화합물은 아세트산(CH_3COOH)이다.

48 ②

해설 │ 메탄올(CH_3OH)을 넣어 산화 구리(CuO)로 산화시키면 산화시키면 폼알데하이드($HCHO$)가 생성된다.

$$CH_3OH + CuO \longrightarrow Cu + H_2O + HCHO$$

49 C_3H_6,

H H H
H-C=C-C-H
H H

해설 │ 화합물 A는 86.1 ℃(359.1K) 이상에서 이상 기체이므로 이 온도에서 이상 기체 상태 방정식 $PV = nRT = \dfrac{w}{M}RT$ 로 분자량을 먼저 구한다.

$$PV = nRT = \frac{w}{M}RT, \quad M = \frac{wRT}{PV} = \frac{1 \times 0.08 \times 359.1}{1 \times 0.684} = 42$$

화합물 A는 1개의 2중 결합을 가지고 나머지는 단일 결합으로 이루어져 있으므로 에텐(C_nH_{2n})이다. 분자량이 42인 에텐은 $14n = 42$, $n = 3$ 이므로 분자식은 C_3H_6 (프로펜)이고, 구조식은 다음과 같다.

H H H
H-C=C-C-H
H H

❌ 창의력을 키우는 문제

123 ~ 137쪽

01. 추리 단답형

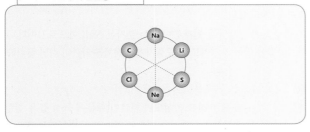

해설 │ · 불꽃 반응색이 노란색인 원소는 비활성 기체의 맞은 편에 있다. → Na-----Ne
· 알칼리 금속인 원소들은 바로 옆에 있다. → Na, Li
· 할로젠족 원소와 산소족 원소는 각각 비활성 기체 바로 옆에 있다.
  → Cl-Ne-S
· 수돗물이나 수영장의 소독약으로 사용되는 물질의 성분을 이루는 원소는 다이아몬드의 성분 원소와 비활성 기체 바로 옆에 있다.
  → C-Cl, Cl-Ne

02. 추리 단답형

톰슨

해설 │

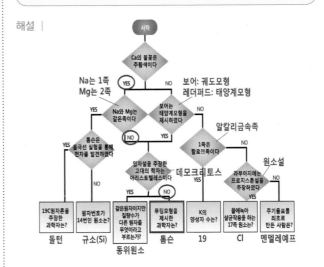

03. 단계적 문제 해결력

(1) 화학 반응 시 열에너지가 방출될 경우 반응 전에 비하여 반응 후의 질량이 감소하며, 열에너지를 흡수할 경우 질량은 증가한다.
(2) 질량 보존 법칙, 라부아지에
(3) 열이 질량과 동등하다는 준거가 없었고 물의 질량 변화를 측정할 만한 정밀한 저울이 없었다.

해설 │

질량 보존 법칙	특수 상대성 이론
화학 반응 전후의 질량은 같다.	화학 반응 시 열에너지가 방출될 경우 반응전보다 반응 후의 질량이 감소한다.

당시, 라부아지에가 특수상대성 이론을 발견할 수 없었던 것은 미세한 질량 변화를 측정할 수 있는 도구가 없었기 때문이다. 이처럼 과학 이론은 새로운 도구가 등장하면서 바뀌기도 한다.

04. 추리 단답형

③ 중성자 수

해설 │ 마그네슘이라는 물질을 쓰고 있지만 질량수가 다른 원소가 발견되었으므로 질량이 다른 원소는 동위 원소임을 알 수 있다. 같은 물질이라도 중성자 수가 다르면 질량수가 다르다. 이러한 관계에 있는 물질을 동위 원소라고 하는데, 평균 원자량은 동위 원소의 존재비를 고려하여 계산한 값이다.

---

05. 추리 단답형

24. 3

해설 |

질량수	24	25	26
검출강도(존재비)	80 %	10 %	10 %

평균 원자량 = (24 × 0.8) + (25 × 0.1) + (26 × 0.1) = 24.3

---

06. 추리 단답형

가장 바깥쪽 껍질에 있는 전자의 개수가 같다. 원자가 전자는 화학적 성질을 결정하고, 동족 원소는 원자가 전자가 같아 화학적 성질이 비슷하다.

해설 | 원자가 전자 : 가장 바깥쪽 껍질에 채워져 있는 전자로 이 전자의 수가 원자 전체의 화학적 성질을 상당 부분 결정한다. 같은 족 원소들은 원자가 전자 수가 같기 때문에 화학적 성질이 비슷하다.

---

07. 추리 단답형

(1) 같은 주기에서 원자 번호가 커질수록 핵전하가 증가하여 핵과 전자 사이의 인력이 커지기 때문이다.
(2) 같은 족에서 원자 번호가 증가할수록 전자껍질의 수가 많아져 원자핵으로부터 거리가 멀어지기 때문에 전자를 떼어내기가 쉬워진다.

해설 | (1) 나트륨(Na)과 마그네슘(Mg)은 3주기의 원소로 나트륨에 비해 마그네슘의 원자핵의 (+) 전하량이 더 크며, 따라서 전자를 잡아당기는 힘도 더 크므로 전자를 떼어내는 데 필요한 에너지(이온화 에너지)도 더 커진다.
(2) 나트륨(Na)과 칼륨(K)은 같은 족(알칼리 금속)이며, 칼륨의 전자 껍질 수가 1개 더 많다. 이런 경우 원자핵과 멀어지므로 최외각 전자를 떼어내는 데 필요한 에너지가 작아진다. 원자핵의 전하량이 커져도 원자핵과 전자와의 거리가 멀어지면 이온화 에너지는 급격히 작아진다.

---

08. 추리 단답형

(1) 원자핵를 구성하는 입자에는 양성자 이외의 어떤 다른 입자가 존재한다는 가설을 세워야 수소 원자와 헬륨 원자의 질량 차이가 설명된다.
(2) 물에 뜨는 얼음은 수소($^1_1$H)를 사용한 물을 얼려서 만들고, 물에 가라앉는 얼음은 중수소($^2_1$H)를 사용한 물을 얼려서 만든다.

해설 | (1) 헬륨은 $^4_2$He로 표시하고, +전하를 가진 양성자 2개와 -전하를 가진 전자 2개를 가지고 있으며, 전자의 질량은 무시할 수 있을 정도로 작다. 또한 헬륨에는 중성인 전하를 가지는 양성자와 질량이

거의 비슷한 중성자를 2개 가지고 있으므로, 양성자 1개 만을 가진 $^1_1$H보다 헬륨의 질량이 4배 더 무겁다.
전자 : 양성자 : 중성자의 상대적 질량비 = 1 : 1836 : 1839
(2) $^1_1$H$_2$O 분자량은 18이며, 이 때의 얼음의 밀도는 0.917 g/cm³ 이다. 중수소로 만든 물 $^2_1$H$_2$O는 분자량이 20이며, 이 물 분자로 만든 얼음의 밀도는 18 : 0.917 = 20 : x, x = 1.019 g/cm³ 이고, 0 ℃ 의 물보다 무거우므로 가라앉는다.

---

09. 논리 서술형

(1) 전자   (2) O 전자껍질 → L 전자껍질
(3) 각 전자껍질이 가지는 에너지 준위가 $E_n = \dfrac{-1312}{n^2}$ (kJ/mol)의 값을 가지므로, 원자핵으로부터 먼 궤도 간의 에너지 준위의 차가 점점 작아지기 때문이다.
(4) 1312 (kJ/mol)
(5) 보어의 ①번 가설 → 전자는 원자핵 주위의 특정한 에너지 준위의 궤도에 있지 않고, 원자핵 주위의 모든 지점에 있을 수 있다.

해설 | (1) 수소 원자가 에너지를 흡수하여 전자가 불안정한 들뜬상태로 되었다가 더 안정한 상태로 전이하면서 빛에너지를 방출한다.
(2) a ~ d는 바깥 껍질에서 전자 껍질 L로 전자가 전이할 때 나타나는 선 스펙트럼으로 가시광선 영역이며, 차례로 a(빨강색) : M → L, b(초록색) : N → L, c(파란색) : O → L 가 된다.
(3) 각 전자 껍질 사이의 에너지 준위 차(에너지 차가 크면 방출되는 빛의 파장의 차가 커진다.) : ΔE
M → L : $\Delta E_1 = E_3 - E_2 = \dfrac{-1312}{3^2} - \dfrac{-1312}{2^2}$ = -146 - (-328) = 182 (kJ/mol) ⇒ a선
N → L : $\Delta E_2 = E_4 - E_2 = \dfrac{-1312}{4^2} - \dfrac{-1312}{3^2}$ = -82 - (-328) = 246(kJ/mol) ⇒ b선
O → L : $\Delta E_3 = E_5 - E_2 = \dfrac{-1312}{5^2} - \dfrac{-1312}{2^2}$ = -52.5 - (-328) = 275.5 (kJ/mol) ⇒ c선
이렇게 a선과 b선, b선과 c선의 스펙트럼 간격이 다르다.
(4) 수소 원자의 이온화 에너지는 n = 1(K궤도)인 상태의 전자를 무한대로 떼어내는 데 필요한 에너지이므로
$\Delta E = E_\infty - E_1 = 0 - \dfrac{-1312}{1^2}$ = 1312 (kJ/mol)
(5) 수소 원자의 스펙트럼이 선스펙트럼으로 나타나는 이유는 전자가 허용된 특정 에너지 상태에만 존재하기 때문인데, 전자가 허용된 특정 에너지 상태가 아니고 모든 에너지 값을 가질 수 있다면 전자가 에너지가 낮은 상태로 전이하는 경우 모든 파장의 빛을 방출할 수 있으므로 연속 스펙트럼이 나타난다.

---

10. 단계적 문제 해결형

(1) 철판과 구리판 두 경우 모두 음극에서 나오는 음극선은 같은 전자의 흐름이므로   (2) (+)극
(3) 밀리컨의 실험 장치에서 기름방울이 전자를 얻어 (-) 전하를 띠므로 (+)극인 위 쪽 전극판과 인력이 작용한다. → ㉮에 적용할 수 있다.   (4) 9.09×10^{-28} g

해설 | (1) 철판이나 구리판을 음극으로 사용할 때 나오는 것이 전자이며, 철에 있는 전자나 구리에 있는 전자는 모두 같은 종류의 입자이다.
(2) 기름방울이 전자를 얻어 (-) 전하를 띠었을 때 위 쪽을 (+)극으로 장치를 해야 전기력을 위로 받게 되며, 아래로 향하는 중력과 평형을 이룰 수 있다.
(3) 제시문 2에서 다루는 질량은 전자의 질량이 아니고, 기름방울의 질량이므로 ㉯ 전자가 질량을 가졌기 때문에 바람개비가 도는 것에 적용하는 것은 무리이다.
(4) 전자 1 g 의 전하량이 1.76×10^8 C 이므로
1.76×10^8 C : 1 g = 1.6×10^{-19} C : x 이고, 전자 1개의 질량(x)은 9.09×10^{-28} g 이다.

---

11. 추리 단답형

(1) 이온 결합은 (+) 이온과 (-) 이온 사이의 정전기적 인력에 의한 결합이다. 이때 결정을 이루는 (+) 이온과 (-) 이온 서로에게 둘러 싸여 붙잡혀 있기 때문에 이동이 어려워 전기가 통하지 않는다. 금속 결합은 금속의 양이온과 자유 전자 사이의 정전기적인 인력에 의한 결합으로 금속에 전압을 걸어주면 자유 전자들이 쉽게 (+)극 쪽으로 이동할 수 있으므로 금속은 전기가 잘 통한다.
(2) 이온 결합 물질이 액체 상태가 되면 규칙적인 배열이 무너지면서 이온 간의 정전기적 인력이 약해지게 되고 이온들이 이동할 수 있게 되면서 전류가 흐르게 된다.

---

12. 추리 단답형

A : 구리(Cu)   B : 염화 나트륨(NaCl)
C : 아이오딘(I_2)   D : 다이아몬드(C)

---

13. 추리 단답형

(1) 선형   (2) 정사면체형   (3) 정사면체형
(4) 정팔면체형   (5) 삼각쌍뿔형   (6) 평면 삼각형

해설 | 분자식으로 찾거나 중심 원자의 최외각 전자 수를 이용하여 분자의 입체 구조를 예측한다.

---

14. 추리 단답형

(1) H_2O의 중심 원자 O는 비공유 전자쌍이 2개이므로 AB_2E_2으로 정사면체형의 모서리 두 곳에 전자가 채워진다. 비공유 전자쌍 간의 반발력이 크므로 수소 원자가 반대쪽으로 밀려서 굽은 형이 된다.
(2) 물 분자의 구조가 굽은 형이므로 쌍극자 모멘트 합이 0이 될 수 없어 극성 분자이다. 따라서 수소 결합이 가능해지므로 높은 녹는점, 끓는점과 높은 비열, 큰 표면 장력 등의 물의 특징을 갖는다.

---

15. 단계적 문제 해결력

(1) $2Hg + O_2 \longrightarrow 2HgO$, 반응한 산소의 질량만큼 질량이 증가한다.
(2) 공기 중의 산소가 수은과 반응하여 병 안의 압력이 대기압보다 낮아져 수면이 올라간다.
(3) $V_2 > V_3$ (4) 0.78 g

해설 | (2), (3) (가)에서는 대기압 = 병 A 안의 공기의 압력이며 산소가 소모되면 공기의 압력이 줄어들어 물 기둥이 위로 올라간다.
(나) 대기압 = 병 A 안의 공기의 압력 + 병 A 안의 물기둥의 압력
(다) 대기압 = 병 A 안의 공기의 압력
(3) (나)에 물을 부어 수면의 높이를 같게 하면 대기압과 병속의 공기의 압력이 같게 되므로 (나)보다 병속의 공기의 압력이 증가한다. 보일 법칙에 의하면 온도가 일정할 때 압력이 높아지면 부피는 감소한다.

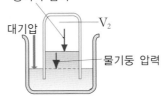

대기압 = 물 기둥의 압력 + 병속의 공기 압력

(4) 붉은색 물질은 HgO(산화 수은)이다. (가)와 (다)는 압력이 같고, (가)에 비해 부피가 20 % 줄어 160 mL 가 되었으므로 $V_{(가)} \times \dfrac{80}{100}$ % = 160 mL 이므로

$V_{(가)}$ = 200 mL 이다. 따라서 0 ℃, 1 atm 에서 산소의 부피는
200 mL × $\dfrac{20}{100}$ = 40 mL 이다.
0 ℃, 1 atm 에서 산소 40 mL 의 몰수는
$n = \dfrac{40}{22,400}$ ≒ 0.0018 mol

$2Hg + O_2 \longrightarrow 2HgO$에서
산소(O_2) 1몰이 반응하면 산화수은(HgO) 2몰이 생성되므로 생성된 HgO는 0.0036 mol 이다.
HgO 1 mol 은 216 g 이므로 0.0036 mol 은 0.78 g 이다.

16. 추리 단답형

A의 분자량 : 18 , B의 분자량 : 18 , C의 분자량 : 20
끓는점이 같은 물질은 A와 B이다.

해설 | A, B, C 는 모두 분자식이 H_2O이지만, ^1_1H와 $^{16}_8O$로 이루어진 분자량이 18인 얼음은 ^1_1H와 $^{16}_8O$로 이루어진 분자량이 18인 물에 비해 밀도가 작아 물 위에 뜨는 반면, ^2_1H와 $^{16}_8O$ 로 이루어진 분자량이 20인 얼음은 물보다 밀도가 크기 때문에 물 위에 뜨지 못한다. 따라서 A는 ^1_1H와 $^{16}_8O$로이루어진 분자량이 18인 얼음이고, B 는 ^1_1H와 $^{16}_8O$로이루어진 분자량이 18인 물이며, C는 ^2_1H와 $^{16}_8O$ 로 이루어진 분자량이 20인 얼음이라고 볼 수 있다.
A, B, C는 상태만 다른 동일한 물질이고, 그 중 분자량이 같은 A와 B 는 끓는점이 같다.

17. 논리 서술형

기체 상태일 때 원자들은 서로 떨어져 있어, 서로 영향을 주지 않지만, 액체나 고체 상태가 되면 원자들 사이의 간격이 가까워 인접한 원자들의 전자 사이에 전기적 반발력이 작용한다. 액체나 고체 상태의 원자에서는 인접한 원자들의 수, 간격 등에 의해 발생하는 전기적 반발력에 의해 기체 상태일 때보다 가질 수 있는 에너지 준위가 다양해지기 때문에 같은 원자라고 하더라도 에너지 준위가 다르게 나타날 수 있다. 그러므로 원자의 에너지 준위를 비교할 때, 원자핵과 전자 사이의 힘에 의해서만 에너지 준위가 결정될 수 있는 기체 상태를 기준으로 해야 한다.

18. 추리 단답형

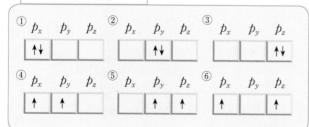

해설 | ①, ②, ③ 전자 배치는 가능하지만 훈트 규칙에 위배된 전자 배치로 에너지가 높은 불안정한 전자 배치이다. ④, ⑤, ⑥ 전자 배치는 에너지가 낮은 안정한 전자 배치이다.

19. 논리 서술형

NaCl,
H_2와 Cl_2는 무극성 공유 결합이고, HCl은 H와 Cl의 전기 음성도 차이가 0.9이므로 극성 공유 결합이다. NaCl은 Na와 Cl의 전기 음성도 차이가 2.1로 가장 크기 때문에 NaCl의 결합의 극성이 가장 크다. 따라서 NaCl 은 이온 결합을 형성하며 HCl 는 극성 공유 결합을 형성한다

20. 논리 서술형

(1) O = O, 산소 원자의 원자가 전자는 6개이므로 각각의 산소 원자가 원자가 전자 중 2개의 전자를 내놓아 산소 원자 2개가 4개의 전자(2개의 전자쌍)를 공유한다. 즉, 산소 원자 2개는 이중 결합을 이루어 각 원자의 최외각 전자가 8개가 되도록 한다.
(2) 수소 원자 4개, 탄소 원자 2개, 산소 원자 2개가 모두 옥텟 규칙을 만족하기 위해서 다음과 같이 결합할 수 있다.

해설 | (1) 공유 전자쌍은 두 원자가 공유하는 전자쌍이고, 전자쌍 2개 또는 3개를 공유하는 결합을 2중 결합 또는 3중 결합이라고 한다. 산소는 다음과 같이 이중 결합한다.

(2) 아세트산 구조식은 다음과 같다.
(CH_3COOH)

폼산 메틸 구조식은 다음과 같다.
($HCOOCH_3$)

21. 논리 서술형

오리 깃털이 충전되어 있는 덕다운 점퍼를 드라이 클리닝하게 되면 오리 깃털의 유분이 드라이 클리닝용 유기 용제에 녹아 나와 오리 깃털의 숨이 죽는다. 따라서 덕다운 점퍼가 숨이 죽지 않도록 하기 위해서는 물세탁 해야한다.

해설 | 물세탁을 하더라도 세제와 같은 계면활성제를 사용하게 되면 오리 깃털의 유분이 씻겨나가 오리 깃털이 약간 숨이 죽겠지만, 드라이 클리닝을 했을 때 보다는 그 정도가 작다. 유분이 사라진 오리 깃털은 제 모양을 유지하기가 힘들어져 충분히 부푼 상태로 존재하지 못한다. 그렇게 되면 점퍼의 모양이 변형되며 오리 깃털 사이의 공기 함유량이 적어져 보온 효과가 떨어진다.

22. 논리 서술형

(1) B < C < A, 이유 : 해설 참조
(2) (가) 흑연, 물질 내부를 자유롭게 이동할 수 있는 전자가 존재하지 않아 전기가 통하지 않는다.

해설 | (1) A는 탄소 판 사이의 약한 인력이고, B와 C는 탄소(C)-탄소(C) 결합이다. B는 탄소-탄소 단일 결합과 이중 결합의 중간 형태의 결합이고, C는 탄소-탄소 단일 결합이다. 따라서 B의 결합이 제일 강하기 때문에 결합 길이가 가장 짧고 A의 결합은 약하기 때문에 결합 길이가 길다.

(2) 그림 (가)의 흑연의 구조를 보면, 탄소 원자의 가장 바깥 껍질에 있는 4개의 전자가 다른 탄소 원자 3개와 결합을 이루고 있다. 따라서 결합에 관여하지 않은 1개의 전자가 자유롭게 물질 내부를 이동할 수 있어 전기가 잘 통한다. 그림 (나)의 다이아몬드는 가장 바깥 전자 껍질에 있는 4개의 전자가 모두 다른 탄소 원자 4개와 결합을 하고 있어 전기가 통하지 않는다.

대회 기출 문제

정답			138 ~ 147쪽
01 선 스펙트럼 분석		**02** (1) (가), (다)	(2) (나), (라)
03 ①	**04** ②	**05** ④	**06** ③
07 ⑤	**08** ③	**09** ㄱ	**10** ㄹ
11 ③	**12** ②	**13** ④	**14** ④
15 ③	**16** ③	**17** ①	**18** ④
19 ④	**20** (1) C , (해설 참조)		(2) 에너지가 커질수록
에너지 준위 사이의 간격은 줄어든다.			**21** ②
22 (1) ③ (2) ② (3) ④ (4) ① (5) ② (6) ③			
23 ⑤	**24** ②		

01 선 스펙트럼 분석

해설 | 불꽃 반응색이 비슷하거나 적은 양의 원소를 구별하는 데에는 선 스펙트럼을 분석하는 방법이 가장 유력하다.

02 (1) (가) (다)   (2) (나), (라)

해설 | (1) 원소 A, B의 스펙트럼 패턴이 모두 포함된 스펙트럼은 (가), (다)이다.

(2) (나), (라)는 원소 A, B의 스펙트럼 패턴을 모두 포함시키지 않았다.

03 ①

해설 | 진동수가 클수록 에너지는 커지고 파장은 짧아진다.
전자기파는 다음 순서와 같이 파장이 길어진다.
감마선 - X선 - 자외선 - 가시광선 - 적외선 - 마이크로파 - 라디오파
이 중 가시 광선은 빨-주-노-초-파-남-보라 색의 빛 순서로 파장이 짧아진다.

04 ②

해설 | 에너지를 흡수하기 위해서는 에너지 준위가 높은 곳으로 전자가 이동해야 하고, 가장 낮은 에너지를 흡수하기 위해서는 이동하는 궤도 간의 에너지 차가 작아야 하는데, 원자핵에서 멀리 떨어질수록 전자 궤도 간의 에너지 차가 작다.

05 ④

해설 | 1911년 러더퍼드는 α 입자 산란실험을 통해 원자 내부는 대부분 빈 공간이며, 중심에 (+) 전하를 띠고 원자 질량의 대부분을 차지하는 원자핵이 존재한다는 사실을 알아냈다. 이를 통해 원자의 크기는 10 - 10 m = 1Å(옴스트롬) 정도이고, 원자핵의 크기는 원자 크기의 $\frac{1}{100,000}$ 인 10^{-15} m 정도라는 것을 알아냈다.

06 ③

해설 | 원소 기호를 표기 할 때 왼쪽 위는 질량수를 나타낸다. 같은 원자 번호를 갖는 중성 원자의 경우 양성자의 수와 전자 수가 같으며, 동위 원소의 경우 양성자 수는 같고 중성자의 수만 다르다.

07 ⑤

해설 | ㄱ. 빅뱅 직후 수소와 헬륨 원자가 만들어진 후 다른 원소들은 별의 내부에서 핵융합에 의해 만들어졌다.

ㄴ. Ar(원자 번호 18, 원자량 40), K(원자 번호 19, 원자량 39) K의 원자 번호가 더 크지만 원자량은 작다.

ㄷ. 질량수가 1인 수소의 경우 중성자는 존재하지 않는다. 또한 ^{3}He 의 경우 양성자 수가 2, 중성자 수가 1이다.

08 ③

해설 | SF_2의 중심 원자 S에 비공유 전자쌍이 두 쌍 채워질 수 있어서 정사면체형이 아닌 굽은 형이다

09 ㄱ

해설 | ㄱ. 이온 결합 물질은 힘을 가하면 쉽게 부스러진다.

ㄴ. 이온 결합 물질은 물에 잘 녹는다.

ㄷ. 공유 결합 물질에 비해 녹는점과 끓는점이 높은 특징이 있다.

ㄹ. 이온 결합 물질의 특징이다. 예를 들어, NaCl 인 경우 고체 상태에서는 전기를 통하지 않으나 물에 녹았을 때에는 전기가 잘 통하게 된다.

10 ㄹ

해설 | ㄱ. 분자들이 규칙적으로 배열되어 이루어진 결정은 분자 결정이다.

ㄴ. 녹는점, 끓는점이 매우 낮다.(원자 사이의 결합은 강하나 분자 사이에 작용하는 힘은 매우 약하기 때문이다.)

ㄷ. 염화 나트륨과, 염화 칼슘 등은 이온 결합 물질이다.

ㄹ. 같은 원소로 되어 있으나 성질이 서로 다른 물질은 동소체의 정의이다. 예를 들어 다이아몬드와 흑연 모두 C(탄소)로 이루어져 있으나 성질은 둘이 서로 다르다.

11 ③

해설 |

ⓐ Li의 승화 에너지 $\Delta H = 161$ kJ/mol

Li(s) + 161 kJ $\longrightarrow$ Li(g) : 흡열 반응

승화 에너지 : 고체 상태의 물질 1몰을 기체 상태로 만드는 데 필요한 에너지

ⓑ Li의 이온화 에너지 $\Delta H = 520$ kJ/mol

Li(g) + 520 kJ $\longrightarrow$ Li$^+(g)$: 흡열 반응

이온화 에너지 : 기체 상태의 중성 원자 1몰로부터 전자 1몰을 떼어 내어 양이온을 만드는데 필요한 에너지

ⓒ F$_2$의 결합 에너지의 $\frac{1}{2}$

F$_2$의 결합 에너지 $\Delta H = 154$ kJ/mol

F$_2(g)$ + 154 kJ $\longrightarrow$ 2F(g) : 흡열 반응

결합 에너지 : 기체 상태의 분자 1몰을 기체 상태의 원자로 분해하는 데 필요한 에너지

ⓓ F의 전자 친화도 $\Delta H = -328$ kJ/mol : 발열 반응

F(g) $\longrightarrow$ F$^-(g)$ + 328 kJ

전자 친화도 : 중성인 기체 원자 1몰이 전자 1몰을 얻어 음이온 될 때 방출하는 에너지

ⓔ 격자 에너지 : Li$^+(g)$와 F$^-(g)$으로부터 LiF(s)를 만들 때 방출하는 에너지

12 ②

해설 | 원소 X의 순차적 이온화 에너지가 제 3 이온화 에너지와 제 4 이온화 에너지에서 큰 차이(4배 이상)가 나므로 원자가 전자 수는 3개이다. 원자가 전자 수는 Be는 2개, C는 4개, N는 5개이다.

13 ④

해설 | 이온화 에너지는 기체 상태의 원자 1몰로 부터 전자 1몰을 떼어내어 양이온을 만드는데 필요한 최소 에너지를 말한다.

Na의 제1 이온화 에너지는 중성 원자에서 전자 1몰을 떼어내는데 필요한 에너지이다.

Na의 제2 이온화 에너지는 Na$^+(g)$로부터 전자 1몰을 떼어내는 데 필요한 에너지이다.

14 ④

해설 | Z는 2주기 원소이므로 Z$^-$은 이온이 되었을 전자 1개를 얻어 음이온이 되는 F$^-$이다. 따라서 양성자 수는 9, 전자 수는 10개이다. Z$^-$에서 ⓒ의 수가 ⓒ과 ⓔ의 수보다 1 적으므로 ⓒ은 양성자이고, b = 9 이다. 만약 a = 5라면, Y에서 ⓒ은 $\frac{1}{2}(a + b) = \frac{1}{2}(5 + 9) = 7$ 이므로 ⓒ은 전자이다. 만약 a = 6이라면 $\frac{1}{2}(a + b) = \frac{1}{2}(6 + 9) = $ 7.5이고, 양성자 수, 중성자 수, 전자 수는 자연수이므로 성립하지 않는다. 따라서 a = 5, b = 7이고, ⓒ은 전자, ⓒ은 양성자, ⓔ은 중성자이다.

ㄱ. ⓒ은 전자이다.

ㄴ. 질량수 = 양성자 수 + 중성자 수 이므로 X의 양성자는 5, 중성자는 6, 질량수는 11이다.

ㄷ. 중성자 수는 X : 6, Y : 8, Z : 10이므로 중성자 수는 Z 가 가장 크다.

15 ③

해설 | 바닥상태 원자 X, Y는 전자가 들어 있는 전자껍질 수가 같으므로 같은 주기 원소이다. 같은 주기 원소 중 p 오비탈에 들어 있는 전자 수가 X : Y = 5 : 1 이므로 X는 2주기 17족 원소 F(플루오린), Y는 2주기 13족 B(붕소)이다. X$^-$과 Z$^+$의 전자 수가 같으므로 Z$^+$은 Na$^+$ 이고, Z는 Na이다.

ㄱ. Y는 B(붕소)이므로 2주기 13족 원소이다.

ㄴ. Z의 바닥상태 전자 배치는 $1s^2 2s^2 2p^6 3s^1$ 이므로 전자가 들어 있는 오비탈 수는 6이다.

ㄷ. X ~ Z의 바닥상태 전자 배치는 X : $1s^2 2s^2 2p^5$, Y : $1s^2 2s^2 2p^1$, Z : $1s^2 2s^2 2p^6 3s^1$ 이므로 홀전자 수는 모두 1로 같다.

16 ③

해설 | 1족 원소인 Na 은 제1 이온화 에너지를 이용하여 원자가 전자를 떼어내면 18족 원소와 같은 전자 배치를 가지게 되므로 제2 이온화 에너지가 급격하게 증가한다. 따라서 O, F, Na 중에서 Na의 $\frac{\text{제2 이온화 에너지}}{\text{제1 이온화 에너지}}$ 가 가장 크다. 또한 O, F의 제1 이온화 에너지는 F > O 이고, 제2 이온화 에너지는 O > F 이므로 $\frac{\text{제2 이온화 에너지}}{\text{제1 이온화 에너지}}$ 는 O 가 F 보다 크다. 따라서 A는 F, B는 O, C는 Na 이다.

ㄱ. C는 Na이다.

ㄴ. 원자가 전자의 유효 핵전하는 원자가 전자에 실질적으로 작용하는 핵전하이다. 같은 주기에서 원자 번호가 증가할수록 원자가 전자의 유효 핵전하는 증가한다. 따라서 원자가 전자의 유효 핵전하는 원자 번호가 큰 A(F)가 B(O)보다 크다

ㄷ. Ne과 같은 전자 배치를 갖는 A ~ C 이온은 각각 F$^-$, O^{2-}, Na$^+$ 이다. 전자 수가 같은 이온은 원자 번호가 클수록 원자핵과 전자 사이의 인력이 커 이온 반지름이 작다. (Na$^+$ < F$^-$ < O^{2-}) 따라서 이온 반지름은 C 이온이 가장 작다.

17 ①

해설 | (가) ~ (다)의 모든 원자는 옥텟 규칙에 만족하므로 (가)에서 공유 전자쌍이 4개인 X는 C(탄소)이고, 공유 전자쌍이 2개인 W는 O(산소)이다. (나)에서 공유 전자쌍 3개인 Z는 N(질소), 공유 전자쌍 1개인 Y는 F(플루오린)이다. 따라서 (가) ~ (다)의 분자식은 각각 CO$_2$, NF$_3$, CF$_2$O 이다.

ㄱ. (나)의 N 원자에 비공유 전자쌍이 있으므로 (나)의 분자 구조는 삼각뿔형이다. 따라서 (나)는 쌍극자 모멘트가 0보다 크고, 극성 분자이다.

ㄴ. (다)의 X 원자에는 비공유 전자쌍이 없으므로 (다)의 분자 구조는 평면 삼각형이다.

ㄷ. WY$_2$의 W(O) 원자에는 비공유 전자쌍이 2개가 있으므로 WY$_2$의 분자 구조는 굽은 형이다.

18 ④

해설 | 화합물 AB에서 공유 전자쌍 수가 1이고, 비공유 전자쌍은 A는 0, B는 3이므로 A는 1주기 1족 원소인 수소(H), B는 2주기 17족 원소인 플루오린(F)이다. 화합물 CD에서 C^{2+}의 전자 수는 10개이고, 전자는 +2이므로 양성자 수는 12이다. D^{2-}의 전자 수는 10개이고 전

자는 -2이므로 양성자 수는 8이다. 따라서 C는 3주기 2족 원소인 마그네슘(Mg), D는 2주기 16족 원소인 산소(O)이다.

ㄱ. (가)에서 원자 수비가 A : D = 1 : 1 이므로 (가)는 $A_2D_2(H_2O_2)$이며 비공유 전자쌍의 수가 4개이므로 루이스 구조식은 다음과 같다.

$$H-\ddot{\underset{..}{O}}-\ddot{\underset{..}{O}}-H$$

ㄴ. (나)에서 원자 수비가 B : C = 2 : 1 이므로 (나)는 $CB_2(MgF_2)$인 이온 결합 화합물이다. 이온 결합 화합물은 액체 상태에서 전기 전도성이 있다.

ㄷ. (나)에서 C 1개는 전자 2개를 잃어 C^{2+} (Mg^{2+})이 되고, B 1개는 전자 1개를 받아 $B^-(F^-)$이 되므로 (나)에서 B와 C는 모두 Ne의 전자 배치를 갖는다.

19 ④

해설 | ① 전자가 높은 에너지 준위로 전위되기 위해서는 그 전이에 필요한 빛에너지를 흡수하고 전자가 더 낮은 에너지 준위로 전이될 때 빛에너지를 방출한다.

② 바닥상태는 전자의 에너지가 가장 낮은 상태이고, 가장 안정한 에너지 상태이다.

③ 수소 원자 선 스펙트럼에서 방출되는 에너지는 다음과 같이 구할 수 있다.

$$n = 5 \to n = 3 : (-\frac{k}{5^2}) - (-\frac{k}{3^2}) = \frac{16k}{225}$$

$$n = 3 \to n = 1 : (-\frac{k}{3^2}) - (-\frac{k}{1^2}) = \frac{8k}{9}$$

따라서 $n = 3$ 에서 $n = 1$ 로 전자 전이될 때 방출하는 에너지가 더 크다.

④ 에너지의 크기는 파장에 반비례한다. $n = 3$ 에서 $n = 2$ 로의 전이는 $n = 4$ 에서 $n = 1$ 로의 전이보다 더 작은 에너지가 방출하므로 파장은 더 크다.

20 (1) C , 해설 참조

(2) 에너지가 커질수록 에너지 준위 사이의 간격은 줄어든다.

해설 | (1) 에너지 준위 그림에서 전자 전이를 통해 방출할 수 있는 에너지의 크기는 100 J, 200 J, 300 J, 400 J 이다. 따라서 에너지에 대한 선 스펙트럼의 종류는 4가지이고, 선 스펙트럼의 간격은 일정하다.

(2) 빛에너지는 진동수에 비례하고, 파장에 반비례한다. 그림에서 파장이 커질수록 간격이 증가하므로 에너지 준위 사이의 에너지가 커질수록 간격이 줄어 들어야한다. 따라서 수소 원자의 전자 전이 시 에너지가 커질수록 에너지 사이의 간격은 줄어든다.

21 ②

해설 | 바닥상태 전자 배치에서 전자의 수는 양성자의 수와 같으므로 A는 Li(리튬), B는 B(붕소), C는 O(산소), D는 Mg(마그네슘), E는 Cl(염소)이다. 따라서 A, D는 금속 원소, B, C, E 는 비금속 원소이다. 금속 양이온과 비금속 음이온의 정전기적인 결합이 이온 결합이므로 BE_3 는 이온 결합 물질이 아니다. 또한 전기 음성도 차이가 2.0인 물질은 이온 결합 물질인데 BE_3 의 전기 음성도 차이는 1.0이므로 이온 결합 물질이 아님을 알 수 있다.

22 (1) ③ (2) ② (3) ④ (4) ① (5) ② (6) ③

해설 | (1) 종이의 주 재질인 셀룰로오스 속은 하이드록시기와 물 분자로 이루어져 있고, 수소 결합을 하고 있는 물 분자들과 만나면 그 형태가 깨지게 되어 쭈글쭈글해 진다.

(2) 파마를 하는 것은 단백질이 주 재질인 머리카락 모양을 먼저 환원성 약품으로 단백질의 공유 결합을 깨고, 기계로 웨이브를 만든 후 새로운 결합을 하게 만들어 웨이브 모양이 오래가도록 만드는 것이다. 따라서 공유 결합이 깨졌다가 다시 결합하는 것이다.

(3) 극성이 없는 화합물끼리의 힘은 반데르발스 힘이라고 하며, 일반적으로 탄소 하나가 늘어날수록 반데르발스 힘도 늘어나게 되어 끓는 점이 높아진다.

(4) 소금이 물에 녹으면 나트륨 이온(Na^+)과 염화 이온(Cl^-)으로 물속에서 완전히 이온화되고, 이 이온들을 물 분자가 둘러싸게 된다. 이후 물이 증발하면 다시 나트륨 이온과 염화 이온이 이온 결합하여 소금 결정이 된다 .

(5) 나일론은 카복시산과 아미노기를 가진 단위체들이 안정한 결합을 하고 있는 형태로 공유 결합을 하고 있는 것이고 셀룰로오스가 주 원료인 면이나 단백질이 주 원료인 비단보다 훨씬 안정한 구조를 이루고 있어 튼튼하다.

(6) 물이나 메탄올은 전기 음성도가 큰 산소에 수소가 결합되어 있어 극성이 큰 분자이고, 수소 원자가 다른 분자와 수소 결합을 할 수 있어 탄화수소인 에테인이나 프로페인보다 분자 간 인력이 강해 끓는점이 높다.

23 ⑤

해설 | 생성된 ㉠은 CO_2 이다.

ㄱ. CO_2 는 전기 음성도가 다른 C와 O의 결합이므로 극성 공유 결합이 있다.

ㄴ. CO_2 의 구조는 다음과 같다.

$$\ddot{\underset{..}{O}}=C=\ddot{\underset{..}{O}}$$

따라서 공유 전자쌍 4개, 비공유 전자쌍 4개로 같다.

ㄷ. CO_2 는 무극성 분자이므로 분자의 쌍극자 모멘트가 0이고, H_2O 은 극성 분자이므로 분자의 쌍극자 모멘트가 0보다 크다.

24 ②

해설 | ㄱ. B 에서 방출되는 빛은 $n = 2$ 에서 $n = 1$ 로 전자 전이할 때 방출되는 빛이므로 자외선(라이먼 계열)이다.

ㄴ. 수소 원자의 이온화 에너지는 $n = \infty$ 에서 $n = 1$ 로 전자 전이할 때 방출되는 에너지와 같으므로 a 와 같지 않다.

ㄷ. $a = -\frac{1}{3^2} - (-\frac{1}{1^2})$, $b = -\frac{1}{2^2} - (-\frac{1}{1^2})$, $c = -\frac{1}{3^2} - (-\frac{1}{2^2})$

이다. $b + c = -\frac{1}{2^2} - (-\frac{1}{1^2}) + (-\frac{1}{3^2} - (-\frac{1}{2^2})) = -\frac{1}{3^2} - (-\frac{1}{1^2})$

이므로 $b + c = a$ 이다.

VII. 이온의 이동과 전기 분해 (1)

개념 보기

Q1 물에 녹아서 이온을 생성하지 않아 전하를 이동시키는 물질이 없기 때문이다.

Q2 자유 전자가 존재하여 전하의 이동이 쉽기 때문이다.

Q3 일정 농도 이상이 되면 이온 사이의 정전기적 인력에 의해 입자들이 자유롭게 움직일 수 없기 때문이다.

Q4 양이온(Na^+)의 개수 : 음이온(SO_4^{2-})의 개수 = 2 : 1

Q5 질산 은($AgNO_3$) 수용액을 넣어 본다. NaCl 이라면 흰 앙금($AgCl$), NaBr 이라면 노란 앙금($AgBr$)이 생성된다.

개념 확인 문제

정답
156 ~ 159 쪽

01 ㄷ, ㅂ, ㅇ, ㅊ, ㅋ   **02** ②, ⑥

03 (1) 이온   (2) 고체, 전해질   (3) 전하를 띤 입자 수(이온 수), 일정해진다   **04** ②

05 소금물 - ㉠ - A, 식용유 - ㉢ - B, 식초 - ㉡ - C

06 ③

07 (1) 고체 염화 나트륨은 전기 전도성이 없다. 이온이 이동할 수 없기 때문이다.

(2) 전해질 수용액에서 이온의 전하량의 합은 0이다.

(3) 염화 나트륨이 물에 녹으면 Na^+, Cl^- 로 이온화하여 각각 (-)극과 (+)극으로 이동하여 전류가 흐르게 한다.

08 (해설 참조)   **09** ④, ⑥, ⑦

10 (1) 비전해질이므로   (2) 더 강한 전해질이므로

(3) 에탄올 수용액 < 비눗물 < 염산

11 (해설 참조)   **12** ②, ③   **13** ⑤   **14** (해설 참조)

15 Al_2O_3 **16** ③   **17** ②, ⑥

18 (1) 전해질이다.   (2) 석회수($Ca(OH)_2$)에 넣어본다.

(3) 알짜 이온 : Ca^{2+}, CO_3^{2-}, 구경꾼 이온 : Na^+, Cl^-

19 불꽃 반응 색 조사, 염산과 반응시켜 본다.

20 (1) $Ba^{2+}(aq) + SO_4^{2-}(aq) \longrightarrow BaSO_4(s)$ (2) (해설 참조)

(3) Cl^- **21** ①, ②

---

01 ㄷ, ㅂ, ㅇ, ㅊ, ㅋ

해설 | 도체 : 고체에서 전류가 흐르는 물질 - 구리

부도체 : 고체에서 전류가 흐르지 않는 물질 : 플라스틱, 소금, 설탕 등

전해질 : 부도체 중 수용액에서 전류가 흐르는 물질: 소금, 아세트산, 황산 구리, 염화 수소, 질산

비전해질: 부도체 중 수용액 상태에서 전류가 흐르지 않는 물질 - 에탄올, 설탕

---

02 ②, ⑥

해설 | ① 도체는 고체 상태에서 전류가 흐르지만, 전해질은 고체에서 전류가 흐르지 않고 수용액에서 전류가 흐른다.

② 전해질은 수용액에서 이온화하므로 수용액에서 이온이 자유롭게 움직일 수 있다.

③ 농도가 진해질수록 전류의 세기가 증가하다가 어느 농도 이상에서는 이온 간의 정전기적 인력이 증가하여 이온이 잘 움직이지 못하므로 전류의 세기가 일정해진다.

④ 전해질도 부도체이다.

⑤ 전해질은 물에 녹아 전류를 흐르게 할 수 있는 물질이며, 비전해질도 물에는 녹는다.

⑥ 모든 수용액에서 전하량의 총합은 0이다.

⑦ 약한 전해질은 일부분 만이 양이온과 음이온으로 나누어진다.

⑧ 강한 전해질이 전류를 잘 통하는 것은 물에 녹아 양이온과 음이온으로 대부분이 이온화하기 때문이다. 물에 녹아 있는 이온이 많기 때문이다.

⑨ 전류의 세기는 전해질의 종류에 따라 다르다.

---

03 (1) 이온   (2) 고체, 전해질

(3) 전하를 띤 입자 수(이온 수), 일정해진다

---

04 ②

해설 | ㄱ. A는 도체, B는 전해질, C는 비전해질이다.

ㄴ. 녹말가루는 비전해질이므로 C에 해당한다.

ㄷ. 과정 (가)에서 불이 들어오는 경우는 A가 도체(금속)이기 때문이며, 자유 전자가 이동하면서 금속에 전류를 흐르게 한다.

ㄹ. B는 전해질이므로 수용액에서 양이온과 음이온으로 나누어진다.

ㅁ. 구리는 도체이므로 A와 같은 결과를 얻는다.

---

05 소금물 - ㉠ - A, 식용유 - ㉢ - B, 식초 - ㉡ - C

해설 |

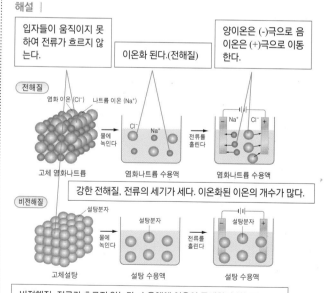

06 ③

해설 | ① 이온화도는 강한 전해질인 A가 B보다 크다.

② 설탕물이 그래프는 비전해질인 C에 해당한다.

③ C 수용액의 전류의 세기는 0이므로 이온이 존재 하지 않는다.

④ 전류의 세기는 일정 농도까지는 농도가 증가하면 커지지만, 일정 농도 이상에서는 더 이상 증가하지 않는다.

⑤ 같은 농도의 수용액 속에 존재하는 이온 수는 강한 전해질인 A가 B보다 많다.

07 (1) 고체 염화 나트륨은 전기 전도성이 없다. 이온이 이동할 수 없기 때문이다.

(2) 전해질 수용액에서 이온의 전하량의 합은 0이다.

(3) 염화 나트륨이 물에 녹으면 Na^+, Cl^- 로 이온화하여 각각 (-)극과 (+)극으로 이동하여 전류가 흐르게 한다.

해설 | 전해질 수용액 : 전극을 넣어 주면 양이온은 (-)극, 음이온은 (+) 극으로 이동하므로 전류가 흐른다.

비전해질 수용액 : 물에 녹아도 이온으로 나누어지지 않으므로 전류가 흐르지 않는다.

08

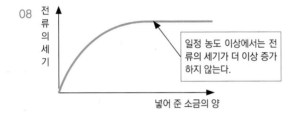

일정 농도 이상에서는 전류의 세기가 더 이상 증가하지 않는다.

09 ④, ⑥, ⑦

해설 | A 수용액은 비전해질 수용액, B 수용액은 약한 전해질 수용액, C 수용액은 강한 전해질 수용액이다.

① 도체는 없다.

② 금속은 고체 상태에서 전류가 잘 흐른다.

③ B, C 수용액은 농도가 진할수록 전류가 잘 흐른다.

④ 수산화 나트륨 수용액은 C 수용액과 같은 모형을 가진다.

⑤ B 수용액의 농도를 증가시켜도 전류의 세기가 계속 증가하지는 않는다.

⑥ 전기 전도성 실험을 하면 전류가 흐르는 수용액은 전해질 수용액인 B, C이다.

⑦ 같은 전압을 걸어주었을 때, 흐르는 전류의 세기가 가장 큰 것은 C 수용액이다.

10 (1) 비전해질이므로 (2) 더 강한 전해질이므로

(3) 에탄올 수용액 < 비눗물 < 염산

해설 | (1) 비전해질인 에탄올은 물에 녹아도 이온화되지 않으므로 전류가 흐르지 않는다.

(2) 염산보다 비눗물 이온의 수가 더 적게 존재하므로 불빛이 더 약하다.

(3) 같은 농도일 경우 이온의 수가 더 많이 존재하는 물질이 이온화도가 높다. 따라서 이온화도는 에탄올 수용액 < 비눗물 < 염산 순이다.

11

이온식	이름	이온식	이름
(H^+)	수소 이온	(Al^{3+})	알루미늄 이온
Na^+	(나트륨 이온)	Mg^{2+}	(마그네슘 이온)
(Ag^+)	은 이온	(Cu^{2+})	구리 이온
OH^-	(수산화 이온)	SO_4^{2-}	(황산 이온)
NO_3^-	(질산 이온)	(CO_3^{2-})	탄산 이온
CH_3COO^-	(아세트산 이온)	(O^{2-})	산화 이온

12 ②, ③

해설 |

예) $Mg \longrightarrow Mg^{2+} + 2e^-$

예) $Cl + e^- \longrightarrow Cl^-$

예) $O + 2e^- \longrightarrow O^{2-}$

① C 원자는 전자를 얻으므로 음이온이 된다.

④ A 이온과 B 이온으로 이루어진 물질의 화학식은 AB_2이다.

⑤ A 이온과 C 이온으로 이루어진 물질의 화학식은 AC이다.

13 ⑤

해설 | 화학식에서 양이온의 전하량의 총합과 음이온의 전하량의 총합은 0이여야 한다.

A^{3+} B^{2-} → A_2B_3

m(양이온)^{x+}n(음이온)$^{y-}$, $(+xm) + (-yn) = 0$

$(+3) \times 2 + (-2) \times 3 = 0$

14 (1) (NH_4Cl) $\longrightarrow NH_4^+ + Cl^-$

(2) $Al_2O_3 \longrightarrow$ ($2Al^{3+} + 3O^{2-}$)

(3) $CuCl_2 \longrightarrow$ ($Cu^{2+} + 2Cl^-$)

(4) (K_2SO_4) $\longrightarrow 2K^+ + SO_4^{2-}$

(5) $NaCl \longrightarrow$ ($Na^+ + Cl^-$)

15 Al_2O_3

해설 | 전자를 가장 많이 얻어 형성된 음이온 : O^{2-}

전자를 가장 많이 잃어 형성된 양이온 : Al^{3+}

$2Al^{3+} + 3O^{2-} \longrightarrow Al_2O_3$

16 ③

해설 | 전지에서 짧은 쪽이 (-)극, 긴 쪽이 (+)극이다.

A 이온은 (-)극 쪽으로 이동하였으므로 양이온, B 이온은 (+)극 쪽으로 이동하였으므로 음이온이다.

ㄱ. A 이온은 양이온이므로 중성 원자가 전자를 잃어서 된 것이다.

ㄴ. A 이온과 B이온의 개수비가 2 : 1이므로 A 와 B 이온의 전하량의 비는 1 : 2 이다.

ㄷ. X의 화학식은 A_2B이다.

17 ②, ⑥

해설 │ 구리 이온의 색은 푸른색이고, 양이온이므로 (-)극 쪽으로 이동한다. 과망간산 이온은 보라색이고 음이온이므로 (+)극 쪽으로 이동한다.

① 색깔에 관계없이 전하를 가진 이온은 반대 전하의 극으로 이동한다.

③ 질산 이온은 수용액에서 무색이며 음이온이므로 (+)극 쪽으로 이동한다.

④ 거름종이를 알코올에 적셔 실험을 하면, 알코올은 비전해질이므로 전류가 흐르지 않는다.

⑤ 푸른색을 나타내는 것은 구리 이온 때문이다.

⑦ (+)극 쪽으로 이동하는 이온은 구리 이온과 칼륨 이온의 2개이다.

18 (1) 전해질이다.　　　　(2) 석회수($Ca(OH)_2$)에 넣어본다.

(3) 알짜 이온 : Ca^{2+}, CO_3^{2-}, 구경꾼 이온 : Na^+, Cl^-

해설 │ (가)에서 나트륨 이온을 확인할 수 있다.

(나)와 (다)에서 탄산 이온을 확인할 수 있으므로 고체 X는 Na_2CO_3이다.

$Na_2CO_3 + CaCl_2 \longrightarrow 2NaCl + CaCO_3$

$Na_2CO_3 + 2HCl \longrightarrow 2NaCl + H_2O + CO_2$

(1) 탄산 나트륨은 물에 녹아 이온화하므로 전해질이다.

$Na_2CO_3 \longrightarrow 2Na^+ + CO_3^{2-}$

(2) 이산화 탄소 기체는 석회수에 넣으면 뿌옇게 흐려진다.

$Ca(OH)_2 + CO_2 \longrightarrow CaCO_3\downarrow + H_2O$

19 불꽃 반응 색 조사, 염산과 반응시켜 본다.

해설 │ 물에 녹인 후 수용액의 불꽃 반응색을 조사해보면 탄산 나트륨 수용액에서는 노란색, 황산 칼륨 수용액에서는 보라색 불꽃 반응색을 나타낸다. 두 고체를 묽은 염산과 반응시키면 탄산 나트륨에서만 기체가 발생한다.

CO_3^{2-}과 SO_4^{2-}의 구별법 : 염산(HCl)과 반응시키면 SO_4^{2-}은 반응하지 않고 CO_3^{2-}은 반응하여 CO_2 기체가 생성된다.

$CaCO_3 + 2HCl \longrightarrow CaCl_2 + H_2O + CO_2$

$K_2SO_4 + 2HCl \longrightarrow$ 반응하지 않음.

20 (1) $Ba^{2+}(aq) + SO_4^{2-}(aq) \longrightarrow BaSO_4(s)$　(2) 해설 참조　(3) Cl^-

해설 │ (2)

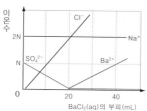

(3) 황산 나트륨(Na_2SO_4) 수용액 20 mL에 Na^+이 2N개 있다면 SO_4^{2-}은 N개가 들어 있다. 따라서 같은 농도라면 염화 바륨 수용액 30 mL 에는 Cl^- 3N, Ba^{2+} 1.5N개 들어 있으므로 두 수용액을 혼합하면, 황산 바륨이 N개 생성되고, Na^+이 2N, SO_4^{2-}은 0개, Ba^{2+} 0.5N개, Cl^- 3N가 남아 있게 되므로 염화 이온이 가장 많이 남아 있다.

21 ①, ②

해설 │ ㉠ $Ag^+(aq) + Cl^-(aq) \longrightarrow AgCl(s)$, (가) : $AgCl(s)$

㉡ $Ba^{2+}(aq) + SO_4^{2-}(aq) \longrightarrow BaSO_4(s)$, (나) : $BaSO_4(s)$

X 수용액을 넣으면 $Zn^{2+}(aq) + S^{2-}(aq) \longrightarrow ZnS(s)$ 반응이 일어난다.

㉠과 ㉡의 실험 순서를 바꾸면 (가)에 Ag_2SO_4와 $BaSO_4$의 앙금이 같이 생기므로 은 이온과 바륨 이온을 분리할 수 없다.

개념 심화 문제

01 수돗물 대신 증류수를 사용한다.

해설 │ 수돗물은 소독을 위해 염소 기체를 넣고, 이때 생성된 이온들이 전해질 역할을 하므로 전류가 흐르는 전해질이다. 따라서 설탕이 비전해질임을 확인하기 위해서는 증류수에 설탕을 녹여야 한다.

02 (해설 참조)

해설 │ ㉠ 고체 설탕 ㉡ 고체 염화 나트륨 ㉢ 설탕 수용액 ㉣ 염화 나트륨 수용액

모형 ㉠은 고체이면서 전기 전도성이 없다.

모형 ㉡은 이온 결합으로 되어있지만 고체 상태에서 이온들이 이동할 수 없으므로 전기 전도성이 없다.

모형 ㉢은 수용액 상태에서 이온들이 없으므로 전기 전도성이 없다.

모형 ㉣은 수용액 상태에서 이온들이 있으므로 전기 전도성이 있다.

03 (1) 염산　　(2) 수소 기체(H_2)　　(3) 염산

해설 │ (1), (3) 농도가 같을 때 가장 강한 전해질 수용액에 이온이 가장 많아 전류가 잘 흘러 불빛이 가장 밝다.

(2) 마그네슘이 염산, 아세트산과 반응하면 수소 기체가 발생한다.

$Mg + 2HCl \longrightarrow MgCl_2 + H_2$

04 (1) CrO_4^{2-}　　(2) KNO_3, $CuSO_4$, K_2CrO_4

해설 │ (1) K_2CrO_4는 다음과 같이 이온화한다.

$K_2CrO_4 \longrightarrow 2K^+ + CrO_4^{2-}$(노란색)

(K^+은 (-)극 쪽으로, CrO_4^{2-}은 (+)극 쪽으로 이동한다.)

(2) KNO_3, $CuSO_4$, K_2CrO_4 세 물질 모두 이온화한다.

05 (1) AB_2　　(2) (가) 양이온 수 (나) 총이온 수 (다) 음이온 수

해설 │ A 원자는 전자를 2개 잃어서 +2가 의 양이온 A^{2+}이 된다. B 원자는 전자를 1개 얻어서 -1가의 음이온 B^-이 된다.

$$A^{2+} + 2B^- \longrightarrow AB_2$$

따라서 수용액 속에 양이온 1개, 음이온 2개 총 이온 수는 3개가 된다.

06 $Pb^{2+}(aq) + 2I^-(aq) \longrightarrow PbI_2(s)$
　　$Pb^{2+}(aq) + S^{2-}(aq) \longrightarrow PbS(s)$

해설 │ $2KI + Pb(NO_3)_2 \longrightarrow 2KNO_3 + PbI_2\downarrow$(노란색 앙금)
$Na_2S + Pb(NO_3)_2 \longrightarrow 2NaNO_3 + PbS\downarrow$(검은색 앙금)

07 (1) 양이온 : Na^+, 음이온 : Cl^- 　　(2) 해설 참조 　　(3) AgCl

해설 │ (2) 자료에 따르면 바닷물의 염분 농도가 체액보다 높으므로 바닷물을 마시게 되면 몸에서 물이 빠져나와 탈수 증상이 나타나고, 전해질의 농도가 높아진다. 따라서 몸속의 전해질 농도를 낮추기 위해 물을 더 많이 필요하게 되므로 바닷물을 마실수록 더 갈증이 나게 된다.

08 (1) $BaCO_3$, 흰색 　　(2) $Ag^+(aq) + Cl^-(aq) \longrightarrow AgCl(s)$
　　(3) 석회수에 넣으면 뿌옇게 흐려진다. 　　(4) K_2CO_3

해설 │ 보라색 불꽃 반응색을 나타내므로 칼륨 이온이 있으며, 염화 바륨과 앙금을 만드는 것은 바륨 이온과 앙금을 만드는 황산 이온이나 탄산 이온이다. 앙금 A가 염산과 반응하여 기체가 발생하려면 탄산 이온이 포함되어 있어야 한다. 따라서 물질 X는 K_2CO_3이다.
(1) $K_2CO_3(aq) + BaCl_2(aq) \longrightarrow BaCO_3(s) + 2KCl(aq)$
　　　　　　　　　　　　　　　　앙금 A　　수용액 B
(3) $BaCO_3(s) + 2HCl(aq) \longrightarrow BaCl_2(aq) + H_2O(l) + CO_2(g)$
$CO_2(g) + Ca(OH)_2(aq) \longrightarrow CaCO_3(s) + H_2O(l)$
　　　　　　　(석회수)　　　　　(뿌옇게 흐려진다.)

09 (1) $NO_3^- : I^- = 2 : 1$ 　　(2) $Pb^{2+} : K^+ = 1 : 2$

해설 │ (1) $Pb(NO_3)_2 \longrightarrow Pb^{2+} + 2NO_3^-$
$KI \longrightarrow K^+ + I^-$
앙금의 양이 $Pb(NO_3)_2$ 4 mL와 KI 8 mL일 때 최대이므로 $Pb(NO_3)_2$ 4 mL 속에 Pb^{2+} 이 N개라면 NO_3^- 은 2N개 들어 있다. 또, KI 8 mL 속에는 K^+ 이 2N개 , I^-가 2N개 들어 있다. 따라서 단위 부피 4 mL 속에 들어 있는 음이온 수 비는 $NO_3^- : I^- = 2 : 1$ 이다.
(2) 단위 부피 속의 이온 수비
$Pb^{2+} : NO_3^- : K^+ : I^- = 1 : 2 : 1 : 1$ 이며
Pb^{2+} 0.5N개가 I^- N개와 반응하여 앙금이 생성되므로
$Pb^{2+} : K^+ = 0.5N : N = 1 : 2$ 이다.

10 해설 참조

해설 │ 여러 가지 실험 설계가 있을 수 있다.
(가) 리트머스 종이를 넣어본다. (CH_3COOH 만 산성이므로 붉게 변한다. 나머지는 중성) 금속을 넣어본다.
(나) 불꽃 반응색을 조사해본다. (NaCl, Na_2SO_4 - 노란색, KNO_3 - 보라색)
(다) 염화 바륨($BaCl_2$) 수용액을 넣어본다. (Na_2SO_4 수용액과는 $BaSO_4$ 의 흰색 앙금을 생성한다.)

Ⅶ. 이온의 이동과 전기 분해 (2)

개념 보기

Q6 $\underline{MnO_4^-}$: $x \times 1 + (-2) \times 4 = -1$, $x = +7$
　　$\underline{Fe_2O_3}$: $x \times 2 + (-2) \times 3 = 0$, $x = +3$

Q7 해설 참조

Q8 양쪽 수용액의 전하의 불균형을 해소하여 전기적으로 중성을 유지시키는 역할을 한다.

Q9 (+)극: $2Fe^{3+}(aq) + 2e^- \longrightarrow 2Fe^{2+}(aq)$
　　(-)극: $Ni(s) \longrightarrow Ni^{2+}(aq) + 2e^-$

Q10 (-)극: H_2 , (+)극 : O_2 , 부피비 (-)극 : (+)극 = 2 : 1

Q11 (1) 9650 C　　(2) 1.12L　　(3) 0.05몰

Q7 해설 참조

해설 │ 1. 반응식을 산화 반응과 환원 반응으로 나눈다.
산화 반응 : $Sn^{2+}(aq) \longrightarrow Sn^{4+}(aq)$
환원 반응 : $Cr_2O_7^{2-}(aq) + H^+(aq) \longrightarrow Cr^{3+}(aq) + H_2O(l)$
2. 반쪽 반응의 원자수가 같도록 맞춘다.
산화 반응 : $Sn^{2+}(aq) \longrightarrow Sn^{4+}(aq)$
환원 반응 : $Cr_2O_7^{2-}(aq) + 14H^+(aq) \longrightarrow 2Cr^{3+}(aq) + 7H_2O(l)$
3. 반쪽 반응의 전하량이 같아지도록 전자를 첨가한다.
산화 반응 : $Sn^{2+}(aq) \longrightarrow Sn^{4+}(aq) + 2e^-$
환원 반응 : $Cr_2O_7^{2-}(aq) + 14H^+(aq) + 6e^- \longrightarrow 2Cr^{3+}(aq) + 7H_2O(l)$
4. 잃은 전자수와 얻은 전자수가 같도록 계수를 맞춘다.
×3 산화 반응 : $3Sn^{2+}(aq) \longrightarrow 3Sn^{4+}(aq) + 6e^-$
환원 반응 : $Cr_2O_7^{2-}(aq) + 14H^+(aq) + 6e^- \longrightarrow 2Cr^{3+}(aq) + 7H_2O(l)$
5. 두 반쪽 반응식을 더하여 전체 반응식을 완성한다.
$3Sn^{2+}(aq) + Cr_2O_7^{2-}(aq) + 14H^+(aq)$
　　　　　　$\longrightarrow 3Sn^{4+}(aq) + 2Cr^{3+}(aq) + 7H_2O(l)$

Q9 (+)극 : $2Fe^{3+}(aq) + 2e^- \longrightarrow 2Fe^{2+}(aq)$
　　(-)극 : $Ni(s) \longrightarrow Ni^{2+}(aq) + 2e^-$

해설 │ $2Fe^{2+}(aq) + Ni^{2+}(aq) \longrightarrow 2Fe^{3+}(aq) + Ni(s)$ $E° = -1.03$ V 전체 전지 전위가 -이므로 역반응이 자발적으로 일어난다. 따라서 실제 반응은 $2Fe^{3+}(aq) + Ni(s) \longrightarrow 2Fe^{2+}(aq) + Ni^{2+}(aq)$의 반응이 일어나므로 (+)극에서는 $2Fe^{3+}(aq) + 2e^- \longrightarrow 2Fe^{2+}(aq)$,
(-)극에서는 $Ni(s) \longrightarrow Ni^{2+}(aq) + 2e^-$ 의 반쪽 반응이 일어난다.

개념 확인 문제

정답   171 ~ 174쪽

22 전기 음성도, 산화, 환원
23 (1) +6   (2) +5   (3) +4   **24** (해설 참조)
25 (해설 참조)   **26** ④
27 (1) -, +   (2) 수소, 분극   (3) 산화, 클   (4) -, +, 크다
28 역반응이 자발적으로 일어난다.   **29** ①
30 +0.46 V, 정반응이 자발적으로 진행
31 ③   **32** ②   **33** ⑤   **34** ②   **35** ④
36 (1) 음이온, 잃고   (2) 구리   (3) 염소, 수소, 11.2 L
37 ②   **38** ②   **39** ②
40 (1) 기체 A : 수소 기체, 기체 B : 산소 기체
　　(2) 기체 A : 기체 B = 2 : 1
　　(3) 꺼져 가는 불씨를 대면 불씨가 되살아난다.
41 ③   **42** ②   **43** ⑤   **44** ①

---

22 전기 음성도, 산화, 환원
해설 │ 최외각 전자 : 한 원자의 전자 배치에서 가장 바깥쪽에 채워지는 전자

23 (1) +6   (2) +5   (3) +4
해설 │ (1) $\underline{Cr}_2O_7^{2-}$: $x \times 2 + (-2) \times 7 = -2$, $x = +6$
(2) $H_2\underline{P}O_4^-$: $(+1) \times 2 + x \times 1 + (-2) \times 4 = -1$, $x = +5$
(3) $Ca\underline{C}O_3$: $(+2) \times 1 + x \times 1 + (-2) \times 3 = 0$, $x = +4$

24 (해설 참조)
해설 │ $Fe_2O_3(s) + 3CO(g) \longrightarrow 2Fe(s) + 3CO_2(g)$
Fe : +3 → 0 : 산화수 감소 , 환원
Fe_2O_3 : 산화제
C : +2 → +4 : 산화수 증가 , 산화
CO : 환원제

25 (해설 참조)
해설 │ $MnO_4^-(aq) + Cl^-(aq) + H^+(aq) \longrightarrow Mn^{2+}(aq) + Cl_2(g) + H_2O(l)$
(1) 각 원자의 산화수를 구한다.

$$\underset{+7\ -2}{\underline{Mn}\underline{O}_4^-}(aq) + \underset{-1}{\underline{Cl}^-}(aq) + \underset{+1}{\underline{H}^+}(aq) \longrightarrow \underset{+2}{\underline{Mn}^{2+}}(aq) + \underset{0}{\underline{Cl}_2}(g) + \underset{+1\ -2}{\underline{H}_2\underline{O}}(l)$$

(2) 산화수가 변하는 원자의 원자 수에 맞게 계수를 맞추고 산화수의 변화를 조사한다.

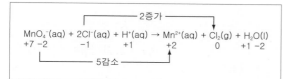

26 ④
해설 │ $Mg + 2AgNO_3 \longrightarrow Mg(NO_3)_2 + 2Ag$
Mg : 산화(환원제), Ag^+ : 환원 (산화제)
1몰의 Mg은 2몰의 Ag^+을 환원시킨다.
0.1 M $AgNO_3$ 수용액 100 mL 속에 들어 있는
$AgNO_3$의 n(몰수) = M(몰 농도) × V(부피) = 0.1 M × 0.1 L = 0.01몰,
마그네슘 조각 0.24 g의 n(몰수) = $\dfrac{w(\text{질량})}{M(\text{원자량})} = \dfrac{0.24}{24}$ = 0.01몰이다.

따라서 마그네슘은 0.005몰만 반응하고, 0.005몰이 남는다.
1몰 : 24 g = 0.005몰 : x g , x = 0.12 g

27 (1) -, +   (2) 수소, 분극   (3) 산화, 클   (4) -, +, 크다

28 역반응이 자발적으로 일어난다.
해설 │

$$\begin{array}{rl} Pb^{2+} + 2e^- \longrightarrow Pb & E° = -0.13\ V \\ - \quad Zn^{2+} + 2e^- \longrightarrow Zn & E° = -0.76\ V \\ \hline \text{전체 반응 : } Pb^{2+} + Zn \longrightarrow Pb + Zn^{2+} & E° = +0.63\ V \end{array}$$

표준 전지 전위가 (+)값이면 정반응이 자발적이고, (-)값이면 역반응이 자발적으로 일어난다. $Pb + Zn^{2+} \longrightarrow Pb^{2+} + Zn$ 반응은 $E°$가 (-)값이므로 이 반응은 역반응이 자발적으로 일어난다.

29 ①
해설 │ 1차 전지는 일정 기간 사용하고 나면 더 이상 사용할 수 없는 전지이고, 2차 전지는 충전하여 다시 사용할 수 있는 전지이다. 1차 전지로는 망가니즈 건전지, 알칼리 건전지, 볼타 전지, 다니엘 전지 등이 있다. 2차 전지는 납축전지, 리튬 - 이온 전지, 니켈 - 카드뮴 전지가 있다.

30 +0.46 V, 정반응이 자발적으로 진행
해설 │ 식 (다) = 식 (나) - 식 (가) 를 구하면 1.03 V - 0.57 V = +0.46 V 이고, 전체 반응의 $E_3°$가 (+)값이므로 (다) 반응은 정반응이 자발적으로 진행된다.

31 ③
해설 │ ㄱ. (가)에서는 H보다 반응성이 큰 Al이 산화되어 Al판에서 H_2 기체가 발생한다. (나)에서는 전지가 형성되어 반응성이 큰 Al이 산화되고, 반응성이 작은 Ag판에서 H_2 기체가 발생한다.

---

(3) 증가한 산화수와 감소한 산화수가 같도록 계수를 맞춘다.

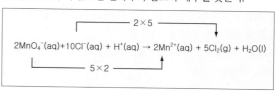

(4) 산화수의 변화가 없는 원자들의 수가 같도록 계수를 맞추어 산화 환원 반응식을 완성한다.
$2MnO_4^-(aq) + 10Cl^-(aq) + 16H^+(aq) \longrightarrow 2Mn^{2+}(aq) + 5Cl_2(g) + 8H_2O(l)$

ㄴ. (가)에서 Ag은 H보다 반응성이 작아 반응이 일어나지 않고, (나)에서 Al은 산화되고 수용액 속의 H^+이 환원된다. Ag은 전자를 이동시키긴 하지만 반응에 참여하지는 않는다.

ㄷ. (가)와 (나)에서 모두 H^+이 환원되어 H_2 기체가 되므로 묽은 황산(H_2SO_4)의 pH는 커진다.

32 ②

해설 | (-)극 산화 반응 : $Zn \longrightarrow Zn^{2+} + 2e^-$
(+)극 환원 반응 : $Cu^{2+} + 2e^- \longrightarrow Cu$
전자는 도선을 따라 아연판에서 구리판으로 이동한다. 아연판은 질량이 감소하고, 구리판은 질량이 증가한다.

33 ⑤

해설 | ㄱ. 표준 환원 전위가 (-)이면 수소보다 산화되기 쉽고, (+)이면 환원되기 쉽다. 따라서 표준 환원 전위가 (-) 값인 Zn과 Fe은 H보다 반응성이 크다.

ㄴ. Fe과 Cu로 전지를 만들면 반응성이 큰 Fe은 (-)이 된다.

ㄷ. Zn과 Cu로 만든 다니엘 전지의 표준 전지 전위는 1.10 V 이다.

34 ②

해설 | ㄱ. 아연은 전자를 잃어 산화되므로 아연통은 (-) 극이다.

ㄴ. 아연 - 탄소 건전지는 한 번 사용하여 방전되면 더 이상 사용할 수 없는 1차 전지이다.

ㄷ. 건전지의 (+)극인 탄소 막대 주위에서는 환원 반응이 일어나고, 암모니아(NH_3)가 탄소 막대 주위에 생성되어 전압을 떨어뜨린다.

35 ④

해설 | ① (-)극에서 전자를 잃고 산화 반응이 일어난다.

② (+)극에서는 전자를 얻어 환원 반응이 진행되는데 이때 산소 기체가 환원된다.

③ (-)극과 (+)극에서 일어나는 반응은 다음과 같다.

(-)극 : $2H_2(g) + 4OH^-(aq) \longrightarrow 4H_2O(l) + 4e^-$
(+)극 : $O_2(g) + 2H_2O(l) + 4e^- \longrightarrow 4OH^-(aq)$
감소하는 OH^-의 수와 증가하는 OH^-의 수가 같으므로 용액의 pH는 일정하다.

④ 전자는 도선을 따라 산화 전극에서 환원 전극으로 이동한다.

⑤ 전지에서 일어나는 전체 반응은 $2H_2(g) + O_2(g) \longrightarrow 2H_2O(l)$이므로 수소의 연소 반응식과 같다.

36 (1) 음이온, 잃고 (2) 구리 (3) 염소, 수소, 11.2 L

해설 | (3) $HCl \longrightarrow \frac{1}{2}H_2 + \frac{1}{2}Cl_2$ 의 반응이 일어나므로 1 F 를 흘려주었을 때 각각 0.5몰의 기체가 발생하여 부피는 각 11.2 L 이다.

37 ②

해설 | 전해질 양이온이 Cu^{2+}, Ag^+, Zn^{2+}, Fe^{2+}인 경우 전해질 수용액을 전기 분해하면 전해질 양이온이 환원되고, 전해질 양이온이 Ca^{2+}, Mg^{2+}, Li^+, Ba^{2+}, Al^{3+}, K^+, NH_4^+, Na^+인 경우 전해질 수용액을 전기 분해하면 물이 대신 환원된다.

38 ②

해설 | ㄱ. 전기 분해는 (-) 극에서 양이온이 전자를 얻어 환원 반응이 일어난다.

ㄴ. (+) 극에서는 음이온이 전자를 잃어 산화 반응이 일어나는데 $Cl^- \longrightarrow Cl_2 + e^-$ 반응이 진행되므로 황록색의 자극성 기체(Cl_2)가 발생한다.

ㄷ. 전기 분해가 진행되면 H^+이 전자를 얻어 H_2 기체가 되므로 pH는 점점 증가한다.

39 ②

해설 | Cu 1몰을 석출시키기 위해서는 2몰의 전자가 필요하므로 2 F 의 전하량이 필요하다. Cu 1몰의 질량이 64 g 이므로 Cu 19.2 g 을 석출하기 위해 필요한 질량(x)은 다음과 같다.
$64 : 2 \times 96500 = 19.2 : x$, $x = 57900$

40 (1) 기체 A : 수소 기체, 기체 B : 산소 기체
   (2) 기체 A : 기체 B = 2 : 1
   (3) 꺼져 가는 불씨를 대면 불씨가 되살아난다.

해설 | (+)극에 연결된 B가 (+)극이고, (-)극에 연결된 A가 (-)극이다.
황산 나트륨 수용액의 전기 분해
(-)극 : $4H_2O + 4e^- \longrightarrow 2H_2 + 4OH^-$
(+)극 : $2H_2O \longrightarrow O_2 + 4H^+ + 4e^-$
(3) 수소 기체(기체 A)는 불을 붙여 보면 펑소리를 내면서 탄다. 산소 기체(기체 B)는 꺼져 가는 불씨를 대면 불씨가 되살아난다.

41 ③

해설 | 염화 구리 수용액의 전기분해
A(-)극 : $Cu^{2+} + 2e^- \longrightarrow Cu$
B(+)극 : $2Cl^- \longrightarrow Cl_2 + 2e^-$
반응이 진행될수록 Cu^{2+} 과 Cl^-의 수가 감소하므로 수용액 속의 총 이온 수는 감소한다.

ㄷ. 전자는 수용액을 통하여 이동하는 것이 아니라 도선을 따라 이동한다.

42 ②

해설 | 염화 나트륨 수용액의 전기 분해
-극 : $2H_2O + 2e^- \longrightarrow H_2 + 2OH^-$
+극 : $2Cl^- \longrightarrow Cl_2 + 2e^-$
① 반응이 진행되면 수산화 이온(OH^-)이 증가하므로 pH가 증가한다.
② (-)극에서는 수소 기체가 발생한다.
③ (+)극과 (-)극에서 모두 기체가 발생하므로 질량이 변하지 않는다.
⑤ (+)극에서 발생하는 기체에 젖은 꽃잎을 가져다대면 염소 기체가 물과 반응하여 하이포아 염소산이 생성되므로 탈색된다.
$Cl_2 + H_2O \longrightarrow HCl + HClO$

43 ⑤

해설 | ㄱ. 은판에서 $Ag \longrightarrow Ag^+ + e^-$ 의 반응이 진행되므로 은판의 질량은 감소한다.

ㄴ. 은판에서 $Ag \longrightarrow Ag^+ + e^-$ 의 반응이 진행되고, 놋숟가락에서 $Ag^+ + e^- \longrightarrow Ag$의 반응이 진행되므로 수용액 속 Ag^+의 수는 일정하다.

ㄷ. 놋숟가락 표면에서 $Ag(s)$이 석출된다.

44 ①

해설 | 황산 구리(II)($CuSO_4$) 수용액의 전기 분해에서 (+) 극은 SO_4^{2-} 대신 물 분자가 산화되므로 $2H_2O(l) \longrightarrow O_2(g) + 4H^+(aq) + 4e^-$의 산화 반응이 진행되고, (-)극은 $Cu^{2+}(aq) + 2e^- \longrightarrow Cu(s)$의 환원 반응이 진행된다.

개념 심화 문제

정답　　　　　　　　　　　　　　　175 ~ 181 쪽

11 (1) $a : 1, b : 2, c : 1, d : 1$　(2) 산화제 : NO_3^-, 환원제 : Ag
　　(3) 1몰　**12** ①　　**13** ④　　**14** ⑤
15 (1) 전극 A : O_2, 전극 B : H_2, 전극 C : Cl_2, 전극 D : Cu
　　(2) A : C = 1 : 2　　(3) 전극 B : H_2 1 g, 전극 D : Cu 32 g
　　(4) A, C
16 (1) 해설 참조　(2) 64　(3) 10.8 g　(4) 1.12 L
17 (1) A > Cu > B　(2) A의 질량 : (나)에서 감소, (다)에서 감소, B의 질량 : (나)에서 변화 없음, (다)에서 증가
　　(3) 감소　　(4) (나), (다) 모두 금속 A, $A \longrightarrow A^{2+} + 2e^-$
18 ②
19 (1) B극　(2) A극 : $Ag^+ + e^- \longrightarrow Ag$, B극 : $Ag \longrightarrow Ag^+ + e^-$
　　(3) 변화 없음
20 (1) (-)극　(2) 변화 없음　(3) Cu > Pt, Au(양극 찌꺼기)
　　(4) (+)극 감소, (-)극 증가
21 (1) $2H^+ + 2e^- \longrightarrow H_2$　(2) (가) < (나)　(3) 감소한다
22 (1) 1.23 V (2) 변화 없음 (3) $H_2 + 2OH^- \longrightarrow 2H_2O + 2e^-$
23 ⑤　　　　　　　　**24** ①
25 (1) 1.21 V　(2) $Fe^{3+}(aq) + e^- \longrightarrow Fe^{2+}(aq)$
　　(3) $2Fe^{3+}(aq) + Fe \longrightarrow 3Fe^{2+}(aq)$
　　(4) (+)극 : 변화 없음. (-)극 : 감소

11 (1) $a : 1, b : 2, c : 1, d : 1$　(2) 산화제 : NO_3^-, 환원제 : Ag
　　(3) 1몰
해설 |

$$\underset{0}{Ag}(s) + \underset{+5}{NO_3^-}(aq) + H^+(aq) \rightarrow \underset{+1}{Ag^+}(aq) + \underset{+4}{NO_2}(g) + H_2O(l)$$

산화수 1증가 : 산화
산화수 1감소 : 환원

(2) 자신이 산화되면 환원제, 자신이 환원되면 남을 산화시키는 산화제이다.
(3) 계수비가 1 : 1이므로 Ag 1몰과 반응하는 NO_3^-의 몰수는 1몰이다.

12 ①
해설 | ㄱ. 중화 반응은 산과 염기가 반응하여 물과 염이 되는 반응이다. 따라서 염기($Sn(OH)_2$)와 산(HCl)이 반응하여 물과 염($SnCl_2$)을 생성하는 반응 (가)는 중화 반응이다.
ㄴ. HNO_3에서 N의 산화수는 (+1) + X + (-2) × 3 = 0에서 +5, NO에

서 N의 산화수는 +2이므로 산화수가 감소하므로 환원된다. (산화제)
ㄷ. $SnCl_2 \longrightarrow SnCl_4$의 반응은 Sn의 산화수가 +2에서 +4로 증가하여 산화되므로 $SnCl_2$은 환원제이다. HNO_3를 환원시킨다.

13 ④
해설 | ㄱ. 용기 B 에는 소금물을 넣어주었으므로 소금이 전해질 역할을 하여 전자의 이동을 원활하게 하기 때문에 가장 빨리 부식된다. 용기 C에서는 반응성이 큰 아연이 산화되기 때문에 용기 B보다 부식이 느리다.
ㄴ. (다)에서 반응성이 가장 큰 아연이 산화되고, 물속의 산소가 전자를 얻어 환원된다.

$$Zn \longrightarrow Zn^{2+} + 2e^-$$
$$O_2 + 2H_2O + 4e^- \longrightarrow 4OH^-$$

ㄷ. (다) 과정에서 아연 대신 구리를 사용할 때, 구리는 주석과 철보다 반응성이 작으므로 용기 C의 부식이 더 빠르게 일어난다.

14 ⑤
해설 | 물이 공기(산소)와 함께 있는 조건에서 부식이 잘 일어난다. I에서 Fe 이 산화되어 $Fe(OH)_2$ 이 될 때, H_2O와 함께 있는 ㉠은 산소(O_2)이다.
ㄱ. I에서 Fe은 전자를 잃어 $Fe(OH)_2$ 이 되므로 철은 산화된다.
ㄴ. ㉠은 산소이다.
ㄷ. M 으로 주석(Sn)을 사용했을 때 주석은 철보다 반응성이 작기 때문에 철이 산화되므로 I과 같은 반응이 일어난다.

15 (1) 전극 A : O_2, 전극 B : H_2, 전극 C : Cl_2, 전극 D : Cu
　　(2) A : C = 1 : 2　　(3) 전극 B : H_2 1 g, 전극 D : Cu 32 g
　　(4) A, C
해설 | 전극 A : (+)극, 전극 B : (-)극, 전극 C : (+)극, 전극 D : (-)극
전극 A : $H_2O \longrightarrow \frac{1}{2}O_2 + 2H^+ + 2e^-$
전극 B : $2H_2O + 2e^- \longrightarrow H_2 + 2OH^-$
전극 C : $2Cl^- \longrightarrow Cl_2 + 2e^-$
전극 D : $Cu^{2+} + 2e^- \longrightarrow Cu$
(2) 각 반응식에서 이동하는 전자 수를 같게 하면, 기체일 경우 계수비는 부피비와 같게 된다.
(3) 전극 B에서 2 F 의 전하량을 흘려 주었을 때 수소 기체가 1몰 발생 하였으므로 1 F 의 전하량을 가하면 0.5몰의 수소 기체가 발생한다. 수소 기체 0.5몰은 1 g 이다. 전극 D에서는 1 F 의 전하량을 가하면 구리가 0.5몰, 32 g 이 생성된다.
(4) 전기 분해에서 항상 (+)극에서는 전자를 잃는 산화 반응, (-)극에서는 전자를 얻는 환원 반응이 일어나므로 산화 반응이 일어나는 전극은 A, C 이다.

16 (1) 해설 참조　(2) 64　(3) 10.8 g　(4) 1.12 L
해설 | (1) 전극 A : (-)극, 전극 B : (+)극, 전극 C : (-)극, 전극 D : (+)극
전극 A : $Ag^+ + e^- \longrightarrow Ag$, 전극 B : $H_2O \longrightarrow \frac{1}{2}O_2 + 2H^+ + 2e^-$
전극 C : $M^{2+} + 2e^- \longrightarrow M$
전극 D : $H_2O \longrightarrow \frac{1}{2}O_2 + 2H^+ + 2e^-$

(2) 전극 C에서 2 F 의 전하량을 흘려주었을 때 M 1몰이 생성되므로 0.1 F 의 전하량을 가하면 0.05몰의 M 이 생성된다. 0.05몰이 3.2 g 이므로 1몰은 64 g 이다. 따라서 원자량은 64이다.

(3) 은은 1 F 의 전하량을 가하면 1몰 = 108 g 이 석출된다. 따라서 0.1 F 의 전하량을 가하면 10.8 g 의 은이 석출된다.

(4) 0 ℃, 1 기압에서 2 F 의 전하량을 가하면 B와 D에서 각각 산소 기체가 $\frac{1}{2}$ 몰 = 11.2 L 의 기체가 발생하여총 22.4 L 의 기체가 발생하므로 0.1 F 의 전하량을 가하면 총 1.12 L 의 기체가 발생한다.

17 (1) A > Cu > B   (2) A의 질량 : (나)에서 감소, (다)에서 감소, B의 질량 : (나)에서 변화 없음, (다)에서 증가
(3) 감소   (4) (나), (다) 모두 금속 A, A $\longrightarrow$ A^{2+} + 2e$^-$

해설 | (가)에서 A의 표면에 석출되는 되는 것은 붉은색의 구리이므로 A(s) + CuSO$_4$(aq) $\longrightarrow$ ASO$_4$(aq) + Cu(s)의 반응이 일어난다. 따라서 A가 Cu보다 반응성 크다.
B(s) + CuSO$_4$(aq) $\longrightarrow$ 반응이 일어나지 않는다. 따라서 Cu가 B보다 반응성 크다.
(2) (나)에서 금속 A 와 황산의 반응
A(s) + H$_2$SO$_4$(aq) $\longrightarrow$ ASO$_4$(aq) + H$_2$(g)
볼타 전지로서의 반응
A극 : A $\longrightarrow$ A^{2+} + 2e$^-$ (산화 반응, (-)극)
B극 : 2H$^+$ + 2e$^-$ $\longrightarrow$ H$_2$ (환원 반응, (+)극)
(다)에서 전기 분해가 진행되면
(+)극에서 A $\longrightarrow$ A^{2+} + 2e$^-$, (-)극에서 Cu^{2+} + 2e$^-$ $\longrightarrow$ Cu 의 반응이 진행된다.
따라서 A의 질량은 (나), (다)에서 감소하고 B의 질량은 (나)에서는 변화가 없고 (다)에서는 증가한다.
(3) (2)의 반응식을 볼 때 A가 1개 녹아 들어가면, 수소 이온이 2개 없어지므로 전체 이온 수는 감소한다.
(4) 전지에서는 산화 반응이 일어나는 극(반응성이 큰 금속이 전자를 내어 놓는곳)이 (-)극이고, 전기 분해에서는 전원 장치의 (+)극에 연결된 전극에서 산화 반응이 일어난다.

18 ②
해설 | (+)극 A : Cu $\longrightarrow$ Cu^{2+} + 2e$^-$ (산화 반응)
Zn(불순물) Ni $\longrightarrow$ Ni^{2+} + 2e$^-$
Fe (불순물) Fe $\longrightarrow$ Fe^{2+} + 2e$^-$
(-)극 B : Cu^{2+} + 2e$^-$ $\longrightarrow$ Cu (환원 반응)
(+)극은 질량이 감소하고, (-)극은 질량이 증가한다.
불순물이 포함된 구리에서 구리보다 반응성이 작은 금속은 반응하지 않고 바닥에 가라앉는다. 수용액에서 전하량의 합은 0이 되어야 한다. 수용액 속으로 녹아 나오는 Ni^{2+}, Fe^{2+} 과 환원되는 Cu^{2+} 의 전하량이 모두 같으므로 전체 이온 수는 일정하고, Cu^{2+} 수는 감소한다. 따라서 $\frac{Cu^{2+}}{전체\ 이온\ 수}$ 는 감소한다.

19 (1) B극 (2) A극 : Ag$^+$ + e$^-$ $\longrightarrow$ Ag, B극 : Ag $\longrightarrow$ Ag$^+$ + e$^-$
(3) 변화 없음
해설 | (1), (2) A극 (-)극 : Ag$^+$ + e$^-$ $\longrightarrow$ Ag (환원 반응)
B극 (+)극 : Ag $\longrightarrow$ Ag$^+$ + e$^-$ (산화 반응)

은의 도금에서 도금할 물체를 (-)극에 순수한 은판을 (+)극에 연결하므로 순수한 은판이 연결된 B극에서 산화 반응이 일어난다.
(3) A극에서 은 이온이 감소하지만, B극에서 감소한 만큼 생성되므로 은이온의 수는 변화없다. 전해질에서 양이온의 전하량의 총합과 음이온의 전하량의 총합은 0이다.

20 (1) (-)극   (2) 변화 없음   (3) Cu > Pt, Au(양극 찌꺼기)
(4) (+)극 감소, (-)극 증가
해설 | (1), (4) (+)극 A : Cu $\longrightarrow$ Cu^{2+} + 2e$^-$ (산화 반응)
Zn(불순물) Zn $\longrightarrow$ Zn^{2+} + 2e$^-$
Fe (불순물) Fe $\longrightarrow$ Fe^{2+} + 2e$^-$
(-)극 B : Cu^{2+} + 2e$^-$ $\longrightarrow$ Cu (환원 반응)
(+)극은 질량이 감소하고, (-)극은 질량이 증가한다.
(2) 수용액 속으로 녹아나오는 Zn^{2+}, Fe^{2+} 때문에 Cu^{2+} 수는 감소하지만, SO$_4^-$의 수는 변화없다.
(3) 불순물이 포함된 구리에서 구리보다 반응성이 작은 금속(Au, Pt 등, 양극 찌꺼기라고 한다.)은 반응하지 않고 바닥에 가라앉는다.

21 (1) 2H$^+$ + 2e$^-$ $\longrightarrow$ H$_2$ (2) (가) < (나)   (3) 감소한다
해설 | (가) Ni 판 : Ni $\longrightarrow$ Ni^{2+} + 2e$^-$ (산화 반응) (-)극 : 질량 감소
Cu 판 : 2H$^+$ + 2e$^-$ $\longrightarrow$ H$_2$ (환원 반응) (+)극
질량 변화 없음
(나) Zn 판 : Zn $\longrightarrow$ Zn^{2+} + 2e$^-$ (산화 반응) (-)극
질량 감소
Cu 판 : 2H$^+$ + 2e$^-$ $\longrightarrow$ H$_2$ (환원 반응) (+)극
질량 변화 없음
(2) (+)극에서의 전극 전위는 같고, (-)극에서는 아연이 니켈보다 반응성이 더 크므로 (나) 전지의 표준 전지 전위(기전력)가 더 크다.
(3) (-)극에서는 Ni^{2+} 하나가 수용액 속으로 녹아 나오지만 (+)극에서는 H$^+$ 두 개가 H$_2$ 로 되기 때문에 수용액 속의 이온 수는 감소한다.

22 (1) 1.23 V   (2) 변화 없음
(3) H$_2$ + 2OH$^-$ $\longrightarrow$ 2H$_2$O + 2e$^-$
해설 | 연료 전지는 생성물이 물이므로 공해 물질이 생성되지 않으며 우주선에서 생성된 물은 식수로 사용하기도 한다.
(1), (3)

(+)극	2H$_2$O + O$_2$ + 4e$^-$ $\longrightarrow$ 4OH$^-$	$E°$ = + 0.40 V
- (-)극	4H$_2$O + 4e$^-$ $\longrightarrow$ 2H$_2$ + 4OH$^-$	$E°$ = - 0.83 V
전체 반응 :	2H$_2$ + O$_2$ $\longrightarrow$ 2H$_2$O	$E°$ = + 1.23 V

전지의 표준 전지 전위가 (+)값이 되어야 전지가 자발적이므로 전지의 표준 전지 전위(기전력)을 구할 때는 표준 환원 전위 값이 큰 $E°$에서 작은 $E°$을 빼준다.
(2) (+)극에서 OH$^-$ 이 생성되지만 (-)극에서 OH$^-$ 이 감소하므로 수용액의 OH$^-$ 수는 그대로이다.

23 ⑤
해설 | (-)극 : Zn $\longrightarrow$ Zn^{2+} + 2e$^-$
(+)극 : Ag$^+$ + e$^-$ $\longrightarrow$ Ag

2 F 의 전하량을 가하면 아연 1몰(65 g)이 감소하며 이 때 은은 2몰 (216 g)이 생성된다.

65 g : 216 g = 0.65 g : x , x = 2.16 g

24 ①

해설 | ① 전지에서 표준 환원 전위 값이 크면 환원 반응이 일어나고 작으면 산화 반응이 일어나므로 Cd은 산화되고 Ag^+은 환원된다.
② 표준 전지 전위의 계산에서 전자의 수를 맞추기 위해서 반쪽 반응의 계수를 변화시켜도 전위 값은 그대로이다.
표준 전지 전위 : 0.80 V - (-0.40 V) = + 1.20 V 이다.
③ 전체 반응은 Cd(s) + $2Ag^+$(aq) ⟶ Cd^{2+}(aq) + 2Ag(s) 이다.
④ 전체 반응에서 Cd 이 112 g 감소할 때 Ag이 2 × 108 g 증가하므로 두 전극의 질량의 합은 증가한다.
⑤ 전기적 중성을 유지하기 위하여 염다리의 K^+는 Ag^+의 수가 감소하는 오른쪽 비커로 이동한다.

25 (1) 1.21 V (2) Fe^{3+}(aq) + e^- ⟶ Fe^{2+}(aq)
(3) $2Fe^{3+}$(aq) + Fe ⟶ $3Fe^{2+}$(aq)
(4) (+)극 : 변화 없음. (-)극 : 감소

해설 | (1), (3)

$$2Fe^{3+}(aq) + 2e^- \longrightarrow 2Fe^{2+}(aq) \quad E° = + 0.77 V$$
$$(-) \quad Fe^{2+}(aq) + 2e^- \longrightarrow Fe(s) \quad E° = - 0.44V$$
전체 반응 : $2Fe^{3+}$(aq) + Fe ⟶ $3Fe^{2+}$(aq) $E°$ = 1.21 V
전체 반응은 (환원 전극의 표준 환원 전위) - (산화 전극의 표준 환원 전위) > 0 이다. 반쪽 반응식의 계수가 바뀌어도 반쪽 반응의 전위 값은 변하지 않는다.
(2) (+)극 : Fe^{3+}(aq) + e^- ⟶ Fe^{2+}(aq)
(-)극 : Fe(s) ⟶ Fe^{2+}(aq) + $2e^-$
(4) (+)극에는 금속이 석출되지 않으므로 질량 변화가 없지만, (-)극에서는 Fe가 Fe^{2+}로 산화되므로 질량이 감소한다.

❌ 창의력을 키우는 문제
182 ~ 191쪽

> **01. 추리 단답형**
>
> (1) 산화된 물질 : 은, 환원된 물질 : 비상
> (2) 금은 반응성이 은보다 더 작아서 화학 반응이 잘 일어나지 않기 때문이다.
> (3) 계란 노른자에 포함된 황 성분이 은과 반응하여 검은색의 황화 은(Ag_2S)이 되기 때문이다.
> (4) 해설 참조

해설 | (1) 사실 은수저를 사용하는 것은 비소를 검출하는 것이 아니라 황화 이온을 검출하는 것이다.
(2) 은도 반응성이 작기 때문에 은으로 검출할 수 있는 독극물의 종류가 제한되어 있다.
(4) 냄비 속에 알루미늄 호일을 깔고, 그 위에 녹슨 은수저를 올려 놓는다. 베이킹 파우더를 녹인 물을 넣고, 가스레인지로 가열한다.

베이킹 파우더($NaHCO_3$) 수용액은 전해질 역할을 한다.
알루미늄 호일 : 2Al ⟶ $2Al^{3+}$ + $6e^-$
은수저 : $3Ag_2S$ + $6e^-$ ⟶ 6Ag + $3S^{2-}$
전체 반응 : $3Ag_2S$ + 2Al ⟶ 6Ag + $2Al^{3+}$ + $3S^{2-}$
반응성이 큰 알루미늄이 산화되고, 녹슨 은(Ag_2S)에서 은 이온이 은(Ag)으로 환원되면서 다시 광택을 찾은 것이다. 이 반응에서 은수저와 알루미늄 모두 질량이 감소한다.

> **02. 추리 단답형**
>
> (1) 사람의 손 끝이 수분 등으로 인해 전기가 통하기 때문이다.
> (2) 샤프심, 철로 된 머리핀, 알루미늄 호일, 구리줄(도체) 등
> (3) 물에 여러 가지 전해질이 녹아 들어가 전류가 흐를 수 있을 만큼의 이온이 존재했기 때문이다.

해설 | (1) 터치 스탠드의 금속 센서에 어떤 물질을 접촉시켰을 때 전기적인 차이가 생기면 회로가 감지해 불을 켜거나 끌 수 있다. 손끝이 닿으면 전류가 우리 몸으로 흘러 전기적 차이가 생기기 때문에 불이 켜진다.
(2) 불이 켜지지 않는 것 : 헝겊, 종이, 비닐, 나무젓가락, 고무 풍선(부도체) 등,
불이 켜지는 것 : 소금물, 비눗물, 수돗물에 적신 헝겊, 야채, 과일(전해질)
(3) 순수한 물에서는 전류가 흐르지 않지만, 빗물에는 산성 물질이 들어 있고 수돗물, 강물, 바닷물에도 이온들이 녹아 있으므로 전류가 흐를 수 있다.

> **03. 추리 단답형**
>
> 상어가 살고 있는 바닷물은 소금 등이 녹아 있는 전해질이다. 따라서 바닥에 부도체인 고무보트를 깔고, 마찬가지로 전선을 부도체인 잠수복으로 잡고 상어가 있는 바닷물에 넣어 감전사 시킨다.

> **04. 단계적 문제 해결형**
>
> (1) +6 → +6으로 변하지 않는다.
> (2) $PbCrO_4$, +6

해설 | (1) $Cr_2O_7^{2-}$: $2x$ + (-2) × 7 = -2 , x = +6
CrO_4^- : x + (-2) × 4 = -2 , x = +6
(2) $Pb(NO_3)_2$은 수용액에서 Pb^{2+} , NO_3^- 로 이온화하고, $Na_2Cr_2O_7$

![정답 및 해설]

(중크롬산 나트륨, 다이크로뮴산 나트륨)은 수용액에서 Na^+, $Cr_2O_7^{2-}$으로 이온화하여 $Cr_2O_7^{2-}$의 일부는 수용액에서 CrO_4^{2-}으로 바뀌어 평형을 이루며 CrO_4^{2-}은 Pb^{2+}와 노란색 앙금($PbCrO_4$)인 크롬옐로를 생성한다. pH를 변화시키면, 담황색에서 적갈색에 걸쳐 여러 가지 색깔의 크롬옐로가 생성된다.

· 평형 이동의 법칙 : 어떤 가역 반응이 평형 상태에 있을 때 농도, 압력, 및 온도를 변화시키면 그 우세해진 조건의 변화를 감소시키려는 방향으로 반응이 진행되어 새로운 평형 상태에 도달한다. 이것을 평형 이동 법칙 또는 르샤틀리에 원리라고 한다.

- $K_2Cr_2O_7$와 K_2CrO_4 사이의 수용액에서의 평형은 아래와 같다.

$$Cr_2O_7^{2-} + H_2O \rightleftharpoons 2CrO_4^{2-} + 2H^+$$
　　(주황색)　　　　　　(노란색)

위 반응이 평형 상태에 있을 때,

- NaOH 등의 염기성 물질을 첨가하면, OH^-과 H^+이 중화 반응하여 H^+이 줄어듦으로 평형이 오른쪽으로 이동하여 $Cr_2O_4^{2-}$이 많아져서 노란색이 진해진다.

- H_2SO_4 등의 산성 물질을 첨가하면 H^+이 많아졌으므로 평형이 왼쪽으로 이동하여 $Cr_2O_7^{2-}$이 많아져서 주황색이 진해진다.

---

05. 창의적 문제 해결형

(1) 비커에 우유와 식초를 10 : 1 의 부피비로 넣고, 저어 준 다음 천천히 가열한다.
(2) 침전물(카제인)이 생기면 거즈로 카제인을 거른다.
(3) 카제인을 시계접시에서 말린다.
(4) 카제인을 막자 사발에 넣고 가루로 만든다.
(5) 시험관에 아이오딘화 칼륨 수용액과 질산 납 수용액을 같은 부피 만큼 넣은 후 침전물(노란색 앙금)을 거름종이에 거른다.
(6) (4)번의 카제인 가루에 물을 조금 넣어 반죽으로 만들고 (5)번의 노란색 색소를 섞어 물감을 만든다.

---

06. 논리 서술형

(1) 김치를 많이 썰어놓으면 김치에서 나온 젖산이 철로 된 무쇠를 산화시켜 김치에서 녹물 냄새가 날 수 있기 때문이다.
(2) 조개껍데기의 탄산 칼슘이 젖산을 중화하기 때문에 신맛을 없앨 수 있다.
(3) 산소와 수분을 차단한다.
(4) 철의 반응성이 주석보다 커서 먼저 녹슬기 때문이다.

해설 | (1) 김치는 익어가면서 젖산발효에 의해 젖산이 생성되는 데 이때 생성된 젖산이 철로 된 무쇠를 산화시켜 Fe^{2+}을 만들며, Fe^{2+}은 산화하여 Fe^{3+}이 되고 김치에서 녹물 냄새가 난다.
(2) 조개껍데기, 달걀껍데기의 주성분은 탄산 칼슘($CaCO_3$)이다. 탄산 칼슘은 김치에서 나온 산성인 젖산을 중화시킨다.
$CaCO_3 + 2CH_3C(OH)HCOOH$
　　　　　$\longrightarrow Ca(CH_3C(OH)HCOO)_2 + CO_2 + H_2O$
(3) [제시문 2]에서 철이 녹슬려면 (가) ~ (다) 과정을 모두 거쳐야 한

다. 이때 반응 (가)를 보면 철이 내놓은 전자를 산소와 물이 가져간다. 따라서 철이 녹슬 때는 산소와 물이 필요하므로 이 두 인자를 차단하면 녹스는 것을 방지할 수 있다.
(4) 주석으로 표면을 도금한 양철은 표면이 긁히게 되면 반응성이 큰 철의 산화가 더 촉진되므로 부식 속도가 더 빨라진다.

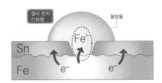

· 몸속의 철분
- 몸속에 있는 철의 55 % 는 적혈구 속에 있는 헤모글로빈과 결합하고 있으며 헤모글로빈의 헴 중심에 있는 철분(Fe^{2+})이 산소와 결합하여 몸속에 산소를 운반하는데, 철분이 부족하면 헤모글로빈의 형성이 잘 되지 않아 산소의 공급이 부족해져서 쉽게 피로해지고 빈혈이 생기기 쉽다. 간이나 혈장 속에도 철분이 들어 있다.

---

07. 논리 서술형

서양에서는 이를 희게 하기 위해 표백하기 때문이다. 또 종이가 산성지이기 때문이다. 표백된 종이와 산성지는 노출되면 반응하여 누렇게 변하게 된다.

해설 | · 현대의 책들은 희게 하기 위해서 종이를 표백한다. 이 과정에서 첨가된 화학 물질이 산소, 자외선 등과 반응하여 다른 물질로 변하면서 누렇게 변색되는 것이다. 이러한 산화 과정에서 생성된 산은 셀룰로오스로 이루어진 종이를 분해하여 파손된다.
· 산성지인 신문용지는 햇빛에 잠시만 노출되어도 누렇게 변하는 황변 현상이 나타난다. 이것은 종이에 남아 있는 산성 물질이 산화를 촉진시켜 시간이 흐르면서 섬유질이 분해되어 색이 변화하고 종이가 파손되는 현상이 나타나는 것이다. 종이의 번짐을 막기 위하여 종래에 써 오던 사이즈제가 산성이었다.
전통적인 한지는 불순물이 적은 순도가 높은 섬유로 만들어진 종이로 인피 섬유의 도정공정으로 목탄, 석탄 등을 쓰고 있어 종이는 중성이나 약알카리성이다.
사이즈제 : 종이의 섬유는 친수성, 다공질이므로 펜으로 쓰거나 인쇄할 때 번지므로 이를 방지하기 위하여 가공할 때 콜로이드 물질을 넣는데 이를 사이즈제라 한다.

---

08. 논리 서술형

(1) 사과를 깎으면 사과 조직에 있는 산화 효소가 작용하여 페놀계 화합물이 산소와 반응하여 갈색으로 변한다.
(2) 삶게 되면 단백질로 된 산화 효소가 제 기능을 발휘하지 못하기 때문이다.
(3) 껍질이 산소와의 접촉을 막아주기 때문이다.
(4) 소금물에 담근다. 식초에 담근다. 레몬수나 오렌지 주스를 살짝 뿌려준다. 랩을 씌워둔다. 먹기 직전에 깎는다.

해설 | (1) 갈변 현상 : 과일이나 채소류 등에 포함된 효소 성분이 공기 중의 산소와 만나 산화 작용으로 인해 색깔이 갈색으로 변하는 현상이다.

(2) 단백질은 일정 온도 이상 올라가면 단백질 구조가 바뀐다(단백질 변성) 효소도 단백질로 되어 있으므로 온도가 35 ℃ ~ 45 ℃ 정도에서 활성이 가장 크고 온도 그 이상으로 올라가면 효소의 기능을 상실한다.

(3) 식물 조직에 상처가 나면 페놀 화합물을 산화시키는 효소가 분비되어 공기 중의 산소와 반응하여 페놀 화합물을 산화시켜 갈색으로 바뀐다. 사과 배 등의 과일은 다른 과일과 달리 잘 시들지 않는데 이는 과일의 껍질에 과일 왁스가 있기 때문이다. 이 과일 왁스가 산소와의 접촉을 차단해준다.

(4) 소금물에 들어 있는 염화 이온이 갈변 현상을 막아주므로 소금물에 담그거나, 식초는 pH를 낮춰 효소의 활성을 줄여주므로 식초에 담그거나, 레몬이나 오렌지 등 신맛이 나는 과일에는 산화를 막아주는 항산화제인 비타민 C를 많이 함유하므로 레몬이나 오렌지를 뿌려준다. 또는 랩을 씌워두면 산소가 차단되므로 갈변 현상을 막을 수 있다.
*폴리페놀 옥시다아제(산화 효소) : 구리를 함유하는 금속 효소로서 과일에 포함된 폴리페놀 화합물을 산소와 반응하여 산화시켜 갈색으로 변하게 한다. 폴리페놀 옥시다아제는 구리나 철에 의해 활성화되고 염화 이온에 의해 억제된다. 철로 된 칼로 과일을 깎으면 갈변 현상이 더 잘 일어난다.

---

09. 추리 단답형

(1) 철심-아연판-산화 반응, 동판-은판-환원 반응,
식초(황산)-소금물-전해질
(2) 철심, 아연판
(3) 아연판과 은판 사이에 소금물 헝겊을 끼우고 직렬로 연결한다.　　　　　(4) 감소한다.

해설 | (1) 반응성이 큰 금속이 전자를 잘 잃어 버리고, 산화 반응이 일어난다. 철심 - 아연판 - 산화 반응, 동판 - 은판 - 환원 반응, 식초(황산) - 소금물 - 전해질

(2) 바그다드 전지 : (-)극(철판) : $Fe \longrightarrow Fe^{2+} + 2e^-$
볼타 전지 : (-)극(아연판): $Zn \longrightarrow Zn^{2+} + 2e^-$

(3) 직렬로 연결하여야 한다.

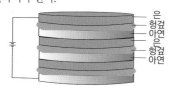

(4) 바그다드 전지가 작동을 했다면 볼타 전지와 원리가 같으므로 동판 (+)극에서 환원 반응이 일어나 수소 기체가 발생하여 H^+의 수가 감소한다.
(+)극 : $2H^+ + 2e^- \longrightarrow H_2$

---

10. 단계적 문제 해결형

(1) (-)극(환원 반응) : $Cu^{2+}(aq) + 2e^- \longrightarrow Cu(s)$, 표준 환원 전위 값이 큰 반쪽 반응이 일어난다.
(+)극(산화 반응) : $Cu(s) \longrightarrow Cu^{2+}(aq) + 2e^-$, 표준 환원 전위 값이 작은 반쪽 반응의 역반응이 일어난다.
(2) (+)극 : 3.175 g 감소, (-)극 : 3.175 g 증가
(3) 변화없다.

해설 | (1) 전기 분해에서 (-)극에서는 환원 반응이 , (+)극에서는 산화 반응이 일어난다. (-)극에서는 환원 반응의 표준 환원 전위 값이 가장 큰 반쪽 반응이 일어나므로 염화 구리(Ⅱ) 수용액에서 환원 반응의 가능성이 있는 ⓐ, ⓑ 반응 중 표준 환원 전위 값이 큰 ⓑ 반응이 일어난다. (+)극에서는 표준 환원 전위 값이 가장 작은 반응의 역반응(산화 반응 : 표준 산화 전위 값이 가장 크다.)이 일어나는데, ⓑ, ⓒ, ⓓ 중 표준 환원 전위 값이 가장 작은 ⓑ의 역반응이 일어난다.
(-)극 : $Cu^{2+}(aq) + 2e^- \longrightarrow Cu(s)$, (+)극: $Cu(s) \longrightarrow Cu^{2+}(aq) + 2e^-$
(2) 전하량 = 전류의 세기 × 시간 이므로
Q = 10 A × 965s 이고, 9650 C = 0.1 F 이다. 위 반쪽 반응식에서 2 F 의 전하량을 가하면 63.5 g 의 구리가 증감하므로 0.1 F 의 전하량을 가하면 2 F : 63.5 g = 0.1 F : x g , x = 3.175 g 의 구리가 증감한다.
(3) 염화 구리(Ⅱ) 수용액의 색깔이 푸른색을 나타낸 것은 Cu^{2+} 때문이다. 반응이 진행하는 동안 (-)극에서는 Cu^{2+} 이 감소하지만, (+)극에서는 Cu^{2+} 이 생성되므로 Cu^{2+} 의 농도가 변하지 않아 푸른색은 변함이 없다.

· 백금 전극을 사용하여 염화 구리 수용액을 전기 분해했을 때 (+)극에서 물이 산화 되지 않고, 염화 이온이 산화될까?
(+)극 : $2Cl^-(aq) \longrightarrow Cl_2(g) + 2e^-$
(-)극 : $Cu^{2+}(aq) + 2e^- \longrightarrow Cu(s)$
전기 분해에서 (+)극에서는 환원 반쪽 반응의 표준 환원 전위 값이 작은 반응의 역반응이 일어나야 한다. ⓒ와 ⓓ중 ⓒ의 표준 환원 전위 값이 작으므로
(+)극에서 $2H_2O(l) \longrightarrow O_2(g) + 4H^+(aq) + 4e^-$ 의 반응이 일어나야 하지만, 수소와 산소 기체가 발생하는 반응에서는 발생하는 기체들이 전자의 이동을 방해하여 과전압이 일어나고, 실제 실험에서는 ⓒⓓ반응의 전위 값의 차이가 매우 작으므로 과전압이 상대적으로 작은 Cl^-이 산화되어 $2Cl^-(aq) \longrightarrow Cl_2(g) + 2e^-$ 반응이 일어난다.

· 과전압 : 전기 분해 실험에서 표준 전극 전위로부터 계산한 전압보다 더 큰 전압이 필요하며, 이러한 전압을 과전압이라고 한다. 전극 면에 형성되는 여러 장애가 원인이다.

---

11. 논리 서술형

(1) 알루미늄은 반응성이 커서 산화물 형태로 존재하여 환원시켜 금속 알루미늄을 얻기 어려웠기 때문이다.
(2) 전기의 대량 생산
(3) 산화 알루미늄의 녹는점을 낮추어 준다.
(4) Al , 액체

해설 | (1) 우리가 필요한 알루미늄은 금속인 Al 인데, 알루미늄은 지각에 많이 존재하지만, 반응성이 커서 산화물 상태인 Al_2O_3의 형태로 존재하며 환원시키기가 어려워 금속 알루미늄은 수요에 비해 공급량이 많지 않아 비쌌다.

(2) 알루미늄을 전기 분해하여 얻는 데는 많은 전기가 필요하다. 19세기 후반 전기를 대량 생산할 수 있게 되면서 알루미늄도 대량 생산하게 되었다.

(3) 이온 결합으로 된 물질은 고체 상태에서는 전기 전도성이 없고, 수용액이나 용융 상태에서 전기가 통한다. 이온 결합으로 이루어진 산화 알루미늄(Al_2O_3)을 전기 분해하여 금속 알루미늄을 얻으려면 용융 상태가 되어야 하는데 산화 알루미늄의 녹는점(2054 ℃)이 너무 높으므로 용융 상태로 만드는데 어려움이 많다. 하지만, 빙정석을 섞으면 녹는점이 970 ℃ 정도로 낮아진다.

(4) (-)극: $2Al^{3+} + 6e^- \longrightarrow 2Al$

(+)극 : $3O^{2-} + \dfrac{3}{2}C \longrightarrow \dfrac{3}{2}CO_2 + 6e^-$

전기 분해 장치 내부 온도가 970 ℃ 정도이며, 알루미늄의 녹는점이 660 ℃ 이므로 알루미늄은 액체 상태로 얻어진다.

· 물질의 녹는점, 끓는점과 상태

고체 < 녹는점 < 액체 < 끓는점 < 기체

㉮ 물은 녹는점 0 ℃, 끓는점 100 ℃ 이므로 -10 ℃ 에는 고체인 얼음, 50 ℃ 에서는 액체인 물, 150 ℃ 에서는 기체인 수증기 상태로 존재한다.

---

12. 추리 단답형

> 금이 반응성이 적어 이온 상태가 되지 않기 때문에 장에서 흡수되지 않는다.

해설 | 우리 몸속에 흡수되는 금속은 이온 상태로 흡수된다. 하지만, 금은 반응성이 적어 위 속의 위산인 염산과 반응하지 않아 이온화되지 않으며 장에서도 흡수되지 않고 그대로 배출된다.

· 금은 왕수에 녹는다.

왕수: 진한 염산(3부피)과 진한 질산(1부피)의 혼합 용액으로 금·백금과 같은 귀금속을 녹임.

- 1922년 노벨물리학상 수상자인 덴마크의 과학자 닐스 보어는 독일 검열이 심하여 금으로 된 노벨상을 가져갈 수 없게 되자 왕수에 넣어 녹였다가, 전쟁이 끝난 뒤 왕수 속에 구리를 넣어 녹인 금을 되찾아 노벨상을 다시 받았다.(구리 산화 - 금 이온 환원)

---

13. 단계적 문제 해결형

> (1) 산소 기체가 발생한다.
> (2) 흰색 앙금이 생성된다.
> (3) 전해질 속의 H^+ 이 탄소 막대에 전달된 전자를 받아 환원되는 (+) 전극의 역할을 한다.
> (4) 물질 Y, 전지의 탄소 막대는 전기가 통하므로 전기 전도성이 있는 흑연(물질 Y)으로 만들었다.

해설 | (1) 검은색 물질에는 MnO_2 와 NH_4Cl 이 포함되어 있는데, NH_4Cl은 물에 녹고, C(탄소)와 MnO_2는 물에 녹지 않는다. 이를 거르게 되면, 거름종이에는 이산화 망가니즈가 남아 있게 된다. 이산화 망가니즈를 과산화 수소에 넣어 주면 촉매로 작용하여 산소 기체가 발생시킨다. 산소 기체를 확인하는 방법은 꺼져가는 불씨를 대면 불씨가 되살아난다.

$$2H_2O_2 \xrightarrow{MnO_2} O_2 + 2H_2O$$

(2) 거른 용액에는 염화 이온이 있으므로 질산 은과 반응하여 흰색 앙금을 만든다. $Ag^+(aq) + Cl^-(aq) \longrightarrow AgCl(s)$

(3) (+)극(탄소 막대) : $2NH_4^+(aq) + 2MnO_2(s) + 2e^-$
$$\longrightarrow Mn_2O_3(s) + H_2O(l) + 2NH_3(aq)$$

(-)극(아연) : $Zn(s) \longrightarrow Zn^{2+}(aq) + 2e^-$

(4) 흑연의 구조에서 같은 층에 있는 원자들은 강한 공유 결합을 하며 이 결합에 관여한 전자들은 이동할 수가 없지만, 층과 층 사이의 결합에 관여하는 전자들은 약하게 결합되어 있어 이동할 수 있어서 공유 결합이지만 흑연은 전기 전도성이 있다. 또 층과 층 사이의 결합이 약하므로 잘 부스러지기 쉬워 연필심에 이용할 수가 있다. 반면 다이아몬드는 모든 전자들이 강한 공유 결합에 관여하여 이동할 수 없으므로 전기 전도성이 없다.

---

14. 단계적 문제 해결형

> (1) $2H^+ + 2e^- \longrightarrow H_2 \uparrow$
> (2) 분극 작용을 없애기 위해   (3) 해설 참조
> (4) 해설 참조

해설 | (1) 레몬즙은 산성이므로 H^+이 들어 있다. 따라서 (+) 극인 Cu판에서 H^+이 환원된다 .

(2) 볼타 전지는 Cu판에서 발생하는 H_2 기체가 Cu판 표면에 달라 붙어 용액 속 H^+이 전자를 얻는 것을 방해하기 때문에 전지의 전압이 급격하게 떨어지는 분극 현상이 일어난다. 이때 이산화 망가니즈, 과산화 수소, 다이크로뮴산 칼륨 등을 넣어 분극 현상을 방지한다. 과정 4에서 Cu판에 과산화 수소 수를 떨어뜨리는 이유는 분극 현상을 없애기 위함이다.

(3) 레몬 속에 레몬즙은 레몬 전지에 전류가 흐를 수 있게 해주므로 전해질 역할을 한다. 볼타 전지에서는 묽은 황산(H_2SO_4)이 전해질 역할을 한다.

(4) 거름종이를 아연판과 구리판 사이에 끼우고 레몬즙에 넣으면 레몬즙이 거름종이를 타고 올라와 금속 간 접촉이 되지 않고 전류가 잘 흐를 수 있도록 도와준다.

대회 기출 문제

192 ~ 201 쪽

정답

01 I⁻(아이오딘 음이온)	**02** ④
03 (1) ④ (2) 흰색	**04** ② **05** ㄱ, ㄴ
06 ①, ②, ④ **07** ①	**08** ①, ③, ⑤ **09** ④
10 ② **11** ④	**12** ③ **13** ③
14 ③ **15** ①	**16** ①

17 (1) 수산화 나트륨을 물에 넣으면 Na⁺ 과 OH⁻ 로 이온화하여 각각 (-)극과 (+)극으로 이동할 수 있기 때문이다.

    (2) $2H^+ + 2e^- \longrightarrow H_2$ **18** ①

19 NaClO : 37.8 kg/일, 수소 : 1.095×10^4 L **20** ②

21 ③ **22** ④ **23** ⑤ **24** ④

25 (1) 구리가 산화되어 구리 이온이 되고, 수용액은 푸른색으로 변한다. 전자를 얻은 은 이온은 금속 은으로 석출된다.

    (2) $Cu + 2AgNO_3 \longrightarrow Cu(NO_3)_2 + 2Ag$ (3) $AgNO_3$

    (4) 마그네슘(Mg) 리본 > 알루미늄(Al) 호일 > 철사(Fe)

26 (1) 산화 반응식 : $4OH^- \longrightarrow 2H_2O + O_2 + 4e^-$

    환원 반응식 : $4H^+ + 4e^- \longrightarrow 2H_2$

    (2) 0.8 g   (3) 16 : 1

---

01 I⁻(아이오딘 음이온)

해설 | 질산 은 수용액 중에 들어 있는 Ag⁺ 은 I⁻ 과 반응하여 노란색 침전(AgI)이 생긴다. 아이오딘의 불꽃 반응색은 보라색이다.

02 ④

해설 | 질산 은과 반응하여 앙금이 생기는 이온은 SO_4^{2-}(Ag_2SO_4), Cl⁻(AgCl)이다. 따라서 황산 이온과 염화 이온이 포함된 시험관을 찾으면 A, B, C 시험관이다.

03 (1) ④   (2) 흰색

해설 | 질산 은 수용액에 의해 생기는 앙금의 색은 이온의 종류에 따라 다르므로 이온을 검출할 때 이용할 수 있다.

(1) 질산 은 수용액을 넣었을 때 A 시험관에서는 흰색 앙금(AgCl)이 생겼으므로 염화 이온이 들어있다고 예상할 수 있다. 다음 C 시험관에서는 질산 납 수용액을 넣었을때 노란색 앙금(AgI)이 생겼으므로 아이오딘 이온이 있어야 한다.

A - 염화 나트륨, B - 황산 구리, C - 아이오딘화 칼륨이다.

(2) 황산 구리와 수산화 바륨이 반응하면 $BaSO_4$(흰색) 앙금이 생긴다.

    $CuSO_4 + Ba(OH)_2 \longrightarrow BaSO_4\downarrow + Cu^{2+} + 2OH^-$

04 ②

해설 | ㄱ. (가)에서 탄소(C)는 산소와 결합하여 산화수가 0에서 +4로 증가하기 때문에 산화된다.

ㄴ. (나)에서 ㉠은 CO 이고, C는 산화수 +2에서 +4로 증가한다. 따라서 자신은 산화되고, 다른 물질을 환원시키는 환원제이다.

ㄷ. (다)에서 Al은 산화수가 0에서 +3으로 증가하고, O는 0에서 -2로 감소하므로 (다)는 산화 환원 반응이다.

05 ㄱ, ㄴ

해설 | 산화수는 전기 음성도가 큰 원자가 전자쌍을 모두 가진다고 가정하여 전하수를 판단하는 것으로 H_2O_2 에서 수소(H)의 산화수가 +1이므로 산소(O)의 산화수는 -1이고, O_2F_2 에서 전기 음성도가 큰 플루오린(F)이 -1이므로 산소(O)는 +1이다. CaO에서 칼슘(Ca)의 산화수가 +2이므로 산소(O)의 산화수는 -2이다.

06 ①, ②, ④

해설 | 철이 녹슬 때는 아래의 과정을 거치며 산소와 물이 필요하다.

가) $2Fe \longrightarrow 2Fe^{2+} + 4e^-$

나) $O_2 + 2H_2O + 4e^- \longrightarrow 4OH^-$

다) $2Fe^{2+} + 4OH^- \longrightarrow 2Fe(OH)_2$

라) $4Fe(OH)_2 + O_2 + 2H_2O \longrightarrow 4Fe(OH)_3$ -- 탈수 --> $2 Fe_2O_3 \cdot x H_2O$
                                                    붉은색 녹

철이 녹스는 것을 방지하려면 위 과정이 진행되지 않도록 하면 된다. 페인트칠, 기름칠, 도금을 하여 산소와 수분을 차단하거나 ((나)과정 차단) 철보다 반응성이 큰 물질을 접촉시키면(음극화 보호, (가)과정 차단) 녹이 잘 슬지 않는다. 또, 녹슬지 않는 합금으로 만드는 방법도 있다.

철을 주석으로 도금하는 것은 산소와 수분을 차단하는 것이다.

기계에 기름칠하는 것, 플라스틱으로 코팅하는 것, 철로 만든 문에 페인트칠 하는 것은 산소와 수분을 차단하는 것이다.

배의 바닥에 아연을 부착하고, 지하 가스관에 마그네슘을 연결하는 것은 음극화보호의 원리이다.

⑥ 스테인리스스틸 합금은 산화가 잘 일어나지 않아 녹이 슬지 않는다.

07 ①

해설 | ① 염화 나트륨의 전기 분해는

(-)극 : $2H_2O + 2e^- \longrightarrow H_2 + 2OH^-$

(+)극 : $2Cl^- \longrightarrow Cl_2 + 2e^-$ 의 반응이 일어나므로 그림 (가)의 (+)극에서는 산화 반응이 일어난다.

② 그림 (가)의 염화 나트륨은 수용액에서 이온화하여 생성된 Na⁺, Cl⁻ 이 전류를 흐르게 하므로 전기 전도성이 있다.

③ 아이오딘화 납은 녹는점이 402 ℃ 이므로 가열하면 녹아서(용융 상태) Pb²⁺ 은 (-)극 쪽으로 가서 전자를 얻는 환원 반응이 일어나 금속 Pb 이 되고, I⁻ 은 (+)극 쪽으로 가서 I_2 이 된다.

(-)극 : $Pb^{2+} + 2e^- \longrightarrow Pb$

(+)극 : $2I^- \longrightarrow I_2 + 2e^-$

따라서 그림 (나)의 (-)극에서는 회백색의 납이 생성된다.

④ 그림 (나)의 아이오딘화 납은 용융 상태에서 Pb²⁺, I⁻ 으로 이온화되므로 전기 전도성을 가진다.

⑤ NaCl 이나 PbI_2 가 고체 상태일 때는 이온들이 이동할 수가 없기 때문에 전기 전도성이 없다. 그림 (가)에서는 수용액 상태 (나)에서 용융 상태이므로 이온들이 자유롭게 움직일 수 있어 전기 전도성이 있다.

08 ①, ③, ⑤

해설 | 전해질 수용액에는 양이온과 음이온이 존재한다는 근거를 찾는 문제이다.

① 수용액 속에 존재하는 H⁺ 의 농도로 강산과 약산을 구별하므로 약산과 강산이 존재한다는 것은 전원을 켜지 않아도 황산 구리 수용액

속에 H^+ 이 있다는 것을 의미한다.

② 구리(금속)에서 전류가 잘 흐르는 것은 자유 전자가 존재하기 때문이다.

③ 이온의 양이 매우 적어 전류가 잘 흐르지 않는 증류수에 전해질을 넣으면 이온화되기 때문에 전류가 잘 흐른다.

④ 황산 구리 수용액을 염화 구리($CuCl_2$) 수용액으로 바꾸어도 같은 결과가 나타나는 것으로는 이온의 존재를 설명할 수 없다.

⑤ 염화 구리와 브로민화 구리는 고체 상태에서 각각 푸른색과 갈색을 띤다. 전원 장치를 켜야 염화 구리와 브롬화 구리가 양이온, 음이온으로 나누어지므로 전원을 켜지 않았을 때 염화 구리는 푸른색을, 브롬화 구리는 갈색을 띠어야 한다. 그러나 수용액에서 이들은 청색을 띤다. 이것은 염화 구리와 브로민화 구리가 수용액에서 Cu^{2+}(청색), Cl^-(무색), Br^-(무색)으로 이온화하기 때문이다.

09 ④

해설 | 반응 전후 산화수가 변하면 산화 환원 반응이다.

① $2\underset{0}{H_2}(g) + \underset{0}{O_2}(g) \longrightarrow \underset{+1\ -2}{H_2O}(l)$

② $\underset{+1\ -1}{Na\,Cl}(l) \longrightarrow \underset{0}{Na}(s) + \underset{0}{Cl_2}(g)$

③ $\underset{0}{Mg}(s) + \underset{+2}{Fe^{2+}}(aq) \longrightarrow \underset{+2}{Mg^{2+}}(aq) + \underset{0}{Fe}(s)$

④ $NaOH(aq) + HCl(aq) \longrightarrow NaCl(aq) + H_2O(l)$
산화수가 달라지지 않으므로 산화 환원 반응이 아니다.(중화 반응)

10 ②

해설 | 반응 Ⅰ : $K + O_2 \longrightarrow KO_2$ (초과산화 칼륨)

$4KO_2 + 2H_2O \longrightarrow 4KOH + 3O_2$

반응 Ⅱ : $2CO_2 + 4KO_2 \longrightarrow 2K_2CO_3 + 3O_2$

① KO_2에서 K의 산화수가 +1이므로 O의 산화수는 $-\dfrac{1}{2}$ 이다.

② 반응 Ⅰ과 Ⅱ는 모두 산화 환원 반응이다.
반응 Ⅰ, Ⅱ에서 반응 전후 산화수가 바뀌었으므로 산화 환원 반응이다.

③ 반응 Ⅰ에서 KO_2 1몰당 형성되는 O_2의 몰수는 $\dfrac{3}{4}$ 몰이다.

④ 반응 Ⅱ에서 KO_2 1몰당 형성되는 O_2의 몰수는 $\dfrac{3}{4}$ 몰이다.

11 ②

해설 | 화학 전지에서 표준 환원 전위 값이 큰 전극이 (+)극이 되고, 표준 환원 전위 값이 작은 전극이 (-)극이 된다.

$\begin{aligned} Cu^{2+}(aq) + 2e^- &\longrightarrow Cu(s) \quad E° = +\ 0.34 \text{ V}\\ -\quad Zn^{2+}(aq) + 2e^- &\longrightarrow Zn(s) \quad E° = -\ 0.76 \text{ V} \end{aligned}$

전체 반응 : $Zn + Cu^{2+} \longrightarrow Zn^{2+} + Cu$, $E° = +\ 1.10$ V

(-)극 : $Zn(s) \longrightarrow Zn^{2+}(aq) + 2e^-$ (산화 반응)
(+)극 : $Cu^{2+}(aq) + 2e^- \longrightarrow Cu(s)$ (환원 반응)

① 표준 환원 전위 값이 작은 금속이 산화가 더 잘 된다. 아연이 구리보다 산화가 잘 된다.

② 아연(Zn)은 산화되므로 환원제, 구리 이온(Cu^{2+})은 환원되므로 산화제로 작용한다.

③ 이 전지의 표준 전지 전위는 0.34 - (- 0.76) = 1.10 V 이다.

④ 표준 환원 전위 값이 큰 전극에서 환원 반응이, 작은 전극에서 산화 반응이 일어나므로 구리는 환원 전극으로 아연은 산화 전극으로 작용한다.

12 ③

해설 | 탄소-아연 건전지 : 전해질 - NH_4Cl

(+)극 : $2NH_4^+(aq) + 2MnO_2(s) + 2e^-$
$\longrightarrow Mn_2O_3(s) + H_2O(l) + 2NH_3(aq)$

(-)극 : $Zn(s) \longrightarrow Zn^{2+}(aq) + 2e^-$

전체 반응 : $2NH_4^+(aq) + 2MnO_2(s) + Zn(s)$
$\longrightarrow Zn^{2+}(aq) + 2NH_3(aq) + Mn_2O_3(s) + H_2O(l)$

생성된 $Zn^{2+}(aq)$ 와 $NH_3(aq)$는 착이온 $Zn(NH_3)_2^{2+}$이 되어 가용성 화합물을 만든다.

연료 전지

(가) (-)극 : $2H_2 + 4OH^- \longrightarrow 4H_2O + 4e^-$ (산화 반응)

(나) (+)극 : $O_2 + 2H_2O + 4e^- \longrightarrow 4OH^-$ (환원 반응)

전체 반응 : $2H_2 + O_2 \longrightarrow 2H_2O$

① 연료 전지의 (가)에서는 산화 반응이 일어나는 (-)극이고, (나)는 환원 반응이 일어나는 (+)극이다.

② 위의 (가)와 (나)의 반응식을 더하면 연료 전지의 전체 반응식은 $2H_2 + O_2 \longrightarrow 2H_2O$ 이다.

③ 건전지의 아연은 산화 반응이 일어나는 (-)극, 연료 전지의 산소는 환원 반응이 일어나는 (+)극이다.

④ 건전지의 전체 반응식은 $Zn(s) + 2NH_4^+(aq) + 2MnO_2(s)$
$\longrightarrow Zn^{2+}(aq) + 2NH_3(aq) + Mn_2O_3(s) + H_2O(l)$ 이다.

13 ③

해설 | $O_2 + 4H^+ + 4e^- \rightleftharpoons 2H_2O$의 반응식에서 1몰의 O_2 가 환원될 때 4 F(4 × 96485 C)의 전류가 흘러야 한다.

1000 mmol : 4 × 96485 C = 0.8 mmol : x C

$x = \dfrac{4 \times 96485 \times 0.8}{1000} ≒ 308.75$ C

1시간은 3600초 이므로 $Q = I \times t \rightarrow 308.75$ C $= I \times 3600$s

$I = 0.0858$ A ≒ 86 mA 이다.

14 ③

해설 | 환원 전극 : 전지에서 환원 반응이 일어나는 전극이며, (+)극이다.
산화 전극 : 전지에서 산화 반응이 일어나는 전극이며, (-)극이다.
전지에서 표준 환원 전위가 더 큰 반쪽 전지에서 환원 반응이 일어나고, 작은 반쪽 전지에서는 산화 반응이 일어난다.

15 ①

해설 | a. $MnO_2(s) + 4H^+ + 2e^- \rightleftharpoons Mn^{2+} + 2H_2O \quad E° = +\ 1.23$ V

b. $Cu^{2+} + 2e^- \rightleftharpoons Cu(s) \quad\quad E° = 0.339$ V

c. $Cd^{2+} + 2e^- \rightleftharpoons Cd(s) \quad\quad E° = -\ 0.402$ V

d. $Li^+ + e^- \rightleftharpoons Li(s) \quad\quad E° = -\ 3.040$ V

표준 전지 전위($E°$) = (+)극의 표준 환원 전위 - (-)극의 표준 환원 전위 이다.

① $MnO_2(s)$ 와 $Li(s)$의 전지가 되려면

(+)극 : $MnO_2(s) + 4H^+ + 2e^- \rightleftharpoons Mn^{2+} + 2H_2O$(환원 반응)

(-)극 : $Li(s) \longrightarrow Li^+ + e^-$ (산화 반응) 이다.

반쪽 반응식 a-d ⇒ 표준 환원 전위 값의 차(기전력)가 1.23 - (-3.040) = + 4.27 V 이고, (+) 값이므로 정반응이 자발적이다.

② $Cu(s)$ 와 Cd^{2+}의 전지가 되려면

(+)극 : $Cd^{2+} + 2e^- \longrightarrow Cd(s)$ (환원 반응)

(-)극 : $Cu(s) \longrightarrow Cu^{2+} + 2e^-$ (산화 반응) 이다.

반쪽 반응식 c-b → 표준 환원 전위 값의 차(기전력)가 $- 0.402 - (0.339) = - 0.741$ V 이고, (-) 값이므로 역반응이 자발적이다.

③ Li^+ 과 Mn^{2+} 의 전지가 되려면

(+)극 : $Li^+ + e^- \longrightarrow Li(s)$ (환원 반응)

(-)극 : $Mn^{2+} + 2H_2O \longrightarrow MnO_2(s) + 4H^+ + 2e^-$ (산화 반응) 이다.

반쪽 반응식 d-a ⇒ 표준 환원 전위 값의 차(기전력)가 $- 3.040 - (1.23) = - 4.27$ V 이고, (-) 값이므로 역반응이 자발적이다.

④ Cd^{2+} 과 Mn^{2+}의 전지가 되려면

(+)극 : $Cd^{2+} + 2e^- \rightleftharpoons Cd(s)$(환원 반응)

(-)극 : $Mn^{2+} + 2H_2O \longrightarrow MnO_2(s) + 4H^+ + 2e^-$ 이다.

반쪽 반응식 c-a ⇒ 표준 환원 전위 값의 차(기전력)가 $- 0.402 - (1.23) = - 1.632$ V 이고, (-) 값이므로 역반응이 자발적이다.

16 ①

해설 │ 가장 강한 환원제는 산화가 가장 잘 되는 물질이다.

$Al^{3+} + 3e^- \rightleftharpoons Al(s)$ $E° = - 1.66$ V

$Fe^{3+} + e^- \rightleftharpoons Fe^{2+}$ $E° = + 0.77$ V

아래식 × 3 - 윗식을 하면 전체 반응은 $3Fe^{3+} + Al(s) \rightleftharpoons Al^{3+} + 3Fe^{2+}$, $E° = + 2.43$ V 이며 $E°$ 값이 양수이므로 정반응이 자발적이다. 이때 Al 은 산화되며 ($0 \rightarrow +3$), Fe^{3+}은($+3 \rightarrow +2$) 환원되므로 산화가 가장 잘되는 Al 이 가장 강한 환원제이다.

17 (1) 수산화 나트륨을 물에 넣으면 Na^+ 과 OH^- 로 이온화하여 각각 (-)극과 (+)극으로 이동할 수 있기 때문이다.

(2) $2H^+ + 2e^- \longrightarrow H_2$

해설 │ (1) 수산화 나트륨이 물에 녹아 Na^+ 과 OH^- 로 이온화하므로, 전류를 흘려주면 OH^-은 (+)극으로, Na^+ 과 (-)극으로 이동하여 전하를 나르기 때문에 수산화 나트륨 수용액에서는 전류가 흐른다.

(2) H_2SO_4 는 H^+ 와 SO_4^{2-}로 이온화한다.

(-)극에서는 환원 반응이 일어나는데

$2H_2O + 2e^- \longrightarrow H_2 + 2OH^-$ $E° = - 0.83$ V

$2H^+ + 2e^- \longrightarrow H_2$ $E° = 0.00$ V

중에서 표준 환원 전위 값이 더 큰 아래 식의 반응이 일어난다.

(+)극 : $H_2O \longrightarrow O_2 + 2H^+ + 2e^-$

(-)극 : $2H^+ + 2e^- \longrightarrow H_2$

18 ①

해설 │ 전체 반응 : $CaCl_2(aq) + Na_2CO_3(aq)$
$\longrightarrow 2NaCl(aq) + CaCO_3(s)$

알짜 이온 : Ca^{2+}, CO_3^{2-}

구경꾼 이온 : Na^+, Cl^-

①은 Cl^-의 그래프이고, ③은 Na^+의 그래프이다.

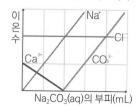

19 NaClO : 37.8 kg/일, 수소 : $1.095 × 10^4$ L

해설 │ NaCl 수용액을 전기 분해하면 각 전극에서

(-)극 : $2H_2O + 2e^- \longrightarrow H_2 + 2OH^-$ (식 ㉮)

(+)극 : $2Cl^- \longrightarrow 2e^- + Cl_2$ (식 ㉯) 의 반응이 진행되어

전체 반응은 $2NaCl + 2H_2O \longrightarrow 2NaOH + Cl_2 + H_2$ (식 ㉰)가 된다. 이때 만들어진 NaOH 와 Cl_2을 $Cl_2 + 2NaOH \longrightarrow NaClO + NaCl + H_2O$(식 ㉱)의 반응을 통해 표백제를 얻는다.

24시간 동안 흘려준 전하량 $Q = 1000$ A $× (24 × 60 × 60)$s
$= 8.64 × 10^7$ C

식 ㉱에서 Cl_2 1몰이 반응하면 NaClO 1몰이 생성되고,

식 ㉮, ㉯에서 2 F($2 × 96500$ C)의 전하량을 가하면 Cl_2 1몰과 H_2 1몰이 생성된다. 따라서 $8.64 × 10^7$ C 의 전하량을 가하면 $\dfrac{8.64 × 10^7}{2 × 96500}$ 몰의 Cl_2와 H_2가 생성된다.

$\dfrac{8.64 × 10^7}{2 × 96500}$ ≒ 447.7몰이므로 NaClO도 하루에 447.7몰 생긴다.

1몰이 84.5 g 이므로 447.7몰 × 84.5 g/몰 ≒ 37.8 kg 의 NaClO가 하루에 생산된다. H_2 도 하루에 447.7몰 생긴다. 따라서 수소의 부피는 $PV = nRT$에서

$V = \dfrac{nRT}{P} = \dfrac{447.7 × 0.082 × 298}{1} = 1.094 × 10^4$ L 이다.

20 ②

해설 │ $MnO_4^- + 8H^+ + 5e^- \longrightarrow Mn^{2+} + 4H_2O$

5 F($5 × 96485$ C)의 전하량을 가하면 1몰의 MnO_4^- 이 환원된다.

가해준 전하량 $Q = I × t = 0.6$ A $× 844$ s $= 506.4$ C

506.4 C 의 전하량을 가했을 때 생성되는 MnO_4^- 의 몰수는

$506.4 × \dfrac{1몰}{5 × 96485} = 0.0010497$몰

몰 농도 $= \dfrac{용액의 몰수}{용액의 부피} = \dfrac{0.0010497몰}{0.025 \text{ L}}$ ≒ $4.2 × 10^{-2}$ M

21 ③

해설 │ (가)는 물의 광분해이고, (나)는 물의 전기 분해이다. (가)의 광촉매 전극에서는 산소 기체가 발생하고, 백금 전극에서는 수소 기체가 발생한다.

ㄱ. 물의 분해 반응에서는 햇빛을 가해주거나, 전기 에너지를 가해 주어야 하므로 물의 분해 반응은 흡열 반응이다.

ㄴ. (가)의 반응에서 H_2O 은 H_2 가 되므로 H의 산화수는 -1에서 0으로 감소한다. 따라서 H는 환원된다.

$2H_2O + 2e^- \longrightarrow H_2 + 2OH^-$

ㄷ. (나)의 (-)극에서는 수소 기체가 발생하고, (+)극에서는 산소 기체가 발생한다.

22 ④

해설 │ 화학 전지에서 표준 환원 전위가 작은 금속이 (-)극으로 작용하고, 표준 환원 전위가 큰 금속이 (+)극으로 작용한다. 따라서 A는 (-)극, B는 (+)극이다.

ㄱ. A 에서 전자가 도선을 타고 B로 이동하면서 A 이온이 생성되므로 A는 산화 전극이다.

ㄴ. 전지에서 반응이 진행될 때, A에서 B로 이동한 전자가 수용액의 H^+ 과 반응하여 H_2 기체가 발생하고, A 이온도 생성되므로 수용액의 질량은 반응 전보다 증가한다. B는 반응하지 않고 전자를 이동시키는 역할을 한다.

ㄷ. 표준 전지 전위는 '(+)극의 표준 환원 전위 - (-)극의 표준 환원 전위' 이다. $2B(s) + 2H^+(aq) \longrightarrow 2B^+(aq) + H_2(g)$ 에서 (+)극은 표준 환원 전위($E°$)가 0 V 인 $2H^+(aq) \longrightarrow H_2(g)$ 의 반응이고, (-)극은 표준 환원 전위($E°$)가 + 0.80 V 인 $2B(s) \longrightarrow 2B^+(aq)$ 의 반응이므로 표준 전지 전위 = 0 - (+ 0.80) = - 0.80 V 이다.

23 ⑤

해설 | 표준 환원 전위 자료로 부터 $x = 0.34 - (- 0.76) = 1.10$ 임을 알 수 있다. (나)의 전지는 0.46 V 의 전위차를 나타내므로 $a - 0.34 = 0.46$ 이어야 한다. 따라서 $a = 0.80$ 이다.

ㄱ. (가)에서 Zn 반쪽 전지는 산화 반응이 일어나므로 Zn 전극에서 Zn은 Zn^{2+} 으로 되어 질량은 감소한다.

ㄴ. 표준 환원 전위는 A > Cu 이므로 (나)에서 구리 반쪽 전지가 (-)극이고, A의 반쪽 전지가 (+)극이다. 따라서 반응이 진행됨에 따라 Cu^{2+} 의 몰수는 증가하고 A^+ 의 몰수는 감소하게 되어 $\dfrac{[Cu^{2+}]}{[A^+]}$ 는 증가한다.

ㄷ. $a = 0.80$ V 이므로 $Zn(s) + 2A^+(aq) \longrightarrow Zn^{2+}(aq) + 2A(s)$ 반응의 표준 전지 전위는 0.80 - (- 0.76) = 1.56 V 이다.

24 ④

해설 | (가), (다), (라)에서 반응이 일어나지 않았으므로 반응성은 B > A, D > B, D > C 이다. (나)에서 반응이 일어났으므로 반응성은 C > A이다. 반응성은 D > B > A , D > C > A 이므로 B와 C의 반응성을 비교해야 한다.

25 (1) 구리가 산화되어 구리 이온이 되고, 수용액은 푸른색으로 변한다. 전자를 얻은 은 이온은 금속 은으로 석출된다.

(2) $Cu + 2AgNO_3 \longrightarrow Cu(NO_3)_2 + 2Ag$

(3) $AgNO_3$

(4) 마그네슘(Mg) 리본 > 알루미늄(Al) 호일 > 철사(Fe)

해설 | (3) 산화제는 자신은 환원되면서 다른 물질을 산화시키는 물질이므로 Cu를 산화시키는 $AgNO_3$ 가산화제이다.

26 (1) 산화 반응식 : $4OH^- \longrightarrow 2H_2O + O_2 + 4e^-$

환원 반응식 : $4H^+ + 4e^- \longrightarrow 2H_2$ (2) 0.8 g (3) 16 : 1

해설 | (2) $Q = I \times t = 10 \times 965 = 9650$ C 이다.

$4 \times 96500 : 32 = 9650 : x$, $x = 0.8$ g

(3) (가)는 (+)극과 연결되어 있으므로 O_2 가 발생하고, (나)는 (-)극과 연결되어 있으므로 H_2 가 발생한다. $H_2 : O_2$ 의 부피비는 2 : 1 , 질량비는 1 : 8 이므로 같은 부피일 때, (가) : (나)의 질량비는 16 : 1 이다.

✖ imagine infinitely 202 ~ 203쪽

A. 물질이 나노크기(10^{-9})가 되면 물리적, 화학적 성질이 변하기 때문이다. (노란색이며 전기가 잘 통하는 금, 은이 나노 크기가 되면 붉은색을 띠며 반도체로 성질이 변한다.

Ⅷ. 산과 염기의 반응 (1)

개념 보기

Q1 아레니우스는 수용액에서 H^+ 을 내놓는 것은 산이고 OH^- 을 내놓는 것은 염기라고 정의하였고, 브뢴스테드 - 로우리는 수용액이 아닌 용액에서도 H^+ 을 내놓는 분자 또는 이온을 산, H^+ 을 받는 분자 또는 이온을 염기라고 정의하였다.

Q2 염산은 금속과 반응하여 수소 기체가 발생된다.

Q3 질산

Q4 염산은 강산이고 아세트산은 약산이므로 염산에서의 전류 세기가 아세트산보다 더 세다.

Q5 대기 중의 CO_2 가 빗물에 녹아 산성을 띠기 때문에 CO_2가 녹은 산성도를 고려한 pH 5.6 이하를 산성비라고 한다.

개념 확인 문제

정답			211 ~ 214쪽
01 ㉠, ㉢	**02** ⑤	**03** ②	**04** ㄱ, ㄴ, ㄹ, ㅇ, ㅈ
05 ①	**06** ㄱ, ㄴ	**07** ④	**08** H^+(수소 이온)
09 NaOH(수산화 나트륨)	**10** ③	**11** ②	**12** ②
13 ⑤	**14** ③	**15** ①	**16** ③	**17** ③
18 ④	**19** ①	**20** ⑤		
21 (1) 붉은색 (2) 녹색		**22** ③	**23** ④
24 HC > HB > HA		**25** ⑤	**26** ④

01 ㉠, ㉢

해설 | 물에 녹아 H^+ 을 내어놓는 것이 브뢴스테드와 아레니우스의 산의 정의이다. 주어진 반응에서 HCO_3^- 이 H^+ 을 H_2O에 주었으므로 산으로 작용하고, 역반응에서 H_3O^+ 이 H^+ 을 내놓았으므로 산으로 작용한다.

02 ⑤

해설 | ㄱ. HCl은 산으로 작용한다.

ㄴ. H_2O은 H^+ 을 줄 수도 있고 받을 수도 있는 양쪽성 물질이다.

ㄷ. H_3O^+ 이 산으로 작용하고 H_2O이 염기로 작용한다. 따라서 H_3O^+ 과 H_2O은 짝산 - 짝염기 관계이다.

03 ②

해설 | 브뢴스테드의 산은 H^+ 을 내놓을 수 있는 물질이다.

② $NH_3 + H_2O \rightleftharpoons NH_4^+ + OH^-$ 에서는 H_2O이 H^+ 주개로 작용하였다.

04 ㄱ, ㄴ, ㄹ, ㅇ, ㅈ

해설 | 양쪽성 물질로 작용할 수 있는 것은 H^+ 을 내놓을 수도 있고 받을 수도 있는 물질이다.

05 ①
해설 | ① H_3O^+은 왼쪽 반응에서 H^+ 을 내놓아 산으로 작용한다.
② HCO_3^- 은 오른쪽 반응해서 H^+ 을 내놓아 산으로 작용한다.
③ H_2O의 짝산은 H_3O^+이다.
④ HCO_3^-의 짝염기가 CO_3^{2-}이다
⑤ HCO_3^- 과 CO_3^{2-} 은 짝산 - 짝염기 관계이다.

06 ㄱ, ㄴ
해설 | 질산과 염산은 이온화도가 큰 강산이고, 탄산과 아세트산은 이온화도가 작은 약산이다.

07 ④
해설 | ④ 산의 종류에 따라 성질이 다른 것은 산의 음이온 때문이다.

08 H^+(수소 이온)
해설 | H^+ 입자는 산의 성질을 나타나게 한다.

09 NaOH(수산화 나트륨)
해설 | 조해성이 있고, 페놀프탈레인 용액에서 붉게 변하는 염기이며, 불꽃색이 노란색인 물질은 NaOH(수산화 나트륨)이다.

10 ③
해설 | 빛에 의해 분해되기 쉬우므로 질산은 갈색병에 보관해야 한다.

11 ②
해설 | ② 수산화 칼슘은 물에 잘 녹지 않는다.

12 ②
해설 | ② $Ca(OH)_2$ 의 이온식은 $Ca^{2+} + 2OH^-$ 이다.

13 ⑤
해설 | 아세트산과 암모니아수는 둘 다 약한 전해질이므로 전류의 세기는 유사하기 때문에 구별할 수 없다.

14 ③
해설 | ㄱ. 질산은 빛에 의해 분해되므로 갈색병에 넣어야 한다.
ㄴ. 묽은 황산이 아닌 진한 황산이 건조제로 쓰인다.
ㄷ. 묽은 황산을 만들기 위해서는 많은 양의 물에 진한 황산을 조금씩 가하면서 유리 막대로 저어야 한다.
ㄹ. 빙초산은 녹는점이 17 ℃ 이므로 녹이기 위해 그 이상의 온도에 담궈야 한다.

15 ①
해설 | 자극성이 강한 무색의 기체로 물에 잘 녹으며, 염화 나트륨과 진한 황산을 반응시키면 염화 수소가 생성되고, 암모니아와 반응하여 흰 기체가 생성되는 것은 염화 수소이다.

$$NaCl + H_2SO_4 \longrightarrow HCl + NaHSO_4$$
$$HCl + NH_3 \longrightarrow NH_4Cl$$

16 ③
해설 | (가)는 약한 전해질이고, (나)는 강한 전해질이다.
ㄱ. 전기 전도성은 강한 전해질인 강산이 더 크다. 따라서 (가)보다 (나)가 더 크다.
ㄴ. 수용액의 총 이온 수는 (나)가 더 많다.
ㄷ. 강산이 금속과 반응해서 수소를 더 빨리 발생시킨다.
ㄹ. (가)와 (나)는 둘 다 산성이기 때문에 페놀프탈레인 용액을 가하면 색이 같다.

17 ③
해설 | A 풍선이 B 풍선 보다 크게 부풀었으므로 A 가 이온화 정도가 더 큰 것을 알 수 있다. A 에서 이온화된 H^+ 은 수소 기체가 되었으므로 수용액의 분자 수는 이온화가 덜 된 B 에 더 많다. 수소 이온 농도는 이온화 정도가 큰 A 가 더 크다. 금속과의 반응 속도는 이온화 정도가 큰 A 가 빠르다.

18 ④
해설 | 농도와 상관없이 이온화도가 가장 작은 아세트산의 전류가 가장 약하게 흐른다.

19 ①
해설 | 전기 전도성이 가장 작은 것은 이온화도가 가장 작은 약산, 약염기이므로 약염기인 NH_3 가 가장 작다.

20 ⑤
해설 | ⑤ pH가 2인 용액은 pH가 5인 용액보다 수소 이온 농도가 10^3배 더 크다.

21 (1) 붉은색   (2) 녹색
해설 | (1) 아세트산과 같은 산성 물질인 식초가 붉은색을 띠므로 아세트산에 양배추 즙을 넣으면 붉은색으로 변한다.
(2) 암모니아수와 같은 염기성 물질인 제산제, 세제가 녹색이므로 암모니아수에 양배추 즙을 넣으면 녹색으로 변한다.

22 ③
해설 | 레몬의 pH는 약 2.2, 우유의 pH는 약 6.7, 수돗물의 pH는 약 7.0, 비눗물의 pH는 약 10.0, 수산화 마그네슘의 pH는 약 13.0 이다. 따라서 레몬의 pH가 가장 작고 수산화 마그네슘이 가장 크다.

23 ④
해설 | $[H_3O^+] = C\alpha$ 이므로 $[H_3O^+] = 0.01$ M × 1 = 0.01 M 이다.
$K_w = [H^+][OH^-] = 1.0 \times 10^{-14}$ 이므로 $[OH^-] = \dfrac{1.0 \times 10^{-14}}{0.01} = 1.0 \times 10^{-12}$이다.

24 HC > HB > HA
해설 | $pH = -\log[H_3O^+]$ 이고, $[H_3O^+] = C\alpha$ 이므로 산 HA, HB,

HC의 $[H_3O^+]$는 각각 0.07 M, 0.05 M, 0.009 M 이다. $[H_3O^+]$가 클수록 pH는 작아지므로 pH의 크기는 HC > HB > HA이다.

25 ⑤

해설 │ 몰 농도가 C (M) 인 산 수용액에서 산의 이온화도가 α일 때, $[H^+] = C\alpha$ 이다. $0.05 \times \alpha = 0.02$, $\alpha = 0.4$ 이다.

26 ④

해설 │ ㄱ. 수용액에 공통적으로 들어 있는 이온은 H^+ 이므로 ◯는 H^+ 이다.

ㄴ. 넣어준 HA와 HB의 개수가 같으므로 몰 농도가 같다.

ㄷ. HA 수용액에는 5개의 H^+ 과 5개의 A^-이 들어 있고, HB 수용액에는 1개의 H^+ 과 1개의 B^-이 들어 있으므로 이온화도는 HA(aq)이 HB(aq)의 5배이다.

개념 심화 문제

06 (1) A 기체 : CO_2, 수산화 나트륨이 이산화 탄소를 흡수하는 성질이 있기 때문이다.

(2) 시험관 밖은 붉은색, 안은 분홍색

07 (1) ㄴ, ㄷ　(2) $H_2O + CO_2 \longrightarrow H_2CO_3$ ($2H^+ + CO_3^{2-}$)

08 (1) 플라스크 안에 들어간 물은 붉은색을 나타낸다. 플라스크 속 암모니아는 물에 녹아 염기의 성질을 나타내고 페놀프탈레인 지시약은 염기성 용액에서 붉은색을 나타내기 때문이다.

(2) 암모니아가 물에 잘 녹는 성질을 이용한 실험이다.

(3) 플라스크 속의 암모니아 기체가 물에 녹으므로 플라스크 속의 압력은 플라스크 밖의 압력(대기압)보다 낮아진다.

09 ㄱ　　**10** ③　　**11** ①

01 ②

해설 │ 조해성은 수산화 나트륨과 수산화 칼륨에 나타나는 성질이다. 물에 잘 녹지 않고, 수용액을 석회수라 하며, 날숨과 반응하여 뿌옇게 흐려지는 물질은 수산화 칼슘이므로 조해성이 있다.

02 0.04576

해설 │ pH = $-\log[H^+]$ = $-\log[0.8]$ = 0.04576
HA는 1 : 1로 이온화되기 때문에 $[A^-]$ = 0.8 M 만큼 이온화되었다면 $[H^+]$ 또한 0.8 M 이다.

03 ④

해설 │ 이온화도가 클수록 강산이고 pH가 작다. 또한 이온화도는 같은 농도에서 온도가 높을수록 이온화도는 커지고 같은 온도에서는 농도가 묽을수록 커지는데, 이것을 오스트발트의 희석률이라고 한

다. 참고로 pH = $-\log[H^+]$ = $-\log C\alpha$ (C : HA의 처음 농도, α : 이온화도)이다.

04 ③

해설 │ 묽은 염산에 마그네슘을 넣어 수소 기체가 발생하는 실험이다. 묽은 염산이 마그네슘과 반응이 끝나면 염산에 있던 H^+ 이 모두 기체로 날아가 없어지므로 용액은 중성이 된다.
따라서 (가)는 산성, (나), (다)는 중성이다. 산성의 pH가 중성보다 작고 염화 이온은 구경꾼 이온이므로 (가), (나), (다) 수의 변화는 없다. (가)는 반응 중에 있는 상태이고, (나)와 (다)는 반응이 종결된 상태이다. 따라서 (가)까지보다 (나)까지 발생된 수소 기체 양이 더 많다.

05 ③

해설 │ 양배추 즙의 지시약은 산성 용액에서 붉은 계열색을, 염기성 용액에서는 푸른 계열색을 나타낸다. 중성에서는 양배추 즙의 본래의 색을 나타낸다. 아스피린은 산성이므로 (가)는 붉은색을 나타낸다.
제산제는 염기성이므로 금속과 반응이 없다. 따라서 (나)는 변화 없다. 제산제에 배터리액을 넣으면 중화반응이 일어나므로 온도가 높아진다. 배터리액은 산성이므로 페놀프탈레인 용액을 넣으면 무색을 나타낸다.

06 (1) A 기체 : CO_2, 수산화 나트륨이 이산화 탄소를 흡수하는 성질이 있기 때문이다.

(2) 시험관 밖은 붉은색, 안은 분홍색

해설 │ (1) ㄱ. CO_2는 물에 녹아 탄산이 되어 약 산성을 띤다.

ㄴ. $Ca(OH)_2 + CO_2 \longrightarrow CaCO_3 + H_2O$

ㄷ. 온도가 낮을수록 이산화탄소의 용해도는 증가한다.
수산화 나트륨은 이산화 탄소를 흡수하는 성질이 있으므로 수산화 나트륨이 시험관 안의 이산화 탄소를 흡수하여 시험관 안의 수위가 높아지게 된다.
(2) 수산화 나트륨이 염기성이므로 시험관 밖은 붉은색이지만 시험관 안에는 이산화 탄소와 수산화 나트륨이 반응하여 중화가 되므로 붉은색이 좀 더 옅어지는 것을 볼 수 있다.

07 (1) ㄴ, ㄷ　(2) $H_2O + CO_2 \longrightarrow H_2CO_3$ ($2H^+ + CO_3^{2-}$)

해설 │ (1) pH가 높을수록 염기성이 강하다. 콜라가 증류수보다 수소 이온 농도가 10^4배 크다. 메틸오렌지 용액은 염기성에서 노란색이다.
(2) 공기 중 오염 물질이 녹아 있지 않은 깨끗한 비도 공기 중의 이산화 탄소가 녹아 들어가서 pH 5.6의 약산성을 띤다.

08 (1) 플라스크 안에 들어간 물은 붉은색을 나타낸다. 플라스크 속 암모니아는 물에 녹아 염기의 성질을 나타내고 페놀프탈레인 지시약은 염기성 용액에서 붉은색을 나타내기 때문이다.

(2) 암모니아가 물에 잘 녹는 성질을 이용한 실험이다.

(3) 플라스크 속의 암모니아 기체가 물에 녹으므로 플라스크 속의 압력은 플라스크 밖의 압력(대기압)보다 낮아진다.

09 ㄱ

해설 | 금속과 산이 반응하면 산화 환원 반응에 의해 수소 기체가 발생한다. (금속 M)

$$M + 2HCl \longrightarrow MCl_2 + H_2$$

따라서 아연을 넣은 A와 B에서 수소 기체가 발생한다.

ㄱ. 강산일수록 기체 발생 속도가 빠르고, 저울이 용액 B 쪽으로 기울었으므로 A가 강산이고, B가 약산이다.

ㄴ. A가 강산이고, B가 약산이므로 A가 염산, B가 아세트산이다.

ㄷ. 강산의 경우 수소 이온이 약산보다 더 많이 생성되므로 처음 용액 속에 존재하는 수소 이온의 개수는 강산인 A가 B보다 더 많다.

10 ③

해설 | 페놀프탈레인 용액에서 붉은색을 띠는 A와 B는 수용액에서 OH^- 을 내놓는 물질이고, 불꽃 반응색이 노란색인 A, B, C는 Na을 포함한 수용액이다. A와 B 는 Na을 포함하고, 수용액에서 OH^- 을 내놓아야 하며, 전기 전도성은 A가 B보다 크다. 따라서 A는 수산화 나트륨(NaOH) 수용액, B는 탄산 나트륨(Na_2CO_3) 수용액이다.

$$Na_2CO_3(탄산\ 나트륨) + H_2O \longrightarrow 2NaOH + CO_2$$

페놀프탈레인 용액에서 무색을 띠는 C, D, E는 중성 또는 산성이고, 그 중 불꽃 반응색이 노란색인 C는 중성인 염화 나트륨(NaCl) 수용액이다. D와 E 중 D의 전기 전도성이 더 크므로 D는 강산인 염산(HCl), E는 약산인 아세트산(CH_3COOH) 수용액이다.

ㄱ. 수용액의 pH를 비교하면 A > B > C > E > D 이다.

ㄴ. A는 수산화 나트륨 수용액, C는 염화 나트륨 수용액이므로 와 C 는 중화 반응하지 않는다.

ㄷ. B는 탄산 나트륨, D는 염산이다. 따라서 질산 은 수용액과 다음과 같이 반응한다.

$$2Ag^+ + CO_3^{2-} \longrightarrow Ag_2CO_3 \downarrow$$
$$Ag^+ + Cl^- \longrightarrow AgCl \downarrow$$

11 ①

해설 | ① 온도가 상승하면 K_w 가 커지므로 물의 이온화 과정은 흡열 과정이다.

② 18 ℃ 에서 물의 이온곱 상수는 0.64×10^{-14} 이므로 $[OH^-] = [H^+]$ $= 0.8 \times 10^{-7}$ 이다.

③ 온도가 다르면 이온화되는 정도가 다를 뿐 각 온도에서 $[H^+]$ = $[OH^-]$이므로 중성이다.

④ 25 ℃ 의 $[H^+]$가 18 ℃ 보다 크고, pH = $-log[H^+]$ 이므로 pH 값은 작다.

⑤ 용매인 물에 물을 더 넣어도 평형 상수의 일종인 K_w 는 변하지 않는다.

VIII. 산과 염기의 반응 (2)

개념 보기

Q6 100 mL
Q7 지시약, 중화열, 전기 전도성 이용
Q8 NH_4Cl, $CuSO_4$, $(NH_4)_2SO_4$ 등
Q9 (1) 중성   (2) 산성   (3) 염기성
Q10 완충 용액
Q11 (1) O (2) O

Q6 100 mL

해설 | $nMV = n'M'V'$ 이고, H_2SO_4 는 2가 산이므로 $2 \times 0.1 \times 0.2 = 1 \times 0.4 \times x$ 이 성립해야 한다. $x = 0.1$ 이므로 필요한 NaOH 수용액의 부피는 100 mL 이다.

개념 확인 문제

정답			226 ~ 229쪽
27 50 mL	**28** 65 mL	**29** ②, ④, ⑤	**30** ④
31 ④	**32** ②	**33** ㄱ, ㄴ, ㅁ	
34 ②	**35** ㄱ, ㄴ, ㄹ		
36 (나), HCl 와 NaOH 이 1 : 1 계수비로 반응하기 때문이다.			
37 ⑤	**38** ⑤	**39** ①	
40 물에 잘 녹는 염 : ㄱ, ㄹ 물에 잘 녹지 않는 염 : ㄴ, ㄷ, ㅁ			
41 ⑤	**42** ⑤	**43** ㄷ	
44 (1) ㄹ (2) ㄱ (3) ㄴ, ㄷ		**45** 해설 참조	**46** ④
47 ㄱ, ㄷ	**48** 페놀프탈레인		**49** ④
50 $H_2O + CO_2 \rightleftharpoons H_2CO_3 \rightleftharpoons H^+ + HCO_3^-$			

27 50 mL

해설 | 산에서 이온화되는 H^+ 의 몰수와 염기에서 이온화되는 OH^- 의 몰수가 같아야 한다. $nMV = n'M'V'$ 이므로 $1 \times 0.1 \times 100 = 1 \times 0.2 \times x$, $x = 50(mL)$ 이다.

28 65 mL

해설 | $nMV = n'M'V'$ 이므로 수소 이온과 수산화 이온의 몰수가 동일해야 한다. H_2SO_4는 2가이므로 첨가하는 NaOH 수용액의 부피를 x 라고 하면 다음 식이 성립한다.

$2 \times 0.1 \times 40 = 1 \times 0.1 \times 15 + 1 \times 0.1 \times x$, $x = 65$ mL

29 ②, ④, ⑤

해설 | ① A 점에서 H^+ 은 중화 반응을 할 때 소모되므로 가장 많이 존재 하는 이온은 Cl^- 이다.

③ B 점은 중화점이므로 존재하는 이온은 구경꾼 이온인 Na^+, Cl^-이다.

④ C 점에서 수용액의 액성은 염기성이다.

⑤ C 점의 수용액은 염기성이므로 BTB 용액을 넣으면 파란색을 나타 낸다.

30 ④

해설 | 묽은 염산과 수산화 나트륨 수용액의 농도가 같으므로 1 : 1 로 반응한다. C 시험관에서 모두 반응하였음을 알 수 있고, C가 중화 점이다. 따라서 C 시험관에서 온도가 가장 높고, A와 E에서 중화 반 응이 가장 조금 일어났으므로 온도가 가장 낮다.

31 ④

해설 | 묽은 염산과 수산화 나트륨 수용액의 농도가 같으므로 A ~ E까지 수산화 나트륨 수용액을 점점 많이 첨가하면 H^+과 OH^-이 만 나 물이 생성되는 중화 반응이 일어나 이온 수가 감소하는 만큼 구경 꾼 이온의 수는 증가한다. 따라서 총 이온 수는 일정하게 유지된다.

32 ②

해설 | 온도가 가장 높은 C가 중화점이고, 이때 HCl의 부피와 NaOH의 부피가 같으므로 두 용액의 농도는 같다. 따라서 C는 중성 이고, BTB 용액은 중성에서 녹색을 나타낸다.

33 ㄱ, ㄴ, ㅁ

해설 | ㄷ은 촉매 작용, ㄹ은 산화 환원 작용, ㅂ은 염기의 단백질을 녹이는 성질, ㅅ은 숯의 불순물 제거하는 성질을 나타낸 것이다.

34 ②

해설 | H_2O은 중화 반응 시 공통적으로 생성된다.

35 ㄱ, ㄴ, ㄹ

해설 | 중화점을 확인하는 방법은 지시약을 이용하여 색의 변화를 관찰하거나 온도 또는 전류의 세기를 측정하면 된다.

36 (나), HCl 와 NaOH 이 1 : 1 계수비로 반응하기 때문이다.

해설 | (나)에서 가장 많은 H^+과 OH^-이 반응한다.

37 ⑤

해설 | ⑤ A에서 가장 많이 존재하는 이온은 Cl^-이다.

① A는 중화점에 도달하기 전이므로 산성이므로 중화점이 B보다 pH 가 낮다.

② B는 중화점이기 때문에 온도가 가장 높다.

③ B 점에서 BTB 용액은 초록색을 띤다.

④ 중화점까지 전체 이온의 개수는 일정하므로 A와 B에서 전체 이온 수는 같다.

38 ⑤

해설 | 산의 음이온과 염기의 양이온이 만나서 염이 만들어진다.

예 HCl + NaOH ⟶ H_2O + NaCl

39 ①

해설 | 물은 중화 반응 시 공통적으로 생겨나는 물질이다.

40 물에 잘 녹는 염 : ㄱ, ㄹ   물에 잘 녹지 않는 염 : ㄴ, ㄷ, ㅁ

해설 |

음이온 양이온	NO_3^-	Cl^-	SO_4^{2-}	CO_3^{2-}	물에 대한 용해성
Na^+	$NaNO_3$	NaCl	Na_2SO_4	Na_2CO_3	잘 녹음
K^+	KNO_3	KCl	K_2SO_4	K_2CO_3	
NH_4^+	$NH4NO_3$	NH_4Cl	$(NH4)_2SO_4$	$(NH4)_2CO_3$	
Ca^{2+}	$Ca(NO_3)2$	$CaCl_2$	$CaSO_4$	$CaCO_3$	잘 녹지 않음
Ba^{2+}	$Ba(NO_3)2$	$BaCl_2$	$BaSO_4$	$BaCO_3$	
Ag^+	$AgNO_3$	AgCl	Ag_2SO_4	Ag_2CO_3	

41 ⑤

해설 | 흰색 앙금으로 CO_3가 포함되어 있음을 알 수 있다. 불꽃 반 응으로 불꽃색이 노란색인 Na을 포함하는 것을 알 수 있다.

42 ⑤

해설 | 염의 화학식을 쓸 때는 양이온을 먼저 쓰고 음이온을 나중에 쓴다.

43 ㄷ

해설 | NaH_2PO_4 는 약산과 강염기가 반응한 염이므로 가수 분해하 여 수용액은 염기성을 띤다. 따라서 pH는 7보다 크고, H를 포함하고 있으므로 산성염이다.

44 (1) ㄹ   (2) ㄱ   (3) ㄴ, ㄷ

해설 | 산성염은 H를 포함한 ㄹ, 염기성염은 OH를 포함한 ㄱ이고 ㄴ, ㄷ은 정염이다.

45 해설 참조

해설 | 생성된 염 - KCl, 염기 - KOH, 산 - HCl

보라색 불꽃이 관찰되었으므로 칼륨(K)이 포함되었음을 알 수 있다. K이 포함된 KOH이 사용된 염기 수용액이다. 또한 질산 은 수용액에 염을 넣었을 때 앙금이 생기므로 염에는 Cl가 포함되어 있음을 알 수 있다. Cl가 포함되어 있는 HCl가 사용된 산 수용액이다.

46 ④

해설 | 붉은색 리트머스 종이를 푸르게 변화시킬 수 있는 이온은 OH^-이다.

47 ㄱ, ㄷ

해설 | ㄱ. X 수용액의 OH^-이 (+)극 쪽으로 이동한 것을 리트머스 종이의 색깔 변화로 알 수 있으므로 X는 물에 녹아 전류가 흐르는 전 해질이다.

ㄴ. X 수용액은 OH^-이 포함된 염기성 용액이므로 마그네슘과 반응 하지 않는다.

ㄷ. X 대신 같은 염기인 NH_4OH를 사용해도 같은 실험 결과가 나타 난다.

48 페놀프탈레인

해설 | 약산과 강염기의 중화점에서 아세트산 나트륨(CH_3COONa)인 염이 생성되고 짝염기인 아세트산 이온(CH_3COO^-)이 물과 가수 분해하여 염기성이 된다. 중화점의 pH가 7보다 크므로 페놀프탈레인으로 검출하기 쉽다.

49 ④

해설 | ④ $NaHCO_3$ 수용액은 약산의 음이온이 가수 분해하여 OH^-을 생성하므로 염기성이다.
① $NaCl$은 강산과 강염기의 염이므로 물에서 가수 분해하지 않고 이온으로 존재한다.
② NH_4Cl 수용액은 약염기의 양이온이 가수 분해하여 H_3O^+을 생성하므로 산성을 나타낸다.
③ $KHSO_4$은 가수 분해하지 않는데 HSO_4^-은 강산의 음이온으로 추가로 이온화될 수 있는 수소 이온을 가지고 있으므로 $HSO_4^- + H_2O$ $SO_4^{2-} + H_3O^+$ 반응이 진행되어 산성을 나타낸다.
⑤ CH_3COONa 수용액은 약산의 음이온이 가수 분해하여 OH^-을 생성하므로 염기성이다.

50 $H_2O + CO_2 \rightleftharpoons H_2CO_3 \rightleftharpoons H^+ + HCO_3^-$

해설 | H^+이 증가하면 $H^+ + HCO_3^- \longrightarrow H_2CO_3$의 반응이 일어나고, OH^-이 증가하면 $OH^- + H_2CO_3 \longrightarrow H_2O + HCO_3^-$의 반응이 일어난다.

개념 심화 문제

정답 230 ~ 237쪽

12 ②　　**13** (1) ㄴ, ㄷ　(2) 3
14 (1) 실에 묻어 있는 $NaOH$ 수용액의 OH^-이 (가) 쪽으로 이동하여 실 왼쪽의 리트머스 종이는 파란색으로 변한다.　(2) ⑤
15 30 mL　**16** 40 mL　　　**17** ④　　**18** ④
19 산 첨가 : $CH_3COO^- + H^+ \longrightarrow CH_3COOH$ (역반응 우세)
　염기 첨가 : $CH_3COOH + OH^- \longrightarrow CH_3COO^- + H_2O$
　　　　　　(정반응 우세)
20 (1) 푸른색　(2) 노란색으로 변한다.
　(3) BTB, 페놀레드, 이유 : 강산과 강염기는 중화점인 7에서 색깔이 변하는 BTB와 페놀레드를 지시약으로 쓸 수 있다.
21 ②　**22** ②　**23** (해설 참조) **24** ㄱ, ㄷ, ㄹ
25 ①　**26** (1) D　(2) 산 : A, B, 염기 : C, D
27 ①　**28** ⑤
29 (1) Na^+은 반응하지 않는 구경꾼 이온으로 변화 없이 일정하다. Cl^-은 반응하지 않는 이온으로 넣어주는 양만큼 계속 증가한다.　(2) (다)　(3) (다)

12 ②

해설 | 메틸 오렌지 용액은 산성에서 같은 색을 나타내고 금속과의 반응에도 두 용액 모두 수소를 발생시키므로 구별하는 실험으로 적절하지 않다.
질산 은 용액을 넣으면 염산, 묽은 황산에서 각각 $AgCl$, Ag_2SO_4의 앙금이 생기고, 염화 칼슘 수용액을 넣으면 묽은 황산이 들은 시험관에서 $CaSO_4$ 앙금을 확인할 수 있다. 따라서 염화 칼슘 수용액으로 두 용액을 구분할 수 있다.

13 (1) ㄴ, ㄷ　　　(2) 3

해설 | (1) ㄱ. 염산과 수산화 나트륨 수용액은 3 : 1의 부피비로 반응했을 때 온도가 가장 높다.
ㄴ, ㄷ. 중화 반응으로 생겨난 염이 가장 많을수록 혼합 용액의 온도가 높으며, C는 산성이므로 BTB 용액은 노란색을 띤다.
ㄹ. A 점은 염기성이므로 pH가 7보다 크다.
(2) 그래프에서 온도 값이 최고를 가르키는 B 점이 중화점이고, 중화점에서 HCl 30 mL 와 NaOH 10 mL 가 반응하였다.
$nMV = n'M'V'$ (n : 가수, M : 몰 농도, V : 용액의 부피) 이므로
$1 \times 1 \times 30 = 1 \times b \times 10$ mL , b = 3(M) 이다.

14 (1) 실에 묻어 있는 $NaOH$ 수용액의 OH^-이 (가) 쪽으로 이동하여 실 왼쪽의 리트머스 종이는 파란색으로 변한다.
　(2) ⑤

해설 | (2) ⑤ 리트머스 종이의 색깔이 변하는 이유는 OH^- 때문이다.
① (가) 극으로 NO_3^-, OH^-이 이동한다.
③ 소금물($NaCl(aq)$)은 전해질이므로 질산 칼륨 대신 사용할 수 있다.

15 30 mL

해설 | 몰 농도 $= \dfrac{용질의 몰수}{용액의 부피} = \dfrac{0.3\ mol}{1\ L} = 0.3$ M

(용질의 몰수 $= \dfrac{질량}{분자량} = \dfrac{5.1}{17} = 0.3$ mol)

0.3 M $\times 10$ mL $= 0.1$ M $\times x$, $x = 30$ mL

16 40 mL

해설 | $nMV = n'M'V'$ (n : 가수, M : 몰 농도, V : 용액의 부피) 이고, H_2SO_4은 2가 산, NaOH은 1가 염기이다. 따라서 $2 \times 0.24 \times 50 = 1 \times 0.6 \times x$, $x = 40$ mL 이다.

17 ④

해설 | $(1 \times 0.1 \times 10) + (2 \times 0.2 \times 10) = 2 \times 0.1 \times x$
∴ $x = 25$mL

18 ④

해설 | H_2CO_3(탄산)은 2가 산이므로 가수가 2이다.
$nMV = n'M'V'$ (n : 가수, M : 몰 농도, V : 용액의 부피) 이므로
$2 \times x \times 10$ mL $= 1 \times 0.1 \times 2$ mL , $x = 0.01$(M) 이다.

19 산 첨가 : $CH_3COO^- + H^+ \longrightarrow CH_3COOH$ (역반응 우세)

염기 첨가 : CH₃COOH + OH⁻ ⟶ CH₃COO⁻ + H₂O
(정반응 우세)

해설 | 산 첨가 : 산을 첨가하면 H+의 양이 증가하므로 H⁺ 의 양이 감소하는 방향인 역반응쪽으로 평형이 이동한다. CH₃COO⁻ + H⁺ ⟶ CH₃COOH 이때 CH₃COO⁻ 의 농도가 커서 가해 준 H⁺ 의 대부분이 CH₃COO⁻ 과 결합하므로 용액의 pH는 거의 일정하다.

염기 첨가: OH⁻ 과 H⁺ 의 중화 반응이 일어나 H⁺ 양이 감소한다. 따라서 H⁺ 양을 늘리려는 방향인 정반응 쪽으로 평형이 이동한다. CH₃COOH + OH⁻ ⟶ CH₃COO⁻ + H₂O 이때 CH₃COOH의 농도가 커서 H⁺ 을 보충해 줄 수 있기 때문에 용액의 pH는 거의 일정하다.

20 (1) 푸른색 (2) 노란색으로 변한다. (3) BTB, 페놀레드, 이유 : 강산과 강염기는 중화점인 7에서 색깔이 변하는 BTB와 페놀레드를 지시약으로 쓸 수 있다.

해설 | (1) 염기성에 지시약을 넣었을 때 OH⁻과 H⁺의 중화 반응이 일어나 H⁺ 양이 감소한다. 따라서 지시약의 평형에서 H⁺의 양을 증가하려는 정반응이 일어나 In⁻의 양이 증가하여 푸른색이 된다.

(2) 지시약에 산성 용액을 넣으면, 지시약의 평형에서 H⁺의 양이 증가하여 역반응이 일어나 HIn의 양도 동시에 증가하여 노란색이 된다.

21 ②

해설 | ㄱ. B가 중화점이므로 생성된 물의 몰수는 B에서 가장 크다.
ㄴ. A 점과 B 점에서 전체 이온 수는 같지만 B 점에서 NaOH(aq)를 더 넣어 주었기 때문에 전체 부피는 B가 A보다 크다. 따라서 같은 부피에 들어 있는 이온 수는 A가 B보다 많다. (생성된 물의 양은 매우 소량이기 때문에 고려하지 않는다.)
ㄷ. C 점의 용액은 염기성이므로 BTB 용액을 떨어뜨리면 푸른색이 나타난다.

22 ②
해설 |

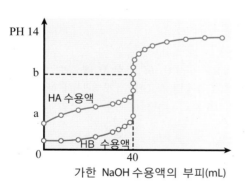

ㄱ. HB의 중화점은 b보다 낮다.
ㄴ. NaOH를 가하지 않았을 때, HB의 pH가 HA보다 더 낮으므로 산의 세기는 더 세다.
ㄷ. 산의 가수와 부피가 같고 적정에 사용된 수산화 나트륨 수용액의 부피가 같으므로 (nMV 가 같다) 몰 농도는 같다.

23 해설 참조
해설 |

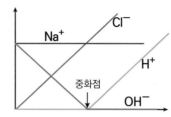

24 ㄱ, ㄷ, ㄹ
해설 | 위산 과다나 소화 불량일 대 약한 염기성인 제산제를 먹어서 위산의 성분인 염산을 중화시킨다. 따라서 이 반응은 중화 반응을 이용한 것이다.
ㄱ. 비눗물은 약한 염기성이므로 머리에 비누 성분이 남아 있으면 머리카락이 뻣뻣해진다. 따라서 산성인 식초를 탄 물로 머리를 헹구면 비누 성분이 중화되어 없어지므로 머리카락이 부드러워진다.
ㄴ. 제습제를 사용하는 것은 수분을 흡수하는 성질인 조해성이 관련된 것이므로 오답이다.
ㄷ. 개미에 물렸을 때 분비되는 포름산(HCOOH)을 암모니아수로 중화시킨다.
ㄹ. 산성화된 토양에 염기를 뿌려 중화시키는 것이므로 정답이다.

25 ①
해설 | ㄱ. A는 구경꾼 이온인 Cl⁻ 의 이온 수 변화이고, B는 구경꾼 이온인 Na⁺ 의 이온 수 변화이다.
ㄴ. (가)는 염산 20 mL 를 넣었을 때이고, (나)는 염산 40 mL 를 넣었을 때이므로 혼합 용액의 pH 는 (가) > (나)이다.
ㄷ. 염산 40 mL 를 넣었을 때 중화 반응이 완결되었으므로 염산의 농도가 수산화 나트륨 수용액의 농도보다 크다. 따라서 같은 부피의 각 수용액에 들어 있는 전체 이온 수는 염산이 더 많다.

26 (1) D (2) 산 : A, B , 염기 : C, D
해설 | (1) A는 강산, B는 약산, C는 약염기, D는 강염기이므로 pH는 D가 가장 크다.
(2) 산과 염기가 반응할 때 중화열을 발생하므로 A와 C는 산과 염기 중 한 가지 물질이며, 이 용액의 pH가 7보다 작으므로 강산과 약염기임을 알 수 있다. 따라서 A가 강산, C가 약염기이다. 그리고 B가 약산, D가 강염기이다.

27 ①
해설 | ㄱ. 중화 적정을 하기 위해서는 뷰렛에 농도를 알고 있는 표준 용액을 넣어야 하므로 뷰렛 속에 0.1 M NaOH 표준 용액을 넣는다.
ㄴ. 삼각 플라스크에는 농도를 모르는 미지 용액과 지시약을 넣어야 하므로 식초 10 mL 와 지시약을 넣는다.
ㄷ. 약산과 강염기의 중화 반응에서는 중화점의 pH 가 7보다 크다.
ㄹ. 약산과 강염기의 중화점은 pH가 7보다 크므로 지시약은 변색 범위가 7보다 큰 페놀프탈레인이 적당하다.

28 ⑤
해설 | ㄱ. 운동을 하면 세포 호흡이 왕성해져 CO₂ 가 혈액에 녹아

들어 혈액 중의 CO_2 가 증가한다. 따라서 (다)의 평형이 정반응 쪽으로 이동하므로 혈액 내 HCO_3^- 의 농도가 증가한다.

ㄴ. 약산인 H_2CO_3 과 짝염기인 HCO_3^- 으로 이루어진 용액은 완충 용액이다.

ㄷ. 혈액에 소량의 염기가 유입되면 (다)에서 H^+ 이 소모되므로 평형이 정반응 쪽으로 이동한다.

29 (1) Na^+ 은 반응하지 않는 구경꾼 이온으로 변화 없이 일정하다.
Cl^- 은 반응하지 않는 이온으로 넣어주는 양만큼 계속 증가한다.
　(2) (다)
　(3) (다)

해설 | (2) H^+ 과 OH^- 이 모두 반응한 (다)가 중화점이다. 따라서 최고 온도는 (다)가 가장 높다.

(3) 중화점 이후에는 더 이상 물 분자가 생성되지 않으므로 (다)와 (라)에서 생성된 물 분자 수가 같다. 수산화 나트륨 수용액 10 mL 에 염산을 5 mL 씩 가하고, (나)에서 생성된 물 분자 수를 a 라고 하면 (다)와 (라)에서 생성된 생성된 물 분자 수는 2a 이다. 따라서 (나), (다), (라)의 단위 부피 당 생성된 물 분자 수는 각각 $\frac{a}{15}, \frac{2a}{20}, \frac{2a}{25}$ 이고, 가장 큰 것은 (다)이다.

❌ 창의력을 키우는 문제

238 ~ 245쪽

01. 추리 단답형

산성 식품과 알칼리성 식품은 그 식품을 인체에서 소화시켰을 때 최종적으로 어떤 원소가 남게 되는 가에 따라 구분된다. 예를 들면 대부분의 채소나 과일은 체내에서 연소 후 나트륨, 칼륨, 칼슘, 마그네슘과 같은 염기성 물질을 남기므로 알칼리성 식품이다. 반면에 육류나 생선류는 연소 후 염소, 인, 황과 같은 산성 원소를 남기므로 산성 식품이다. 사과는 신맛을 내지만 몸에 들어가서 소화되었을 때 염기성 원소를 남기므로 알칼리성 식품이다.

02. 추리 단답형

(1) Na_2CO_3(탄산 나트륨),
화학식 : $2NaOH + CO_2 \longrightarrow Na_2CO_3 + H_2O$
(2) 흰 가루는 $NaOH$ 이 공기 중의 이산화 탄소를 흡수하여 탄산 나트륨(Na_2CO_3)으로 변하여 생성된 것이다.

해설 | 수산화 나트륨은 공기 중의 이산화 탄소를 흡수하여 탄산 나트륨(Na_2CO_3)으로 변한다. 수분은 오래 두면 증발한다. 또한 수산화 나트륨은 공기 중의 수분을 흡수하는 성질도 있어 습한 여름에 옷장에 넣는 제습제로 사용되기도 한다.

03. 추리 단답형

· 수산화 이온을 포함하는 경우 위 속에서의
　화학 반응 $OH^- + H^+ \longrightarrow H_2O$
$Al(OH)_3 + 3HCl \longrightarrow AlCl_3 + 3H_2O$
· 탄산 이온을 포함하는 경우 위 속에서의
　화학 반응 $CO_3^{2-} + 2H^+ \longrightarrow CO_2 + H_2O$
$MgCO_3 + 2HCl \longrightarrow MgCl_2 + CO_2 + H_2O$
· 탄산 수소 이온을 포함하는 경우 위 속에서의
　화학 반응 $HCO_3^- + H^+ \longrightarrow CO_2 + H_2O$
$NaHCO_3 + HCl \longrightarrow NaCl + CO_2 + H_2O$

해설 | 위벽에서는 음식물의 소화를 돕기 위해 적당량의 염산이 분비되는데, 염산은 음식물에 함께 들어온 박테리아와 같은 병균을 죽이고, 음식물을 가수 분해시켜 소화를 돕는다.
정상인의 경우 위액에는 pH 2 정도의 염산이 포함되어 있어서, 위벽에서 염산이 너무 많이 분비되면 소화 불량이 되어 속이 쓰리게 되고, 심하면 위벽이 상한다.
과다하게 분비된 위산을 중화시켜 소화를 돕고, 위벽이 상하는 것을 막는 것이 제산제이다.

04. 추리 단답형

강한 염기를 제산제 성분으로 사용하게 되면, 위액의 성분인 강한 산인 염산과 강한 염기의 중화 반응으로 발열 반응이 일어나 위벽을 손상시킬 수도 있다. 또한 제산제의 역할은 위액 중의 염산을 알맞게 제거하여 위의 통증을 없애고, 정상적인 소화 능력을 유지하게 하는 것이지, 강산과 강염기의 중화 반응으로는 정상인의 위의 pH를 2보다 증가시켜 pH 7이 되도록 하는 것은 아니다. pH 7이 되면 위는 소화 능력을 잃게 된다. 따라서 강한 염기는 제산제의 성분으로 사용할 수 없다.

05. 논리 서술형

탄산 음료를 정기적으로 많이 마셨을 경우 아래와 같이 이온화를 통해 혈액 안에 산의 함량이 많아지면서 산 과다증이 나타나게 된다.
$$H_2CO_3 \longrightarrow HCO_3^- + H^+$$
$$HCO_3^- \longrightarrow CO_3^{2-} + H^+$$
그렇게 되면 체내에서는 르샤틀리에의 원리에 의해 H^+ 을 줄이는 역반응이 진행된다. 그러면, 탄산 이온과 탄산 수소 이온 모두 역반응으로 되돌아가서 없어지게 되므로 뼈를 구성할 때 꼭 필요한 탄산 이온이 혈액 내에서 줄어 들게 된다. 따라서 탄산 음료를 많이 마시면 뼈가 약해질 수 있다. 또한 탄산이 치아에 닿으면 치아의 맨 바깥층인 법랑질이 부식되어 치아가 상하게 된다.

06. 추리 단답형

① 혈액 속에 있던 탄산 수소 이온과 수소 이온이 결합하여 탄산을 만든다.

$$HCO_3^- + H^+ \longrightarrow H_2CO_3$$

② 혈액 속에 있던 탄산과 수산화 이온이 결합하여 물과 탄산 수소 이온을 만든다.

$$H_2CO_3 + OH^- \longrightarrow HCO_3^- + H_2O$$

07. 추리 단답형

(1) ① 베이킹 아웃(baking out) : 집안의 모든 문을 닫고 실내 난방을 35 ~ 40 ℃ 로 맞춰서 8시간 정도 지난 후에 4시간 환기를 시켜 주는 것

② 잎이 큰 식물 배치 : 오염 물질 흡수 분해 능력이 높은 잎이 큰 식물(국화, 파키라, 잉글리시 아이비, 보스턴 고사리)을 실내에 배치

③ 폼알데하이드를 오존을 사용하여 산화시킨다.

$$HCHO + O_3 \longrightarrow HCOOH + O_2$$

폼산을 수산화 암모늄으로 중화시킨다.

$$HCOOH + NH_4OH \longrightarrow HCOONH_4 + H_2O$$

(2) ③은 중화 반응을 이용한 방법이다.

해설 │ 폼알데하이드는 인체에 대한 독성이 매우 강하여 사람이 폼알데하이드에 노출되면 질병 증상이 나타나기 시작한다. 폼알데하이드 농도에 따라 다르지만 50 ppm 이상의 경우 중독 증상을 일으키고 심한 경우 사망에 이를 수 있다.

08. 논리 서술형

귤 통조림은 염산에 귤을 넣어서 귤 껍질을 제거하고 수산화 나트륨으로 중화 반응을 일으키는 과정을 거친다. 따라서 골라야 할 시약은 HCl 과 NaOH 이다.

해설 │ 〈귤 통조림 만드는 과정〉
1. 귤을 산성 용액에 담가 천천히 녹인다.
2. 그 다음 알칼리성 용액에 넣어 껍질을 완전히 녹이면서 중화시킨다.
3. 그 다음 물로 헹구면서 자잘한 껍질을 떨궈낸다.

09. 논리 서술형

진한 황산은 수분을 흡수하는 성질이 있다. 황산이 옷에 떨어져 섬유의 수분을 흡수했기 때문에 가루가 되어 부스러지는 것이다.

해설 │ 진한 황산과 달리 묽은 황산은 다량의 물에 진한 황산을 몇 방울 넣어 만든 용액으로 수분을 흡수하는 성질은 거의 없다.

10. 추리 단답형

꿀벌의 침에 들어 있는 pH 5의 포름산 물질이 벌에 쏘인 부분을 따갑고 쓰리게 만든다. 약염기성인 비눗물은 중화를 시키는 역할을 하므로 쓰린 부분을 낮게 해준다. 이 외에도 약염기성 암모니아를 바르거나 암모니아 성분을 포함하고 있는 오줌을 뿌리거나 베이킹 소다(NaHCO₃)를 물에 개어 바르면 효과가 있다.

해설 │ $HCOOH + NaHCO_3 \longrightarrow HCOONa + H_2O + CO_2$

11. 추리 단답형

염기는 단백질을 녹이는 성분이 있으므로 머리카락의 결합 성분을 약하게 하여 웨이브를 만들 수 있다.

해설 │ 오늘날 파마약의 성분은 약한 염기성으로 만든 티오글리콜 산이라는 화합물의 수용액이다. 파마약이 약염기성이기 때문에 중화시키기 위해서 중화제를 사용한다. 중화제로는 브롬산 나트륨이 pH가 5.0 ~ 에서, 과산화 수소는 pH 2.5 ~ 3.5에서 쓰인다. 파마약이 염기성인 이유는 단백질인 머리카락이 염기에 약하기 때문이다.

12. 논리 서술형

$$H_2O(l) + H_2O(l) \rightleftharpoons H_3O^+(aq) + OH^-(aq)$$

다른 불순 이온들이 없는 순수한 물도 전해질로 역할을 할 수 있는데 이는 물의 자동 이온화 때문이다. 이것은 극히 일부분의 물 분자들끼리 서로 수소 이온을 주고 받아 H_3O^+ + OH^- 으로 이온화 되어 전류를 통할 수 있다. 다만 이는 극히 소량이므로 인체에 큰 영향을 주지 않아 사망에 이르진 않을 것이다.

13. 논리 서술형

바다에 흡수된 이산화 탄소는 탄산으로 바뀌는데 이 때문에 바닷물의 산도가 높아진다. 1리터의 바닷물 속에는 10억에서 100억 마리에 이르는 단세포 생물과, 100억에서 1000억마리의 바이러스 등 미세 생물이 살고 있는데 바다의 산도가 높아지면 이같은 생물부터 바로 영향을 받게 된다. 뿐만 아니라 홍합 등 조개류의 껍질이나 어류의 생활 공간인 바다 속 산호초가 녹아 없어진다. 중층 심층수에 형형된 CO₂ 가 남극해에 용출되어서 남극해에 CO₂ 함량이 증가한다.

$$CO_2(g) + H_2O(l) \longrightarrow H_2CO_3(aq) \longrightarrow 2H^+(aq) + CO_3^{2-}(aq)$$

탄산 칼슘이 녹는 것 : $CaCO_3 + H^+ \longrightarrow Ca^{2+} + HCO_3^-$

14. 추리 단답형

(2) HCO_3^- (3) H_2CO_3

해설 | 브뢴스테드 - 로우리 산은 H^+ 을 내놓는 물질을 말한다. (2) $HCO_3^- + OH^- \rightleftharpoons CO_3^{2-} + H_2O$ 에서 HCO_3^- 이 OH^- 에게 H^+ 을 주어 CO_3^{2-} 이 되므로 HCO_3^- 은 브뢴스테드 - 로우리 산이다.

(3) $H_2CO_3 \rightleftharpoons HCO_3^- + H^+$ 에서 H_2CO_3 이 H^+ 을 내놓아 HCO_3^- 이 되므로 H_2CO_3은 브뢴스테드 - 로우리 산이다.

대회 기출 문제

정답

246 ~ 257쪽

01 (해설 참조)   02 (해설 참조)
03 (1) $Ba(OH)_2 + H_2SO_4 \longrightarrow BaSO_4\downarrow + 2H_2O$
    (2) (해설 참조)   (3) (해설 참조)
04 (1) 이산화 탄소가 물과 반응하여 탄산이 되고, 이 탄산이 수소
      이온과 탄산 이온으로 이온화되므로 용액이 산성을 띤다.
    (2) (해설 참조)
05 (1) A와 B, B   (2) H_2 06 ②   07 ②
08 D^+, A^- 09 ①   10 ②
11 $Na^+ > Cl^- > OH^-$ 12 (1) ~(2) (해설 참조)
13 ⑤   14 ⑤   15 ②   16 ①
17 ⑤   18 ③   19 ③   20 ②
21 ④   22 ①
23 (1) $C_7H_6O_2$ (2) 122   (3) 1가 산
24 (1) 2.15×10^{-2} g
    (2) $[Ag^+] = 2.5 \times 10^{-3}$ M, $[Cl^-] = 6.24 \times 10^{-8}$ M
    (3) 0.01434 g
25 (1) (가) $H^+ < OH^-$ (나) $H^+ = OH^-$ (다) $H^+ > OH^-$
    (2) A   (3) $HCl + NaOH \longrightarrow NaCl + H_2O$
26 (1) ㄹ   (2) (해설 참조)

01 (해설 참조)
해설 | (1) 화학식 : $Ca(OH)_2$ 수산화 칼슘(또는 석회수)
    반응식 : $Ca(OH)_2 + CO_2 \longrightarrow CaCO_3\downarrow + H_2O$
    앙금의 이름 : 탄산 칼슘, 화학식 : $CaCO_3$
(2) 화학식 : HCl, 흰 연기 : 염화 암모늄, NH_4Cl
    반응식 : $HCl + NH_4OH \longrightarrow NH_4Cl\uparrow(흰 연기) + H_2O$
(3) 화학식 : H_2SO_4
    흰 앙금 : 황산 바륨($BaSO_4$)
    반응식 : $H_2SO_4 + BaCl_2 \longrightarrow 2HCl + BaSO_4\downarrow$

02 (해설 참조)
해설 | (1) $Ba(OH)_2 + H_2SO_4 \longrightarrow BaSO_4\downarrow + 2H_2O$
(2) 완전히 반응하지 못하였으므로 용액 중에는 Ba^{2+} 과 OH^- 이 남

아있고, 가한 용액의 SO_4^{2-} 이 들어 있다.
(3) 중화 반응에 의하여 용액 중의 OH^- 은 H^+ 과 만나 물이 되어 OH^- 이 줄어든다. 또한, Ba^{2+} 은 SO_4^{2-} 과 만나 $BaSO_4$ 앙금을 생성하여 용액 안의 전체 이온 수가 감소하기 때문에 전류의 세기가 점차 감소한다.

03 (1) $Ba(OH)_2 + H_2SO_4 \longrightarrow BaSO_4\downarrow + 2H_2O$
    (2) (해설 참조)   (3) (해설 참조)
해설 | (2)

(3) H_2SO_4 을 가하기 전에는 Ba^{2+} 과 OH^- 이 존재하여 전하를 운반한다. 그러나 H_2SO_4 을 가하면 Ba^{2+} 은 $BaSO_4$로 가라앉고, OH^- 은 H_2O로 변해 이온의 수가 감소하므로 전류의 흐름도 줄어들어 중화점에서 최소가 된다. 중화점을 지나면 과량의 H_2SO_4 이 $2H^+$ 과 SO_4^{2-} 으로 이온화하여 전하를 운반하므로 전류가 다시 증가한다.

04 (1) 이산화 탄소가 물과 반응하여 탄산이 되고, 이 탄산이 수소
      이온과 탄산 이온으로 이온화되므로 용액이 산성을 띤다.
    (2) (해설 참조)
해설 | ① 이산화 탄소의 일부가 물과 반응하여 탄산으로 된다. 탄산은 약한 산으로 H^+ 을 내어 놓으므로 용액이 산성을 띤다.
$CO_2(g) + H_2O(l) \longrightarrow H_2CO_3(aq) \longrightarrow 2H^+(aq) + CO_3^{2-}(aq)$
② 물의 온도를 높이면 이산화 탄소의 용해도가 감소하므로, 탄산의 농도가 줄어 들어 $[H^+]$가 감소한다.
[참고] : 일반적으로 기체의 용해도는 고체의 용해도와 달리 온도가 높아지면 감소한다.(헨리 법칙)

05 (1) A와 B, B   (2) H_2
해설 | (1) 기체가 발생하는 시험관은 A, B이다. 묽은 염산과 아세트산은 모두 산이므로 니켈과 반응했을 때 기체를 발생한다. 하지만 묽은 염산은 강한 산이므로 시험관 A가 시험관 B보다는 발생하는 기체의 양이 많다.
(2) A, B가 모두 산이기 때문에 니켈 금속과 반응하여 수소 기체를 발생시킨다.
$Ni + 2HCl \longrightarrow NiCl_2 + H_2\uparrow$

06 ②
해설 | · 수용액을 만져보면 미끈미끈하다. = 염기성
· 불꽃 반응 실험에서 노란색을 나타낸다. = Na
· 공기 중에 놓아두면 수분을 흡수하여 녹는다. = 조해성
· 수용액은 BTB 용액을 푸른색으로 변화시킨다. = 염기성
따라서 NaOH이다.

07 ②
해설 | A. K(칼륨)이 포함된 화합물이다.
B. 건조제로 쓰이는 것은 NaOH, KOH 등 여러 가지가 있지만 BTB

정답 및 해설

용액에서 노란색을 띠는 H_2SO_4 이 쓰였다.
C. 탄산 나트륨과 침전이 생기려면 Ca^{2+} 이 있는 화합물이어야 한다.
$$CaCl_2 + Na_2CO_3 \longrightarrow CaCO_3\downarrow + 2NaCl$$
D. 빛에 의하여 분해가 되므로 갈색 병에 보관하는 물질은 질산이다.

08 D^+, A^-
해설 |

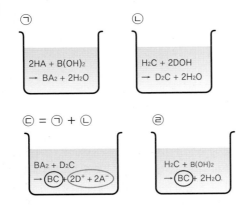

09 ①
해설 | 수산화 나트륨 수용액과 묽은 염산이 20 mL : 40 mL 로 섞였을 때 BTB 용액이 녹색을 띠기 때문에 D 점에서 중화점이다.
1 : 2의 부피비로 반응하여 중화점에 도달한다면, 수산화 나트륨 수용액의 농도가 묽은 염산의 농도보다 2배 진한 것을 알 수 있다. 따라서 묽은 염산의 농도는 1 % 이다.

10 ②
해설 | OH^- 은 중화 반응의 알짜 이온이기 때문에 첨가하는 대로 수소 이온(H^+)과 반응하여 물을 생성한다. 따라서 처음에는 OH^- 이 나타나지 않다가 중화점 이후부터 이온의 수가 증가한다.
다음과 같은 유형이 되어야 한다.

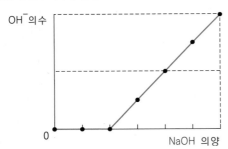

11 $Na^+ > Cl^- > OH^-$
해설 | 중화점에서 NaOH 를 더 넣어 주었으므로 Na^+의 수가 가장 많고, Cl^- 은 구경꾼 이온이기 때문에 처음과 끝의 이온 수는 동일하나, Na^+ 수보다는 작다. OH^- 은 중화 반응의 알짜 이온이기 때문에 넣어 주는 대로 수소 이온과 반응하여 물을 생성한다. 중화점 이후부터 OH^- 의 수가 증가하므로 OH^- 이온의 수가 가장 작다.

12 (1) (해설 참조)　　　　(2) (해설 참조)
해설 | (1) H^+, OH^- 의 수는 각각 0이다.
온도 변화로 보아 최고 온도를 나타내는 P, Q는 중화점이다. 완전 중

화될 때 용액 속의 H^+ 과 OH^- 은 모두 H_2O이 된다.
(2) $\frac{3}{4}n$, 수산화 나트륨 수용액(A) 10 mL 의 수산화 이온(OH^-)의 수를 n 개라고 하면 5 mL 에는 $\frac{1}{2}n$ 개가 들어 있다. (가)에서 수산화 나트륨 수용액(A) 5 mL 와 염산 10 mL 가 중화 반응하므로 염산 10 mL 에 수소 이온(H^+)은 $\frac{1}{2}n$ 개가 들어 있음을 알 수 있다. 따라서 (나) 중화점에서 염산 15 mL 에는 수소 이온(H^+)이 $\frac{3}{4}n$ 개 들어 있어 수산화 나트륨 수용액 (B) 10 mL 에는 수산화 이온(OH^-)이 $\frac{3}{4}n$ 개 들어 있다.

13 ⑤
해설 | 용액의 전기 전도성은 강산인 (가)와 강염기인 (나)가 비슷하고 중화 반응한 (다)에서 가장 작다. 즉, (가) 늑 (나) > (다)이다.
① 그림 (나)에서 OH^- 과 A 이온이 2 : 1 로 이온화하였으므로 A는 +2가 양이온이다.
③ (가), (나), (다) 모두에서 이온 전하량의 총합은 0이다.

14 ⑤
해설 | ㄱ. (가)에서는 $Ca(OH)_2$과 CO_2가 중화 반응하여 물에 녹지 않는 $CaCO_3$을 생성한다. (나)에서는 CaO이 황을 포함한 화석 원료가 연소되어 발생한 SO_2, SO_3 기체와 중화 반응을 한다.
(가) $Ca(OH)_2 + CO_2 \longrightarrow CaCO_3(s) + H_2O$
(나) $CaO + SO_2 \longrightarrow CaSO_3$
ㄴ. (나)에서 CaO과 물은 $Ca(OH)_2$을 만들고, $Ca(OH)_2$은 SO_2과 반응하여 앙금($CaSO_3$)을 생성하므로 검출이 가능하다.
ㄷ. $CaCO_3$과 $CaSO_4$은 물에 잘 녹지 않는 앙금을 생성한다.

15 ②
해설 | ㄱ. 두 번째 반응에서 AY(s)와 B_2Y가 반응하여 AY(s)를 녹였으므로 B^+ 은 알짜 이온이다.
ㄴ. AY(s)이 적게 생긴 점 (가)에서 A^{2+} 이 더 많이 존재한다.
ㄷ. 점 (나) 이후 B_2Y를 가할 때 앙금의 양이 감소하므로 AY의 용해되는 양이 증가한다.

16 ①
해설 | 페놀프탈레인이 약한 산이므로 염기인 수산화 나트륨과 다음과 같이 중화 반응을 할 수 있다.
$HIn + NaOH \longrightarrow Na^+ + In^- + H_2O$
따라서 지시약인 HIn은 음이온인 In^-로 존재하고, 수산화 이온(OH^-)의 개수는 나트륨 이온보다 한 개가 적어야 한다

17 ⑤
해설 | ㄱ. (나)에서 발생한 이산화 탄소가 수산화 나트륨 수용액과 반응하므로 압력이 낮아져서 페트병이 찌그러진다.
ㄴ. 용액 A에는 염화 칼슘 수용액이 들어 있으므로 질산 은과 반응하면 염화 은 앙금이 생성된다.
$CaCl_2 + 2AgNO_3 \longrightarrow AgCl\downarrow + Ca^{2+} + 2NO_3^-$
ㄷ. 용액 B(Na_2CO_3)에 소량의 용액 A($CaCl_2$)를 넣으면 염화 칼슘

수용액과 탄산 나트륨 수용액이 반응하여 탄산 칼슘($CaCO_3$) 앙금이 생성된다.

18 ③

해설 | ㄱ. 실험 I의 중화점에서 염산과 수산화 나트륨 수용액의 부피의 비가 40mL : 20mL = 2 : 1이므로 단위 부피 당 이온의 수는 NaOH가 HCl의 2배이다.

ㄴ. 중화점 이후의 OH^-의 상대적 이온의 수가 실험 I이 II에 비해 2배이지만, 중화점의 위치는 같다. 따라서 단위 부피당 수소 이온의 수는 실험 I이 실험 II보다 2배임을 알 수 있다.

ㄷ. 실험 I에 사용된 NaOH과 HCl의 농도가 실험 II보다 2배로 크다. 따라서 중화점에서 생성된 물의 양도 2배이다.

19 ③

해설 | H_2SO_4 20 mL 과 $Ba(OH)_2$ 40 mL 이 혼합되었을 때 온도 값이 최고 인 것을 보아 B 점이 중화점임을 알 수 있다. 이때, 묽은 황산과 수산화 바륨 수용액이 1 : 2의 부피비로 반응함을 알 수 있다.

	황산(H_2SO_4) 부피(mL)	수산화 바륨 ($Ba(OH)_2$) 부피(mL)	액성
A	10	40	염기성
B	20	40	중성(중화점)
C	30	40	산성
D	40	40	산성

따라서 ① A 점이 B 점보다 pH가 높다.

② A 점에서 황산이 모두 수산화 바륨과 산 염기 반응, 앙금 생성 반응을 하고 나면 수산화 바륨 20 mL 가 남는다. D 점에는 묽은 황산 20 mL 가 남아 있다. 묽은 황산의 농도가 수산화 바륨 수용액이 1 : 2의 부피비로 반응하므로 묽은 황산의 농도가 수산화 바륨의 2배이다.

따라서 묽은 황산 20 mL 가 남아 있는 D의 이온 수가 더 많다.

③ B 점은 중화점이고, B 이후에는 더 이상 앙금이 생성되지 않는다. 따라서 생성된 앙금은 B와 C, D에서 모두 같다.

④ C 점, D 점 모두 중화점의 황산 용액 20 mL 보다 큰 양으로 수산화 바륨과 혼합되었지만, 한계 용액인 수산화 바륨의 양은 모두 40 mL 로 일정하기 때문에 중화점에서 생성되는 물의 양과 C, D 점의 물의 양은 동일하다.

⑤ 모든 이온이 중화 반응($OH^- + H^+ \longrightarrow H_2O$), 앙금 반응($Ba(OH)_2 + H_2SO_4 \longrightarrow BaSO_4\downarrow + 2H_2O$)에 참여하므로 구경꾼 이온은 없다.

20 ②

해설 | HCl과 NaOH의 중화 반응에 의해 물이 생기는데, H^+ 의 양은 한정되어 있어 OH^- 과 다 반응하고 나면 추가적으로 OH^- 을 더 넣어도 반응할 수 없어 물이 더 이상 생성되지 않는다. 따라서 물의 양은 증가하다가 일정해진다.

21 ④

해설 | ㄱ. 석회수에 이산화 탄소를 가하면 산 염기 중화 반응을 하기 때문에 pH가 점점 낮아진다.

$$Ca(OH)_2 + CO_2 \longrightarrow CaCO_3(s) + H_2O$$

ㄴ. 탄산 칼슘($CaCO_3$)이 생성되고 계속 CO_2 를 가해주면 $CaCO_3(s) + CO_2 + H_2O \longrightarrow Ca(HCO_3)_2$ 의 반응이 진행되어 B 구간에서는 앙금의 양이 점점 줄어들면서 이온으로 돌아간다. 따라서 용액의 질량은 증가한다.

ㄷ. A 구간은 앙금이 생성되는 시기이기 때문에 칼슘 이온은 점점 줄어들고, B 구간에서 늘어난다.

22 ①

해설 | 단위 부피 당 생성된 물 분자 수는 같은 부피에 들어 있는 물 분자 수와 같으므로 생성된 물 분자의 총 수는 (단위 부피 당 생성된 물 분자 수 × 총 부피)와 같다. 따라서 혼합 용액 (가) ~ (다) 에서 생성된 물 분자의 총 수와 각 입자 수는 다음과 같다.

혼합 용액	HCl(aq)		NaOH(aq)		KOH(aq)		총 부피	단위 부피당 물 분자 수	생성된 물 분자의 총 수
	부피 (mL)	H^+ 수	부피 (mL)	OH^- 수	부피 (mL)	OH^- 수			
(가)	10	$120N$	5	$30N$	0		15	$2N$	$30N$
(나)	5	$60N$	0		5	$90N$	10	$6N$	$60N$
(다)	15	$180N$	10	$60N$	5	$90N$	30	$5N$	$150N$

(가)와 (나)를 비교했을 때, HCl(aq)의 부피가 (가)가 더 크지만 (나)에서 생성된 물 분자 수가 더 많으므로 (가)에서 NaOH(aq) 5 mL 에 들어 있는 OH^- 의 수가 $30N$임을 알 수 있다. (NaOH(aq)의 양이 소량이므로 물 분자가 $30N$ 생성) NaOH(aq) 5 mL 에 OH^- 수가 $30N$이므로 (다)에서 NaOH(aq) 10 mL 에 들어 있는 OH^- 수는 $60N$이고, (다)에서 생성된 물 분자의 총 수가 $150N$이므로 KOH(aq) 5 mL 에는 적어도 $90N$의 OH^- 이 들어 있어야 한다. KOH(aq) 5 mL 에 $90N$의 OH^- 이 들어 있을 때, (나)에서 생성된 물 분자의 총 수가 $60N$이므로 HCl(aq) 5 mL 에는 H^+ 수가 $60N$임을 알 수 있다.

ㄱ. (가)에서 중화 반응 후 혼합 용액에는 H^+ 이 $90N$ 남으므로 (가)는 산성이다.

ㄴ. (나)에서 중화 반응 후 혼합 용액에는 Cl^- $60N$, Na^+ $90N$, OH^- $30N$ 이 들어 있고, (다)에서는 Cl^- $180N$, Na^+ $60N$, K^+ $90N$, H^+ $30N$ 이 들어 있으므로 혼합 용액 속 총 이온 수는 (나) $180N$, (다) $360N$이므로 (다)가 (나)의 2배이다.

ㄷ. HCl(aq) 10 mL 에는 H^+ 이 $120N$, NaOH(aq) 5 mL 에는 OH^- 이 $30N$, KOH(aq) 5 mL 에는 OH^- 이 $90N$ 이 들어 있으므로 혼합 용액의 액성은 중성이다.

23 (1) $C_7H_6O_2$ (2) 122 (3) 1가 산

해설 | (1) 성분 원소의 양을 연소 생성물의 성분비에서 구하면 다음과 같다.

C : $15.4 \times \dfrac{12}{44}$ = 4.2 g

H : $2.68 \times \dfrac{2}{18}$ = 0.3 g

O : 6.1 - 4.2 - 0.3 = 1.6 g

따라서 C : H : O = $\dfrac{4.2}{12} : \dfrac{0.3}{1} : \dfrac{1.6}{16}$ = 0.35 : 0.3 : 0.1 = 7 : 6 : 2

이고, 실험식은 $C_7H_6O_2$ 이다.

(2) 끓는점 오름(ΔT_b)은 몰랄 농도(m)에 비례한다.

$\Delta T_b = K_b \times m$ 이므로 $0.050 = 2.54 \times \dfrac{\frac{0.24}{M}}{0.1 \text{ kg}}$ 이다. (M : 분자량)

따라서 $M = \dfrac{0.24 \times 2.54}{0.1 \times 0.050} ≒ 122$ 이다.

(3) 탄소 화합물의 분자량이 122이므로 1.00 g 을 물에 녹여 1 L 의 수용액을 만들었을 때 몰 농도는 $\dfrac{1}{122}$ (M) 이다.

$nMV = n'M'V'$ 이므로 $n \times \dfrac{1}{122} \times 10 = 1 \times 0.01 \times 8.2$ 이고, $n = 1$ 이다.

24 (1) 2.15×10^{-2} g
  (2) $[Ag^+] = 2.5 \times 10^{-3}$ M, $[Cl^-] = 6.24 \times 10^{-8}$ M
  (3) 0.01434 g

해설 | (1) $AgNO_3$ 의 몰수 = 몰 농도 × 부피 = 0.01 × 0.025 = 0.00025몰 이다. NaCl 의 몰수 = 몰 농도 × 부피 = 0.01 × 0.015 = 0.00015몰 이다. $Ag^+ + Cl^- \longrightarrow AgCl$ 의 반응으로 1 : 1 반응이므로 생성된 AgCl의 몰수는 0.00015몰이다. AgCl의 화학식량은 107.9 + 35.5 = 143.4 이므로 AgCl의 질량은 0.00015 × 143.4 = 2.15×10^{-2} g 이다.

(2) AgCl의 반응은 다음과 같다.

	Ag^+	+	Cl^-	$\longrightarrow$	$AgCl\downarrow$
반응 전	0.00025		0.00015		
반응	-0.00015		-0.00015		+0.00015
반응 후	0.00010		0		0.00015

따라서 $[Ag^+] = \dfrac{\text{용질의 몰수}}{\text{용액의 부피}} = \dfrac{0.0001}{0.04} = 2.5 \times 10^{-3}$ M 이고, $[Ag^+][Cl^-] = 1.56 \times 10^{-10}$ 이므로 $[Cl^-] = \dfrac{1.56 \times 10^{-10}}{2.5 \times 10^{-3}} = 6.24 \times 10^{-8}$ M 이다.

(3) 가한 NaCl 의 몰수 = 몰 농도 × 부피 = 0.01 × 0.01 = 0.00010 몰이고 (2) 에서 남아 있는 Ag^+ 의 몰수는 0.00010 몰이므로 생성되는 AgCl의 몰수는 0.00010 몰이고, 질량은 0.00010 × 143.4 = 0.01434 g 이다.

25 (1) (가) $H^+ < OH^-$ (나) $H^+ = OH^-$ (다) $H^+ > OH^-$
  (2) A   (3) $HCl + NaOH \longrightarrow NaCl + H_2O$

해설 | (1) 염산의 양 : 수산화 나트륨의 양 = 5 : 5 일 때, 가장 온도가 높으므로 두 용액의 농도는 같다. 따라서 (가)는 수산화 나트륨의 양이 많고, (나)는 같으며, (다)는 염산의 양이 많다.
(2) A는 염산 : 수산화 나트륨 = 1 : 1이고, B는 염산 : 수산화 나트륨 = 8 : 2 = 4 : 1 이므로 A의 염산 농도가 더 크다.

26 (1) ㄹ   (2) (해설 참조)

해설 | (1) 진한 황산(H_2SO_4)과 수산화 바륨($Ba(OH)_2$)의 분자량이 다르기 때문에 1몰의 질량이 다르고, 몰 농도가 다르다. 따라서 밀도,

질량, % 농도가 다르다. (+) 이온 수는 진한 황산이 수산화 바륨보다 2배 많다. 1몰당 총 이온 수는 3몰로 같다.

(2)

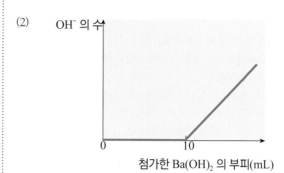

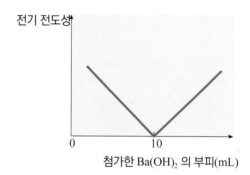

수산화 바륨을 넣을 때마다 H^+ 과 OH^- 이 1 : 1로 반응하여 물이 생성된다. B 용액을 10 mL 넣었을 때, 용액의 색이 붉게 변하였으므로 염기성이 되었음을 알 수 있고, B 용액을 10 mL 넣어 준 지점이 중화점임을 알 수 있다. 따라서 OH^- 의 수는 수산화 바륨 10 mL 이후부터 증가한다.

수산화 바륨과 황산은 반응하여 $BaSO_4$ 의 앙금을 생성한다. 따라서 중화점에서 이온이 거의 없는 상태가 되고 전기 전도성은 0에 가까워진다. 10 mL 이후부터는 이온 수가 증가되므로 전기 전도성이 증가한다.

ⓧ imagine infinitely   258 ~ 259쪽

A. 석회석($CaCO_3$) + 아세트산($2CH_3COOH$) → 아세트산 칼슘 ($Ca(CH_3COO)_2$) + 물(H_2O) + 이산화 탄소(CO_2)

세페이드 시리즈

창의력과학의 결정판, 단계별 과학 영재 대비서

1F	중등 기초	물리(상,하) 화학(상,하)	중학교 과학을 처음 접하는 사람 / 과학을 차근차근 배우고 싶은 사람 / 창의력을 키우고 싶은 사람
2F	중등 완성	물리(상,하) 화학(상,하) 생명과학(상,하) 지구과학(상,하)	중학교 과학을 완성하고 싶은 사람 / 중등 수준 창의력을 숙달하고 싶은 사람
3F	고등 I	물리(상,하) 물리 영재편(상, 하) 화학(상,하) 생명과학(상,하) 지구과학(상,하)	고등학교 과학 I을 완성하고 싶은 사람 / 고등 수준 창의력을 키우고 싶은 사람
4F	고등 II	물리(상,하) 화학(상,하) 생명과학(영재학교편,심화편) 지구과학 (영재학교편,심화편)	고등학교 과학 II을 완성하고 싶은 사람 / 고등 수준 창의력을 숙달하고 싶은 사람
5F	영재과학고 대비 파이널	물리 · 화학 생명 · 지구과학	고급 문제, 심화 문제, 융합 문제를 통한 각 시험과 대회를 대비하고자 하는 사람

세페이드 모의고사	세페이드 고등 통합과학		세페이드 고등학교 물리학 I (상,하)
내신 + 심화 + 기출, 시험대비 최종점검 / 창의적 문제 해결력 강화	고1 내신 기본서		고등학교 물리 I (2권) 내신 + 심화

* 무한상상의 〈세페이드 과학 시리즈〉는 국내 최초로 중고등과정의 과학의 전부와 과학 창의력 문제의 전부를
1F [중등기초] – 2F [중등완성] – 3F [영재학교 I] – 4F [영재학교 II] – 실전 문제 풀이 의 5단계로 구성하였습니다.
창의력과학 세페이드시리즈와 함께 이제 편안하게 과학 공부를 즐길 수 있습니다. cafe.naver.com/creativeini

창·의·력·과·학 아이 앤 아이 시리즈

무한상상 교재 활용법

무한상상은 상상이 현실이 되는 차별화된 창의교육을 만들어갑니다.

아이앤아이 시리즈

특목고, 영재교육원 대비서

	아이앤아이 영재들의 수학여행		아이앤아이 꾸러미	아이앤아이 꾸러미 120제	아이앤아이 꾸러미 48제	아이앤아이 꾸러미 과학대회	창의력과학 아이앤아이 I&I
	수학 (단계별 영재교육)		수학, 과학	수학, 과학	수학, 과학	과학	과학
6세~초1		수, 연산, 도형, 측정, 규칙, 문제해결력, 워크북 (7권)					
초1~3		수와 연산, 도형, 측정, 규칙, 자료와 가능성, 문제해결력, 워크북 (7권)		수학, 과학 (2권)	수학, 과학 (2권)		
초3~5		수와 연산, 도형, 측정, 규칙, 자료와 가능성, 문제해결력 (6권)					
초4~6		수와 연산, 도형, 측정, 규칙, 자료와 가능성, 문제해결력 (6권)				과학토론 대회, 과학산출물 대회, 발명품 대회 등 대회 출전 노하우	
초6		수와 연산, 도형, 측정, 규칙, 자료와 가능성, 문제해결력 (6권)		수학, 과학 (2권)	수학, 과학 (2권)		
중등							
고등						과학토론 대회, 과학산출물 대회, 발명품 대회 등 대회 출전 노하우	물리(상,하), 화학(상,하), 생명과학(상,하), 지구과학(상,하) (8권)